(Schwentinemündung), 1905

BRUNO BOCK · GEBAUT BEI HDW

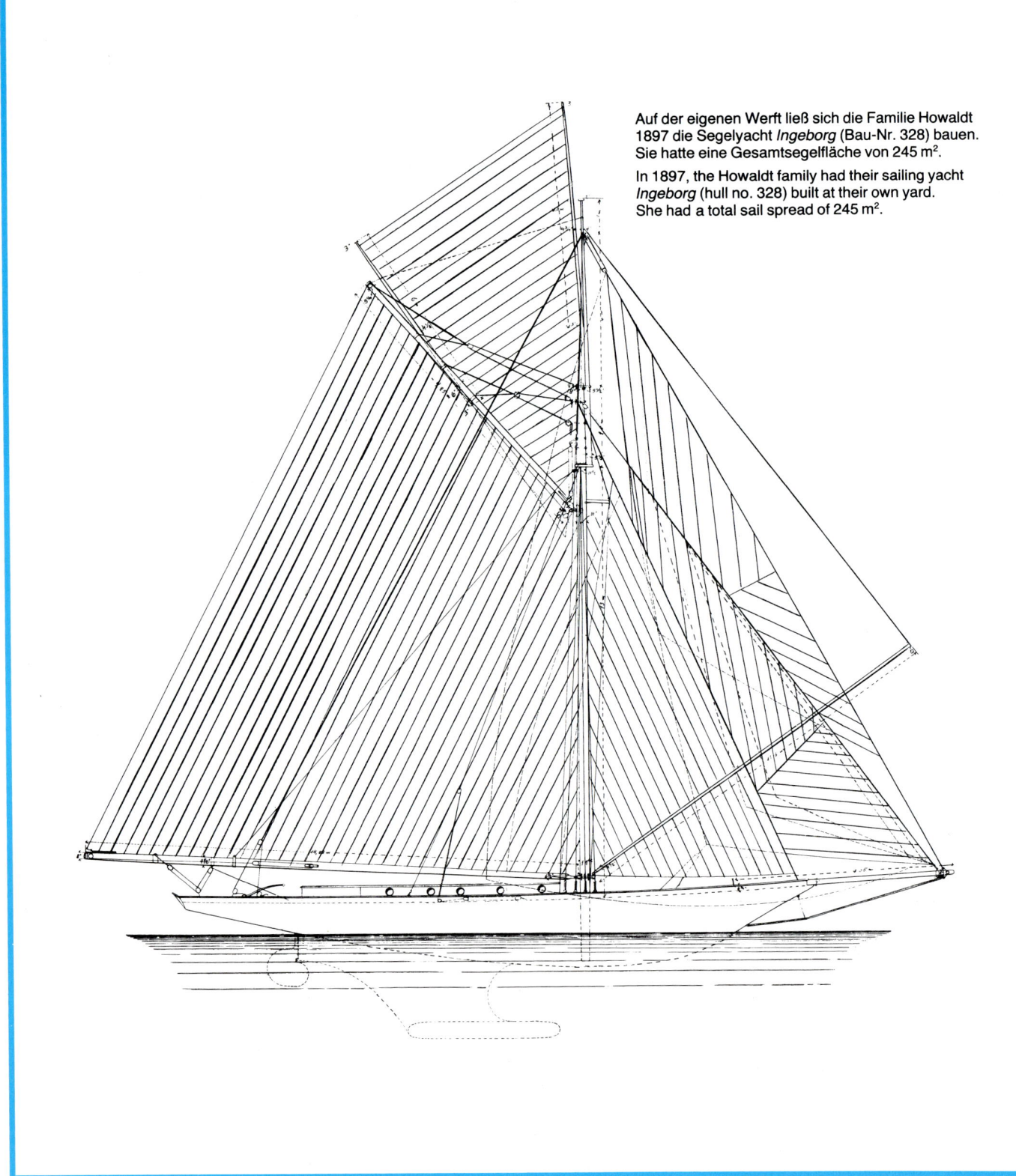

Auf der eigenen Werft ließ sich die Familie Howaldt
1897 die Segelyacht *Ingeborg* (Bau-Nr. 328) bauen.
Sie hatte eine Gesamtsegelfläche von 245 m².

In 1897, the Howaldt family had their sailing yacht
Ingeborg (hull no. 328) built at their own yard.
She had a total sail spread of 245 m².

Bruno Bock

GEBAUT BEI HDW
HOWALDTSWERKE-DEUTSCHE WERFT AG

150 JAHRE

unter Mitarbeit von

Walter Awolin
Witold Fugalewitsch
Horst Gerschewski
Alfred Schneider
Udo Ude

Koehlers Verlagsgesellschaft mbH · 4900 Herford

Bildnachweis

Armeemuseum Dresden: 1 Foto; Ute Boeters, Kiel: 1 Foto; Deutsches Hydrografisches Institut: 1 Foto;
Fahrgastreederei Torges, Minden: 1 Foto; Flaggenbuch der deutschen Seeschiffahrt, Bonn 1925: 4 Flaggen;
Foto-Drüppel, Wilhelmshaven: 1 Foto;
Foto-Hartz, Hamburg: 2 Fotos; Witold Fugalewitsch, HDW: 3 Fotos (Sammlung), 2 Dokumente;
Archiv/Fotostelle HDW: 151 Fotos, 26 Dokumente/Skizzen;
Howaldtswerke Hamburg: 2 Fotos; MAN-Gutehoffnungshütte GmbH, Archiv: 1 Foto;
Klaus Neitzke, HDW: 1 Dokument; Werft Nobiskrug, Rendsburg: 2 Fotos;
Salzgitter AG, Fotostelle: 3 Fotos; Schiffahrtsmuseum, Bremerhaven: 1 Foto;
Schiffahrtsmuseum, Kiel: 2 Fotos; Schiffbau 1937, Heft 17: 3 Fotos;
Alfred Schneider, HDW: 18 Fotos (Sammlung), 2 Zeichnungen; Pressestelle Alfred-Wegener-Institut, Bremerhaven: 1 Foto
World City Foundation, Oslo: 1 Foto
Vorderes Vorsatzpapier: Reproduktion aus Sonder-Abdruck No. 13
»Deutsche Industrie – Deutsche Kultur« Jahrg. 1905, Howaldtswerke Kiel, 1905;
Hinteres Vorsatzpapier: Technisches Büro HDW

Luftbildaufnahmen:
Freigegeben unter folgenden Nummern:
Seite 141: SH 1352/1 (1986)
Seite 157: L. A. Hamburg 279/80 (1980)
Seite 162: Reg. Präsidium Nord-Württ. 9/16191 (1968)
Seite 163: L. A. Hamburg 281/80 (1980)
Seite 165: Reg. Präsidium Nord-Württ. 9/16812 (1968)
Seite 166: SH 1352/40 (1988)
Seite 170: SH 1128/1 (1983)

CIP-Titelaufnahme der Deutschen Bibliothek
Gebaut bei HDW : Howaldtswerke – Deutsche Werft AG : 150
Jahre / Bruno Bock. Unter Mitarb. von Walter Awolin . . . –
Herford : Koehler, 1988
ISBN 3-7822-0450-6
NE: Bock, Bruno [Mitverf.]

ISBN 3-7822-0450-6; Warengruppe 65
© 1988 by Koehlers Verlagsgesellschaft mbH, Herford
Alle Rechte, insbesondere das der Übersetzung, vorbehalten
Englische Übersetzung: Elisabeth Szilágyi-Westphal, HDW
Schutzumschlag- und Einbandgestaltung: Regina Meinecke, Hamburg,
unter Verwendung eines Fotos der Fotostelle HDW
Layout: Regina Meinecke, Hamburg, und Heinz Kameier
Produktion: Heinz Kameier
Gesamtherstellung:
Graphischer Betrieb Ernst Gieseking GmbH, 4800 Bielefeld
Printed in Germany

Inhaltsverzeichnis

Vorwort
7

Einleitung
9

Das »Schiff der Zukunft« ist hier schon Vergangenheit
11

Die größten Containerfrachter der Welt für APL
15

Der Siegeszug der »großen Blechkisten«
18

Das ganze Schiff ist eine Luxussuite
22

Auf allen Weltmeeren zuhause
25

Das Meer wird zur Straße
32

Mit einem »Ei« in die Polarforschung
38

Neue Zeiten mit einer neuen Energie
43

Die schwimmende Thermosflasche aus Gaarden
46

Gut, wenn man die *Bussewitz* nicht riechen kann . . .
50

Transporter für den Lebenssaft der Industrienationen
52

Schwäne auf dem Südatlantik
62

Mit 7.863 cm über den Atlantik
68

Auf *Puschkin* flogen die Fische
73

Mit alten Kriegsschiffen auf Walfang
80

Vom Frachter zum Auswandererschiff
90

Vom *Brandtaucher* zur U-Boot-Klasse 209
92

Schwabenland lag im Atlantik
102

5

Die schwimmenden Bunkerstationen
106

Motoren kamen in Mode
110

Ein Schiff mit 17 Kesseln
112

Masten als Antennenträger
114

Ein Holzsegler für die Forschungsfahrt
116

Fährlinie mit Tradition
120

Am Anfang stand eine Lust-Dampfbarkasse
123

In selbstgebauten Schiffen über die Förde
126

Das Unmögliche möglich gemacht
134

Nicht alles, was eine Werft baut, muß schwimmen
136

Das Superding von Kiel
139

Schweffel sucht Howaldt
142

Die Hamburger Verwandtschaft
157

HDW-Aufsichtsrats- und -Vorstandsvorsitzende
168

HDW-Hamburg GmbH
169

Die Tochter auf dem Lande, Werk Nobiskrug
170

»Erste Adressen«
172

HDW-Vorstand, -Direktoren und -Prokuristen
174

Zeittafel
176

Baulisten
178

Dank des Verfassers
201

Quellen- und Literaturverzeichnis
201

Howaldtswerke-Deutsche Werft AG
201

Schiffsnamenregister
202

6

Vorwort

Am 1. Oktober 1988 kann die HDW auf eine 150jährige Werftgeschichte zurückblicken. In diesen langen Jahren haben unser Land, die Stadt Kiel sowie unser Unternehmen eine wechselhafte Geschichte erlebt. Die engen Beziehungen zu Handelsschiffahrt, Marine und zur übrigen Wirtschaft haben in den 150 Jahren die Entwicklung der Werft wesentlich mit beeinflußt.

Seit der Gründung haben viele Tausende von Mitarbeitern der Werft alle Höhen und Tiefen des internationalen Schiffbaus durchwandert, mit ihm triumphiert und mit ihm gelitten. Im Kreis der Werftangehörigen gibt es zahlreiche Mitarbeiter aus Familien, die schon seit Generationen bei Howaldt arbeiten.

Der deutsche Schiffbau – und damit auch HDW – hat sich durch starke Reduzierung der Kapazitäten auf den weltweit verringerten Bedarf an Schiffsraum einstellen müssen. Die HDW liefert heute Spezialschiffe in die ganze Welt; darunter fallen hochwertige Containerschiffe, Gastanker, Fahrgastschiffe, Fährschiffe, U-Boote, Fregatten und Korvetten. Durch den raschen Fortschritt mit der Anwendung neuer Technologien und der Integration neu entwickelter Geräte und Systeme an Bord der Schiffe wird auch der Einsatz modernster Fertigungsmethoden und neuer Materialien auf der Werft notwendig.

Sichtbares äußeres Zeichen für die Anpassung der HDW an diese Forderungen sind die in den letzten Jahren in Angriff genommenen Baumaßnahmen zur Zentralisierung aller Aktivitäten in einem Werk, die im kommenden Jahr vorerst abgeschlossen sein werden.

Die Werft hat durch den Bau des Prototyps »Schiff der Zukunft« einen innovativen Vorstoß in die »high-technology« geschafft, der ihr weltweite Anerkennung eingebracht hat.

HDW sieht sich für den Markt mit seinen hohen Anforderungen gerüstet und stellt sich der gegebenen Herausforderung. Den angefangenen Weg der Diversifikation, der schon erste Erfolge zeigt und zum Teil in unseren Tochtergesellschaften zum Ausdruck kommt, werden wir konsequent weiter verfolgen.

Danken möchte ich Herrn Bruno Bock, der sich mit Begeisterung der Aufgabe gewidmet hat, mit den Augen eines Außenstehenden, aber auch mit eigenem Wissen und Miterleben, die Geschichte und Entwicklung unserer Werft aufzuarbeiten.

Das Buch ist als sachkundiges und zugleich humorvolles Werk den Kunden, Freunden und Mitarbeitern des Unternehmens aus Anlaß des 150jährigen Bestehens gewidmet.

Im Namen des Vorstandes

Klaus Neitzke

Einleitung

Wenn man sich an die 50 Jahre in seinem Berufsleben mit dem Kieler Schiffahrts- und Schiffbaugeschehen befaßt hat, neigt man leicht zu der Annahme, zumindest im lokalen Rahmen alles oder fast alles zu wissen. Es war für mich daher die Erkenntnis um so überraschender, daß nicht nur mir, sondern auch vielen anderen Kieler Bürgern und Persönlichkeiten aus der Schiffahrtsbranche die Vielseitigkeit der Kieler Howaldtswerke, die heute als Howaldtswerke-Deutsche Werft AG Teil des bundeseigenen Salzgitter-Konzerns sind (mit einer 25,1prozentigen Beteiligung des Landes Schleswig-Holstein), kaum gegenwärtig war. Sie besaß nie den Ruf einer »Spezialwerft«. Obwohl hier vieles gebaut wurde, was als Spezialschiff in die Schiffbau-Geschichte eingegangen ist.

Man war zum Beispiel – auch nicht über die Howaldtswerke Hamburg und später noch die Deutsche Werft AG, Hamburg-Finkenwerder – sonderlich im Schnelldampferbau engagiert, obwohl gerade die Hamburger Howaldtswerke, noch unter dem alten Namen Vulcanwerke, einen der Kolosse bauten, die *Imperator,* die Deutschlands Ruhm als Schiffbau-Nation untermauerten.

Man hat sich in Kiel kaum mit dem Holz- und Segelschiffbau beschäftigt. Aber als um die Jahrhundertwende ein hölzerner Forschungssegler (mit Hilfsmaschine) für die Antarktis gebaut werden sollte, übernahm es die Kieler Werft, die *Gauß* zu bauen. Im Deutschen Reich ist das Schiff fast vergessen worden, während es der kanadischen Regierung lange als Versorger für arktische Siedlungen diente.

Man hat bei Howaldt in Kiel noch vor dem Ersten Weltkrieg einen 17.000 tdw Tanker gebaut, eines der größten Schiffe seiner Art in der Welt. Aber die Werft ist nie, auch nicht zu Zeiten des späteren Tankerbooms, als man ein Großdock baute, zu einer speziellen Tankerwerft geworden, worüber z. B. die Bremer AG »Weser« und einige schwedische Werften finanziell ins Stolpern gerieten.

Als die Lufthansa-Leute meinten, die Weiten des Atlantiks ließen sich nur mit Hilfe von schwimmenden »Flugplätzen« überwinden (die Ufa ließ sich dadurch seinerzeit zu dem Erfolgsfilm »FP 1 antwortet nicht« inspirieren), baute Howaldt ihnen die in der Welt einmalig gebliebenen Katapultschiffe. Aber man setzte keineswegs auf den Bau solcher Spezialfahrzeuge, die sich schließlich, als die Jets ohne Zwischenlandung den

Atlantik überqueren konnten, als Schritt in die falsche Richtung erwiesen. Man hat in Kiel einen wesentlichen Beitrag geliefert, das Gesicht der Fischereiflotten der Welt zu verändern, aber die Kieler Howaldtswerke sind darüber keine Spezialwerft für Fischereifahrzeuge geworden. Aristoteles S. Onassis und Anders Jahre, der griechische und der norwegische Walfang-»König«, übertrugen den Bau bzw. die Betreuung ihrer Flotte der Kieler Werft. Aber sie war nicht davon berührt, als der weltweite Walfang zu Ende ging.

Als die »Mariner« in aller Welt noch gar nicht ahnten, welche neuen Taktiken das »Insel-Hüpfen« des General McArthur im Zweiten Weltkrieg im Pazifik mit sich bringen würde, hatten die Kieler Howaldtswerke mit dem Versorgungstanker *Altmark,* der dann aus ganz anderen Gründen weltweit bekanntwerden sollte, das erste Schiff gebaut, das dieser Taktik angepaßt war; nach 1945 galt daher die denkbar größte Aufmerksamkeit der Engländer und Amerikaner diesen »German supply ships«, die seitdem viele Nachahmer fanden.

Übrigens: das gilt und galt für viele HDW-Bauten. Wie mehrere Geschichten dieses Buches beweisen.

Kiel, im Frühjahr 1988

Bruno Bock

Das »Schiff der Zukunft« ist hier schon Vergangenheit

The answer to low-budget offerers on the shipbuilding market could only be a high-tech vessel quickly compensating its higher constructional costs by way of saving for example fuel and personnel expenses. Thus, the "Ship of the future" was created, sponsored by the BMFT (West German Ministry for Research and Development). HDW held the general leadership over this project where abt. 30 subcontracting parties and organisations cooperated. On October 1, 1985, MS *Norasia Samantha* was delivered, the first "Ship of the Future".

In vielen Schiffbau betreibenden Ländern sind die jeweiligen Entwürfe auf dem Reißbrett zu bewundern. Das »Schiff der Zukunft«, wie der entsprechende Entwurf in der Bundesrepublik heißt, ist hier schon fast Vergangenheit . . . Eetsch-Di-Dabbelju (klingt die englische Abkürzung für HDW nicht hübsch?) hat bereits acht dieser Schiffe gebaut, mindestens zwei folgen noch, beinahe jedes noch ein bißchen vollkommener als das vorausgegangene. Und die Bauwerft kann sagen, der Basisentwurf, inzwischen zweimal verlängert und auf eine von 1.550 über 1.740 auf 1.940 TEU gekletterte Staufähigkeit von Containern gebracht sowie auf eine Tragfähigkeit, die von 27.600 t über 30.900 t auf

Norasia Samantha ist der Prototyp der erfolgreichen Serie *Schiff der Zukunft* (SdZ). Sie wurde 1985 unter der Bau-Nr. 207 gebaut.
Norasia Samantha is the prototype vessel for the successful newbuilding series *Ship of the Future* (SdZ). She was built in 1985.

Zu den Neuentwicklungen für die SdZ-Schiffe gehörten auch modernste Schiffsführungszentralen. Hier ein Blick auf die Brücke der *Norasia Mubarak* (Bau-Nr. 229).

As latest innovation developed for the "SdZ" vessels feature most modern ship operation centres. Here a view of *Norasia Mubarak's* bridge.

34.150 t stieg, ist ausgereizt. Das »Schiff der Zukunft« – wenn der Besteller wiederum noch »mehr Schiff« verlangt – müßte eigentlich eine Neukonstruktion werden, das Maximum an Leistungsfähigkeit ist für diesen Entwurf erreicht. Das HDW »Schiff der Zukunft« ist bereits Vergangenheit.

Am 1. Oktober 1985 wurde aus dem rund zwölf Jahre lang geplanten »Schiff der Zukunft« ein »Schiff der Gegenwart«: Das MS *Norasia Samantha* von der Howaldtswerke-Deutsche Werft AG, Kiel, kam für die Norasia Schiffahrtsgesellschaft mbH in Fahrt und trat noch am selben Tage seine erste Reise an. »Wir haben in der Welt jetzt die Nase ein Stück voraus«, sagte HDW-Direktor Neitzke bei der Übergabe des Schiffes.

In der Tat ist das »Schiff der Zukunft« (SdZ) aus jahrelanger Entwicklungarbeit entstanden und präsentierte sich in der *Norasia Samantha* als das zu dem Zeitpunkt modernste Containerschiff der Welt. Das Bundesministerium für Forschung und Technologie (BMFT) wollte – nachdem sich die Erkenntnis durchgesetzt hatte, daß Europas Schiffbau gegen die Billigstanbieter vor allem aus Fernost Chancen nur mit first class high-tech-vessels hat – einen Test machen und nur ein supermodernes Schiff mit allen technischen Möglichkeiten fördern. Es stellte einschließlich arbeitswissenschaftlicher Begleitforschung und Reedereiberatung innerhalb von 12 Jahren 62 Millionen D-Mark bereit. Das Projekt umfaßte 51 Entwicklungsthemen. Die deutsche Schiffbauindustrie, d. h. drei Werften, zirka 30 Unternehmen der Zulieferindustrie, darunter mehrere aus dem Binnenland, vier Ingenieurbüros, vier Hochschulen in Arbeitsgemeinschaften, der Germanische Lloyd und die Gewerkschaften – denn die möglichen Personaleinsparungen solcher Schiffe müssen in die Belange der Berufstätigen hineingreifen –, stellte sich der Herausforderung. Die Howaldtswerke – Deutsche Werft AG, Kiel, übernahm die Federführung des Projektes. In die Konstruktion flossen modernste wie auch bewährte Neuerungen ein, es wurden Komponenten übernommen, z. B. das freifallende Rettungsboot, »Rettungssatellit« genannt, wie es auftragsgemäß von der Werft Nobiskrug GmbH, Rendsburg (heute eine HDW-»Tochter«), entwickelt und z. T. auch bereits in voraufgegangenen Bauten installiert worden war. Die *Norasia Samantha* stellte darüber hinaus die Summe aller Neuentwicklungen aus den Bereichen Schiff- und Maschinenbau, Sicherheit, Navigation, Ladungstechnik und Soziologie dar, einige Neuentwicklungen sind auch unabhängig vom kompletten Schiff-der-Zukunft-System für sich allein vermarktbar. Gefragt waren vorzugsweise Geräte und Anlagen zur verbesserten und sicheren Schiffsführung – so wurden von einem neuen digitalen Radargerät bereits mehr als 150 Anlagen verkauft – sowie Einrichtungen zur Anpassung an schlechter werdende Brennstoffe. Die Erkenntnisse aus diesem Schiff und seinen unmittelbaren Nachfolgern dürften den gesamten Schiffbau beeinflussen. Das Interesse der Fachwelt an dem Schiff ist dementsprechend groß, »die deutsche Industrie kann auf diese Schöpfung stolz sein«, hieß es bei der Übergabe.

In einer Beschreibung der Neukonstruktion nannte die Werft 23 markante Punkte, die das »Schiff der Zukunft« ausmachten. Davon entfielen zehn auf Einsparungsmaßnahmen beim Bunkerölverbrauch, zehn kamen einer Personalreduzierung entgegen, drei wurden dem Bereich der gesteigerten Schiffssicherheit zugeordnet.

Es wurde davon ausgegangen, daß die erhöhten Investitionskosten bereits nach dem zweiten Betriebsjahr durch Einsparungen an den Kraftstoffkosten wieder »verdient« werden würden. Denn allein aus den Neuentwicklungen um den Antrieb errechnete die Werft eine Wirtschaftlichkeit des Schiffes der Zukunft, die um 25 % höher lag als die eines konventionell ausgerüsteten Schiffes. Bei den personaleinsparenden Maßnahmen handelt es sich vor allem um Automationsanlagen und die elektronische Ausstattung des Schiffes. Dabei standen im Mittelpunkt aller Betrachtungen die neugestaltete Brücke, konsequenterweise nunmehr Schiffsführungszentrale (SFZ) oder Ship Operation Centre genannt, sowie die Schiffsbetriebszentrale (SBZ), die an die Stelle des Maschinenkontrollraumes getreten war.

Beide Zentralen sind miteinander verbunden. Die Schiffsführungszentrale vereinigt in sich die Funktionen der Brücke und des Maschinenkontrollraumes. Sie ist ausgelegt für den Ein-Mann-Betrieb. Der wachhabende Offizier ist imstande, das Schiff ganz allein zu führen, weil ihm eine Fülle modernster Geräte zur Verfügung steht. Über die im Hauptdeck gelegene Schiffsbetriebszentrale – also außerhalb des

Alle SdZ-Schiffe haben ein asymmetrisches Achterschiff und sind mit einer Zustrom-Ausgleichsdüse ausgerüstet.

All "SdZ" vessels are provided with an asymmetrical aft body and equipped with a wake distribution nozzle.

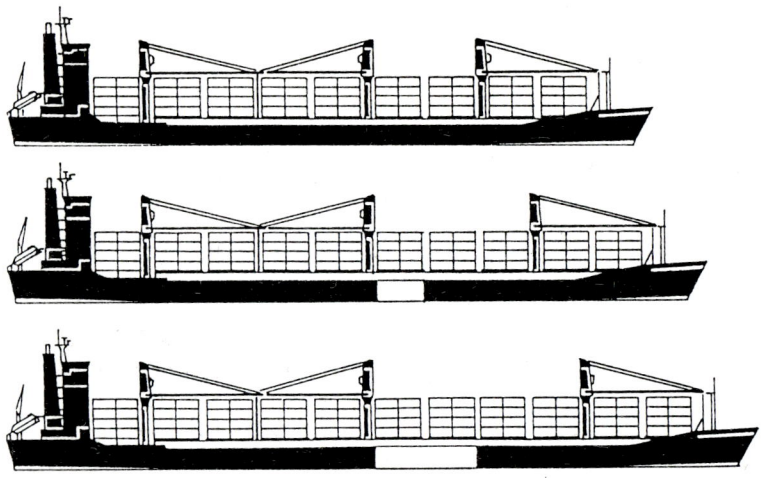

Maschinenraumes – erfolgt die Steuerung aller schiffsinternen Vorgänge. Alle bisher üblichen Betriebsbüros für Maschine, Instandhaltung, Betrieb und Verwaltung sind hier zusammengefaßt. Sensoren messen die Betriebszustände von Maschinen, Rechner fordern die Daten an, zeigen sie an, werten sie aus, vergleichen Ist- mit Soll-Werten und melden kritische Abweichungen akustisch und optisch.

Zu den arbeitskräftesparenden Einrichtungen zählen weiter die Fernbedienung des Ankersystems, der zentralisierte Winden-Kontrollstand, das zentral zu überwachende Ballastsystem und ein Maschinenraum, der räumlich so angeordnet ist, daß mit einem von HDW eigens entwickelten Elektrokranwagen von 350 kg Tragkraft alle Stationen angefahren und Ersatzteile leicht transportiert werden können. Dieser Kranwagen kann per Lastenlift ohne Schwierigkeiten in andere Decks gebracht werden.

Zu den Sicherheitseinrichtungen zählt das Freifall-Rettungsboot, »Rettungssatellit« genannt, das auf einer schrägen Heck-Ablaufbahn ruht und im Notfall automatisch aufschwimmt. Es sind aber nicht nur hochwertige technische Neuerungen, die das Besondere des Schiffes der Zukunft ausmachen – es fallen auch durchdachte Konstruktionsmerkmale ins Auge.

So liegt der Maschinenraum nicht, wie bisher allgemein üblich, unter den achtern gelegenen Decksaufbauten, sondern vor ihnen. Das wurde erreicht durch das Verlegen der häufig noch hinter dem Deckshaus angeordneten Containerstellplätze. Jetzt kann durch ein simples Abnehmen der Containerladung unmittelbar vor dem Deckshaus der Zugang zum Maschinenraum freigelegt werden, die Maschine ist für Reparaturen oder zum Zylinderziehen bequem von Deck aus erreichbar.

Alles in allem sollten die modernen Einrichtungen es möglich machen, ein solches Schiff, das zunächst mit 19 Mann Besatzung fuhr, nach einer gewissen Einfahrzeit (vorgesehen waren drei Reisen) gemäß Genehmigung der See-Berufsgenossenschaft mit nur noch 15 Mann zu fahren. Dabei sollte bedacht werden, daß in anderen Ländern, z. B. in Japan, Großbritannien und Norwegen, von noch geringeren Besatzungszahlen für supermoderne Schiffe ausgegangen wird, und daß – was die Technik angeht – weitere Besatzungsreduzierungen auf dem »Schiff der Zukunft« durchaus möglich sind.

Wo der Gedanke an Besatzungsreduzierungen sogleich die Furcht vor weitergehender Arbeitslosigkeit wachruft, sollte – so hieß es in den Reden bei der Übergabe des Schiffes – auch bedacht werden, daß nur supermoderne Schiffe sich im internationalen Wettbewerb behaupten können und die Weiterbeschäftigung westeuropäischer Seeleute sichern.

Wenn allerdings derart moderne Schiffe entwickelt werden, so hieß es auch, sollten die Behörden die Neuerungen gründlich und schnell prüfen. Die technische Entwicklung geht immer schneller vor sich – es wäre paradox, wenn sie an einem gleichbleibend langsamen Genehmigungsverfahren hängenbliebe.

Wenn häufig die Frage diskutiert wird, ob eine Personalreduzierung auf Schiffen nicht deren Sicherheit beeinträchtigt, etwa, weil am Ausguck eingespart wird, so kann dem entgegengehalten werden, daß einige der spektakulärsten Schiffsunglücke passierten, obwohl sich zum Zeitpunkt der Havarie viele Leute auf der Brücke befanden, z. B. *Stockholm/Andrea Doria* (25. 7. 1956) oder *Mikhail Lermontov* (16. 2. 1986). An zu geringen Besatzungen lag keiner dieser Unfälle.

Der »technologische Schub«, den der Typ des Schiffes der Zukunft bewirkte, kann nicht täglich wiederholt werden – immerhin, der Ausspruch ist berechtigt, im Augenblick hat der deutsche Schiffbau die Nase vorn.

Taufe und Übergabefahrt des ersten Schiffes der Zukunft an einem Tag gaben Gelegenheit, auch auf die wirtschaftlichen Besonderheiten unserer Zeit einzugehen. Brennstoff, Heuerkosten und Finanzierung stellen derzeit die Hauptkosten bei einem neuen Schiff, hieß es. Logisch, wo bei Neubauten die Hebel angesetzt werden, um die höchstmögliche Wirtschaftlichkeit und Kosteneinsparung zu erreichen.

Die Auftragsvergabe für diese Containerfrachter (es wurden bis heute insgesamt zehn solcher »Schiffe der Zukunft« bestellt, von denen die Nummer 9 Ende 1988, die Nummer 10 im Herbst 1989 an eine in Singapore ansässige Gesellschaft geliefert werden sollen) erfolgte, wie es HDW-Direktor Neitzke einmal formulierte, in einer Zeit des »gesättigten Marktes«, und zwar nur, weil diese Schiffe Kostenvorteile gegenüber anderen versprechen – es ist von 1,2 bis 1,5 Millionen DM Betriebskosteneinsparung pro Jahr die Rede.

Die größten Containerfrachter der Welt für APL

Experiences and developments resulting from the construction of the "Ship of the Future" reflected in the design of the giant container carrying vessels for American President Lines, Oakland. The triumphant progress of the "big boxes" – the containers – marked a milestone by way of these biggest conbulk ships of the world. In Kiel *President Truman*, *President Kennedy* and *President Jackson"* were built in 1988. Bremer Vulkan built, following HDW design, *President Polk* and *President Adams*.

Erfahrungen und Erfolge mit dem »Schiff der Zukunft« führten letztlich auch zu den Aufträgen für die größten Containerfrachter der Welt. Auftraggeber für insgesamt fünf dieser Neubauten – drei wurden in Kiel, zwei weitere nach HDW-Plänen bei der Werft Bremer Vulkan in kürzester Zeit fertiggestellt – war die American President Lines (APL), Ltd., Oakland. Mrs. Joyce Seaton, Gattin des APL-Präsidenten, und die Gattin des deutschen Bundeskanzlers, Hannelore Kohl, tauften am 15. April die beiden riesigen »Conbulk Ships« auf die Namen *President Truman* und *President Kennedy*. In Kiel folgte noch *President Jackson*.

Doppeltaufe der APL-Containerriesen am 15. 4. 1988. Mrs. Joyce Seaton taufte die *President Truman* (Bau-Nr. 230), Frau Hannelore Kohl die *President Kennedy* (Bau-Nr. 231).

Twin christening ceremony of APL's container giants on April 15, 1988. Mrs. Joyce Seaton, wife of APL's chief executive Bruce Seaton, christened *President Truman* and Mrs. Hannelore Kohl, wife of the West German Chancellor, named *President Kennedy*.

Die Doppeltaufe war im Jubiläumsjahr ein ganz großer Tag für HDW. Nicht nur wegen der Abmessungen dieser Neubauten.

Länge über alles:	275,13 m
Länge zwischen Loten:	260,80 m
Breite auf Spanten:	39,40 m
Seitenhöhe:	23,60 m
Max. Höhe (Kiel-Antenne):	61,00 m
Tiefgang auf Sommerfreibord (scantling draught):	12,50 m
Tragfähigkeit bei diesem Tiefgang:	54.665 t
Dienstgeschwindigkeit auf 11,0 m Tiefgang:	24 kn
Vermessung:	61.926 BRZ

Bei Konstruktion und Bau dieser Schiffe waren neben den üblichen internationalen Vorschriften wie SOLAS 74 auch Vorgaben der US Coast Guard und des Institutes of Electrical and Electronic Engineers sowie weitere nationale USA-Bestimmungen (United States Public Health) zu berücksichtigen. Die Neubauten erhielten vom American Bureau of Shipping (ABS) die Klassifikation ✠ A 1 Ⓔ , ✠ AMS, ✠ ACCU.

Die gesamte Container-Kapazität beträgt 4.340 TEU. Auf Deck können in fünf Lagen 2.380 TEU gefahren werden, in acht Laderäumen unter Deck finden 1.960 TEU in Staugerüsten Platz. Für die Decksladung wurden spezielle Laschbrücken entwickelt und gebaut.

Vorkehrungen für den Transport gefährlicher Güter sind ebenso getroffen worden wie für Container mit eigenem Kühl-Aggregat. Für letztere stehen 250 Anschlüsse (440 V) an Deck zur Verfügung.

Der Schiffskörper – zur Reduzierung des Gewichts kam rund 60 Prozent höherfester Stahl zum Einbau – wurde zum erstenmal weitgehend mit Computerunterstützung konstruiert. Modernste Technik für die modernsten Schiffe! Gewaltig sind die Dimensionen des Motors, der bei niedrigstem Brennstoffverbrauch Schweröle bis zu einer Viskosität von 600 c St bei 50° verbrennt: 12 Zylinder, 23 m Gesamtlänge, 15 m Gesamthöhe, Gewicht: 1.750 Tonnen. Das war beim Einbau der leistungsstärkste Diesel, der je gebaut wurde (Sulzer Type 12 RTA 84 mit 57.000 PS oder 41.900 kW bei 95 Umdrehungen). Zum Vergleich: Der Motor des »Schiffs der Zukunft« ist nur 8 m lang, 7 m hoch und leistet 10.000 kW.

Als Hilfsdiesel wurden drei MaK 8 M 453 C installiert. Sie erzeugen je 2.650 kW elektrische Energie.

Und auch der Propeller war bislang einmalig: Er wiegt 63,5 Tonnen, hat fünf Flügel und einen Durchmesser von 8,40 m. Für die Geschwindigkeit von 24 kn muß er eine Schubkraft von etwa 250 Tonnen erzeugen – das entspricht ziemlich genau dem dreifachen Schub aller vier Triebwerke eines Jumbo-Jets beim Start! Für den hohen Grad der Automatisierung auf den Conbulk Ships sprechen 1.400 Meßstellen – doppelt so viele wie bei bisherigen Schiffen.

Für den Brückenbereich konnten Neuerungen aus dem SdZ-Konzept genutzt werden. Sie wurden zum Teil schon weiterentwickelt, beispielsweise durch eine digitale Seekarte und den Datenaustausch zwischen Seekarte und Radar.

Kein Wunder, daß nur neun Offiziere und zwölf Besatzungsmitglieder die Container-Riesen führen. Alle sind übrigens in großzügigen Einzelkabinen untergebracht. Messen, Sporträume, Schwimmbad und Sauna sowie drei verschiedene Tagesräume sind vorhanden, sogar eine Besucher-Empfangshalle fehlt nicht. Denn die Geschwindigkeit der Frachter ist zwar hoch, aber die Entfernungen auf ihrem Weg über den Pazifik sind auch weit.

Die American President Lines basieren auf der 1848 gegründeten Pacific Mail Steamship Company, die gebildet worden war, um Post, Ladung und Passagiere zwischen der Landenge von Panama und Oregon zu transportieren, und die 1867 mit hölzernen Raddampfern erste regelmäßige transpazifische Fahrten nach Japan und China aufnahm. Im Jahre 1925 übernahmen die damals bekannte Dollar Steamship Lines, die vier Jahre zuvor regelmäßige Rund-um-die Welt-Dienste eingerichtet hatten, die Pacific Mail Steamship Company, die sich mittlerweile nicht nur unter Spediteuren, sondern ebenso unter Passagieren einen guten Namen gemacht hatte.

Als 1938 dann die Regierung der Vereinigten Staaten die Dollar Lines übernahm, erhielten sie den Namen American President Lines, Ltd. Aus dieser Zeit stammt auch der Brauch, die Schiffe der APL nach amerikanischen Präsidenten zu benennen.

1951 erwarben die American President Lines über 1.000 kleine Container – die Vorläufer jener »Großen Kisten«, die den Weltsee- und Überlandverkehr umkrempeln sollten –, um sie auf den transpazifischen Routen zu verwenden.

1952 übernahm eine Gruppe unter der Führung von Ralph K. Davies und »The Signal Company« die American President Lines, die ihren Namen beibehielten, ihrerseits aber schon 1954 die American Mail Line erwarben, eine bekannte Reederei, die transpazifische Dienste von den USA zum Orient unterhielt.

1961 kaufte APL zwei containergeeignete Schiffe, zwölf Jahre später kamen die ersten Vollcontainerfrachter unter der Flagge der APL in Fahrt.

Schon Mitte der 70er Jahre hatte die Reederei die Rund-um-die-Welt-Dienste und die Fahrt Atlantic-Straits eingestellt, sie konzentrierte sich statt dessen auf den Betrieb von Containerfrachtern und Mehrzweckschiffen im Pazifik, im Indischen Ozean sowie im Arabischen Golf und entwickelte ein System, das auch den Landtransport auf dem gesamten nordamerikanischen Kontinent, von Kanada bis nach Mexiko, einschloß.

Und das war das Revolutionäre in der Geschäftsphilosophie von APL: Man hatte errechnet, daß Containertransporte zu und von den amerikanischen Pazifikhäfen schneller mit der Bahn gehen als mit Schiffen, die den Panamakanal benutzen, insbesondere, wenn die Landtransporte mit den von APL eigens entwickelten »Express Linertrains« erfolgen, die nicht nach den gewohnten Fahrplänen fahren, sondern allein unter der Prämisse des schnellstmöglichen Überlandtransportes.

Es ist hier nicht der Ort, sich mit den technischen Besonderheiten dieses von APL entwickelten Eisenbahntransportes zu befassen (so interessant es wäre) – einleuchtend erscheint es wohl auch so, daß viele konstruktive Besonderheiten bewältigt werden mußten (z. B. Tiefladewaggons, um zwei Container übereinander stellen zu können, was pro Waggon dem Äquivalent von etwa zehn 40-Fuß-Containern entspricht), schließlich erwies sich erst der 45- und dann der 48-Fuß-Container als ideal – man sieht, APL brachte neue Maße ins Spiel, der Panamakanal wurde überflüssig.

Und die Howaldtswerke-Deutsche Werft AG baute die ersten maßgeschneiderten Schiffe für diesen transpazifischen Dienst.

President Truman (Bau-Nr. 230) wurde am 1. 6. 1987 auf Kiel gelegt, am 22. 1. 1988 aufgeschwommen und am 24. 4. 1988 als größter Containerfrachter der Welt an APL abgeliefert.

On June 01, 1987, the keel of *President Truman* was laid down; on January 22, 1988, she floated up and on April 24, 1988, she was delivered to APL as the world's largest container carrier.

Am 14. 7. 1988 erfolgte die Übergabe der *President Kennedy* (Bau-Nr. 231) an die Reederei.

President Kennedy was delivered to the owner on July 14, 1988.

Der Siegeszug der »großen Blechkisten«

As everyone knows, success has many fathers; so, it is idle to ask who invented the container. Yet, the triumphant progress of the big "boxes", which presumably were first used at the U.S. Westcoast, did not only revolutionize the onshore business, but also shipping and shipbuilding.

Ro-Ro, Ro-Lo, Lo-Lo, Con-Ro, Con-Ro-Lo – was anmutet, als stamme es aus der Sprache der Dadaisten, sind im Grunde prägnante Kürzel, allen geläufig, die mit dem modernen Schiffahrts- und Umschlagsgeschäft zu tun haben. Aufgekommen sind sie allerdings erst vor ein paar Jahren. Als der Container seinen Siegeszug antrat und bärenstarke Schauerleute, Sackkarren und die gewohnten Wälder von konventionellen Hafenkränen plötzlich überflüssig zu werden begannen.

Wer den Containerverkehr erfunden hat, ist müßig zu fragen – der Erfolg hat bekanntlich viele Väter. Aber außer Zweifel steht wohl, daß seine Geburtsstätte an der US-Westküste stand, wo es jemand für außerordentlich praktisch gehalten

hatte, Versorgungsgüter für Alaska in Kisten zu sammeln, um so den zeitraubenden Hafenumschlag von vielen kleinen Parcels zu sparen und statt dessen nur einige wenige große Kisten umzuschlagen.

Übrigens ist auch der Begriff der »großen Kisten« zu relativieren. Noch war man vom 20 Fuß langen Container, der acht Fuß breit und acht Fuß hoch sein sollte, weit entfernt. Aber dann erfuhren die U.S.-Militärs von dieser zeitsparenden Verschiffungsmethode. Und sagten sich – nicht zu unrecht – das wäre genau das, was die Army braucht, um ihren Nachschub schnell und komplett geliefert zu bekommen. Und weil ein großer Teil der Army zu der Zeit in Europa stationiert war, tauchten nun die »großen Kisten« auch im transatlantischen Verkehr auf. Und wenn die Frachter, die die Container für die Armee transportierten, schon das halbe Deck damit vollgestellt hatten, dann konnten sie auch noch ein paar Kisten mehr für zivile Verlader stauen. In die Geschichte kam System . . .

Für den Europäer ist das Weltbild fest gefügt: Der Alte Kontinent ist der Mittelpunkt, der Nabel der Welt. Und die Schiffsverbindungen über den Nordatlantik sind seit altersher die »Hochstraßen des Weltseeverkehrs«. Zu dieser

Kowloon Bay (Bau-Nr. 26, Baujahr 1972) war das dritte der 5 OCL-Schiffe. Mit 86.000 WPS erreichte das Schiff rd. 30 Kn (55 km/h).

Kowloon Bay (built in 1972) was the third of 5 OCL vessels. With her 86.000 SHP the ship run approx. 30 knots.

①

②

③

④

⑤

⑥

⑦

① *Stubbenhuk*
(Bau-Nr. 115, 1978, 10.420 tdw)
H. M. Gehrckens, Hamburg

② *Elbeland*
(Bau-Nr. 138, 1979, 17.760 tdw)
Bugsier-, Reederei- und
Bergungs-AG, Hamburg

③ *Carmen*
(Bau-Nr. 158, 1981, 25.160 tdw)
Conti-Seetransport GmbH,
Unterföhring

④ *Carolina*
(Bau-Nr. 116, 1978, 12.710 tdw)
Peter Döhle Schiffahrts-KG,
Hamburg

⑧

⑤ *Sloman Ranger*
(Bau-Nr. 146, 1979, 2.570 tdw)
Sloman Neptun Schiffahrts-AG,
Bremen

⑥ *Caledonia*
(Bau-Nr. 125, 1979, 25.550 tdw)
Christian F. Ahrenkiel, Hamburg

⑦ *Mosel*
(Bau-Nr. 129, 1978, 18.002 tdw)
Friedrich A. Detjen, Hamburg

⑧ *Karsten Wesch*
(Bau-Nr. 190, 1983, 25.855 tdw)
Reederei Jonny Wesch, Jork

19

Vorstellung tragen Tradition, Schulunterricht, Presse und die altgewohnten Atlanten, auf denen Europa stets im Zentrum und die anderen Kontinente stets an der Peripherie liegen, kräftig bei. Darüber ist vielen Europäern nicht recht klargeworden, welcher Wandel mittlerweile eingetreten ist, daß rund um den Pazifik zum Beispiel ein ungeheures Wirtschaftsleben pulsiert, ja, daß das Pazifik-Becken zum weltgrößten Markt für den containerisierten Transport von Frachtgut geworden ist. Auf der einen Seite der reiche (was immer man darunter versteht) nordamerikanische Kontinent. Auf der anderen Seite die Wirtschaftsgroßmacht Japan, das rohstoffreiche China, das volkreiche Indien, das aufstrebende Indonesien. Hongkong, Kaohsiung, Singapore (um nur einige zu nennen) – das sind Häfen, die es leicht mit allen anderen bedeutenden Hafenplätzen der Welt aufnehmen können.

Wer weiß denn schon in Europa, daß das Volumen des containerisierten Handels zwischen den asiatischen Ländern und Nordamerika in den Jahren 1983, 1984 und 1985 um schätzungsweise 12 % pro Jahr anwuchs?

Selbstverständlich entwickelten sich auch zwischen Europa und Fernost schnelle Containerdienste. Bei HDW in Kiel und Hamburg entstanden in den Jahren 1972/73 neun Vollcontainerschiffe der sogenannten »3. Generation«. Mit 49.000 t Tragfähigkeit und einer Containerkapazität von 2.950 TEU gehörten sie damals zu den größten Spezialfrachtern ihrer Art. Auftraggeber für fünf der Neubauten waren die britische Reedereigruppe Overseas Container Limited (OCL), die schottische Ben Line für drei Schiffe – an einem war übrigens die Ellerman Line finanziell beteiligt – und die Cie. des Messageries Maritimes für einen der Containerfrachter. Die Schiffe, für den Fernost-Dienst geordert,

konnten 30 Kn (!) laufen. Die beiden Turbinen der Doppelschraubenschiffe leisteten zusammen maximal 86.000 WPS. Doch dann kam Ende 1973 die Ölkrise. Wirtschaftlichkeit trat immer stärker in den Vordergrund. Vor allem für deutsche Kunden entwickelte und baute die Kieler Werft 14 Bulk-Container von 25.000 tdw. Besteller waren Christian F. Ahrenkiel, Hamburg, Conti-Seetransport GmbH, Unterföhring, und die Reederei Jonny Wesch KG, Jork.

Eine andere Kieler Entwicklung, der 999 BRT »Euro-Carrier«, wurde allein sechsmal für die Sloman Neptun Schiffahrts-AG, Bremen, gebaut, sechsmal für verschiedene andere Besteller.

14 Einheiten baute HDW von einem zwischen 11.000 und 18.000 tdw großen Mehrzweck-Semicontainerschiff, u. a. für H. M. Gehrckens, Hamburg, Peter Döhle Schiffahrts-KG, Hamburg, Friedrich A. Detjen (GmbH & Co), Hamburg, und die Bugsier-, Reederei- und Bergungs-AG, Hamburg. Unter den Bestellern findet man auch die alten Kunden Sloman Neptun und Jonny Wesch.

Einen weiteren Meilenstein in der Schiffbauentwicklung stellten dann die drei Containerschiffe (1.328 bzw. 1.696 TEU) für die China Ocean Shipping Co., Peking, dar. Diese Neubauten und der für Ahrenkiel entwickelte Bulk-Containerfrachter waren quasi Vorstufen für das »Schiff der Zukunft«, dem das erste Kapitel gewidmet ist.

Aber zurück zu den American President Lines. Während dem Europäer Schiffahrtslinien vertraut sind, die etwa Hamburg, London, Rotterdam und Fos (Marseille) bedienen, er die großen Reedereien der Japaner und Hongkong-Chinesen kennt, die Europa anlaufen, weiß er wenig von jenen bedeutenden transpazifischen Carriern, die den einstmals Fernen Osten mit dem einstmals Wilden Westen verbinden. Mit einer Ausnahme: Mit der Bestellung von drei Containerschiffsriesen bei der Howaldtswerke-Deutsche Werft AG in Kiel und zwei weiteren dieser Schiffe, die beim Bremer Vulkan gebaut werden, kam die American President Lines (APL) in die Schlagzeilen europäischer Gazetten. Nicht allein, weil der Neubau US-amerikanischer Schiffe in Westeuropa geradezu sensationell ist, sondern weil diese Neubauten – und das ist die eigentliche Sensation – zu breit werden, um je die Schleusen des Panamakanals passieren zu können. Denn das ist seit der Eröffnung des Panamakanals im Jahre 1914 ungeschriebenes Gesetz der Amerikaner, daß ihre Flugzeugträger und Schlachtschiffe nicht breiter sein dürfen, als es die Schleusenabmessungen der zwar nur 81,5 Kilometer langen, aber Tausende von Meilen Umwege einsparenden Wasserstraße zulassen. Und was die Navy tat, konnte für die Merchant Fleet nicht falsch sein, ja, die Subventionsgewährung Washingtons, ohne die die moderne US-amerikanische Handelsflotte fast undenkbar ist, zwang jede Reederei unter den Stars and Stripes geradezu, diese Maximalgrößen bei keinem Neubau um auch nur einen Zentimeter zu überschreiten. Und dann plötzlich diese Neubauten der APL! Dabei waren die Überlegungen der American President Lines

um die Abmessungen ihrer in Kiel bestellten Neubauten wohlbegründet. Die Planer und Erbauer des Panamakanals hatten schließlich nicht in den Kategorien des Containerverkehrs gedacht. Und wenn auch eine eherne Schiffbauerregel lautet »Länge läuft«, d. h. daß das relativ schlankere Schiff vergleichsweise immer das schnellere sein muß, diese Regel ließ völlig außer acht, welches Länge-/Breite-Verhältnis am kostengünstigsten sein muß, wenn es gilt, möglichst viele Container an Bord eines Schiffes neben-, hinter- und übereinander zu stapeln. Da halfen traditionsreiche Schiffbauerregeln nicht weiter. Für die APL-Neubauten, auf denen 16 40-Fuß-Container-Reihen nebeneinander an Deck gestaut werden können (das entspricht 3.900 TEUs, sofern sie an Deck in vier Lagen gefahren werden, bei fünf sogar noch viel mehr), mußte eine Breite von 39,4 m vorgesehen werden, zu viel für die Schleusen des Panamakanals.

Was die Reederei überhaupt nicht stört. Denn längst hatten die American President Lines ein Container-Transportsystem entwickelt, das den Kanal völlig außer acht ließ. Heute, da sich das System bewährt hat, klingt es natürlich einfach und einleuchtend. Als es entwickelt wurde und gegenüber den Kritikern zu vertreten war, sah die Sache anders aus . . .

Yinhe, ein 1.328 TEU Containerschiff der China Ocean Shipping Co., Peking (Bau-Nr. 204, Baujahr 1984).
Yinhe, a 1.328 TEU container ship of China Ocean Shipping Co., Peking, built in 1984.

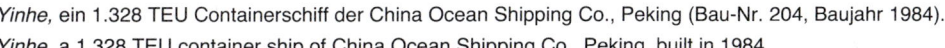

Das ganze Schiff ist eine Luxussuite

The *Astor* (II), starting in January 1987 to her maiden trip, is not only considered as being one of the most modern, but also as one of the most beautiful luxury liners. She is 12 m longer than her parent vessel *Astor* (I), and now accommodates a maximum of 656 passengers. *Astor* (I) featuring as "Love Boat" in a very popular TV series, is meanwhile sailing as *Arkona* under GDR flag.

Als am 31. Januar 1987 die neue *Astor* (II) Hamburg zur Jungfernreise verließ, mußte ein jeder, der sich an die nur wenig ältere Vorgängerin gleichen Namens erinnerte, eingestehen, das Schiff war noch schöner, noch komfortabler und noch eleganter geworden. Obwohl im Prinzip zwar ein genaues Schwesterschiff der voraufgegangenen *Astor,* ist

diese Wirkung durch einen simplen Trick erreicht worden: Der Neubau ist genau um eine Rettungsbootlänge länger als der Vorgänger, das heißt, das Schiff wirkt etwas schlanker und gestreckter. An Bord selbst merkt man es weniger an dem gewonnenen Kabinenraum, mehr an den noch großzügiger ausgelegten Gesellschaftsräumen.

Um die Beschreibung des Schiffes nicht dem Vorwurf des Selbstlobes der Werft auszusetzen, sei hier der schiffahrtskundige Redakteur einer Zulieferfirma zitiert, der in der Hauszeitschrift seines Unternehmens von der neuen *Astor* schrieb: »Einer der schönsten Luxusliner der Welt begann seine Kreuzfahrt über die Weltmeere, ein 176 Meter langes schneeweißes, schwimmendes Superhotel – das ganze Schiff ist eine Luxussuite«. Und dann heißt es in dem Werkzeitungsbericht weiter: »Fernsehzuschauer, die die TV-Serie mit der alten *Astor* verfolgt haben, kennen sich an Bord sofort aus. Das Waldorf-Restaurant mit dem großen Kapi-

Im Januar 1987 verläßt die *Astor* (II), Bau-Nr. 218, die Kieler Förde zur Vorstellung an der Hamburger Überseebrücke.
In January 1987, *Astor* (II) leaves Kiel Firth to be presented at the Hamburg Überseebrücke.

Das »Waldorf«-Restaurant auf der *Astor* (II) bietet 262 Personen Platz.

The "Waldorf" restaurant of *Astor* (II) provides seats for 262 persons.

tänstisch, die Lounge mit dem Steinway-Flügel auf dem Promenadendeck und die Lido-Bar mit Ausgang zum Sonnendeck. Auch der Pub auf dem Brückendeck, für späte Stunden unter karibischem oder mediterranem Himmel, sieht aus wie auf dem Fernsehschirm.

Alle Aufbauten auf Deck erinnern an das Vorbild der *Astor* (I). Dabei ist das neue Luxusschiff zwölf Meter länger und noch eine Spur eleganter: Die Verkleidung aus edlem Mahagoni und ein insgesamt dominierender dezenter Curry-Ton beherrschen die illustre Szenerie. Ein Hauch von Pink liegt über Teppichböden und Polstern. Das Leben pulsiert im gehobenen Niveau der First-Class-Ausstattung. In der Disco hämmert der Rock. Fitneß ist Trumpf in der Sauna, im Massagesalon oder auf dem 300 Meter langen Jogging-Parcours des Sonnendecks. Und wem das allabendliche Unterhaltungsprogramm mit bekanntesten Künstlern an Bord nicht genügt, der sucht sich seine Anregung unter 20 Kanälen der bordeigenen TV-Anlage aus – ein außergewöhnlicher Service für die Passagiere in ihren 263 Kabinen. Das neue Traumschiff erhebt den Anspruch nicht nur luxuriös, sondern obendrein umweltfreundlich zu sein. Eine Verbrennungsanlage vernichtet den Festmüll von Passagieren und Besatzung und den Ölschlamm aus dem Maschinenraum, nutzt die freiwerdende Wärme zur Energieerzeugung. Das Beste war für das Schiff gerade gut genug.«

Aber das Beste allein macht den Stil eines Schiffes noch nicht aus. Es kommt auf die gesamte Umgebung, auf den Service, auf das Flair an. Und da ist hochinteressant, was der bekannte Reisejournalist H. G. von Studtnitz in der »Welt am Sonntag« schrieb: »Ein Schiff, das einen deutschen Kapitän, englische Offiziere, österreichische Köche, franzö-

sische Stewards und eine Besatzung hat, die zu zwei Dritteln aus der Heimat der berühmtesten Briefmarke der Welt, der Insel Mauritius im Indischen Ozean, kommt; ein Schiff, das bei Howaldt in Kiel gebaut, von einer Hamburgerin getauft, von der ›Morgan Leisure Ltd.‹ in Großbritannien bereedert, in Port Louis registriert, in Panama kapitalmäßig abgesichert, am 30. Mai 1986 vom Stapel lief und am 14. Januar 1987 in Dienst gestellt wurde. Ein ganz junges Schiff also, das *Astor* benannt wurde, ein ›Waldorf‹-Restaurant hat und so hübsch eingerichtet und dekoriert ist, daß man aus dem Staunen nicht herauskommt.

Die auf Hotel- und Seemannsschulen ausgebildete hellhäutige, braune oder schwarze Besatzung, deren holländische, portugiesische, französische, britische, indische oder afrikanische Vorfahren sich auf Mauritius angesiedelt haben, ist von einem Eifer besessen, der die an Zurechtweisungen wie ›Kollege kommt gleich‹ und/oder ›Dies ist nicht mein Revier‹ gewöhnten europäischen Passagiere begeistert. Ich habe renommierte Kreuzfahrtschiffe erlebt, auf denen ein Steward im Speisesaal bis zu 17 Gäste zu bedienen hatte. Auf der *Astor* versorgt jeweils ein Team aus Weißen und Farbigen nur acht bis zehn Tafelnde. Die Weinkellnerin ist jeweils für fünf Tische zuständig. Der Service wird mit einer Schnelligkeit und Präzision durchgeführt, die die am Frühstücksbüfett bedienungslos malträtierten Opfer kontinentaler Gastronomie daran erinnern, daß in ihrer Jugend der Gast König war!

Das kreolisch oder französisch sprechende Personal wird nur eingestellt, wenn es mindestens eine Fremdsprache – Englisch, Französisch oder Deutsch – beherrscht. Unter der Flagge ihrer Inselnation zu dienen, erfüllt die Besatzung mit

Stolz, wenn auch manche den Dienst als anstrengend empfinden. Daß mit Mannschafts- und Hotelpersonal aus exotischen Ländern ein neues Kapitel der Kreuzfahrtgeschichte beginnt, steht außer Zweifel. Das erstklassige Personal rückt die *Astor,* von den Eigenschaften des Schiffes ganz abgesehen, in die Spitzenklasse.

Die Dekoration der Gesellschaftsräume zeugt von einem hervorragenden Geschmack. Wer frische Luft liebt, was nicht nur für Jogger gilt, kann das Schiff ganz umrunden, eine Einrichtung, die früher selbstverständlich war, auf modernen Schiffen kaum noch geboten wird. Der Schornstein könnte eleganter sein. Dafür läuft das mit Stabilisatoren ausgerüstete Schiff auch bei Seegang sehr ruhig«.

Daß sich der Reisejournalist mit dem exotisch geformten Schornstein nicht anfreunden konnte, ist keine Überraschung. Seit Jahren geben die Schornsteinformen vieler Passagierschiffe Anlaß zur Kritik. Dabei geht es immer nur darum, eine Form zu finden, bei der die dem Schornstein entweichenden Rußpartikelchen möglichst hochgerissen werden und erst weit vom Schiff entfernt niedersinken. Das ist ein besonderer Service am König Passagier, der weder auf seinem weißen Dinner-Jackett und schon gar nicht auf den Garderoben der Damen Rußflocken sehen möchte. Und in der englischen Schiffahrtszeitschrift »Ships Monthly« schrieb Clive Harvei: »Alles in allem – die *Astor* scheint den richtigen Weg für elegante, aber keineswegs langweilige Kreuzfahrten gefunden zu haben. Leser, die eine Reise auf der *Astor* im Jahre 1988 ins Auge fassen, sollten daran erinnert werden, ihr Dinner-Jackett oder Abendgarderobe einzupacken – auf meiner Fahrt waren fünf von zwölf Nächten ›offiziell‹. Lassen Sie sich dadurch nicht täuschen, es war meine 20. Kreuzfahrt und ohne jeden Zweifel die bislang erfreulichste.« Und weil an das Dinner-Jackett erinnert wird: Denken Sie daran, der merkwürdig geformte Schornstein sorgt dafür, daß es von Rußflecken frei bleibt.

Astor (I), bekannt als Traumschiff einer TV-Serie, während der Probefahrt Ende November 1981 bei stürmischem Wetter (Bau-Nr. 165).
Astor (I), featuring as "Love Boat" in a popular television series, here during the trial trip's stormy weather in 1981.

Auf allen Weltmeeren zuhause

Cruise liners developed in HDW design departments enjoy worldwide popularity. The first real passenger vessel newbuilding after the 2nd World War was the *Berlin*, built at Kiel in 1980 on behalf of the owner Peter Deilmann, Neustadt (in Holstein). Also, our consolidated yards Howaldtswerke Hamburg AG and Deutsche Werft AG, Hamburg, have accumulated experience in the field of passenger vessels.

Die *Hamburg*, 25.022 BRT großes Flaggschiff der einstigen Deutschen Atlantik Linie Hamburg, ausgelegt für 650 Passagiere, heute als *Maksim Gorkiy* Stolz der sowjetischen Kreuzfahrtflotte, 1969 gebaut bei der Deutschen Werft in Hamburg;
MS *Astor* (I), des bundesdeutschen Fernsehzuschauers unvergessenes »Traumschiff«, mit Platz für 638 Fahrgäste, 1981 gebaut von den Hamburger Howaldtswerken für die Hamburger »Staatsreederei« HADAG, (Hafendampfschifffahrts-AG), heute Paradeschiff der Kreuzfahrtflotte der DDR.
Die neue noch größere *Astor* (II) mit 20.159 BRT bzw. 20.606 BRZ vermessen, mit Einrichtungen für maximal 656 Passagiere, ein wahrhaftiger »Traum« von Schiff, 1987 gebaut bei HDW in Kiel, – es sind schon bemerkenswerte, beim internationalen Seetouristik-Publikum hochgeschätzte Kreuzfahrtliner, die die Handschrift der HDW-Konstrukteure tragen. Dabei geht die Tradition des Passagierschiffbaues innerhalb der Howaldtswerke-Deutsche Werft AG weitgehend nur auf die einstigen Hamburger Howaldtswerke zurück, die noch unmittelbar vor dem Ersten Weltkrieg einen so weltberühmten Transatlantikrenner wie die *Imperator* (52.116 BRT) schufen, dann aber, unter den veränderten Umständen der Nachkriegszeit, kaum noch Passagierschiffe bauten. Die Deutsche Werft war, wie an anderer Stelle erwähnt, eigentlich dazu bestimmt, möglichst rasch die Verluste der Hapag-Frachtschiffsflotte wettzumachen. Und doch entstand einer der schönsten deutschen »Musikdampfer« der Zwischenkriegsjahre auf der Werft in Hamburg-Finkenwerder, die *Patria* der Hapag. Sie war kein »reines« Passagierschiff. Mit 16.595 BRT vermessen, bot sie in der 1. Klasse 185, in der Touristenklasse 164 Plätze. Zugleich aber vermochten die Laderäume gut 7.700 t Ladung aufzunehmen. Und die »nur« 17 Kn, die das Schiff mit seiner 16.950 PS leistenden Antriebsanlage lief, ließen erkennen, daß es mehr ein Kombi-, denn ein schnellaufendes Passagierschiff war. Das Fahrtgebiet, für das die *Patria* bestimmt war, zählte auch nicht zu den Rennstrecken auf den Ozeanen. Im Sommer 1938 nahm das Schiff nach einer eingeschobenen

Imperator, Bau-Nr. 3 der Hamburger Vulcanwerft aus dem Jahre 1913. Der gigantische Passagierliner der Hamburg-Amerika Linie bot mehr als 4.100 Menschen Platz.

Imperator of the Hamburg Vulcanwerft built in 1913. The giant passenger liner of Hamburg-Amerika Linie offered room for more than 4.100 persons.

Nordland-Kreuzfahrt den regelmäßigen Dienst Hamburg-Südamerika (Westküste) auf. Und selbst die Konkurrenz muß neidlos gestehen: ein bildschönes Schiff! Das den Zweiten Weltkrieg als Wohnschiff der Kriegsmarine überstand, »Reichshauptstadt« wurde, als Großadmiral Dönitz das Hitler'sche Erbe antrat. Für einige Tage war das in Flensburg-Mürwik verankerte Schiff mit seinem Stab Sitz der Reichsregierung, bis die Engländer am 23. Mai 1945 das politische Zwischenspiel beendeten und den letzten deutschen Reichspräsidenten auf der *Patria* absetzten und verhafteten.

Fast zur gleichen Zeit, da auf der Deutschen Werft in Hamburg-Finkenwerder diese *Patria* fertiggestellt wurde, entstand auf den Hamburger Howaldtswerken ein etwa gleich großer Passagierschiffsneubau, allerdings von ganz anderem Zuschnitt: das KdF-Schiff *Robert Ley*.

KdF, das war die Kurzform von »Kraft durch Freude«, eine Unterorganisation der »Deutschen Arbeitsfront« (DAF). Sie wiederum war die von den Nationalsozialisten eingesetzte Nachfolgerin der inzwischen verbotenen Freien Gewerkschaften. Ihr war auch das Vermögen der früheren Gewerkschaften zugefallen. Es mutet ein wenig merkwürdig

an, kann aber angesichts der Propaganda-Praktiken der NS-Zeiten nicht überraschen, wenn nunmehr das Wirtschaften mit fremdem Geld als »soziale Tat« gepriesen wurde. Aber so genau nahm es damals niemand. Nicht einmal mit der Zahl der zu bauenden Schiffe. . .

Es sind nämlich zwei derartige Schiffe in Auftrag gegeben worden. Die *Wilhelm Gustloff* als Bau-Nummer 511 bei Blohm & Voss in Hamburg, die *Robert Ley* als Bau-Nr. 754 bei den Howaldtswerken Hamburg. Die Werftarbeiter, im letzten Jahrzehnt mit Bauaufträgen nicht sonderlich verwöhnt, waren verständlicherweise begeistert; besonders die in Kiel. Hier erschien nämlich der Leiter der Deutschen Arbeitsfront, Robert Ley, und verkündete in offensichtlich gezielt mißzuverstehender Weise, die DAF habe zwei derartige Schiffe bestellt, eines bei Howaldt in Hamburg. Das zweite, so meinten die Kieler Arbeiter, sei nun in Kiel bestellt (wozu sollte Ley sonst extra nach Kiel gekommen sein und zu ihnen reden?). So war der Jubel auch in Kiel riesengroß. Die später aufkommende Enttäuschung über das Mißverständnis ging unter, weil es dann eben andere Dinge gab, über die gejubelt werden konnte. . .

Die NS-Propaganda bezeichnete die beiden Beinah-Schwesterschiffe als *die Bremen,* bzw. *die Europa* des deutschen Arbeiters. Damit wurde dem ahnungslosen Volksgenossen vorgegaukelt, die Eleganz der beiden KdF-Schiffe entspreche etwa der der berühmten Norddeutschen Lloyd-Schnelldampfer *Bremen* und *Europa*. Was nun keineswegs der Fall

war. Rein äußerlich aber waren es sehr gelungene Schiffe, vielleicht ein wenig hochbordig anmutend. Die *Robert Ley* wurde in den Kieler Büros unter der Leitung von Arno Klehn, der nach dem Zweiten Weltkrieg als Schiffbaudirektor in Kiel tätig war, ausgearbeitet. Er wurde mehrfach mit Recht für die von ihm konzipierte *Robert Ley,* mit 27.288 BRT übrigens das größte aller KdF-Schiffe, gelobt.

Kritiker gab es natürlich auch. Das seien »verkappte Truppentransporter« sagten die nicht auszurottenden »Miesmacher und Meckerer«, wie damals die Leute bezeichnet wurden, denen die Politik nicht paßte. Immerhin, die Schiffe waren in einer Zeit gebaut worden, da unverhüllt die Parolen nach der Rückgabe der deutschen Kolonien verkündet wurden. So abwegig war der Gedanke also nicht. Truppentransporter wurden die Schiffe dann auch schneller, als mancher gedacht hatte: Im Mai 1939 erhielten die KdF-Schiffe *Robert Ley, Wilhelm Gustloff, Der Deutsche, Sierra Cordoba, Stuttgart* und *Oceana* den Befehl, den spanischen Hafen Vigo anzulaufen, um dort die Angehörigen der Legion Condor, die auf Seiten des Generals Franco gekämpft hatten, abzuholen und nach Hamburg zu bringen. Das geschah schließlich am 29. Mai. Um das kriegerische Bild perfekt zu machen, übernahm es das Panzerschiff *Admiral Graf Spee,* die Flotte der Truppentransporter die Elbe hinaufzuleiten. Der bald darauf ausbrechende Zweite Weltkrieg gab den Schiffen allerdings kaum Gelegenheit, Truppen zu transportieren. Beim Technischen Betrieb

Robert Ley, 1939 von den Howaldtswerken, Hamburg, für die »Kraft-durch-Freude«-Organisation als Einklassenschiff gebaut, konnte 1.500 Urlauber mitnehmen (Bau-Nr. 754).

Robert Ley built by Howaldtswerke, Hamburg, on behalf of the German Workers' Front, laid out as a "one-class-ship" could accommodate 1.500 holidaymakers.

der Hamburg-Amerika Linie wurden *Wilhelm Gustloff* und *Robert Ley* zu Lazarettschiffen hergerichtet. Aber auch als solche blieben ihre Einsätze sporadisch. Die Schiffe endeten tragisch: Die *Wilhelm Gustloff* wurde 1945, mit Flüchtlingen und Marinesoldaten überladen, auf der Fahrt von Gotenhafen (Gdingen) nach Westen von einem russischen U-Boot torpediert und sank. Rd. 5.340 Menschen kamen in den eisigen Fluten der Ostsee ums Leben – eine der größten Schiffskatastrophen aller Zeiten. Die *Robert Ley* brannte, zuletzt als Wohnschiff benutzt, nach Bombentreffern in Hamburg aus. 1946 wurde das Wrack zum Verschrotten nach England geschleppt.

Nach dem Zweiten Weltkrieg war zunächst an einen deutschen Schiffbau nicht zu denken, schon gar nicht an den Passagierschiffbau. Aber dann schickte 1949 die Svenska Amerika Linien, Göteborg, ihren Transatlantikliner *Gripsholm*, der bei der Indienststellung im Jahre 1925 das erste Passagiermotorschiff auf dem Nordatlantik gewesen war, nach Kiel, wo er – auch kosmetisch – einer Generalüberholung unterzogen wurde und sich in ein hübsches Schiff verwandelte. Der umgestaltete moderne Sichelbug, durch den die Länge von 175,10 auf 179,83 m anwuchs, die vergrößerte Passagierkapazität (auf 210 Reisende der I. sowie 710 der Touristenklasse) und die neuen, schräggestellten ovalen Schornsteine trugen dazu bei. Der Umbau war der Kieler Howaldtswerft wohl so gelungen, daß das Schiff das Wohlgefallen der alten, kenntnisreichen Passagierschiffshasen des Norddeutschen Lloyd in Bremen gefunden haben muß. Sie übernahmen 1954 die *Gripsholm* für die gemeinsam mit den Schweden gegründete »Bremen-Amerika-Linie« und ließen sie bis zum Jahre 1966 als ihr Fahrgastschiff *Berlin* auf der Route Bremerhaven-New York fahren, ein Kompliment von der Weser für die Kieler Werft.

Und bei den Howaldtswerken in Hamburg tauchte eines Tages die vom Kriege arg mitgenommene britische *Empress of Scotland* auf, die bis zum Kriegseintritt Japans als *Empress of Japan* der Canadian Pacific Steamship Company im Pazifik gefahren war. Sie sollte hier zu einem bildschönen Passagierschiff für die von dem dänischen Schiffahrtskaufmann Axel Bitsch-Christensen, der sich gern »Mr. ABC« nennen ließ, neugegründete Hamburg-Atlantik-Linie hergerichtet werden und am 19. Juli 1958 unter dem Namen *Hanseatic* den Dienst aufnehmen. Wer weiß, wie lange das Schiff als der Stolz Hammonias über den Atlantik gefahren wäre, hätte nicht 1966 ein Maschinenraumbrand in New York so schwere Schäden verursacht, daß nach einer Besichtigung des nach Hamburg geschleppten Schiffes entschieden wurde: Das Wiederaufarbeiten lohnt nicht, das Schiff wird verschrottet.

Im Jahre 1980 lieferte dann das Werk Kiel der Howaldtswerke-Deutsche Werft AG unter der Bau-Nummer 163 seinen ersten echten Nachkriegs-Passagierschiffsbau ab, das MS *Berlin*, bestimmt für den ideenreichen Reeder Peter Deilmann in Neustadt/Holstein. Das Schiff war mit 7.813 BRT vermessen, 122,50 m lang, 17,50 m breit, ging maximal 5,02 m tief und bot in 150 Kabinen 330 Fahrgästen Platz. Auf diese 330 Passagiere wurde einmal vom damaligen Werftchef Dr. Henke als »Besonderheit« hingewiesen. Damit könne das Schiff genau eine ganze Jumbo-Jet-Ladung an Fahrgästen aufnehmen, sagte er, d. h., es sei theoretisch möglich, sämtliche Passagiere auf kombinierten Luft-/Seereisen an geeigneten Plätzen der Welt auf einen Schlag auszuwechseln. Diese Überlegung erschien einleuchtend. Trotzdem wurde sie später einmal vom Reeder Deilmann als überhaupt nicht angestrebt bezeichnet.

Sechs Jahre später, Ende 1986, wurde das Schiff bei der Werft Nobiskrug um 17,50 m verlängert, die Fahrgastkapazität stieg dadurch auf 470 Passagiere, die in 216 Kabinen Platz finden. Größeres Schiff, mehr Kabinen, mehr Gesellschaftsräume = 20 Mio DM kostete der Umbau.

Die *Berlin*, für den Reeder Peter Deilmann 1980 in Kiel gebaut, wurde ebenso wie die *Astor* als Traumschiff für das Fernsehen gewählt. Der Neubau Nr. 163 bot 330 Passagieren Platz.

Berlin, built at Kiel in 1980 on behalf of the owner Peter Deilmann also featured beside *Astor* as "Love Boat" in the television series. She accommodated 330 passengers.

Die *Hamburg* der Deutschen Atlantik Linie wurde 1969 von der Deutschen Werft für 650 Passagiere gebaut (Bau-Nr. 825). 1974 in die UdSSR verkauft, erhielt sie den Namen *Maksim Gorkiy*.

In 1969, *Hamburg* of Deutsche Atlantik Linie was built for 650 passengers by Deutsche Werft. She was sold in 1974 to the USSR and named *Maksim Gorkiy*.

Es soll hier nicht die Rede sein von anderen Umbauten von Passagierschiffen oder dergleichen, der *Seven Stars* in Hamburg etwa. Aber die Erfahrungen der Hamburger Howaldtswerft erschienen dem Hamburger Senat wohl groß genug, um finanzielle Hilfestellung zu leisten, als die Hafendampfschiffahrts-AG (HADAG) beabsichtigte, mit einem Passagierschiffsneubau, der die bisherigen Bäderschiffsgrößen der Hamburger Reederei sprengte, die Tradition der Hamburger Passagierschiffahrt fortzusetzen. Die HADAG hatte nach dem Zweiten Weltkrieg von der Hapag bereits den Seebäderdienst nach Helgoland übernommen. Jetzt drängte es Hamburgs »Staatsreederei« nach mehr. Der Helgolandverkehr stieß an Grenzen, der Verkehr auf den Hafenschiffen versprach keine Zuwächse – »Wachstum« aber war das Zauberwort der damaligen Jahre. Die HADAG suchte es in der weltweiten Passagierschiffahrt . . .

Trotzdem wäre das Projekt vielleicht nie zum Tragen gekommen, hätte es damals nicht schon arge Beschäftigungslücken für die deutschen Werften gegeben. Da sich der Hamburger Senat zudem ständig mit dem Vorwurf konfrontiert sah, zur Hilfe für die ortsansässigen Werften wenig unternommen zu haben (das Land Schleswig-Holstein hatte sich zwischenzeitlich mit 25,1 % am Aktienkapital der HDW beteiligt), war er nunmehr bereit, zum Bau eines Hamburger Passagierschiffes, das etwa 110 Mio DM kosten sollte, einen erheblichen finanziellen Beitrag zur Arbeitsplatzsicherung zu leisten.

1980/81 entstand das Schiff im Werk Ross der Howaldtswerke-Deutsche Werft AG.

Die komplizierte Finanzierung – Hamburger Wirtschafts- und Schiffahrtskreise beteiligten sich unter verschachtelten Bedingungen – führten zur Gründung der HADAG Cruise Line GmbH & Co., einem Ableger der stadteigenen HADAG.

Die ging mit der Betreuung des 18.835 BRT großen Schiffes, das 638 Passagieren Platz bot, zweifelsohne ein erhebliches Risiko ein, fehlte es ihr doch an Erfahrung mit einem Kreuzfahrer für die weltweite Fahrt. Zwar kannte man sich in der Helgolandfahrt aus, aber das waren Tagesfahrten mit

Die *Hanseatic* vor der Skyline von Manhattan. Die »schöne Hamburgerin« hatte Platz für ca. 1.250 Passagiere. Sie war 1958 von den Howaldtswerken, Hamburg, für die Hamburg-Atlantik-Linie umgebaut worden.

Hanseatic against the skyline of Manhattan. The Hamburg beauty offered space for about 1.250 passengers. In 1958, she was converted by Howaldtswerke, Hamburg, on behalf of Hamburg-Atlantik-Linie.

Tagesgästen auf maximal 5.000 BRT großen Schiffen. Und sehr bald sollte sich erweisen, welche Probleme aus dem Neubau erwuchsen.

Die erste Panne war höhere Gewalt. Bei den Bauarbeiten brach ein Feuer an Bord der fast fertigen *Astor* aus, das sich – schadensmäßig – in Grenzen hielt. Aber die Fertigstellung des Schiffes verzögerte sich fast auf den Tag genau um ein Vierteljahr. Aus vielerlei Gründen kam die in diesem Geschäft neue HADAG später nicht auf die Auslastung, die notwendig gewesen wäre, um den Hamburger Senat für weitere finanzielle Vorleistungen geneigt zu stimmen.

So war es keine Überraschung, daß die Gelegenheit, das Schiff zu verkaufen, beim Schopfe gepackt wurde. Käufer wurde im Februar 1984 die südafrikanische Reederei Safmarine, die 130,5 Mio. DM zahlte, wozu noch 15 Mio. Umbaukosten kamen.

Reisen zwischen Europa und Südafrika waren seit eh' und je eine Domäne der Passagierschiffe gewesen. Das galt für Deutsche, Holländer, Portugiesen. Vor allem aber für die Engländer. Bis das Flugzeug mit seinem Nonstopflug und dem statt Tage nur noch Stunden dauernden Trip der Passagierschiffahrt den Todesstoß versetzte. Das heißt, die englische Union Castle Line hielt bis zuletzt tapfer durch. Als sie keinen wirtschaftlichen Nutzen mehr in der Passagierschiffahrt von und nach Südafrika sah, übernahm die staatliche Safmarine deren letzte Passagierschiffe.

Die waren mit der Zeit in die Jahre gekommen, waren unwirtschaftlich vom Antrieb bis zum Bordservice. Die *Astor* kam den Vorstellungen der Südafrikaner weit entgegen – das Schiff wechselte die Flagge. Hamburgs Senat, obwohl mit allerhand Folgekosten belastet, durfte aufatmen: Lieber ein Ende mit Schrecken als ein Schrecken ohne Ende. Allerdings schienen auch die Südafrikaner mit der *Astor* nicht recht klarzukommen. Bald verdichteten sich Gerüchte, das nicht genügend ausgelastete Schiff solle verkauft wer-

den. Ein Journalist hatte bald den Käufer ausfindig gemacht: die DDR.

Das Problem war nur, daß für die DDR ein Kauf des Schiffes von der Republik Südafrika aus politischen Gründen wohl nicht infrage kommen konnte.

Es ist im Leben immer gut, gute Bekannte zu haben. Und die Deutsche Afrika-Linien (DAL) in Hamburg waren »gute« Bekannte der DDR-Schiffahrt. Es fuhren unter der Flagge der DAL nicht nur Neubauten, die in der DDR das Licht der Welt erblickt hatten, es fuhr in Charter der DDR zumindest auch einer der DAL-Containerfrachter, die im übergroßen Optimismus (der dann keine volle Bestätigung fand) auf einer Weser-Werft gebaut worden waren.

Ob solche Spekulationen nun stimmen oder nicht – Tatsache ist: Die Deutschen Afrika-Linien übernahmen kurzfristig für ihre Deutschen West-Afrika-Linien (DWAL) das Schiff, das amtsgerichtlich mit dem Heimathafen Kiel eingetragen wurde. Nie zuvor war ein größeres Passagierschiff in Kiel beheimatet gewesen. Wenige Tage später erwarb die DDR die *Astor* von den Deutschen Afrika-Linien.

Die HDW aber erhielten nunmehr den Auftrag für die alten Eigner, d. h. die Safmarine, eine neue *Astor* zu bauen – eine im Prinzip gleiche, aber um eine Rettungsbootlänge verlängerte Version der *Astor* (I).

Der neue DDR-Name *Arkona* für die *Astor* (I) scheint gut gewählt – das ist eine Ecke der von Touristen geschätzten Ostseeinsel Rügen. Insbesondere beim älteren Reisepublikum muß der Schiffsname Erinnerungen wecken: *Cap Arkona* – das war das berühmte, beliebte und größte Passagierschiff der Hamburg-Südamerikanischen Dampfschifffahrts-Gesellschaft aus der Zeit zwischen den Kriegen. . . Und tatsächlich ist die *Arkona,* als sie bald darauf auf dem bundesdeutschen Touristikmarkt auftauchte, sehr günstig aufgenommen worden. Dieser Howaldt-Bau ist aber auch ein sehr schönes, liebenswertes Schiff. . .

Die *Helgoland* wurde 1963 für die HADAG-Seebäderdienst, Hamburg, gebaut (Bau-Nr. 943 der Howaldtswerke Hamburg). Weltbekannt ist das Schiff durch seinen Einsatz als DRK-Lazarettschiff im Vietnam-Krieg geworden.

Helgoland was built in 1963 on behalf of HADAG-Seebäderdienst, Hamburg (built by Howaldtswerke Hamburg). The vessel became world-wide known through her service as hospital ship for the German Red Cross during the Vietnam War.

Das Meer wird zur Straße

For the expanding tourism as well as for the increasing worldwide flows of trade water often becomes a barrier. Ferrylines, on the other hand, bridge the sea as a kind of highway. Howaldt built ferries, above all for the "Vogelflug-linie" the sea-link between Germany and Denmark (celebrating its 25th anniversary in 1988), of which the most recent delivery was the passenger/car/railway ferry *Karl Carstens* in 1986. Also Howaldt built 3 passenger/car vessels sailing the Kiel-Oslo route, for the Jahre Line. Anders Jahre, the Norwegian owner, has a philosophy which aims at combining the perfect service of a modern ferry boat with the comfort of a cruise liner. This was at best realized with *Prinsesse Ragnhild* (II), the latest HDW newbuilding for this route.

Bäche, Flüsse, Seen, ja, und auch die große See – sie mögen Touristik-Fachleute und Touristen begeistern –, sofern sie quer zu landseitigen Verbindungswegen liegen, sind sie verkehrstechnisch nichts anderes als Hindernisse. Die durch Schiffe, zumeist Fähren, überwunden werden müssen. Was als erste in den meisten Ländern die Eisenbahngesellschaften übernahmen. Solange sich der Fernverkehr weitgehend nur auf der Schiene vollzog, konnte die Bahn den Ort der Fährschiffsverbindung, die Fahrtdauer und die Fahrtfrequenzen bestimmen. Es war logisch, daß für die Fährschiffsroute eine möglichst kurze Verbindung zwischen zwei gegenüberliegenden Häfen gesucht wurde. Das alles änderte sich nach dem Zweiten Weltkrieg.

Der Kraftwagenverkehr hatte ungeheuer zugenommen, die Landstraßen mußten ausgebaut werden, woran die Bahnverwaltungen weder interessiert noch beteiligt waren. Das brachte findige private Schiffseigner auf die Idee, nun ihrerseits Fährschiffslinien einzurichten. Da die Ostsee eines der größten »Verkehrshindernisse« war, wurde sie auch zu einem der bedeutendsten Tummelplätze der Fährschiffsreeder, sieht man vom Englischen Kanal ab, wo sich die staatlichen Eisenbahngesellschaften ebenfalls immer häufiger einer privaten Konkurrenz gegenübersahen. Anfangs wehrten sich die Eisenbahngesellschaften auf die typische Art aller »Monopolisten«: Man unterließ es einfach, der Konkurrenz, das heißt dem Auto, Mitfahrgelegenheiten anzubieten. Woraufhin sich das Geschäft der privaten Auto- und Passagier-Fährschiffsverbindungen noch belebte. Inzwischen sind diese Zeiten passé. Heute bemühen sich sowohl die Eisenbahn- wie auch die privaten Fährschiffs-Gesellschaften um den Kraftverkehr, ja, neuerdings gibt es eine Umkehrung der Verhältnisse: Private Eigner drängen in den Eisenbahntransport.

Die Nachkriegsverhältnisse hatten in der Ostsee neue Grenzen geschaffen. Die Bundesrepublik hörte im Osten mit

Die *Deutschland* (I), erste Eisenbahnfähre für die Linie Großenbrode Kai – Gedser, wurde als Bau-Nr. 980 im April 1953 in Dienst gestellt. Das Schiff konnte 10 D-Zugwagen oder 90 Personen-Wagen und 1200 Personen aufnehmen.

Deutschland, the first railway ferry for the route Großenbrode Kai – Gedser was commissioned in April 1953. The ship had space for 10 rail passenger coaches or 90 passenger cars plus 1200 persons.

Theodor Heuss (Bau-Nr. 1067) wurde 1957 an die Bundesbahn abgeliefert. Sie war für 13 D-Zugwagen oder 192 Personen-Wagen und 1500 Fahrgäste ausgelegt.

Theodor Heuss was delivered in 1957 to the German Railway. She was laid out for 13 rail passenger coaches or 192 passenger cars plus 1500 passengers.

Lübeck bzw. Travemünde auf. Das hieß, daß die traditionellen Eisenbahn-Fährschiffsverbindungen Saßnitz-Trelleborg und Warnemünde-Gedser auf dem Gebiet der DDR lagen. Es gab keine Eisenbahn-Fährschiffsverbindung zwischen Skandinavien und Westeuropa mehr.

Es war nur logisch, daß die Bundesbahn bzw. die Bundesrepublik bemüht war, diesen Zustand zu ändern, mußte ihr das doch nicht nur Unabhängigkeit von der ostzonalen Eisenbahnverwaltung bescheren, sondern auch beträchtliche eigene Einnahmen. Zwar hatte die schwedische Eisenbahn kurzfristig die Route Trelleborg-Travemünde bedient, von vornherein aber erklärt, daß dies keine Einrichtung von Dauer sei. Der Verlauf einer von der Deutschen Bundesbahn gemeinsam mit der Dänischen Staatsbahn einzurichtenden Fährschiffsverbindung war eigentlich klar: Noch galt das Prinzip des kürzesten Weges. Der wäre von der Nordspitze der Insel Fehmarn nach Rødbyhavn gewesen. Aber Fehmarn war noch nur durch eine kleine, nicht sehr leistungsfähige Trajektfähre mit dem Festland verbunden. Nein, es mußte zunächst bei der Verbindung Großenbrode Kai-Gedser bleiben. Im Jahre 1963 wurde die Fehmarnsundbrücke fertig. Der Dienst läuft seitdem unter dem ebenso werbe- wie publikumswirksamen Namen »Vogelfluglinie«, weil angeblich die Zugvögel aus dem Norden mit ihrem klugen Instinkt für die kürzesten Wege über See die Route Süddänemark-Fehmarn nach Süden wählen. Seit 1963 hat es auf dieser Linie weit über 90 Millionen Fahrgäste gegeben, das entspricht der Einwohnerzahl der Bundesrepublik und Skandinaviens. Der Verkehr nimmt laufend zu.

Erstes deutsches Schiff auf der Vorgängerin der Vogelfluglinie war der Howaldt-Neubau *Deutschland*. Das Schiff stellte für die Werften, die sich um seinen Bau bemühten, seinerzeit ein Novum dar, eine technische Herausforderung. Das Schiff kam 1953 in Fahrt. Sein Name *Deutschland* paßte gut zu dem auf dänischer Seite eingesetzten Oldtimer, der *Danmark* hieß. Es war ein handiges, in seinen Proportionen

sehr schön ausgewogenes Schiff von 114,6 m Länge über alles und 17,7 m max. Breite, auf dem zehn D-Zugwagen oder 90 Kraftwagen und 1.200 Fahrgäste Platz fanden. Schon die zweite Fähre, die 1957 gleichfalls von den Howaldtswerken gebaute *Theodor Heuss*, bot mit 135,9 m Länge und 17,7 m Breite andere Dimensionen. An Bord konnten 13 D-Zugwagen aufgestellt werden oder 190 Kraftwagen. Ausgelegt war das Schiff für 1.500 Passagiere. Und lief der erste Neubau *Deutschland* 16 Kn, brachte es die *Theodor Heuss* mit ihrem Diesel-Elektro-Antrieb auf 17 Kn. Die gleichbleibende Breite der Schiffe zeigt, daß die Abmessungen der vorhandenen Hafenbecken Grenzen setzen, die nicht überschritten werden konnten und von den Fährschiffskonstrukteuren »Kunststücke« verlangten. Das galt auch für das neue Fährschiff *Deutschland*, das 1972 gebaut wurde. Diesmal allerdings nicht wieder auf den Howaldtswerken, sondern nach Howaldt-Plänen auf der Werft Nobiskrug in Rendsburg. Denn die Bauplätze der Kieler Werft waren ausgebucht – solche Zeiten gab es einmal. . . Die neue *Deutschland* wurde 144,1 m lang, die Breite blieb bei 17,7 m. Der Wandel im Verkehrsdenken wurde deutlich bei den Aufstellmöglichkeiten für zwölf D-Zugwagen, also nicht mehr als auf der *Theodor Heuss*, aber für 358 Autos. Im übrigen war die Einrichtung des Schiffes wiederum ausgelegt für 1.500 Passagiere. Und mit 20.000 PS lief die *Deutschland*, die rund 70 Mio DM kostete, 20,7 Kn.

Ständig wachsende Verkehrszahlen zwangen die Bundesbahn, den Bau eines vierten Schiffes zu erwägen. Der Auftrag ging schließlich wiederum an die Howaldtswerke-Deutsche Werft AG, die 1986 die *Karl Carstens* in Fahrt brachte – ein Schiff von 164,7 m Länge und 17,7 m Breite. Das sind für diese Linie extreme Maße. Und HDW-Direktor Neitzke verwies mit Recht darauf, daß nunmehr das Äußerste an Längen- und Breitenverhältnis erreicht sei. Ein weiterer Neubau, sofern er geplant würde, müßte nun von einem anderen Fährschiffsbecken mit einer größeren Breite

33

Taufpatin Dr. Veronica Carstens mit Verkehrsminister Dollinger, HDW-Vorstandsmitglied Neitzke und dem früheren Bundespräsidenten Karl Carstens (rechts) am 2. Mai 1986.

Sponsoring lady, Dr. Veronica Carstens, with the Federal Minister of Transport, Mr. Dollinger, HDW Board Member Mr. Neitzke, and the former President of the Federal Republic, Mr. Karl Carstens (right) on May 2, 1986.

zen möchte. Und dafür braucht er Zeit. Die Deutsche Bundesbahn wie auch die Dänische Staatsbahn auf ihren Schiffen haben es geschafft, durch einen raschen Service selbst bei der knappen Überfahrtszeit von fast 60 Minuten für ausreichende »Freizeit« an Bord zu sorgen. Viel problematischer erschien es, anderer Bedingungen dieser Fährschiffsfahrt Herr zu werden. Bei einem Tiefgang von nur 5,9 m bietet die *Karl Carstens* eine seitliche Windfläche von 2.400 m². Doch: Wie stark es auch immer weht, die Einfahrt in den Fährschiffshafen Puttgarden bleibt nur 85 Meter breit (bei einer Schiffsbreite von fast 18 m). Das bedingt, daß die Schiffe bei seitlichem Starkwind mit mindestens 16 Kn die Molenköpfe passieren und dann auf einer Auslaufstrecke, die nur dreimal der Schiffslänge entspricht, zum Stehen gebracht werden müssen. Dabei helfen Bug- und Heckstrahlruder sowie ein großflächiger sechsflügeliger Propeller, der imstande ist, die Bremskraft zu vergrößern, obwohl er für die reine »Seefahrt« nicht von Vorteil ist. Das aber spielt keine Rolle, dauert die Seereise doch nur 35 Minuten, während zehn Minuten für das Auslaufen und 15 Minuten für das Einlaufen gerechnet werden, das heißt, das Schiff läuft auf jeder Fahrt nur etwa 30 Minuten lang unter voller Kraft, dafür müssen umso mehr Maschinenmanöver gefahren werden.

ausgehen. Immerhin: Die Werft brachte es fertig, ein Schiff zu bauen, das 14 D-Zugwagen oder 333 Kraftwagen aufnehmen kann. Die Einrichtungen sind wiederum für 1.500 Fahrgäste ausgelegt, die Geschwindigkeit liegt bei 20 Kn. Man sieht, auf diesem letzten Gebiet gab es keine Steigerung gegenüber der vorausgegangenen *Deutschland*. Dem liegen auch psychologische Gründe zugunsten des Fahrgastes zugrunde. Der betrachtet, ob er mit dem Zug, mit dem Privatwagen oder mit dem Omnibus kommt, die Fährschifffahrt als eine willkommene Unterbrechung seiner Reise, die er zur Einnahme eines mehr oder minder ausgiebigen Mahls oder/und zu einem zollbegünstigten Einkaufsbummel benutzen

Es war das Bestreben der Bahnverwaltungen, auf den Fährschiffen von der Wartesaal-Atmosphäre wegzukommen und dem Fahrgast ein Mehr an Komfort und Bequemlichkeit zu bieten. Das hatte schon im Hinblick auf die Konkurrenz der privaten Fährschiffsgesellschaften zu gelten, die es ihrerseits auf den längeren Fahrtstrecken leichter hatten, für ein Höchstmaß an Service, Entspannung und bequemen sowie vielfältigen Einkaufsmöglichkeiten zu sorgen.

Karl Carstens, 1986 für die Puttgarden-Rødby Havn Strecke gebaut, ist das modernste Schiff der Bundesbahn. Die Bau-Nr. 211 hat Platz für 14 D-Zugwagen oder 333 Personenwagen und kann 1500 Fahrgäste befördern.

Karl Carstens, built in 1986 for the route Puttgarden-Rødby Havn is the state-of-the-art vessel of the German Railway. She accommodates 14 rail passenger coaches or 333 passenger cars plus 1500 passengers.

Das war nicht immer so. Denn lange wogte der Streit, ob dem »billigen Fährschiff« nicht der Vorzug zu geben sei, da der Fahrgast vor allen Dingen für wenig Geld zu seinem Reiseziel kommen möchte. Diese Überlegungen sind auf den nordeuropäischen Fähren zumindest inzwischen aufgegeben worden. Hier herrscht ein Höchstmaß an Komfort, der die Grenze zwischen dem First-Class-Fährschiff und dem luxuriösen Kreuzliner zu verwischen beginnt. Und Ehre wem Ehre gebührt: Es waren wohl die Kieler Howaldtswerke, die gemeinsam mit der norwegischen Jahre Line den Typ des luxuriösen Fährschiffes, des Kreuzfahrt-Fährschiffes, entwickelten.

Glaubt man den Erzählungen, dann war es reiner Zufall, daß die Fährschiffslinie Oslo-Kiel ins Leben gerufen wurde.

Ende der 50er Jahre soll Anders Jahre erkannt haben, daß er sich mit der Bestellung mehrerer Massengutfrachter bei den Kieler Howaldtswerken verkalkuliert hatte. Die Frachtraten sanken, und der quicklebendige Reeder sann darüber nach, wie er Schlimmstes verhüten könne. In dem nicht minder quicklebendigen Werftchef Adolf Westphal fand er einen adäquaten Partner. Gemeinsam sollen sie dann überlegt haben, daß eine Fährschiffslinie Oslo-Kiel recht vielversprechend sei. Einmal besitzen die Nordländer einen unstillbaren Zug nach dem Süden. Ihre Freizeitträume gelten den Sonnenstränden von Italien und Spanien. Zum anderen war Norwegen dabei, die Schönheiten seines Landes für den internationalen Tourismus zu erschließen. Schon Oslo bot mit seinem Umfeld und der mit der Straßenbahn zu errei-

chenden Holmenkollen-Skisprungschanze und den Langlaufloipen ein Skigebiet, das man praktisch vom Schiff aus erspähen konnte. Und Anders Jahre war klug genug, sich für diese Fährschiffslinie den derzeit vielleicht besten Mann zu holen, den sein Land zu bieten hatte: den Fremdenverkehrs-Fachmann Sven Winge-Simonsen, der im UNO-Touristik-Amt in New York eine Spitzenposition bekleidete.

Über das Schiff, das zu bauen war, herrschte rasch Einigkeit: Die *Kronprins Harald* erhielt ein elegantes, yachtähnliches Aussehen. Bug- und Heckpforten waren noch verpönt, weil man damals glaubte, bei der Fahrt über die offene See böten allein Seitenpforten ausreichende Sicherheit. 7.019 BRT war das Schiff groß, 138,26 m lang, 18,00 m breit, 5,22 m ging es tief. Und die Geschwindigkeit lag bei 21 Kn, so daß die Strecke Oslo-Kiel in der Idealzeit von 19 Stunden zurückgelegt werden konnte. Das heißt, das Schiff verließ den Abgangshafen jeweils zum Mittagessen und machte am anderen Morgen nach dem Frühstück im Ankunftshafen fest. Diese Idealzeit ist auch der Grund dafür, daß bei den Nachfolgebauten die Schiffsgeschwindigkeit unverändert

blieb. 577 Fahrgäste und 120 Personenautos fanden an Bord Platz. Es gab, und das war eben das Typische für die Jahre Line, zwei Kabinenklassen. In der Ersten hatten 133 Fahrgäste in Einzel- und Doppelkabinen Platz, in der Touristenklasse gab es ausschließlich Doppelkabinen, wozu auf dem Oberdeck noch einige Luxuskabinen kamen. Und für die »Rucksack«-Touristen gab es immerhin 58 moderne Schlafsessel, wie sie damals – aus der Fliegerei kommend – allgemein in der Touristik Einzug hielten. Aber es genügt nicht, nur auf das Zwei-Klassen-System des Schiffes hinzuweisen. Man mußte die Räume gesehen haben. In ihrer Eleganz, in ihrer stilvollen Gestaltung, in ihrer Gemütlichkeit waren sie auf Schiffen dieser Art bisher völlig unbekannt gewesen und setzten absolut neue Maßstäbe. Der Norweger, der »die großen Abende« mit Tanz, mit Gesang und mit Abendgarderobe liebt, kam hier voll auf seine Kosten, was für die Leistungen der Küche ebenso galt. Und wurde es, weil der Alkohol billiger als im nordischen Heimatland war, an Bord einmal etwas laut, dann gab es die Autorität der Kapitäne, die hier unbestritten »Master next God« waren und sind.

Im Juni 1966 wurde die *Prinsesse Ragnhild* (I) an die Reederei abgeliefert. Sie bot fast 600 Passagieren und 200 Personenwagen Platz (Bau-Nr. 1190).
Prinsesse Ragnhild (I) was delivered to her owner in June 1966. She offered space for abt. 600 passengers and 200 passenger cars.

Am 22. 4. 1961 während der Probefahrt mit *Kronprins Harald* (I) wurde dem Reeder Anders Jahre das Große Bundesverdienstkreuz verliehen.

Von links: Reeder Anders Jahre, Ministerpräsident von Schleswig-Holstein Kai-Uwe von Hassel, Konsul Adolf Westphal.

On April 22, 1961, owner Anders Jahre was decorated with the Distinguished Order of Merit of the Federal Republic of Germany (Großes Bundesverdienstkreuz) during the trial trip of *Kronprins Harald* (I).

From left to right: Owner Anders Jahre, Premier of Schleswig-Holstein Kai-Uwe von Hassel, Consul Adolf Westphal.

Der Optimismus, der in die Einrichtung dieser Schiffsverbindung gesetzt worden war, fand volle Bestätigung, als fünf Jahre später, im Sommer 1966, das zweite Schiff auf dieser Route in Fahrt kam. Es war die *Prinsesse Ragnhild*, mit 141,00 m Länge und 20,00 m Breite nicht viel größer als der Vorgänger-Bau; aber die Autotransport-Kapazität war von 120 auf 200 Personenwagen erhöht worden. Auch hier erfolgte das Be- und Entladen noch über Seitenpforten. Vor allen Dingen aber war das Prinzip von Luxus und Komfort eisern beibehalten und eher noch gesteigert worden. Außerdem gab es als Neuheit einen Konferenzraum mit Filmprojektor, Lautsprecheranlage, Tischmikrophonen usw. Es war

kein Wunder, daß die Fähre zwischenzeitlich auch zu Kreuzfahrten eingesetzt wurde. Und die Konkurrenz lernte langsam von der Jahre Line, daß im Fährschiffsgeschäft Komfort und Luxus sich auszahlen.

Das dritte Fährschiff wurde nach bewährtem Muster nach den Plänen der Howaldtswerke-Deutsche Werft AG bei der Werft Nobiskrug gebaut. Wir schrieben das Jahr 1975. HDW war wieder voll ausgelastet und hätte es nicht geschafft, dieses Schiff zum gewünschten Termin zu liefern. Am 30. März 1976 kam die neue *Kronprins Harald* (12.752 BRT) in Fahrt. Der Baupreis hat bei etwa 70 Millionen DM gelegen. Die erste *Kronprins Harald* aber ging auf die längste Reise ihres Lebens: Die Republik Vietnam hatte das Schiff für den Küstendienst zwischen Haiphong und Saigon erworben.

Der Verkehr auf der Kiel-Oslo-Route war in all den Jahren kräftig angestiegen, das dritte Schiff sollte erheblich größer werden, nämlich 156,40 m lang, 23,50 m breit, Tiefgang 5,52 m. An Bord gab es Platz für 960 Passagiere. Mit 600 Personenkraftwagen war die Fahrzeug-Kapazität um das Dreifache gegenüber der Vorgängerin gestiegen. Verladen wurde auch nicht mehr durch Seiten-, sondern durch Bug- und Heckpforte. Geblieben war allein das Prinzip, Luxus und Komfort zu steigern.

1981 kam die vierte Kiel-Oslo-Fähre in Fahrt. Es war das zweite Schiff mit dem Namen *Prinsesse Ragnhild*, gebaut wiederum bei den Howaldtswerken in Kiel. Gegenüber den Vorgängerbauten war das Schiff erneut größer geworden – 170,47 m lang, 24,00 m breit, Tiefgang: 5,82 m. Die Passagier-Kapazität blieb bei 896 Fahrgästen. Es konnten etwas mehr als 600 Pkw an Bord aufgestellt werden. Es braucht nicht besonders erwähnt zu werden, daß, sofern es überhaupt möglich war, der Komfort, die Gemütlichkeit, der Luxus und die Bequemlichkeit auf diesem Schiff noch einmal größer waren als auf allen Vorgängern.

Im übrigen hatte sich der Kreis gewissermaßen geschlossen. Von der Größe her entsprach die *Prinsesse Ragnhild* (II) nunmehr den Kreuzfahrtschiffen. Vom Luxus, von der Ausstattung war es genau so der Fall, erstaunlich, da die Schiffe zugleich einen erheblichen Gütertransport abwickeln, wobei in der »off-season« Exportautos dominieren.

Mit einem »Ei« in die Polarforschung

The *Polarstern* is at present considered as being the most efficient polar research and supply vessel, even though it was put in service already in 1982. This special vessel was built and equipped in cooperation with yard Nobiskrug within only 15 months. The hull is laid out so as it may resist even very strong ice pressure. The order contained many challenges. To what success they were solved is demonstrated by the fact that *Polarstern* was determined by the European Science Research (ESR), Straßburg, to be the base for the EPOS study during the antarctic season of 1988/89.

Das Gegenstück zu dem berühmt-berüchtigten und besorgniserregenden Ozonloch, das seit einigen Jahren regelmäßig über der Antarktis festgestellt wird, gibt es – wenn auch nur etwa ein Zehntel so groß – über der Arktis ebenfalls.

Der winzige, aber in riesigen Mengen in der Antarktis vorkommende Krill, die größte Eiweißreserve der Erde, lebt im Sommer davon, das Phytoplankton zu filtrieren, im Frühjahr und im Winter weiden die enormen Schwärme der winzig kleinen Tierchen buchstäblich den sich an der Unterseite der Eisschollen und in den Höhlen der Preßeisrücken bildenden Diatomeenrasen ab.

Es gibt 12.000 Weddell-Robben und etwa 130.000 Pinguine. Mit solchen und ähnlichen, auch für den Laien verständlichen »Sensationsmeldungen« lieferte das bundesdeutsche Polarforschungsschiff *Polarstern* Schlagzeilen.

Und auch mit der Nachricht, daß das Schiff auf seiner vierten Arktis-Expedition, die sich vom 14. Mai bis zum 3. September 1987 erstreckte, den 86. Breitengrad überquerte und nach Meinung seines Kapitäns Heinz Jonas auch noch die letzten 400 Kilometer zum Nordpol hätte schaffen können, sofern die Zeit dazu zur Verfügung gestanden hätte. Zugegeben, die Russen waren schon zweimal mit Schiffen am Nordpol – mit speziellen Atomeisbrechern, deren Antriebsleistungen bei 75.000 PS liegen. Aber die *Polarstern* ist »nur« ein mit wissenschaftlichen Labors vollgepfropftes Forschungsschiff mit 20.000 PS Maschinenleistung.

Wissenschaftler werten natürlich nach anderen Maßstäben. Ihnen geht es um die für Laien schwer verständlichen Wechselbeziehungen zwischen der Atmosphäre und den zu einem Großteil von Eis bedeckten Teilen des Ozeans, um Strömungsverhältnisse, um gewaltige Wasseraustäusche, die sich in den verschiedensten Tiefen der Meere vollziehen, um die Basiserkenntnisse für Wettervorhersagen (der Ausdruck »Wetterküche« für die Grönlandsee ist zwar populär, gibt aber wissenschaftlich natürlich viel zu wenig her), es geht um die Artenverteilung im Meer, um . . ., um . . ., um . . .

Rund 60.000 DM kostet ein »Arbeitstag« der *Polarstern;* ein Betriebsjahr 15 bis 20 Millionen DM, größtenteils vom Bundesforschungsministerium getragen. In den vergangenen fünf Jahren seit der Indienststellung arbeiteten weit über 1.000 in- und ausländische Wissenschaftler und Techniker auf vielen Expeditionsabschnitten. Die *Polarstern* gilt gegenwärtig als das leistungsfähigste Forschungsschiff für die klimatisch wichtigen Packeiszonen der Arktis und der Antarktis. Als erstes Forschungsschiff der Welt hatte sie 1986/87 den antarktischen Packeisgürtel im Winter durchquert. Ihr Gewicht von 16.000 Tonnen blieb immer wieder Sieger über uraltes, härtestes Eis, das bis zu vier Meter mächtig war. Nach Ansicht von Peter Wilkness, dem Direktor des US-Polarforschungsinstituts, setzen die bundesdeutschen Polarforscher mit ihren Aktivitäten heute die internationalen Standards – und zwar nicht nur dank ihrer »intellektuellen Leistungen«, sondern auch aufgrund ihrer »hervorragenden Ausrüstung«.

Dieser Ruf hat dazu geführt, daß die *Polarstern* von der Europäischen Wissenschaftsforschung (ESR), Straßburg, ausgewählt wurde, um in der antarktischen Saison von November 1988 bis März 1989 Basis der »Europäischen Polarstern-Studie« (EPOS) zu sein, wobei es vor allem um die antarktische Meeresökologie gehen wird.

Komplimente und Anerkennung überreichlich also für ein Schiff, das auf der Howaldtswerke-Deutsche Werft AG in Kiel konstruiert und gebaut und auf der Rendsburger Nobiskrugwerft, die inzwischen auch zu HDW gehört, ausgerüstet wurde. Und für das es kein Vorbild gab.

Der 27. Dezember 1982 war ein Tag, den die bundesdeutschen Meeresforscher im Kalender dick angestrichen hatten. An diesem Tage verließ das brandneue Polarforschungsschiff *Polarstern* seinen Heimathafen Bremerhaven zur ersten Reise in die Antarktis. Es sollte eine mehr als hundertjährige Tradition der deutschen Polarforschung fortsetzen. An dem Wettlauf zur Antarktis – die Entscheidungen fielen in den zuständigen politischen Gremien im Jahre 1980 – wollte sich die Bundesrepublik beteiligen. Der Bundesregierung war dieser neue Einstieg in ein altes, selbstgestelltes Aufgabengebiet rund 190 Mio DM wert – die Voranschläge für das Schiff hatten diesen Betrag plus/minus 3 Mio DM vorgesehen. Daß einige Tageszeitungen berichteten, die tatsächlichen Baukosten hätten bei 220 Mio DM gelegen, wurde von den Beteiligten in das Reich der Fabel verwiesen. Die Leistungen der beiden Werften konnten wohl ihresgleichen in der Welt suchen: In nur 15 Monaten seit der Kiellegung war ein derart kompliziertes Spezialschiff wohl noch nie erbaut worden.

Konnte es überraschen, daß Prof. Dr.-Ing. Krappinger, Geschäftsführer der Hamburgischen Schiffbau-Versuchsanstalt (HSVA), Stolz zur Schau trug? Schließlich waren die jahrelangen Schwierigkeiten der Amerikaner mit ihren beiden Super-Eisbrechern vom Typ *Polar Star* allen Eingeweihten bekannt. Die Amerikaner hatten in ihre beiden Eisbrecher sogar 60.000 PS hineingepackt, schlugen sich nun aber dauernd mit dem Problem Eis in den Propellern und mit Vibrationen herum, die sich störend auf die an Bord installierten, hochempfindlichen elektronischen Geräte auswirkten. Die in der Eisfahrt erfahrenen Kanadier gar muß-

ten ihren Eisbrecher-Neubau *Canmar Kigoriak* in eine geringere Eisklasse zurückstufen. Und von den Russen, für die »Glasnost« damals noch ein Fremdwort war, konnte man nicht viel an freiwillig herausgerückten Erfahrungen erwarten.

Zudem sollte die *Polarstern* eine Kombination von Eisbrecher, Versorgungs- und Forschungsschiff werden, eine Aufgabenzusammenfassung, wie sie kaum woanders in der Welt anzutreffen war. Ein Eisbrecherrumpf ist bekanntlich nicht ideal für die Fahrt in offener, bewegter See geeignet. Seine ovale Rumpfform, gewählt, damit das Schiff in Eispressungen nach oben weg- statt zerdrückt wird, läßt ihn ein relativ schlechtes Seeschiff sein. So kamen Gerüchte auf, die Gäste auf der *Polarstern* würden in grober See fürchterlich durchgeschüttelt werden und hätten durch sämtliche Höllen der Seekrankheit zu gehen. Tatsächlich war die *Polarstern,* als sie bei der Werft Nobiskrug ausgerüstet wurde, mit 10,5 m Tiefgang zu tief für die Kanalpassage zur Enddockung in Kiel. Auf die Mitnahme von Ballast mußte verzichtet werden. Und die Kanallotsen schreckten die Probefahrtgäste mit dem Hinweis, man möge nicht schnell von der einen

Das 10.970 BRT große Polarforschungs- und Versorgungsschiff *Polarstern* (Bau-Nr. 707) entstand in Gemeinschaftsarbeit der Werften HDW Kiel und Nobiskrug Rendsburg. Sowohl die Leistungen des Schiffes, als auch die wissenschaftlichen Ergebnisse haben weltweite Anerkennung gefunden.

The 10.970 GRT polar research and supply vessel *Polarstern* was built in cooperation between the yards HDW Kiel and Nobiskrug Rendsburg. The vessel's performance as well as the research results met with worldwide approval.

zur anderen Schiffsseite laufen – das Schiff geriete dann ins Schlingern.

Als das Schiff nach dem Docken in Kiel dann die vorgesehene Ballastmenge übernahm, wurde die geplante Stabilität erreicht. Der Tiefgang war nun aber so groß, daß die *Polarstern* auf ihren Meilenfahrten in der Eckernförder Bucht, wo die Seekarten elf Meter Wassertiefe auswiesen, prompt mit ihren 10,5 Metern Tiefgang aufbrummte. Eine der dicken Panzerglasscheiben, die im Heck in der Nähe der Propeller ein Beobachten der unterseeischen Welt ermöglichen sollten, trug einen Sprung davon – der übliche Wunsch bei Stapelläufen »und stets eine Handbreit Wasser unter dem Kiel« war also nicht ausreichend. Ein bißchen mehr als eine Handbreite mußte es schon sein.

Das erfuhren auch die Bremerhavener. Im heftigen Konkurrenzstreit, insbesondere mit dem Hafen Kiel, hatten sich die Leute von der Unterweser den Bau einer zentralen Arktis- und Antarktisstation und die *Polarstern* als Schiff ihrer Stadt gesichert. Als die *Polarstern* jenen Liegeplatz ansteuerte,

Nur im Dock erkennt man, warum die *Polarstern* auch ein »dickes Ei« genannt werden kann.

Only while docked *Polarstern* shows her "egg-shape".

saß das Schiff erneut kurzfristig fest – die Bremerhavener hatten sich mit dem Tiefgang des Schiffes verkalkuliert. »Aber die meiste Zeit soll das Schiff ja doch nicht im Hafen liegen, sondern auf See sein«, tröstete Prof. Hempel, »Reeder« des Schiffes, während Bagger begannen, einen entsprechend tieferen Liegeplatz für das Schiff zu schaffen. Die spezielle Rumpfform der *Polarstern*, die hierzulande einige Probleme aufkommen ließ, sollte Schwierigkeiten mit dem gebrochenen und unter Wasser gedrückten Eis gar nicht erst aufkommen lassen. Die im Vorschiffsbereich konkave (nach innen gewölbte) Unterwasserform ist nämlich für das Fahren in Eisregionen ideal. Schon im Modelltank, in den Eis entsprechender Dicke hineinzuzaubern der HSVA gelungen war, zeigte es sich – und wurde später in der Praxis bestätigt –, daß die Eisschollen vom Bug zur Seite gedrückt werden, ohne daß die scharfen Eiskanten mit den beiden Heckschrauben in Berührung kommen. Die einzige Berührungsgefahr bestand bei Rückwärtsfahrt, dann aber wirken die stählernen Kort-Düsen, in denen die Schrauben laufen, als eine Art »Schutzmantel«.

Der große Tiefgang des Schiffes bewirkt zudem, daß sich die Schiffspropeller weitgehend in eisfreiem Wasser bewegen.

Ein Forschungsauftrag des Bundes, in den 70er Jahren zur Entwicklung von eisbrechenden Tankern erteilt, sicherte den Werften der Bundesrepublik nun einen entsprechenden Vorsprung und hatte die HSVA zu einer »guten Adresse« in der Entwicklung eisbrechender Schiffsrümpfe werden lassen.

»Helfen Sie dem Kabinett in Bonn nur, gerechte internationale Wettbewerbsbedingungen zu schaffen«, wurde dem zur Übergabefahrt per Helikopter auf dem Schiff gelandeten Bundesminister für Forschung und Technologie, Dr. Riesenhuber, mit auf den Weg gegeben, »dann werden wir den Werften der Welt schon zeigen, wie wettbewerbsfähig wir sind.«

Der Vorentwurf für die *Polarstern* war von dem Hamburger Ingenieurkontor Schiffko und der Zentralstelle für Schiffs- und Maschinentechnik der Wasser- und Schiffahrtsverwaltung des Bundes (ZSM) erstellt worden. Diese Pläne konnten die am Bau des Schiffes interessierten Werften für jeweils 1.000 DM erwerben. Sie hatten dann im harten Wettstreit untereinander zu versuchen, das Beste aus den vorgegebenen Details zu machen und den Kostenrahmen nicht zu sprengen.

Es war das Gemeinschaftsangebot von HDW und Nobiskrug, das den beiden Unternehmen, die über Jahre schon bei anderen Gegebenheiten erfolgreich kooperiert hatten, den von vielen Werften angestrebten Auftrag eintrug. Es war allerdings keineswegs Halbe/Halbe, wie sich der Auftrag aufteilte – von dem Gesamtwert entfielen etwa 43 Mio DM auf den Rumpf und die Aufbauten, die bei HDW entstanden, der Rest auf die Motorenanlage und die Innenausstattung des Schiffes, d. h. wurde von der Werft Nobiskrug abgerechnet. Für beide Werften war es ein Auftrag von besonderer Bedeutung – von seiner Konstruktion, seiner

Vielseitigkeit und auch von seinen Kosten war dieser Neubau so etwas wie ein Nonplusultra – ca. 1,2 Mio DM für jeden laufenden Meter Schiffslänge!

Ein Studium der Baubeschreibung ließ sehr schnell das Außergewöhnliche der *Polarstern* erkennen, die sich damit tatsächlich gleichrangig neben einige wenige »Pionier-Konstruktionen« der Welt stellte. Da hieß es im Text: »Das Schiff ist überwiegend für die Durchführung von Forschungs- und Versorgungsaufgaben in der Antarktis, speziell im Polarsommer im Weddell-Meer vorgesehen. Es soll multidisziplinär für Forschungsaufgaben aus den folgenden Gebieten verwendet werden:

○ Meteorologie   ○ Glaziologie
○ Geophysik   ○ Geologie
○ Ozeanographie   ○ Fischereiwissenschaft
○ Meeresbiologie   ○ Nachrichtentechnik
○ Meereschemie   ○ Schiffstechnik

Da ein Einfrieren im Eis nicht ausgeschlossen werden kann, ist der Schiffskörper so auszulegen, daß er Eispressungen standhalten kann (partiell Arc 7).

Die Typbezeichung der *Polarstern* lautet: Polarforschungs- und Versorgungsschiff mit dem dazugehörigen Klassezeichen des Germanischen Lloyds:
für den Schiffbau: ⊞ 100 A4 Arc 3
für den Maschinenbau: ✛ MC Arc 3 Aut-16/24".
Als Hauptmaschinenleistung waren 4 x 5.000 PSe festgelegt worden.

Geschweißt wurden Außenhautplatten von über 43 mm Dicke – die *Polarstern* braucht sich, was ihre Rumpfstärke angeht, hinter einem Panzerschiff nicht zu verstecken. Als dann auch noch beim Docken des Schiffes die eiförmige

Gestaltung des Rumpfes besonders ins Auge sprang, wurde die anerkennende Bemerkung eines Gastes verständlich, der da ausrief: »Ach, du dickes Ei!«

Es mußten aber nicht nur Einzelheiten der Rumpfform und -stärke bedacht werden. Die Auswahl des richtigen Materials war wesentlich. Höherfeste Stähle waren zu verwenden. Kräne z. B. verlieren in extremer Kälte an Leistungsfähigkeit, weil der normale Stahl, aus dem sie gebaut sind, spröde wird. Viele der Decksmaschinen mußten kältegeschützt aufgestellt werden, wollte man mit ihnen in Antarktis und Arktis nicht unangenehme Überraschungen erleben. Auch die Probleme der Abfallbeseitigung wollten auf langen Forschungsreisen geklärt sein. Nicht davon zu reden, daß sich 36 Besatzungsmitglieder, 40 wissenschaftliche Mitarbeiter und etwa 30 Mann »sonstiges« Personal in ihren Tagesabläufen nicht gegenseitig stören sollen, daß die Laborarbeiten nicht durch die alltäglichen Bordvorgänge, der notwendige Bordbetrieb aber auch nicht durch Laboruntersuchungen behindert werden darf.

Eine Einhebelsteuerung ermöglicht es, das Schiff auch gegen Wind und Strömung genau auf der Stelle zu halten.

In diesem Zusammenhang ist die Lieferung von zwei Dopplerlogsystemen bemerkenswert. Sie messen die Längs- und Quergeschwindigkeit des Schiffes über Grund oder durch das Wasser – eine wesentliche Basis für das integrierte Navigationssystem. Ein Rechner ermittelt jeweils den optimalen Schub der Verstellpropeller, der beiden Querstrahlruder sowie die günstigste Ruderlage.

Das Radarsystem des Schiffes – eine Doppelinstallation – arbeitet mit drei bzw. zehn Zentimeter Wellenlänge. Letztere gibt eine besonders gute Radarsicht auch bei Regen und

Im Januar und Februar 1983 hatte das neue Polarforschungs- und Versorgungsschiff seine erste Bewährungsprobe im antarktischen Eis zu bestehen.

In January and February 1983, the new polar research and supply vessel *Polarstern* had to stand her first test in the Antarctic ice.

Schneefall. Die Antennengetriebe erhielten eine Heizung gegen die polaren Minusgrade. Dieses Radarsystem erfaßt eine Fülle von Zielen und ermittelt, den tatsächlichen Ereignissen weit vorauseilend, wann es mit welchem Gegenkommer oder Dwarsläufer eine Kollision geben könnte und auf welchen Kursen sie vermieden wird. Das bewirkt ein computergestütztes Antikollisionssystem. Eine automatische Fehlersucheinrichtung ermöglicht die Reparatur der Anlage auch auf See und erhöht damit die Verfügbarkeit.

In engen Hafengewässern oder im Eis kann sich der Kapitän mit seiner Positionierungsanlage unter dem Arm, die an einem 20 m langen Kabel hängt, vor den Radarschirm stellen. Die Anlage besteht aus nur einem Hebel, der wie die Gangschaltung eines Autos aussieht.

Mit der unter den Arm geklemmten Positionierungsanlage, die eine Schalttafel in der Größe eines Ladentisches ersetzt, kann der Kapitän am Fischereileitstand vorbeigehen, in dessen Halbrund die Anzeige für die Netzsonden und das Tiefenlot sowie die Sonaranlage zum Aufspüren von Unterwasser-Meßsonden installiert sind, und sich in den Eisjagdsitz an Steuerbordseite des saalgroßen Ruderhauses begeben. Vielleicht wirft der Kapitän auf seinem »Spaziergang« über die Brücke einen Blick auf einen der Fernsehbildschirme und überzeugt sich davon, daß der Hubschrauber auf dem Landedeck am Heck klar zum Start steht oder das Krillnetz zum Ausbringen bereit vor der Heckaufschleppe liegt. Sollte dem Kapitän in der Polarregion noch die letzte Gewißheit über die Eislage fehlen, kann er sich ins Krähennest begeben – eine Positionierungsanlage ist auch dort vorhanden.

»Nur ein Raumschiff ist teurer als dieses Schiff«, schrieb eine Zeitung von der Weser. Das ist allerdings nicht ganz richtig. Für 190 Mio DM bauen die Werften auch einen Luxusliner, von Kriegsschiffen soll gar nicht die Rede sein. Doch wer je an Bord der *Polarstern* war, wird zugeben müssen: Es gab »viel Schiff« für viel Geld. . .

Für HDW und die Werft Nobiskrug war der Erhalt des Auftrages zum Bau der *Polarstern* sicherlich »ein dicker Fisch«, eine Aufgabe, gespickt mit unendlich vielen Problemstellungen. Wie alles gelöst wurde, spricht für die beiden Werften. Und wollte jemand ausrechnen, wer in diesen Auftrag mehr an Ideen und Problemlösungen hineingesteckt hat, unterzieht er sich einer völlig überflüssigen Rechenaufgabe: Im Zuge der schweren Schiffbaukrise übernahm die Howaldtswerke-Deutsche Werft AG. im Februar 1987 die Werft Nobiskrug, die nunmehr in erster Linie für Schiffsreparaturen und werftfremde Aufgaben herangezogen werden soll. Das schließt ein, daß alles, was Nobiskrug vollbrachte – und es war eine gute Werft – jetzt voll auch als Leistung von HDW angesehen werden kann.

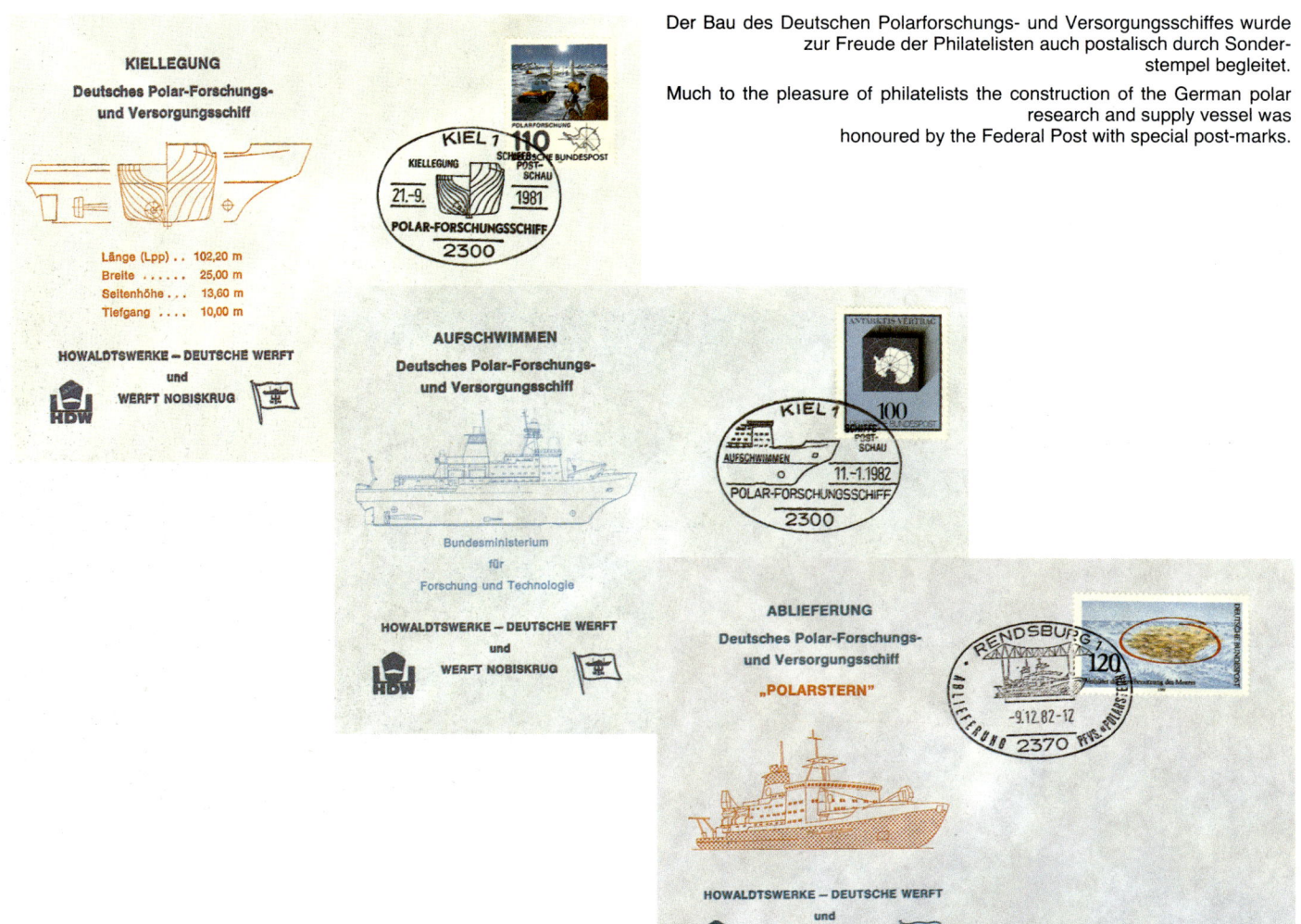

Der Bau des Deutschen Polarforschungs- und Versorgungsschiffes wurde zur Freude der Philatelisten auch postalisch durch Sonderstempel begleitet.

Much to the pleasure of philatelists the construction of the German polar research and supply vessel was honoured by the Federal Post with special post-marks.

Neue Zeiten mit einer neuen Energie

The HDW reference list contains many remarkable ships which met with worldwide approval. Amongst them certainly is the first German nuclear powered vessel *Otto Hahn*. Yet, she was to be the only one of this type, even though the vessel sailed smoothly for years after her commissioning in 1968. Unfortunately, repeat orders were not placed due to economic reasons. Only the USSR still run nuclear-powered merchant vessels, especially ice-breakers.

Zwar hatte es um den Bau von Atom-Handelsschiffen in aller Welt von Anfang an Diskussionen gegeben, aber Kritik richtete sich nicht so sehr gegen die Nuklear-Energie, sie richtete sich mehr gegen Details der Planung. In den USA hieß es, die Antriebsanlage des geplanten Frachters würde veraltet sein, bevor das Schiff in Fahrt käme. Großbritannien und Frankreich verzichteten auf Experimente mit zivilen Nuklearschiffen – sie überließen es den Marinen, Erfahrungen mit derartigen Schiffen zu sammeln. In Norwegen und Schweden setzten sich die Gegner des Baues eines Atomfrachtschiffes durch, bevor derartige Pläne konkrete Gestalt annahmen. In anderen Ländern kam es trotz einiger befürwortender Stimmen gar nicht erst zu einigermaßen ernsthaften Erörterungen um den Bau von Atomfrachtschiffen. Allein in den USA und in der UdSSR wurden solche Pläne in die Tat umgesetzt. Die Bundesrepublik folgte später. Und die Japaner hatten mit ihrem Atomschiff *Mutsu* schließlich so viele Pannen, daß es nicht erst in Fahrt kam. Und weil sich die Japaner auch nicht an den Abbruch heranzutrauen schienen, wurde ihre mißlungene Konstruktion zunächst einmal in einer stillen Bucht des Insellandes aufgelegt.

Welche Bedeutung die Amerikaner und die Russen aber ihren zivilen Atomschiffen beimassen, mag aus einigen Begleitumständen des Baues dieser Schiffe geschlossen werden: Die Amerikaner gaben ihrem Neubau den Namen *Savannah* – nach dem ersten Dampfschiff, das den Atlantik überquert und damit eine neue Aera in der Schiffahrt eingeleitet hatte. Zwar war der Steamer die meiste Zeit auf dem Atlantik unter Segel gefahren, aber beim Einlaufen in Liverpool hatte er gewaltig gedampft, dabei den wohlberechneten Eindruck erweckend, daß er mit Hilfe seiner Dampfmaschine den ganzen Atlantik überquert habe (was schon wegen der unzureichenden Bunkermenge nicht mög-

lich gewesen wäre). Sie legten zudem das Schiff am 22. Mai 1958 auf Kiel, am selben Tage, da 140 Jahre zuvor besagte *Savannah* ihre Atlantiküberquerung beendet hatte. Die Russen ihrerseits gaben ihrem ersten zivilen Atomschiff, einem Eisbrecher, den Namen *Lenin* – eine Namenswahl, die für sich spricht.

Nobelpreisträger Otto Hahn (rechts) kam zur Taufe und zum Stapellauf der *Otto Hahn* am 13. 6. 1964 nach Kiel. Auf dem Bild spricht er mit dem damaligen Oberbürgermeister Dr. Hans Müthling.
On June 13, 1964, Nobel Prize winner Otto Hahn (right) came to Kiel to attend the christening ceremony and launching of *Otto Hahn*. The photo shows him in conversation with the then Lord Mayor of Kiel, Dr. Hans Müthling.

Pläne, mit dem Frachtschiff *Savannah* Geld zu verdienen, bestanden nie. Das Schiff sollte vielmehr im Laufe der Zeit mit Reaktoren verschiedener Hersteller und Leistungen ausgestattet werden. Im übrigen wurde es zu »Show trips« eingesetzt – von »public relations« verstanden die Amerikaner schließlich etwas.

Die Russen verhielten sich ganz anders – ihr Eisbrecher *Lenin* wurde in den unendlichen Weiten und der Einsamkeit des nördlichen Eismeeres getestet. Eine Verwendung als Eisbrecher entsprach zudem in idealer Weise dem auffälligsten Vorteil des Nuklearbetriebes: Ein Nachbunkern (das Problem bei Eisbrecherfahrten) ist nur in großen Zeitabständen erforderlich.

Den »Wettlauf« um den Bau der ersten Atomschiffe entschieden übrigens die Amerikaner für sich. Ihr Atom-U-Boot *Nautilus* – Baupreis angeblich 55 Mio Dollar, wovon 24 Mio allein auf den Nuklearantrieb entfielen – wurde am 30. September 1954 in Dienst gestellt. Was die See-Ausdauer der *Nautilus* anging, überraschte die US-Navy die Welt im Jahre 1958 mit der Nachricht, das Atom-U-Boot habe, unter dem Eis fahrend, den Nordpol erreicht.

Die Russen konnten ihrerseits behaupten, die Nase vorn zu haben: Als die *Lenin* (44.000 PS), Stapellauf in Leningrad am 5. Dezember 1957, im Herbst 1959 in Fahrt kam, war der Eisbrecher das erste »zivile« Schiff der Welt mit Atomantrieb. Und als der sowjetische Nuklear-Eisbrecher *Arktik* im Jahre 1977 den Nordpol erreichte, war es das erste Überwasserschiff der Welt, das den nördlichsten Punkt unseres Erdballs angesteuert hatte.

Die *Savannah* blieb übrigens bei weitem nicht so lange in Fahrt wie ursprünglich erwartet. Erfahrungen mit Nuklearantrieben sammelte die US-Navy auf Kriegsschiffen der verschiedensten Art mehr als genug. Es kam nicht zur Erprobung der verschiedensten Nuklearantriebe auf der *Savannah*, deren Betrieb sich als viel zu kostspielig erwies, um das Schiff im kommerziellen Betrieb zu halten. Es wurde als »Museumsschiff« in Patriot's Point (South Carolina) aufgelegt.

Die Russen ihrerseits bauten einen Atomeisbrecher nach dem anderen (sie verfügen bis heute über mehr als ein Dutzend derartiger Spezialschiffe). Die UdSSR ist das einzige Land der Welt, das zivile Atomschiffe betreibt.

Die Bundesrepublik sollte – von Japans schon erwähnter mißlungener *Mutsu* abgesehen – das einzige Land der Welt sein, das neben den USA und der UdSSR ein ziviles Atomfrachtschiff baute. Dessen Fertigstellung ließ allerdings bis zum Jahre 1968 auf sich warten. Dann aber erfüllte die *Otto Hahn*, so hieß der deutsche Atomfrachter, alle Erwartungen, versah 11 Jahre lang seinen Dienst ohne irgendwelche Pannen – es war ein Schiff, auf das seine Schöpfer stolz sein konnten. Es war ein Bau der Kieler Howaldtswerke . . . Ursprünglich war in der Bundesrepublik an den Bau eines

Nach fast fünfjähriger Bau- und Erprobungszeit wurde im Februar 1968 das erste (und bisher einzige) deutsche Nuklearschiff *Otto Hahn* abgeliefert (Bau-Nr. 1103).
After a building and test period of abt. 5 years, the first (and up to now only) German nuclear-powered ship *Otto Hahn* was delivered in February 1968.

»Atomtankers« gedacht worden. Dann entschied sich die Gesellschaft für Kernenergie in Schiffahrt und Schiffbau (GKSS), die ihren Sitz in Geesthacht hatte, 1960 für die Ausschreibung eines Massengutfrachters von etwa 16.000 t Tragfähigkeit. Von den Werften, die sich um den Bau des vermeintlich zukunftsträchtigen Schiffes bewarben, erwies sich das Kieler Schiffbauunternehmen als das mit dem besten Konzept – als Antrieb war ein fortschrittlicher Druckwasserreaktor der Firmengruppe Interatom/Babcock–Wilcox vorgesehen. Als der Auftrag im Jahre 1962 vergeben wurde, hieß es, das Schiff würde 40 Mio DM kosten.

Vor dem Deutschen Schiffahrtsmuseum in Bremerhaven erinnert noch der alte Schornstein an NS *Otto Hahn*.
Placed in front of the German Museum for Shipping in Bremerhaven the old funnel of NS *Otto Hahn* reminds of the vessel.

Als die *Otto Hahn* am 1. Februar 1968 abgeliefert wurde, – der Stapellauf war am 13. Juni 1964 in Anwesenheit ihres Namensgebers erfolgt – tröstete einer der Festredner die Werftleitung mit der Erklärung, das Unternehmen habe bei diesem Erstling eines nukleargetriebenen Frachtschiffes zwar finanziell »zugesetzt«, dafür verfüge man in Kiel nun aber über einen uneinholbaren Vorsprung im Bau derartiger Schiffe, der sich bei den Folgebauten leicht auszahlen würde. Niemand widersprach. Frachtern oder Tankern mit Nuklearantrieb wurden große Zukunftschancen eingeräumt.

Als die *Otto Hahn* am 2./3. Februar 1968 in Kiel zur Besichtigung freigegeben wurde – sie hatte zu diesem Zweck an dem zentral in Kiel gelegenen Oslo-Kai festgemacht – strömten Zigtausende von Neugierigen an Bord. Es gab keine Anti-Atom-Proteste, keine Transparente gegen die Atompolitik. Und die Polizisten trugen ein freundliches Lächeln und keine Schlagstöcke zur Schau . . .

Die *Otto Hahn* war ein im Grunde sehr konventionelles Schiff. Die Ausstattung entsprach, von der Antriebsanlage abgesehen, einem Durchschnittsfrachter. Und schon meldeten sich Kritiker zu Wort, die mehr verlangten. Nach ihrer Vorstellung hätte das Atomschiff zugleich eine Art schwimmende Mustermesse für bundesdeutsche Industrieerzeugnisse sein sollen, dazu bestimmt, beim Anlaufen ausländischer Häfen die ganze Bandbreite bundesdeutscher Industrieproduktion zu präsentieren. Solchen Kritikern wurde entgegengehalten, daß es allein auf den sicheren Betrieb und auf das Gewinnen von Erfahrungen mit dem Nuklearantrieb ankäme, alles andere wäre zu viel.

Im Januar 1979 wurde die *Otto Hahn* stillgelegt. Nach mehrjährigen Entsorgungsarbeiten im Nuklearbereich wurde der Kontrollbereich von der zuständigen Behörde, dem Amt für Arbeitsschutz der Freien und Hansestadt Hamburg, freigegeben. Anschließend wurde das Schiff von der Rickmers Werft zu einem Vollcontainerschiff (1.181 TEU) umgebaut. Im November 1983 kam es als *Norasia Susan* in Fahrt.

Der Schornstein des Schiffes ist erhalten geblieben. Er wurde vor dem Schiffahrtsmuseum in Bremerhaven aufgestellt.

Die schwimmende Thermosflasche aus Gaarden

The liquefied gas tankers *Golar Freeze* and *Höegh Gandria* which were built at the end of the 70ies for the carriage of LNG (Liquefied Natural Gas) and LPG (Liquefied Petroleum Gas) are among the best first-rate vessels as to technical quality ever built. The challenge to transport liquefied gas across the ocean, cooled down to minus 160 degrees centigrade in spherical tanks, made greatest demands upon design skill and on most accurate technical performance.

This task was handled. However, the liquefied gas market did not develop as experts had expected it.

Nicht der Atomfrachter *Otto Hahn,* der in Kiel entstand, nicht das größte deutsche Passagierschiff der Nachkriegszeit, die *Hamburg,* die im Hamburger Werk gebaut wurde, keiner der Supertanker, keines der schnellen Containerschiffe, auch nicht die technisch komplizierten Fischereifabrikschiffe, die in der Vergangenheit von der Howaldtswerke-Deutsche Werft AG fertiggestellt wurden, sind die technisch hochwertigsten Schiffsneubauten des Kiel-Hamburger Schiffbauunternehmens: Die Flüssiggastanker sind es, die Ende der 70er Jahre im Gaardener Werk der HDW entstanden. Das »Nonplusultra« gilt für ihren Preis wie für das konstruktive Können, das in ihnen steckt.

Selbst hartgesottene Vertreter der internationalen Fachpresse zollten HDW damals besondere Anerkennung: Nach nur 14 Monaten Bauzeit war das erste der Schiffe, die *Golar Freeze,* ablieferungsbereit. Und als *Golar Freeze* und das Schwesterschiff *Höegh Gandria* nach längerer Aufliegezeit dann endlich in Fahrt kamen (das lag daran, daß der Flüssiggasmarkt sich keineswegs so entwickelte, wie es viele Fachleute prognostiziert hatten), da erwiesen sie sich als »trouble-free«. Einige andere Werften in der Welt mußten sich dagegen sehr viel länger abmühen, um mit den Tücken technisch derart komplizierter Schiffe fertig zu werden.

Als die HDW das große Gaardener Baudock in Kiel projektierte, fiel zugleich die Entscheidung gegen die »Monokultur« im Schiffbau. Es sollten nicht nur Supertanker gebaut werden – obwohl die damals in den Auftragsbüchern aller Großwerften dominierten. Das Dock sollte es vielmehr ermöglichen, zu jenem vielfältigen Spezialschiffbau zurückzukehren, der zuvor typisch gewesen war für die Kieler Werft. Dabei spielte der Bau von Flüssiggastankern in den Überlegungen, was man bauen wollte (und dank des Großdocks nun auch bauen konnte), keine geringe Rolle. Flüssiggastransporte waren interessant geworden, als Butan, Propan oder ihre Mischungen, in Erdölraffinierien in großen Mengen anfallend, aufhörten »Abfall« zu sein. Hatte es in früheren Jahren keine Verwendung für die eigentlich hochwertigen Gase gegeben, weshalb sie »abgefackelt« wurden, tat sich plötzlich ein großer Anwendungsbereich auf. In ländlichen Bezirken, in deren Nähe Gasanstalten nicht vorhanden sind, setzte sich die Versorgung von Haushalten und handwerklichen Betrieben mit Propan-Flaschen durch. Als Motorenbrennstoff spielten die Gase eine immer größere Rolle, in industriellen und chemischen Betrieben gewann die Propanverwendung ständig an Bedeutung.

Klar war, daß die Verwendungsmöglichkeiten der Flüssiggase wesentlich vom rationellen Transport vom Erzeuger zum Verbraucher abhingen. Bei einem Verhältnis des Raumbedarfs von Flüssigkeit:Gas von 1:260 bei LPG war klar, daß Transporte nur im verflüssigten Zustand in Frage kommen konnten. Eisenbahntransporte mit Kesselwagen hatten sich zu jener Zeit bereits gut eingespielt, waren aber über lange Distanzen nicht wirtschaftlich und über See gar unmöglich. Immer mehr setzte sich aber die Erkenntnis durch, daß gerade Überseetransporte unerläßlich seien – Spezialschiffe mußten her.

Zunächst gab es Umwandlungen älterer Frachter. Ende der 50er Jahre war in den USA der erste derartige Gastanker aus einem Umbau entstanden. Er hatte in den Laderäumen stehende Tanks erhalten. Höhe und Durchmesser solcher Tanks waren naturgemäß begrenzt. Die Forderung nach ausreichender Stabilität der Schiffe erlaubte es nicht, über bestimmte Tankhöhen hinauszugehen, die Breite der Schiffe schränkte die Zahl der Tanks und ihre Durchmesser ein. Die größten bis Mitte der 50er Jahre gebauten Tanks waren solche mit 3,8 Meter Durchmesser – für die Techniker war es nur logisch, daß größere Tanks wirtschaftlicher sein mußten,

Die Flüssiggastanker *Golar Freeze* (Foto) und *Höegh Gandria* gehörten zu den technisch anspruchsvollsten Neubauten der Kieler Werft. *Golar Freeze* (Bau-Nr. 83) wurde 1977 an Golar Gas Operation Inc., Monrovia, abgeliefert.

The liquefied gas tankers *Golar Feeze* (photo) and *Höegh Gandria* were among the technically most demanding newbuildings of the Kiel yard. *Golar Freeze* was delivered in 1977 to Golar Gas Operation Inc., Monrovia.

einmal wegen des geringeren Verhältnisses von Eigengewicht zum Ladungsinhalt, zum anderen, weil bei ihnen Sicherheitseinrichtungen und Rohrschaltungen zu vereinfachen waren – der Längstank wurde überfällig. Als »wirtschaftlich« galt denn auch erst ein 1964 in England entstandener Neubau. Howaldt hatte sich damals an ähnlichen Umbauten und schließlich am Neubau solcher Spezialschiffe beteiligt.

1973 bestellten die Reedereien Gotaas-Larsen und Leif Höegh in Kiel die ersten beiden 125.000 m³ LNG-Tanker, die bis in unsere Tage zu den größten der Welt zählen sollten. Von ihnen wurde der erste, die *Golar Freeze*, am 25. Februar 1977 an die Golar Gas Operations Ltd., Monrovia, abgeliefert. Der zweite, die *Höegh Gandria,* folgte am 14. Oktober des gleichen Jahres.

Bei dem nach dem Moss-Rosenberg-System von der HDW entwickelten Tankertyp handelt es sich um den ersten dieser Größenordnung, der in der Bundesrepublik Deutschland gebaut wurde. Er kann in fünf Kugeltanks jeweils 25.000 m³ Flüssiggas transportieren und ist sowohl für den Transport von Erdgas (LNG = Liquefied Natural Gas) als auch von verflüssigten Petroleum-Gasen (LPG = Liquefied Petroleum Gas) ausgelegt. Die Kugeltanks von der norwegischen Firma Kvaerner Brug A/S in einzelnen Elementen vorgefertigt und bei der HDW in Kiel zu Großsektionen montiert, bestehen aus Aluminium. Sie haben einen Innendurchmesser von 36,50 m und einen Umfang von 115 m. Die Wandungen sind zwischen 34 und 75 mm dick. Das von den Tanks aufzunehmende Erdgas wird beim Verflüssigungsverfahren auf − 162° C herabgekühlt. Es hat dann ein 600fach geringeres Volumen als in gasförmigem Zustand – erst diese Volumenverringerung macht den Transport großer Gasmengen, die früher auf den Förderfeldern abgefackelt, d. h. verbrannt wurden, rationell und sinnvoll.

Die vielfach gehörte Bezeichnung »Thermosflasche« ist für Flüssiggastanker nicht falsch. Bei diesen Doppelhüllenschiffen kommt es entscheidend darauf an, daß die Ladung auch auf langen Wegen auf tropischen Kursen nicht viel an Kühle verliert. Die gewaltigen Kugeltanks, die das kennzeichnende Merkmal der LNG-Tanker darstellen, sollen das bewirken. Allerdings liegt das Erfolgs-»Geheimnis« nicht in diesen riesigen Aluminiumbällen. Weder die Kugeln noch ihre Isolierungen sind nennenswert patentfähig. Das Lagerprinzip dieser Tanks macht ihre Besonderheit aus. HDW erwarb die Lizenz des in Norwegen entwickelten, renommierten Moss-Rosenberg-Systems.

Der Bau des Schiffes *Golar Freeze* bereitete übrigens keine nennenswerten technischen Probleme – man wußte, was auf einen zukommt. Selbst die tropische Hitze, die während des heißen Sommers 1976 in den Kugeln herrschte, war in den Bauvorschriften bereits berücksichtigt.

Trotz Doppelhülle und raffiniert gelagerter Tanks ist ein »Schwund« an Ladung während der Fahrt unvermeidlich. Er dürfte in tropischen Gewässern bei 0,25 % liegen. Aber der Schwund verschwindet nicht spurlos – dieses sogenannte »boil off« wird den Schiffskesseln zugeleitet und kann etwa 60 % der Maschinenleistung erbringen.

Wo die Tankerriesen, die mit einem gewöhnlichen Tanker eigentlich nichts gemein haben, (schon gar nicht den Preis – ein Flüssigkeitstanker ist etwa doppelt so teuer) nach ihrer Fertigstellung fahren sollten, wußte anfangs noch niemand. Das hing von der Charter ab, die die Reeder »ergattern« konnten. Sie wurden schließlich von der Burmah Oil geschlossen. Als Haupteinsatzgebiete galten die Relationen Persischer Golf – Japan bzw. Indonesien – Japan und Algerien – USA.

Der Transport derart tiefgekühlter Ladung verlangt komplizierte Tank- und Leitungssysteme. Größte Sorgfalt war schon beim Bau der aus Aluminium gefertigten Kugeltanks, ihrer Isolierung und Aufhängung im Stahlschiffskörper (Stahl und Aluminium vertragen sich überhaupt nicht miteinander) notwendig. Sollte nur ein Tropfen aus der eiskalten Ladung auf die Stahlplatten des Schiffsrumpfes fallen, würde der Stahl spröde wie Glas (und genauso zerbrechlich).

So sind die fast 40 m Durchmesser aufweisenden Kugeltanks von Spezialschweißern mit größter Präzision zusammengefügt worden. Und obwohl die Kugelform selbst nur Toleranzen von Millimetern aufweisen darf, wird sie sich unter der Kälte der Ladung bis zu 350 mm zusammenziehen. Solche Spannungsveränderungen hat nicht nur der Schiffsrumpf zu verkraften, auch die aufgetragene Isolierung darf bei einem derart »arbeitenden« Material nicht abplatzen.

Die große, in der Öffentlichkeit immer wieder gestellte Frage war, was passieren würde, wenn ein Flüssiggastanker in eine Kollision verwickelt werden sollte. Optimisten sagten: »nichts« und verwiesen auf die minimale Chance, daß der Kollisionsgegner durch eine bei Flüssiggastankern vorhandene doppelte Rumpfhülle und den Tank hindurchstoßen könnte, wobei der Tank, um Schäden davonzutragen, an der richtigen Stelle und im richtigen Winkel getroffen werden müßte. Die Skeptiker stellten Versuche an und fanden am Beispiel des britischen Shell-Tankers *Gedania* heraus, daß das extrem leichte Gas sich rasch verflüchtigt, aufsteigt, von den Seiten wärmere Luft unter sich zusammenzieht und so ein eigenes, ziemlich ungefährliches »Hoch« bildet. Nichts aber von der Vorstellung, daß die Kollisionsgegner nach einem Zusammenstoß sich minutenschnell in riesige Eisberge verwandeln würden, auf denen die Besatzungen als erstarrte Statuen ein schreckliches Bild abgeben würden. Allerdings – die Feuergefährlichkeit des Flüssiggases bleibt.

Entsprechend streng waren die Sicherheitstests des Neubaues, der dazu den Methan-Terminal Canvey Island in der Themse-Mündung anlief, wo erstmals LNG in die Tanks eingefüllt wurde, um ihre Eignung für das »nur« 163° C kalte Flüssiggas zu testen. Dabei haben sich, wie Teilnehmer berichteten, die riesigen Alu-Tanks vor Kälte buchstäblich »geschüttelt«. Solche Gewaltkuren aber waren einmalig und wiederholten sich später nicht: Aus Kostengründen bleibt immer ein Ladungsrest in den Tanks, damit sie auch bei Leerfahrten kalt bleiben.

Für die Werft bedeutete der Auftrag über diese beiden Flüssiggastanker trotz der hohen Baupreise ein hartes Rechenkunststück. Für etwa 8 Mio DM waren spezielle Werftausrüstungen anzuschaffen. Allein der Transport der Kugelsektionen vom Werk Süd zum Gaardener Schiffbauplatz, ein Arbeitsgang, der nach der Fertigstellung des Kieler Großdocks unnötig wurde, kostete an »Schwimmkran-Gebühren« pro Schiff 1,7 Mio DM! Von der Entwicklung neuer Techniken – es wurde z. B. versucht, Aluminium mit Stahl »zusammenzusprengen«, später wurde aber einem »Zusammenwalzen« der Vorzug gegeben – ganz zu schweigen. Was Wunder, daß man bei HDW nicht nur stolz auf diese Neubauten war – im weltweiten Wettbewerb um die in den kommenden Jahren zu erwartenden Flüssiggastanker-Aufträge hatte die Werft sich, wie man hoffte, eine sehr gute Ausgangsstellung verschafft. Daß diese Hoffnung trog, daß

einige der großen Flüssiggastanker in den 80er Jahren verschrottet wurden, ohne je Ladung gefahren zu haben (nicht die Howaldt-Tanker), das hat keiner der vielen Fachleute in aller Welt vorhergesehen. . .

Zwar konnte weltweit von einem erheblichen Bedarf an Flüssiggastankern ausgegangen werden, aber die landseitigen Gasverflüssigungsanlagen waren so immens teuer, daß sich ihre Fertigstellung überall verzögerte. Zudem kamen die Erzeugerländer – wie bei dem Rohöl – darauf, daß sie unter dem Strich mehr verdienten, wenn sie das LNG und das LPG selbst verarbeiteten. Die Einsatzmöglichkeiten für die riesigen Gastanker verringerten sich, kleinere Gastanker aber konnten auch von kleineren Werften gebaut werden, von denen nun viele in diesen Wettbewerb eintraten (die Hamburger Howaldtswerke z. B. lieferten mancher Werft bei ihr gefertigte Gastanks). Denn dem umweltfreundlichen Energieträger Methan wurde weiterhin eine große Zukunft bescheinigt.

Hebe 2 (Hebefähigkeit 1.600 t) transportiert eine der Kugeltanksektionen für die LPG/LNG-Tanker zum Baudock in Kiel-Gaarden.
Hebe 2 (lifting capacity 1.600 tons) transporting one of the spherical tank sections for the LPG/LNG tankers to the Kiel-Gaarden building dock.

Gut, wenn man
die »Bussewitz« nicht riechen kann...

The ammonia tanker *Bussewitz*, built for the GDR and delivered in 1983, belongs to the technically outstanding new-buildings. Here, the tightness of the four cargo tanks was above all of importance as they have a volume of totally 17.000 m³, cooled down to minus 33 degrees centigrade. Another interesting feature is that plants produced in the GDR had partly to be combined with West European products.

Daß die Kieler im Februar 1983 einen HDW-Neubau für die DDR »nicht riechen konnten«, darf nicht politisch verstanden werden – ja, es kam der Werft, dem Auftraggeber und den Überwachungsbehörden sogar sehr darauf an, daß den Kielern das Schiff nicht in die Nase stieg. Wäre es anders gewesen, wäre die Dichtigkeitserprobung des Tank- und Leitungssystems der *Bussewitz* unbefriedigend verlaufen. Doch beginnen wir mit der Geschichte von Anfang an:

Am 11. Februar 1981 wurde zwischen der Howaldtswerke-Deutsche Werft AG und dem Volkseigenen Außenhandelsbetrieb Industrieanlagenimport DDR (IAI) der Vertrag

Als Spezialtanker für Flüssiggas kam 1983 als bislang erster und einziger Neubau für die DDR die *Bussewitz* (Bau-Nr. 179) für VEB Deutfracht/Seereederei in Fahrt.

As first and only newbuilding on GDR behalf, the special tanker for liquefied gas *Bussewitz* was commissioned in 1983, sailing for VEB Deutfracht/Seereederei.

Der Einbau von Zwillingstanks in den Schiffskörper.
Installation of the twin tanks into the ship's hull.

über den Bau eines Ammoniaktankers unterzeichnet. Am 1. September erfolgte der Baubeginn für das technisch so bemerkenswerte Schiff, am 12. Januar 1982 wurde im Gaardener Baudock des Kieler Werkes der HDW der Kiel gestreckt, am 4. Februar 1983 übernahm der VEB Deutfracht/Deutsche Seereederei, Rostock, den Neubau.

Der Ablieferung waren die erwähnten Dichtigkeitserprobungen voraufgegangen. Sie hatten zugleich das Ziel, die Anlagen des Tankers herunterzukühlen, damit er anschließend sofort »in Ladung« gehen konnte. Es sollte also auch niemand die Formulierung, dieser Neubau sei »ganz kühl« übergeben worden, weder politisch oder gar falsch verstehen . . .

Es war ungewöhnlich, daß der Auftraggeber der Bauwerft auch die Erprobung aller Tankanlagen und Leitungen übertrug.

Die Tanks sind als Zwillingstanks gebaut und lagern auf ringförmigen Fundamenten mit einem Gleit- und einem Festlager je Tank, wobei die speziellen Lagerwerkstoffe gleichzeitig als Träger- und Isolierschicht dienen. Diese Ladetanks und die Gasanlage sind für den Transport von Flüssiggas (z.B. Ammoniak, Propan, Butan) eingerichtet.

Zwar konnten kein Tank und keine Leitung »explodieren«, denkbar aber wären Risse im Material, wobei das austretende Ammoniak, das schon in kleinsten Luftkonzentrationen »erschnupperbar« ist, von Kiels Bewohnern hätte wahrgenommen werden können. Unwahrscheinlich war allerdings, daß eine größere Schädigung hätte eintreten können. Das Schiff wurde nämlich zu Tests an die nicht mehr benutzten Werftanlagen in Kiel-Dietrichsdorf verholt. Dort wurden aus Waggons 300 m³ Ammoniak in die Schiffstanks geleitet – eine winzig kleine Menge, wenn man an die über 17.000 m³ Gesamtfassungsvermögen denkt.

Für die beteiligten Arbeiter waren alle Vorsichtsmaßnahmen getroffen worden. Das Schiff selbst konnte innerhalb von 15 Minuten den Hafen verlassen, falls eine größere Panne eintreten sollte.

Außerhalb der Linie Laboe-Strande hatten die Aufsichtsbehörden keinerlei Sicherheitsvorschriften mehr erlassen – hier, in der offenen See, hätte das Schiff in aller Ruhe »auslüften« können. Die Seewinde hätten dafür gesorgt, den Ammoniak-»duft« rasch und schadlos zu verteilen.

Die Vorsichtsmaßnahmen waren so überflüssig wie die Proteste einiger politischer Gruppen, denen sie nicht ausreichten – die *Bussewitz* erwies sich als absolut »dicht«. Ganz anders stand es um die Frage, wo das für die Dichtigkeitsmessungen verwendete Ammoniak blieb. Daß es aus Brunsbüttel kam, war klar: Dort ist eine entsprechende Löschanlage vorhanden, um es vom ankommenden Schiff in die bereitgestellten Waggons umzuladen. Das Ammoniak, hieß es, würde auch in den Tankwaggons nach Brunsbüttel zurückrollen. Dort aber seien keine Einrichtungen vorhanden, das Ammoniak wieder in einen Tanker zu pumpen. »Ach«, hieß es, »die kleine Menge . . . da werden die Tankwaggons auf den Kai gerollt, und wenn Ostwind herrscht, werden die Tankverschlüsse geöffnet . . . bis Helgoland hat sich die Wolke doch schon verflüchtigt!« Wie gesagt – so wurde gesagt. . .

Das Schiff lief sofort nach der Übergabe nach Ventspils (Lettland) aus, um von nun an wie eine Fähre Ammoniakladungen zu einem neuen Chemie- und Kunstdüngerkombinat bei Rostock zu bringen. Es wurde dort errichtet, wo zuvor das Dorf Bussewitz stand, das dem neuen Werk weichen mußte. Der Name des Tankers erinnert daran. 52 Reisen pro Jahr kann das Schiff machen. Ganz so viele werden nicht erforderlich sein, um das Chemiewerk Bussewitz zu versorgen – »da sind ein paar Reserven drin«, sagte der Kapitän. Wenn aber jemand der *Bussewitz* auf ihren vielen Ostseefahrten begegnet, und er kann den HDW-Neubau nicht riechen – das ist gut so. So soll es auch sein . . .

Transporter
für den Lebenssaft der Industrienationen

Even though the very first tanker was not built at Howaldt Yard but at Tecklenborg Yard (Bremerhaven), in 1879, Kiel was fully engaged in the first tanker boom starting already before the 1st World War. In 1914, the *Jupiter* was built being at that time the first supertanker with 17.600 dwt. After the 2nd World War combined ore-oil vessels were highly rated for years before the great tanker boom came about. In 1954, Howaldtswerke Hamburg delivered the first 40.000 dwt tanker, the *Tina Onassis,* and afterwards there seemed to be no limit anymore as to size and volume. Whole tanker series were built in Kiel up to a size of 240.000 dwt.

Es gibt Leute, die sehen ernsthaft in John D. Rockefeller den »Vater« der weltweiten Tankschiffahrt. Denn indem der amerikanische Ölmagnat den Chinesen Millionen Petroleumlampen schenken ließ, weckte er im Reich der Mitte einen riesengroßen Bedarf an Petroleum, weil niemand mehr auf die Segnungen des Petroleumlichtes verzichten wollte. Und dieses Petroleum mußte mit Schiffen über den Pazifik gebracht werden.

Aber man könnte natürlich auch die Deutschen Daimler, Benz und Maybach, die das Auto erfanden und entwickelten, für den wachsenden Bedarf an Benzin verantwortlich machen. Oder Rudolf Diesel . . .

Der Bedarf an Tankern führte zu ungewöhnlichen Maßnahmen. Die Deutsch-Amerikanische Petroleum-Gesellschaft bestellte zur Lieferung in den Jahren 1912/13 eine ganze Tankerserie bei der Howaldtswerft. Sie kamen als *Sioux, Mohawk, Tecumseh, Kiowa* und *Mohican* in Fahrt, jedes Schiff zirka 5.080 BRT und 7.500 tdw groß. Und sie hätten ein unauffälliges Tankerdasein geführt, hätte nicht die *Mohawk* im Jahre 1913 Schlagzeilen geliefert.

Das Schiff lag zur Reparatur in New York, als ein Werftarbeiter (man glaubt es kaum) mit einem Streichholz in eine Ölleitung hineinleuchtete, um zu sehen, ob da wohl noch Öl drin sei. Es war . . . es gab vier Tote, mit dem Heck sank das Schiff auf Grund. Doch im Grunde überstand das Schiff die Neugierde des Werftarbeiters ohne große Folgen. Nach der Reparatur kam die *Mohawk* wieder in Fahrt, wechselte unter die italienische Flagge, wurde 1940 von der Kriegsmarine in Westfrankreich vorgefunden, von den Italienern gechartert, entging im August 1944 aber der Versenkung in

Bordeaux nicht. 1946 wurde das Wrack gehoben und verschrottet – man sieht, das New Yorker Unglück konnte dem Howaldt-Tanker nichts antun. Da mußte es schon »dicker« kommen . . .

Doch zurück in die zwanziger Jahre. Nicht nur mit Serienbauten suchten die Ölgesellschaften dem Tankermangel beizukommen, die Tankergrößen wuchsen auch rasch auf 6.000 BRT, dann auf 9.000. Im Jahre 1914 entstand auf der Howaldtswerft in Kiel die 10.073 BRT große *Jupiter* mit 17.610 tdw. Die Kieler Werft hatte den ersten »Supertanker«

Die bronzene Galionsfigur der *Bertha Entz* stellt den »Heiligen Christophorus mit dem Kind« dar.

The bronze figure head of *Bertha Entz* portrays "St. Christopher with the Child".

der Welt gebaut (der sich, das sei zugegeben, diesen Ruf allerdings mit der gleichzeitig in England entstandenen *San Hilario* teilen mußte).

Die *Jupiter* war so groß, daß sie ohne erhöhte Back und Poop gebaut worden war, das Brückenhaus war nur drei Decks hoch, die beiden Masten und der zigarettendünne Schornstein waren leicht nach achtern geneigt – auch in seinem Äußeren wirkte der Tanker »supermodern«.
Die zehn Ladetanks faßten 17.628 m³, das 164,3 m lange und 20,9 m breite Schiff lief mit einer von der Bauwerft gelieferten Vierfachexpansionsdampfmaschine 10,5 Kn.

Auf der ersten rückkehrenden Reise eröffnete der Tanker Hamburgs neuen Petroleumhafen.
Beide Weltkriege überstand das Schiff, erst 1954 wurde es in Italien verschrottet – 40 harte Lebensjahre für einen Tanker, eine heute fast unvorstellbare Zeit.
Als man sich nach dem Ersten Weltkrieg der Erfahrungen und des Geschicks der Kieler Werft im Tankerbau bedienen wollte, die Siegermächte aber Neubauten zu beschlagnahmen drohten, kam es zu einem geschickten Firmenwechsel.
Aus der Deutsch-Amerikanischen Petroleum-Gesellschaft, Hamburg, wurde über Nacht die Baltisch-Amerikanische Petroleum-Import GmbH, die ihren Sitz im Freistaat Danzig

Singö (7.010 tdw) wurde 1962 als Erzöler für A/B Rex, Stockholm gebaut (Bau-Nr. 1148). In den Ladetanks konnte das Schiff auch Schwefelsäure befördern.

Singö (7.010 dwt) was built in 1962 as ore-oil carrier for owner A/B Rex, Stockholm. In her cargo tanks she could also carry sulfuric-acid.

Höegh Falcon (82.460 tdw) entstand als OBO-Carrier 1981 für Leif Höegh (Bau-Nr. 169). Die Reederei ist ein langjähriger Kunde der Kieler Werft.

Höegh Falcon (82.460 dwt) was built as OBO carrier on behalf of Leif Höegh in 1981. Höegh is a customer of long standing with the Kiel yard.

hatte. Damit wurde dieser Ostseehafen vorübergehend zu einem der bedeutendsten Heimathafen von Tankschiffen. Als die Howaldtswerke Kiel im Jahre 1920 den 14.164 tdw Tankdampfer *Gedania* fertigstellten, hatte der schon Danzig als Heimathafen. Ebenso erging es der 1921 abgelieferten *Vistula*, fast ein Schwesterschiff der *Gedania*, nur daß diese nicht als Einschraubenschiff, sondern als Zweischraubenschiff gebaut war. 1928 war das Versteckspiel nicht mehr nötig – am 1. September dieses Jahres wurde die Waried Tankschiff Rhederei GmbH gegründet, die die Schiffe der Bapico, der Baltisch-Amerikanischen Petroleum-Import GmbH, Danzig, übernahm. Später wurde daraus die ESSO Tankschiff-Reederei.

Die *Jupiter* war mit ihren 17.000 Ladetonnen ein Vorgriff auf die Zukunft gewesen. Denn bis in den Zweiten Weltkrieg hinein dominierte der Typ des »3x12-Tankers« – das war ein Schiff von etwa 12.000 t Tragfähigkeit, das bei 12 t täglichem Ölverbrauch 12 Kn lief.

Im Jahre 1954 bauten die Kieler Howaldtswerke Schiffe mit zusammen fast 300.000 tdw – das war das beste Ergebnis aller Werften in der Welt (die Deutsche Werft in Hamburg lieferte im gleichen Jahr Schiffe mit etwa 200.000 tdw ab, die Howaldtswerke Hamburg 50.000 tdw). In jenem 1954 war unter der Baunummer 988 der kombinierte Öl-/Erztransporter *Bertha Entz* vom Stapel gelaufen, der erste derartige deutsche Neubau, 21.954 Tonnen tragend – dem kurz zuvor in Schweden gebauten größten Erztanker *Tarfala* der Welt also durchaus ebenbürtig.

Bestimmt war das Schiff für die Thomas Entz Tanker GmbH, Rendsburg, ein Tochterunternehmen der Firma Zerssen & Co. Heute ist »Z & Co.« den meisten wohl als Schiffsmaklerei und Schiffsausrüstung am Kiel Canal sowie als Baustoffhandlung bekannt. Aber in den ersten Jahren nach dem Zweiten Weltkrieg war das Rendsburger Unternehmen auch eine rasch expandierende Reederei, die für die mitten in Schleswig-Holstein gelegene Stadt Rendsburg eine solche Bedeutung errang, daß Spötter meinten, die Stadt solle doch gleich in »Entzburg« umbenannt werden. Und weil die Stückgutfrachter, die Zerssen & Co. in größeren Stückzahlen bei Howaldt, bei der Deutschen Werft und bei Nobiskrug bauen ließ, alle nach nordfriesischen Orten benannt wurden, deren Namen auf ». . . um« endeten (»Rantum«, »Lystum«, »Blidum« zum Beispiel), rieten Geschäftspartner dem Firmenchef Konsul Entz, doch auch den Namen »Dideldum« vorzusehen, da es nur etwa drei Dutzend nordfriesische Orte mit der Endung ». . . um« gäbe, sein Schiffbauprogramm aber offensichtlich nicht zu stoppen sei. Bevor es so weit kommen sollte, gab die Firma Zerssen & Co. ihr Reederei-Engagement auf.

Die *Bertha Entz* war damals in immer neuen Planungen auf dem Reißbrett entstanden, die zu jener Zeit vorherrschenden schlechten Tankerraten gaben schließlich zu ihrer Konstruktion als Ore-Oil-Carrier den Ausschlag. Am 22. Juli 1954 erfolgte die Kiellegung, nur vier Monate später, am 27. November, der Stapellauf, am 5. Februar 1955 kam das für die Bundesrepublik völlig neuartige Schiff in Fahrt.

Äußerlich war die *Bertha Entz* den 21.700 tdw Tankern der Werft nicht unähnlich, von denen in jenen Monaten zehn für den Reeder Onassis gebaut wurden (*Olympic Light* usw.), in der Vermessung präsentierte der Neubau allerdings bis dahin völlig ungewohnte Zahlenverhältnisse. Bei 15.910 BRT und 9.200 NRT als Tanker brachte es das Schiff als Erztransporter auf 15.004 BRT und nur 2.458 NRT, ein im Verhältnis zur Tragfähigkeit völlig ungewohntes Verhältnis. Möglich geworden war es, weil durch den Einbau von »Schwanenhälsen« in die Öltanks diese zu Ballasttanks wurden, solange kein Öl als Ladung gefahren wurde. Rechnerisch wurde davon ausgegangen, daß der Einbau der Erzladeräume in der Tankerfahrt einen Ladungsverlust von etwa 1.000 bis 1.200 t bedeuten, während in der Schweröl-fahrt kein Verlust eintreten würde.

Für Ölladungen standen 20 Tanks mit zusammen 22.100 m³ Fassungsvermögen zur Verfügung, für Erz zwei Laderäume mit zusammen 9.900 m³. Pro Raum waren vier Ladeluken vorhanden, jede 7,90 x 7,50 m groß. Die stählerne Fußbodendecke der Erzräume war 22 mm dick – man entschied sich für Stahl und das entsprechende Mehrgewicht, weil eine

Gedania (Bau-Nr. 587) und *Vistula* (Bau-Nr. 588), zwei 14.100 tdw Tanker, im Jahre 1920 unter dem 150 t Ausrüstungskran. Heimathafen war Danzig.
Gedania und *Vistula* two 14.100 dwt tankers, below the 150 ton fitting-out crane in 1920. The port of registry was Dantzig.

Holzdecke sicherlich bald von den Greifern zerfetzt worden wäre. Ein 8.000 PSe leistender M.A.N.-Dieselmotor sollte dem beladenen Schiff eine Geschwindigkeit von 14,8 Kn bei einem Dieselverbrauch von 30 t verleihen.

Winden, Pumpen und Ankerspill wurden durch Dampf betrieben, da dieser sowieso zum Aufheizen der Ladung zur Verfügung stand. Als »bemerkenswert« wurde damals auch die Möglichkeit des einfachen Umschaltens von handelektrischer auf Selbststeuerung erwähnt.

Die *Bertha Entz* sollte zunächst neun Erzreisen Narvik-Rotterdam machen, anschließend in die Erzfahrt nach Labrador gehen. Was hieß, daß die angestrebten Kombinationsreisen Erz/Öl/Erz vorerst noch nicht realisiert werden konnten. Die »Idealfahrt« wäre dagegen Erz von Narvik nach den USA gewesen, von dort im Ballast nach Curaçao, dann mit Öl nach Rotterdam, eine Leerfahrt nach Narvik und erneut mit Erz nach den USA. Das hätte auch schnelle Reisen versprochen – in Narvik wurden damals Lademengen von 2.000 t pro Stunde erzielt, die Gesamtlöschzeit einer Erzladung der *Bertha Entz* nahm 24 bis 36 Stunden in Anspruch.

1975 verkaufte die Reederei Thomas Entz Tanker GmbH das Schiff nach Liberia.

Obwohl auch die schwedischen Reeder manche Enttäuschung mit ihren kombinierten Öl-/Erzschiffen hinnehmen mußten – die als so ideal angesehenen Kombinationsreisen mal mit Erz und mal mit Öl kamen viel weniger vor als erwartet, weil die jeweiligen Charterer offensichtlich nur an einer Öl- oder an einer Erzverschiffung interessiert waren – wuchsen die Größen der in erster Linie von der Broström-Gruppe oder von Grängesberg A/B bestellten »Malmtanker« ständig.

Diese Entwicklung wurde offensichtlich sehr aufmerksam von der Stockholmer Reederei AB Rex beobachtet, einer Schiffahrtsgesellschaft, die sich mit kleinerer und mittelgroßer Tonnage insbesondere mit dem Erz- und Kohlentransport in der Nord-Ostsee-Fahrt beschäftigte. Die Überlegung, Erz- und Ölfahrten in diesem Fahrtgebiet seien durchaus miteinander zu verbinden, führte dazu, sich mit den Kieler Howaldtswerken in Verbindung zu setzen, wobei es um zwei Dinge ging: Die Reederei AB Rex hatte 1954 zwei 1938 bzw. 1939 gebaute 12.000 tdw Tanker erworben (*W. R. Lundgren* und *Nike),* die man zu Erzölern umbauen lassen wollte; zudem plante die Reederei den Neubau von mehreren Erztankern zwischen 5.500 und 7.000 t Tragfähigkeit – für beide Aufträge kam die Kieler Werft in Frage. Der Bau der *Bertha Entz,* die aus einem Standardtankertyp der Kieler Werft entwickelt worden war, hatte die gerade auf dem Gebiet der »Malmtanker« sehr verwöhnten Schweden wohl zu dem Schluß gebracht, daß Howaldt beiden Aufgaben, Um- wie Neubau, gewachsen sei.

1955 verwandelte die Kieler Werft die *W. R. Lundgren* in den 11.765 t tragenden Erz-Öltanker *Vettersö* (alle Namen der Schiffe der Reederei Rex endeten auf »ö«), anschließend erfolgte die Umwandlung des MT *Nike* in den 11.720 tdw Erz-Öltanker *Hasselö.* (Die *Vettersö,* das sei an dieser Stelle eingeschoben, ging mit der Übernahme der Reederei AB Rex durch die Salén-Gruppe an dieselbe und wurde 1969 eines der ganz wenigen Handelsschiffe unter der Flagge Liechtensteins, womit auch dieses Land zu den Abnehmern von Howaldt-Bauten gehört. Die *Hasselö* wurde 1967 von den Chinesen erworben und in deren Küstenfahrt eingesetzt). Was die mittelgroßen Erz-Öltanker angeht, bauten die Kieler Howaldtswerke der Rex AB zwischen 1955 und 1962 vier derartige Schiffe mit Tragfähigkeiten von 5.500 bis 7.000 t. Interessant: Die Rümpfe der Schiffe hatten alle die gleichen Längen- und Breitenabmessungen, das Mehr an Tragfähigkeit sollte sich allein aus der Vergrößerung des Tiefganges um einen Meter ergeben.

Äußerlich gab es einen viel größeren Unterschied zwischen dem ersten Neubau und den drei folgenden Schiffen. Die *Björnö,* 1955 als das erste Schiff gebaut (5.537 tdw), hatte die Brücke mittschiffs, die drei anderen Schiffe hatten sämtliche Aufbauten achtern. Die *Lindö* (5.627 tdw) folgte 1957,

Der 7.602 tdw Tanker *Pechelbronn* (Bau-Nr. 584) wurde 1914 an die Deutsche Erdöl AG abgeliefert. Im 1. Weltkrieg diente das Schiff vorübergehend auch als Wassertanker.

The 7.602 dwt tanker *Pechelbronn* was delivered to Deutsche Erdöl AG in 1914. During the 1st World War the ship also temporarily served as a water tanker.

Unter der Bau-Nr. 984 wurde 1954 die *World Gratitude* (32.928 tdw) als Öltanker für die Niarchos-Flotte abgeliefert. Der Tanker war Prototyp für eine Serie von zehn Schiffen.

In 1954, the *World Gratitude* (32.928 dwt) was delivered as oil tanker for Niarchos' fleet. This tanker featured as prototype vessel for a series of ten ships.

die *Rindö* (6.960 tdw) 1960, die *Singö* (7.010 tdw) 1962. 1957 erwarb die Reederei Rex dann noch einmal einen älteren Tanker, die 1939 begonnene *Inge Maersk,* aus der die Kieler Howaldtswerke den Erz-Öltanker *Tosterö* machten. Es verdient festgehalten zu werden: Als die Schiffahrtswelt große Hoffnungen in diesen Schiffstyp setzte, da erhielt sie von den Kieler Howaldtswerken ausgezeichnete Schiffe dieser Art.

Der OO-Carrier (Ore/Oil) aber wurde abgelöst von dem OBO-Carrier (Ore/Bulk/Oil). Den Howaldt mit Erfolg baut. Die norwegischen Reeder blieben in den Nachkriegsjahren zunächst bei den gewohnten Tankergrößen und -konstruktionen (einen technischen Fortschritt hatte es während des Krieges im Handelsschiffbau ja auch kaum gegeben). Ja, die Deutsche Werft in Hamburg-Finkenwerder lieferte mit dem Motortanker *America* 1946 ein Schiff an die Texaco Reederei, das schon vor dem Kriege bestellt worden war und für das Stähle und Zubehörteile den gesamten Krieg über auf der Werft gelagert hatten.

Die Deutsche Werft in Hamburg war 1953 »Weltrekordler« geworden mit der Ablieferung von acht Tankern mit 142.345 tdw und acht Trockenfrachtern mit 76.723 tdw. Man

sieht, die Werft baute doppelt soviel Tankschiffs- wie Trockenfrachterraum.

Die Schwäger Onassis und Niarchos waren aus den USA mit neuen Berechnungsunterlagen zurückgekehrt. Danach lohnte sich der Bau von Tankern von 21.600 tdw mehr als der von 18.000 tdw, zudem wußten sie, daß die Amerikaner als die bedeutendsten Charterer am Markt dem Turbinenantrieb den Vorzug gaben. Die Werften waren anpassungsfähig genug, auch diesen Wünschen zu entsprechen.

Bei Howaldt in Kiel konnte man bald von ganzen Serien sprechen. Angefangen bei der 21.800 tdw- und endend bei 240.000 tdw-Serie. Insgesamt sind fast 110 Tanker nach dem Zweiten Weltkrieg gebaut worden.

Und weil die Schiffe jedes Mal ein bißchen größer wurden, lieferten die Howaldtswerke Hamburg, die im Geschäftsjahr 1953/1954 einen Überschuß von 900.000 DM erzielt hatten, 1954 den ersten 40.000 tdw Tanker der Welt, die *Tina Onassis.* Die Zeitungen überschlugen sich förmlich. Beim Ablauf der *Tina Onassis* hatte es das erste »das war noch nie da« gegeben. Man wagte nicht, die üblichen Anker zum Aufstoppen des Neulings aufzubringen, weil befürchtet wurde, bei der Größe und der entsprechenden Eindringtiefe

Die Howaldtswerke Hamburg lieferten für den griechischen Tankerkönig Onassis 1953 mit der *Tina Onassis* (45.742 tdw) einen Öltanker, der neue Maßstäbe setzte (Bau-Nr. 885).

For the Greek owner Onassis, Howaldtswerke Hamburg delivered in 1953 by *Tina Onassis* (45.742 dwt) an oil tanker which set new standards.

Die *Oliva*, 1963 für die Deutsche Shell AG gebaut (Bau-Nr. 1074), war mit 51.338 tdw erstes Schiff einer Serie von neun Tankern. Als Besonderheit hatte sie zwei Schornsteine.

The *Oliva*, built in 1963 on behalf of Deutsche Shell AG, was with her 51.338 dwt the first ship in a series of 9 tankers. Her special features were 2 funnels.

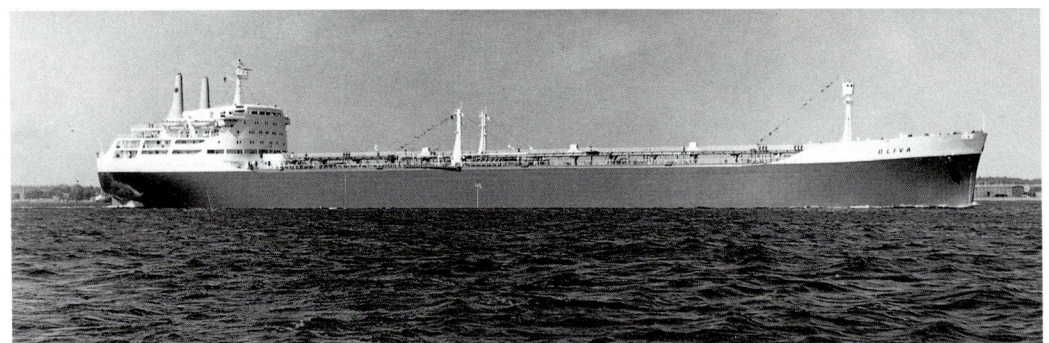

in den Hafengrund könnten sie Blindgänger erfassen und zur Detonation bringen. Ob die Vorsicht berechtigt war oder nicht, ließ sich nicht beweisen. Es gab keine Anker, und es gab keine Bombenexplosion.

Die nächsten »Supers« ergaben sich aus den Dimensionen des Schiffes, Länge = 220,5 m, Breite = 29,0 m, Höhe = 15,7 m, und das vorläufig letzte »Super« dieses Tankers war die Tatsache, daß bei seinem Auslaufen das Nordufer der Elbe schwarz gesäumt war von Menschen.

Nur der guten Ordnung wegen sei aufgeführt, daß als Baunummer 1.000 der Kieler Howaldtswerke der norwegische Turbinentanker *Höegh Grace* vom Stapel gelassen wurde. Und um auch das zu sagen, die *Höegh Grace,* nichts anderes bedeutet ihr englischer Name, war wirklich eine »Schönheit«. Die Konstrukteure durften bei der Auslegung der Schiffslinien durchaus auf die Prinzipien der Ausgewogenheit und der schönen Liniengebung achten.
Es ist schon bemerkenswert, in welchem Maße es den Designern gelang, die elefantenartige Größe der Schiffe mit

Die *Olympic Champion*, ein Öltanker von 66.129 tdw, lief in der Kieler Woche am 20. Juni 1959 von Stapel (Bau-Nr. 1083). Die Taufpatin war Tina Onassis.

The *Olympic Champion*, an oil tanker of 66.129 dwt, was launched during the Kiel Week on June 20, 1959. Her sponsoring lady was Tina Onassis.

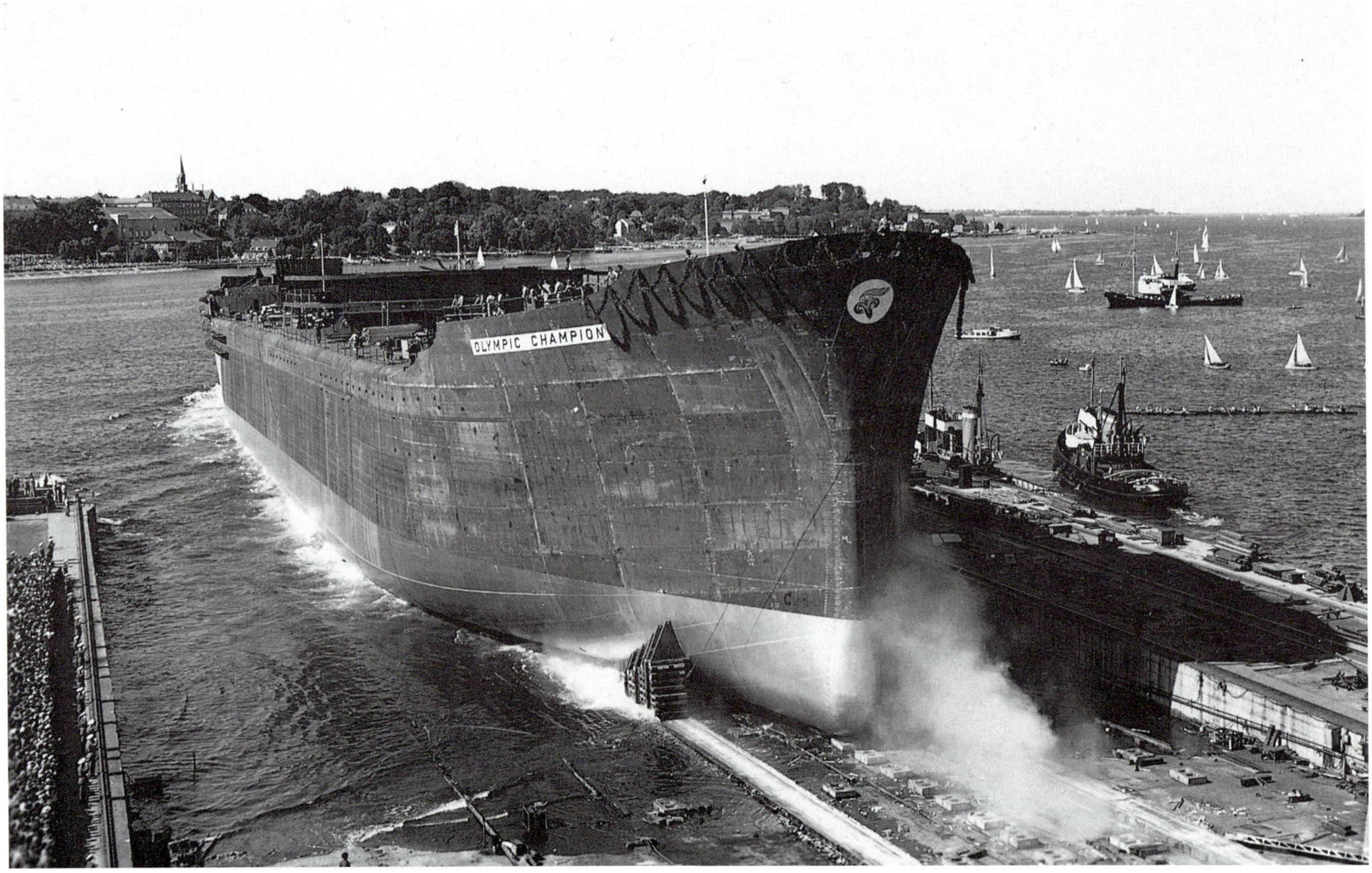

Bayern (Bau-Nr. 93) wurde 1977 gebaut und als bisher größter Produktentanker der Werft (136.960 tdw) an die VEBA-Chemie Poseidon abgeliefert.

Bayern was built in 1977 and delivered to VEBA-Chemie Poseidon as the yard's largest product carrier (136.960 dwt) up to now.

vielen kleinen, gelungenen Details der Außengestaltung zu verbinden. Das ließ sich sogar in die Zeit hinüberretten, als die Mittschiffsaufbauten der Tanker ein- für allemal nach achtern wanderten. Man stelle sich vor, Schiffe von 100.000 Tonnen Tragfähigkeit, bei denen sich Kommandobrücke, Schornstein, Wohnräume und der Überbau des Maschinenraumes allein auf einen kleinen Achterteil des Schiffes beschränken. . . !

Es gelang den Kieler Howaldtswerken sogar noch etwas anderes: Am 20. Juni 1959 fiel der Stapellauf des Onassis-Tankers *Olympic Champion* mitten in die Kieler Woche und wurde zu einem Festtag. Die Ufer der gegenüberliegenden Seite waren schwarz gesäumt von Menschen, als das Schiff, noch in der konventionellen Bauweise auf einer Helling erbaut (heute entstehen Riesenschiffe üblicherweise nur noch in Baudocks, wo sie über Nacht »aufschwimmen«), vom Stapel lief. Doch was den Kielern von der Gaardener Helling aus entgegenschwamm, war gar kein Schiff – eher ein Torso, gerade schwimmfähig und soweit fertig, daß der dringend benötigte Hellingbauplatz freigemacht werden konnte, um den Nachfolger auf Kiel zu legen.

Kein Wunder, wenn der eine oder andere Zuschauer ent-

Heinrich Essberger (144.200 tdw) ist eines von vielen Schiffen für die bekannte Hamburger Tanker-Reederei Essberger. Die Bau-Nr. 76 wurde 1975 fertiggestellt.

Heinrich Essberger (144.000 tdw) is one of the many ships built on behalf of the well-known Hamburg tanker owner Essberger. She was finished in 1975.

Texaco Europe (209.078 tdw) war das vierte Schiff einer Tankerserie für die Texaco-Flotte (Baujahr 1970, Bau-Nr. 1210).

Texaco Europe (209.078 dwt) was the fourth ship of a tanker series for the Texaco fleet (built in 1970).

täuscht war. Es erinnerte tatsächlich an jene Karikatur, die man früher in jedem Schiffbau-Büro finden konnte: Ein wütender Käpt'n sitzt am Heck seines nur in den Spanten fertigen Schiffes, die Stapellaufgäste sind versammelt, der Werftdirektor ist verzweifelt bemüht, ihnen zu erklären, daß ein solches Schiff nicht schwimmen könne, der Käpt'n aber ruft: »Termin ist Termin!«

Schiffbautechnisch war es eine Meisterleistung, einen so unfertigen Schiffsrumpf vom Stapel laufen zu lassen; denn der Stapellauf bringt die größten Beanspruchungen für den Rumpf eines Schiffes. Es ging auch prompt gut. Nur, daß Lokalpolitiker verlangten, des großen Erfolges wegen müßte der Stapellauf eines Riesentankers in jeder Kieler Woche erfolgen – das sprach von etwas Ahnungslosigkeit über den Terminablauf auf einer Werft.

Der ständige Zug zu immer größeren Tankern ließ einen Neubau der Kieler Werft ziemlich unbemerkt zur Ablieferung gelangen. Der Motortanker *Skautopp* der Reederei

Zu den größten bei HDW gebauten Tankern zählt die *Schleswig-Holstein* (240.830 tdw) für die Trave Reederei (Oldendorff), Lübeck. Die Bau-Nr. 77, im Jahre 1976 abgeliefert, gehört zu einer Tankerserie von sechs Einheiten.

Among the largest tankers ever built by HDW ranks the *Schleswig-Holstein* (240.830 dwt) constructed on behalf of Trave Reederei (Oldendorff), Lübeck. Delivered in 1976, she is part of a tanker series which includes six units.

I. M. Skaugen, Oslo, eines der ältesten Nachkriegskunden von Howaldt, wurde im September 1960 abgeliefert. Es war ein »Weltrekordler«, obwohl »nur« 48.824 Tonnen tragend, denn es war das größte je mit einem in der Bundesrepublik gefertigten Dieselmotor von 16.000 PS ausgestattete Tankschiff. Die Motorenhersteller hatten unter dem Druck, daß die größeren Tanker mehr und mehr Turbinenantriebe erhielten, ihrerseits alles unternommen, leistungsstärkere Dieselmotoren zu fertigen und damals Motoren bis zu 22.000 PS entwickelt. Daß dieser Motor in den eigenen Werkstätten der Kieler Howaldtswerke gebaut wurde, sei nur am Rande erwähnt. Dieser Diversifizierung blieb man nicht lange treu – Spezialisierung hat offensichtlich auch ihre Vorzüge.

Krisen und Kriege haben Schiffahrt und Schiffbau (man denke zum Beispiel an die Liberty-Schiffe) immer wieder erheblich beeinflußt. Einschneidende Veränderungen vor allem in der Tankschiffahrt bewirkten die Spannungen und Auseinandersetzungen im Nahen und Mittleren Osten. Die Verstaatlichung der Kanalgesellschaft führte zur Suezkrise mit der Sperrung des Kanals 1956/57. Sie gab letztlich den Anstoß zu immer größeren Neubauten. Drei bis vier Wochen länger war der Lebenssaft für die westlichen Industrienationen aus den arabischen Ölförderungsländern um das Kap der Guten Hoffnung statt durch den Suez unterwegs. Was Wunder, daß die Tanker größer und zahlreicher wurden.

Die Nahostkrise 1967 mit abermaliger Sperrung des Kanals verstärkte den Trend zum Supertanker. Ölmultis erklärten damals immer wieder, sie würden auch nach einer eventuellen Friedensregelung ihre Ölschiffe nicht mehr durch den Suez schicken. Bald waren, trotz der durchaus erkannten technischen Schwierigkeiten, Tanker bis zu einer Million Tonnen Tragfähigkeit im Gespräch. Nur, welche Werft hatte sich für solche gigantischen Aufgaben vorbereitet? Neue Docks mußten her, von bislang ungekannten Ausmaßen. Auch Howaldt in Kiel wollte und konnte den Trend nicht verpassen. Im Herbst 1973 begann der Bau des Großdocks von 426,0 m Länge und 88,4 m Breite. Die Sohle des Docks liegt 10,0 m unter NN-Wasserstand. Tanker bis zu unvorstellbaren 600.000 Tonnen Tragfähigkeit sollten dort entstehen können. Bei sieben dieser Riesen hätte sich der Bau schon bezahlt gemacht. Vier Neubauten waren kontrahiert. Doch gebaut wurde keines der Riesenschiffe. Politik und

wirtschaftliche Entwicklungen warfen einmal mehr alle Planungen und Prognosen über den Haufen.

Übrigens, Millionen-Tonner kamen nie in Fahrt. Die größten Riesen blieben die französischen Shell-Tanker mit 550.000 tdw, einer Größe also, für die auch das Kieler Dock ausgereicht hätte.

Die Ölkrise 1973 – die Ereignisse vorher waren mehr eine *Transport*krise – wurde vom Kartell der OPEC-Länder ausgelöst. Durch Verknappung der Fördermengen sollte der Preis hochgehalten werden. Aber für viel Geld konnte man auch anderswo als in den Krisengebieten von Mittelost Öl bekommen oder fördern. Jetzt schienen sich auch teuerste Off-Shore-Aktivitäten bezahlt zu machen. Vor allem in der Nordsee entstanden die riesigen Bohrinseln und Förderplattformen. Die arabischen Scheichs erhielten »blauäugige« Konkurrenz in England und Norwegen, nur, wie sich erweisen sollte, blauäugig im übertragenen Sinne waren die neuen Ölförderer keineswegs.

Aber, für den Transport von den Nordseefeldern brauchte man keine Supertanker. Pipelines ersetzten nicht nur hier – zum Beispiel auch in Nordamerika – den Seetransport. Außerdem besannen sich die Verbraucher auf Sparmaßnahmen. Und andere Energien. Die wenigen autoverkehrsfreien Sonntage machten da wenig aus. Aber die Autos wurden weniger durstig. Außerdem konnte in etlichen Bereichen Öl durch andere Energien ersetzt werden, beispielsweise durch Erdgas oder durch Atomstrom.

Die Katastrophe für den Tankermarkt war da. Reedereien meldeten Konkurs an, schon fertiggestellte Tanker machten ihre Jungfernfahrt in die Geltinger Bucht (oder zu anderen ruhigen Plätzen), wo sie auf bessere Zeiten warteten. Die kamen auch in bescheidenem Maße. Das OPEC-Kartell wurde löcherig, Förderungsquoten wurden nicht eingehalten. Öl gab es wieder reichlich und billiger. Aber von einem Tankerboom konnte keine Rede sein.

Diese Entwicklungen konnten weder Schiffbaupolitiker noch Werftmanager voraussehen, als im Juli 1953 in Hamburg mit der *Tina Onassis* (45.742 tdw) der damals weltgrößte Turbinentanker bei den Howaldtswerken vom Stapel lief. Trotzdem, das HDW-Großdock Kiel-Gaarden war keine Fehlinvestition, auch wenn es sich nicht in wenigen Jahren bezahlt gemacht hat.

480.000 tdw Öltanker, die unter den Bau-Nrn. 86 bis 89 Ende der 70er Jahre für norwegische Reeder gebaut werden sollten. (Länge über alles 405,0 m, Breite 71,0 m, Höhe 29,0 m.)

480.000 dwt oil tankers which were planned to be built by the end of the 70s on behalf of Norwegian owners. (Length over all 405,0 m, breadth 71,0 m, depth 29,0 m.)

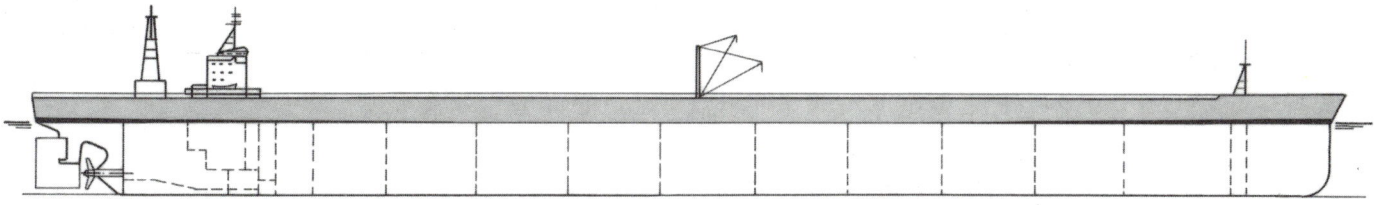

Schwäne auf dem Südatlantik

Beauty in the merchant fleet is a rare thing. All the same, there are – besides extremely beautiful luxury yachts and cruise liners – also freighters that are quite good-looking. Among them are above all the fruit and reefer vessels.

So, the *Cap San* vessels of the "Hamburg-Südamerikanische Dampfschifffahrts-Gesellschaft", whose lines were developed on design-boards in Kiel, were complimented with the name "Swans of the South-Atlantic". *Cap San Diego* was saved from scrapping to remind of the times of "white runners" as a museum vessel in Hamburg.

Schönheit ist relativ. Und weitgehend eine Frage des persönlichen Geschmacks. So ist auch der Begriff des »schönen Schiffes« schwerlich festzulegen, es sei denn, man wollte sich die eindeutige Aussage zu eigen machen, wie sie Nur-Techniker gern gebrauchen: »Die reine Zweckmäßigkeit ist immer schön.« Die müssen die Blue Funnel Liner aus der Zeit vor dem Ersten Weltkrieg übersehen haben, die über riesige, fabrikschornsteinähnliche Rauchabzüge verfügten, die sicherlich zweckmäßig waren, zur Schönheit der Schiffe allerdings nicht beitrugen. Umgekehrt waren die spindeldürren Rauchabzüge, die der amerikanische Reeder Ludwig nach dem Zweiten Weltkrieg seinen ersten in Japan bestellten, riesigen Bulkcarriern aufsetzen ließ, für ihren Zweck ausreichend – schön waren auch sie nicht.

Die beeindruckende Anzahl von Ladebäumen, die auf den Stückgutfrachtern vor und nach dem Zweiten Weltkrieg anzutreffen waren – vom Seemann verzweifelt »Westerwald« genannt, weil von der Brücke »vor lauter Bäumen« die See kaum noch zu sehen war – beeindruckten zwar Laien bei Hafenrundfahrten, zum schönen Äußeren eines Schiffes trugen sie schwerlich bei. Als dann aber sämtliche Ladebäume und Masten wegfielen, weil sie auf modernen Containerfrachtern nur stören, da fehlte den meisten Schiffen auch wieder etwas. Und als die Schiffe immer größer wurden und Statistiker das scheußliche Wort »schwimmende Gefäße« für sie erfanden, mußte es den Schiffbaukonstrukteuren immer schwerer fallen, zwischen Rumpf und Aufbauten noch jene Proportionen herzustellen, die einem Betrachter das Wort »schön!« entlocken.

Immerhin: Es gibt schöne Limousinen auf unseren Landstraßen, und es rollen dort unbestreitbar schön gestaltete schwere Lastwagen. So wird es auch in der Schiffahrt immer »schöne« Passagierschiffe und »schöne« Frachtschiffe geben. Was nicht ausschließt, daß Kundige, wenn sie in Erinnerungen versinken, mit der Zunge schnalzen und ausrufen: »Ja, aber damals, da war doch die . . .!« Und dann wird –

Die *Cap San Marco* (Bau-Nr. 1143) gehört zu einer Serie von sechs gleichen Schiffen, die die Hamburg-Süd bei drei Werften in Auftrag gab. Eines von den Schiffen, die *Cap San Diego*, soll im Hamburger Hafen als Museumsschiff erhalten bleiben.

Cap San Marco is part of a series of six ships ordered by Hamburg-Süd with 3 yards. One of the ships, the *Cap San Diego*, will be maintained as museum vessel at Hamburg harbour.

Pegasus (Bau-Nr. 951) war ein 3.699 tdw Kühlschiff für die Hamburger Reederei F. Laeisz. Es wurde 1951 abgeliefert.
Pegasus was a 3.699 dwt reefer vessel built for the Hamburg owner F. Laeisz, and delivered in 1951.

Wetten, daß . . .? – auch der Name der »Cap San«-Schiffe fallen, von denen die Hamburg-Südamerikanische Dampfschifffahrts-Gesellschaft sich auf jenen drei Werften sechs Schiffe bauen ließ, die später gemeinsam unter dem Namen Howaldtswerke-Deutsche Werft AG, Hamburg und Kiel, firmierten: bei der Deutschen Werft AG in Hamburg-Finkenwerder *Cap San Lorenzo* und *Cap San Diego,* bei der Howaldtswerke Hamburg AG *Cap San Nicolas* (kam im September 1961 als das erste Schiff in Fahrt) und *Cap San Antonio,* bei der Kieler Howaldtswerke AG *Cap San Marco* und *Cap San Augustin.*

Als die Schiffe, die damals pro Stück an die 16 Mio DM kosteten, dann mit ihren 20 Kn die See durchpflügten,

bürgerte sich unter den Seeleuten sehr schnell der anerkennende Ausdruck »Schwäne des Südatlantiks« ein. Der Südatlantik war tatsächlich die »Rennstrecke« der Schiffe, ihre Hauptanlaufhäfen an der Ostküste Südamerikas waren Buenos Aires, Santos, Rio de Janeiro, Montevideo, Bahia und Recife. Eine Rundreise dauerte, bevor die Ölkrise eintrat und mit gedrosselter Geschwindigkeit gefahren wurde, zwischen 52 und 90 Tagen, später liefen die Schiffe statt 19 nur noch 15 Kn.

Auf jedem Schiff konnten bis zu 12 Passagiere mitreisen.

Die drei Bauwerften, die später unter einem Dach vereinigt waren, konnten zur Zeit der Planung der sechs »Cap San«-Schiffe durchaus als Konkurrenten betrachtet werden. Um

Die *Portland* (Bau-Nr. 957) zählte zu den supermodernen Frachtern, die sich die A/B Nordstjernan, Stockholm, bauen ließ. Zwei davon entstanden 1952 bei den Kieler Howaldtswerken.

Portland was one of the super modern freighters built on behalf of owner A/B Nordstjernan, Stockholm. Two of these were built at Kieler Howaldtswerke in 1952.

PORTLAND

die günstigste Schiffsform zu ermitteln, hatten alle drei Linien zu entwerfen und sich vergleichenden Modellschleppversuchen zu unterziehen. Nach Seegangsversuchen entschied sich die Hamburg-Süd für die Linien des Kieler Entwurfs, der – eine absolute Neuheit im bundesdeutschen Nachkriegsschiffbau – als erster Trockenfrachter einen Wulstbug besaß. Es gab dann folgende Arbeitsteilung: Alle Zeichnungen für die Stahlkonstruktion hatte die Deutsche Werft zu liefern, Howaldt Hamburg die für den Maschinenbau, die Kieler Howaldtswerke jene für Einrichtung und Ausrüstung. Zudem schrieb die Reederei vor, daß die Formgebung der Aufbauten wie auch die Inneneinrichtung in Abstimmung mit Professor Cäsar Pinnau (Hamburg) erfolgen sollte.

Das Ergebnis war danach: maximale Schiffe in jeder Hinsicht. Ohne Schornstein, stattdessen dienten zwei an der Achterkante der Aufbauten befindliche Ladepfosten, die zu diesem Zweck erweitert wurden, als Rauchabzüge. Und der rote Top des Schornsteins, unverkennbares Reedereizeichen, fand sich wieder in der sorgfältig gestalteten Oberkante der Brücke, die einen roten Anstrich erhielt. Und die Innenausstattung harmonierte in Form und Farbe mit dem äußeren Bild der Schiffe, sie waren in jeder Hinsicht schön. Gut zwanzig Jahre lang fuhren die Schiffe für die Hamburg-Süd, die in Kiel gebaute *Cap San Marco* brachte es auf fast 25 Jahre, dann war ihre Zeit abgelaufen. Der Container setzte sich auch in der Südamerikafahrt durch. »Beauties« waren nicht mehr gefragt in der Schiffahrt, sehr schnell wanderten die unzeitgemäß gewordenen Schiffe zu Schrottwerften.

Bis es Hamburgs Stadtvätern einfiel, daß eines dieser Schiffe erhalten bleiben sollte. Als Museumsschiff. Weil die »Cap San«-Schnellfrachter etwas Besonderes waren, eine Epoche der Schiffahrt repräsentieren.

Die *Cap San Diego* wurde gewissermaßen »im letzten Augenblick« erworben. Für 1,1 Mio $. In einem Ensemble von Schiff, Kai, Hafenkränen und Schuppen soll festgehalten werden wie Schiffe, wie Schiffahrt einmal waren. Mit einem Schiff, dessen wesentliche Konstruktionsmerkmale von den Kieler Howaldtswerken entwickelt wurden, das insgesamt nach Plänen entstand, wie sie die Werften der Gruppe HDW schufen.

Es ist natürlich nur ein Zufall. Oder ist es keiner, daß die Schweden sich lange mit dem Gedanken trugen, eines der typischsten (und auch der schönsten) Frachtschiffe der 50er Jahre als Museumsschiff zu erhalten. Sie wählten sich ein Schiff der Reederei A/B Nordstjernan aus, einen schwedischen Neubau (natürlich), wie er in dieser Form für die bekannte Stockholmer Reederei aber auch von den Kieler Howaldtswerken gebaut worden war.

Die Reederei Nordstjernan gehörte dem sagenhaft reichen Reeder Axel Johnson, von dem die hübsche Anekdote erzählt wurde (auch wenn sie nicht wahr ist, zeigt sie auf, für wie wohlhabend er in der schwedischen Öffentlichkeit galt), daß ihn einst ein schwedischer Verkehrsminister ansprach, weil doch der schwedische Staat die Reederei gern übernehmen würde – gegen langfristige Kredite, Bankgarantien, Staatsbürgschaften und so weiter. »Das trifft sich gut«, soll Axel Johnson geantwortet haben, »ich wollte Sie schon

Für die Hamburger Fruchtimportfirma Willy Bruns baute die Kieler Werft 1960 das 3.355 tdw Kühlschiff *Brunsholm* (Bau-Nr. 1120).

In 1960, the Kiel yard built the 3.355 dwt reefer vessel *Brunsholm* for the fruit importing company Willy Bruns

wegen der Übernahme der Schwedischen Staatsbahn durch mich ansprechen. Gegen Barzahlung natürlich . . .«

Die Reederei AB Nordstjernan hatte noch bei ihren ersten Nachkriegsneubauten das klassische Handelsschiffsheck beibehalten – ein kleiner Anachronismus. Aber dann entschloß man sich Ende der 40er, Anfang der 50er Jahre für den Europa-Nordpazifik-Dienst eine Reihe supermoderner Stückgutfrachter bauen zu lassen, von denen zwei – *Silver Gate* (1951) und *Portland* (1952) – bei den Kieler Howaldtswerken entstanden.

Das Schicksal dieser Schiffe war so vorprogrammiert wie das der gerade vorher erwähnten »Cap San«-Frachter der Hamburg-Süd: So elegant, so zweckmäßig, so fortschrittlich sie waren – der Containerfrachter verdrängte sie gnadenlos.

Ob das schwedische Museumsprojekt realisiert wird, oder ob es an den Kosten scheitert – mit der *Cap San Diego* zusammen sollte an zwei schöne Schiffe erinnert werden, wie sie die Kieler Howaldtswerke bauten. Es kann kein Zufall sein . . .

Zu den schönsten Frachtschiffen der Welt zählten seit ihrem Aufkommen kurz nach der Jahrhundertwende unstreitig stets die Kühl- oder Fruchtschiffe. »Frucht-Jager« hießen sie ihrer Schnelligkeit wegen unter den Seeleuten, »Bananen-Yachten« wegen der Eleganz ihrer Linien. Wozu dann noch ihr schneeweißer Anstrich kam, der gewählt worden war, um die Wärme der Sonnenstrahlen zu reflektieren.

Vor dem Ersten Weltkrieg fuhren sie, soweit sie unter deutscher Flagge registriert waren, vielfach für Handelskompagnien, die in den afrikanischen Kolonialgebieten über eigene Plantagen verfügten. Nach dem Ersten Weltkrieg gingen sie dann häufig in Charter von ausländischen Fruchthandelsgesellschaften. Die United Fruit Company etwa, die um die Jahrhundertwende schon 75 eigene oder gecharterte Dampfer in der Bananenfahrt beschäftigte (erst 1903 kam mit der in Belfast gebauten *San José* der erste Dampfer mit einer Kühlmaschine für Bananen in Fahrt), gewann Weltruf. Und sie war ein gnadenloser Charterer, was die Qualität der Schiffe und ihrer Ladungseinrichtungen anging. Dieser Trend setzte sich nach dem Zweiten Weltkrieg fort. Und es spricht für die Qualität bundesdeutscher Frucht- und Kühl-

schiffe, daß sie in großer Zahl gechartert und deshalb auch von bundesdeutschen Werften in großen Stückzahlen gebaut wurden. Die Kieler Howaldtswerke waren, da Qualität verlangt wurde, dabei . . .

Die Baulisten der Kieler Werft nennen bis zum Jahre 1939 nicht ein Kühlschiff (bis 1945 natürlich erst recht nicht). Aber schon im Jahre 1951 – es sind also kaum die einengenden Vorschriften und Verbote des Alliierten Kontrollrates bezüglich des deutschen Schiffbaus gefallen, die bis dahin den Werften den Bau von qualitativ hochwertigen Schiffen untersagten – da sind die Kieler Howaldtswerke »dabei«: mit der *Angelburg*, einem 3.699 tdw Fruchtschiff für die ungeheuer rührige Hamburger Reederei H. Schuldt, und mit dem 3.699 tdw Fruchtschiff *Pegasus* für die ebenfalls in Hamburg ansässige Reederei F. Laeisz. Diese hatte einst als »Flying P-Line« Weltruhm erlangt – nicht nur, weil ihre damaligen Segelschiffe sehr, sehr schnell waren, sondern mehr eigentlich, weil diese Segler ihre schnellen Reisen zu den Salpeterhäfen Chiles um das gefürchtete Kap Hoorn, wo andere Segelschiffe oft wochenlang beigedreht lagen, mit einer Regelmäßigkeit machten, die fast an die kalkulierbaren Reisezeiten der neu aufgekommen Dampfer heranreichte.

Das »Geheimnis« dieser regelmäßig schnellen Segelschiffsreisen ist leicht erklärt: Der Reeder Ferdinand Laeisz hatte errechnet, daß seine Segler im Vergleich zu Dampfern durchaus rentabel sein konnten, wenn es ihnen gelang, pro Jahr etwa eineinhalb Rundreisen Hamburg-Chile-Hamburg zu machen. Das war nur möglich, wenn an die Stelle der üblichen hölzernen Segelschiffsmasten solche aus Stahl traten, wenn Wanten und Pardunen nicht aus Hanfseilen, sondern aus Stahldrähten gefertigt waren. Und wenn er Kapitäne hatte, die bestenfalls einmal die Obersegel wegnehmen ließen, sonst aber eisern durchsegelten.

In die Reihe von Geschichten um die Härte der Kap Hoorn-Reisen, der kaum glaublichen Entbehrungen, der Gnadenlosigkeit gehört auch die Story von dem Seemann, der in sein Dorf zurückkehrt, dem Pfarrer manche Sünde mit Südseeschönen beichten will und der – sich räuspernd – beginnt: »Wir hatten auf der letzten Reise Kap Hoorn gerundet . . .«, worauf hin die Stimme des Pfarrers ertönte: »Du hast Kap Hoorn gerundet? Dann halte ein, mein Sohn, dann hast Du für dein Leben genug gebüßt . . .«

Als bei Laeisz die Zeit der Segelschiffe längst vorbei war, blieb es bei der Tradition der mit dem Buchstaben »P« beginnenden Schiffsnamen: Der Reeder Ferdinand Laeisz hatte seine Frau wegen ihres hübschen Lockenkopfes zärtlich »Pudel« genannt und gab diesen Namen auch seinem ersten Segler. Nachher blieb er dabei, allen Schiffen Namen zu geben, die mit »P« begannen – es war nicht schwer zu erkennen, daß die Kieler Howaldtswerke, aber auch die Deutsche Werft, der Reederei Laeisz in den Jahren nach 1945 viele Schiffe lieferten: Neben der *Pegasus* kamen noch *Portunus* (1955 – 3.280 tdw) und *Priamos* (1959 – 3.228 tdw) aus Kiel. Und weil sich die Größen der Fruchtschiffe, wie im Verlauf dieses Berichtes noch aufgezeigt wird, aus mancherlei Gründen nicht sonderlich ändern konnten, seien – stellvertretend für die noch namentlich erwähnten Schiffe – die Hauptdaten der *Pegasus* erwähnt: 2.905 BRT, Länge 119,6 m, Breite 15,6 m, Tiefgang 6,1 m. Das war kein so großer Unterschied gegenüber den 100,6 m Länge und 13,6 m Breite des ersten Kühldampfers der Welt, der *San José* . . .

Viele Reedereien – um darauf noch einmal zurückzukommen – bevorzugen für ihre Schiffe eine Namensgebung, die es Außenstehenden leicht macht, die Reedereizugehörigkeit ebenso zu erkennen, wie es mit den »Flying P-Linern« immer der Fall war: die Endung . . . *burg* für die Schiffe der Reederei H. Schuldt, Hamburg – die Kieler Howaldtswerke bauten 1951 (als ihr erstes Fruchtschiff überhaupt) die 3.699 t tragende *Angelburg* – für die Hamburger Fruchtimportfirma Willy Bruns GmbH die *Brunshausen* und *Brunsbüttel* (1955 – 3.445 tdw), 1960 die *Brunsholm* (3.355 tdw) sowie 1961 die 3.320 t tragende *Brunsdeich*. Und die Hamburg-Süd ließ sich von der Kieler Werft 1958 die *Cap Domingo* (3.220 tdw) sowie die *Cap Corrientes* (4.505 tdw) bauen, denen 1960 die *Cap Valiente* (4.340 tdw) folgte. Wie gesagt: An den Namen war die Reedereizugehörigkeit der Schiffe leicht zu erkennen. So fiel es auch dem, der sich in der Geographie auskennt, nicht schwer, in dem Terzett von jeweils 4.500 t tragenden Kühlschiffen *Aragwi*, *Kura* und *Ingur* sowjetische Kühlschiffe zu erkennen – die 1960 und 1961 gelieferten Schiffe erhielten die Namen von Flüssen im Kaukasus.

Die Frucht- oder Kühlschiffahrt ist ein Geschäft, das Fingerspitzengefühl und Könner verlangt. Es kommt gewissermaßen auf die Sekunde an . . . und wenn das übertrieben sein sollte, so ist es doch ein Job, der mit ständigem Blick auf die Uhr ausgeübt werden muß.

Es kann durchaus passieren, daß ein gechartertes Fruchtschiff über den Atlantik in Richtung der bekannten »Bananen-Republiken« bummelt, um plötzlich Höchstfahrt aufzunehmen. Denn die Charterer bestimmen oft erst im letzten Augenblick, von welcher Plantage die kostbare und empfindliche Fracht abzuholen ist. Dafür ist nämlich der Reifezustand der abzuholenden Frucht ausschlaggebend. Statt ausgebauter Häfen und Kais gab (und gibt) es oft nur wackelig anmutende Landungsstege, über die die Träger die Früchte, etwa Bananen oder Fruchtkisten, heranschleppen. Deshalb weisen Fruchtschiffe außer den (kleinen) Luken mit zahlreichen Ladebäumen auch noch Seitenpforten in den Bordwänden auf, damit das Laden schneller geht. Und sorgfältig wird überall von den Tallyleuten die an Bord gebrachte Ladung gezählt – und Harry Belafonte hat der Bananenbeladung mit seinem »Hey, Mister Tallyman, tally me banana« musikalisch ein Denkmal gesetzt.

Wenn das Fruchtschiff ladebereit war, hatte die Besatzung schon ganze Arbeit geleistet. Schon im Löschhafen war begonnen worden, kaum daß die Laderäume leer waren, dieselben zu entlüften und keimfrei zu machen. Tagelang roch es an Bord nach Seifenlösung. Dann wurden Isoliermat-

Die *Aldenburg* entstand 1969 für die Hamburger Reederei H. Schuldt. Sie war mit der Bau-Nr. 1212 der letzte Handelsschiff-Auftrag der Kieler Howaldtswerke vor der Fusion.

Aldenburg was built in 1969 on behalf of the Hamburg owner H. Schuldt. As hull no. 1212, she was to be the last merchant ship ordered with Kieler Howaldtswerke before its merger.

1974 wurde das Kühlschiff *Blumenthal* unter der Bau-Nr. 74 an die Union-Partenreederei abgeliefert. An diesem Schiff ist gut die Veränderung der äußeren Form erkennbar, die im Laufe von wenigen Jahren an den Kühlschiffen stattgefunden hat.

In 1974, the reefer vessel *Blumenthal* was delivered to Union-Partenreederei. This ship clearly shows the outside shape's changes which the reefer vessels underwent within a few years' time.

ten angebracht. Die in den Laderäumen reichlich vorhandenen Thermometer waren alle auf Genauigkeit geprüft worden. Und lange vor Erreichen des Ladeplatzes liefen schon die Kühlmaschinen, um die Laderäume herunterzukühlen. Alle vier Stunden wurden die erreichten Temperaturen kontrolliert und säuberlich in das Fruchtlogbuch eingetragen, das im Falle irgendwelcher »claims« im Löschhafen von der gleichen Bedeutung ist wie das Brückenjournal für das Festhalten des Tagesablaufs des Schiffsbetriebes.

Ist die Ladung im Schiff, gilt es, genau die vorgegebenen Temperaturen zu halten. Und hier kommt es eigentlich erst zum Unterschied zwischen einem Frucht- und einem Kühlschiff. Wie man die Spezialschiffe letzten Endes nennt, ist Ansichtssache – ihre Ladungen sind leichtverderbliche Güter wie Früchte, Fleisch oder Fisch.

Bei den Früchten kommt erschwerend hinzu, daß sie »grün« an Bord geliefert werden, sie reifen unterwegs. Aber wehe, es reift eine Bananenstaude zu früh (den Effekt kennt jeder von der Obstschale auf dem häuslichen Tisch).

Im modernen Europa läuft der Löschvorgang personalsparender ab als das Beladen der Schiffe etwa in Mittelamerika. Raffinierte Fördergeräte sind entwickelt worden, um die Früchte schonend und ohne Beeinträchtigung durch die Außentemperatur in die Lagerhäuser zu bringen.

Das Gesagte macht deutlich, daß die Frucht- oder Kühlschiffahrt als ein personalintensives Unterfangen gelten muß, bei dem nicht allein die Zahl der Beschäftigten

unverhältnismäßig groß ist – es müssen auch fast alles Spezialisten und Könner sein, was den Betrieb noch verteuert. Daran ändert auch der Einsatz von mannigfachen Computergeräten nichts. Die haben auch ihren Preis.

Es ließ sich auch ein Kostenausgleich nicht etwa durch beliebig zu vergrößernde Kühlschiffe erreichen, wenn sie auch mit den Jahren immer größer wurden. Die relativ geringen Größen der Kühl- und Fruchtschiffe sind einmal durch die jeweils nur beschränkt zur Verfügung stehenden Ladungsmengen bestimmt (es kann z. B. sein, daß eine ganze Schiffsladung Bananen in kürzester Frist von der Plantage zum Schiff transportiert werden muß), zum anderen durch die zumeist geringen Größen und Tiefgänge der Ladeplätze, bei denen es sich sehr oft nicht um ausgebaute Häfen handelt. Daß ein »Fruchtjäger« an ins Wasser ragenden Baumwurzeln statt an stählernen Pollern festgemacht wird, ist keine Seltenheit.

Frucht- und Kühlschiffe sind also teure Schiffe, ihrer Kostenreduzierung sind Grenzen gesetzt. So ging die Frucht- und Kühlschiffahrt sehr bald zu einem Teil an Reedereien unter billigeren Flaggen über, zudem verlagerte sich das Schwergewicht der Kühlschiffahrt in den pazifischen Raum. Deutsche Werften schieden aus dem Bau derartiger Spezialschiffe weitgehend aus, obwohl die »Reefer«, die die Howaldtswerke und die Deutsche Werft, die Gruppe HDW also gebaut hatten, zweifellos zu den besten ihrer Art in der Welt zählten.

Ahrensburg (Bau-Nr. 1035, Baujahr 1956), H. Schuldt, Hamburg.

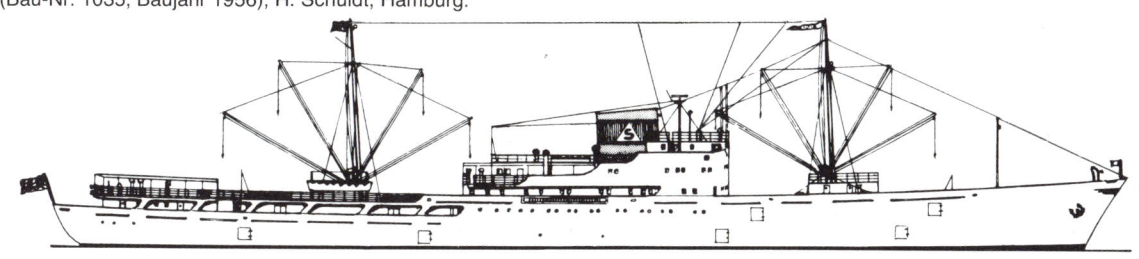

Mit 7.863 cm über den Atlantik

Locks and canals set the standard for the size of vessels. This is true for the Panama Canal as well as for the trip to the Great Lakes in North America. Freighters which were not intended to leave these inland lakes could be rather large. Those vessels, however which were to sail from Europe across the often very rough North Atlantic via St. Lawrence Seaway to the Great Lakes were for quite a time not to be longer than 78.63 m due to the locks' dimensions. "Salties" they were called as they came from the salty Atlantic. Howaldt built many of these special ships on behalf of various owners, ships which had to fulfil several other design characteristica in addition to the given length.

Am 19. Dezember 1950 gab es auf den Howaldtwerken in Kiel ein Ereignis besonderer Art, einen Doppelstapellauf: Für die Kieler Reederei Sartori & Berger glitten die Schwesterschiffe *Geheimrat Sartori* und *Konsul Sartori* nacheinander vom Helgen. Aber nicht das war das eigentlich Besondere, die Größe der Schiffe war es: 78,63 Meter Länge über alles. Wer sich in der Schiffahrt auskannte, wußte: Das war die größtmögliche Länge für ein Seeschiff, um die Schleusen zu Amerikas bzw. Kanadas Großen Seen zu passieren. Eine

deutsche Reederei schickte sich an, in jene Fahrt einzubrechen, die im Jahre 1933 von der norwegischen Reederei Olsen & Ugelstad »erfunden« worden war und erstmalig von den Schiffen ihrer »Fjell-Line« befahren wurde (später sollten Olsen & Ugelstad noch sehr gute Howaldtkunden werden). 1935 folgte den Norwegern die niederländische Oranje-Lijn in dieser Fahrt, beide bildeten dann 1956 einen Gemeinschaftsdienst, in dem sie in der ersten Saison nicht weniger als 22 Schiffe einsetzten.

Man muß dazu wissen: Die Großen Seen erstrecken sich über ein Gebiet von 3.341.000 m² – das ist größer als Westeuropa. Im Einzugsbereich der fünf Binnen-»Meere« leben weit über 60 Millionen Menschen. Der Lake Superior allein, einer der fünf Großen Seen, besitzt etwa die Ausdehnung der gesamten Nordsee. Die Küstenlänge dieser Seen beträgt 13.280 km. Um sie herum und um den St. Lawrence Seaway, über den sie mit dem Atlantik verbunden sind, liegen so bekannte Städte, Industriestandorte und Umschlagplätze wie Quebec, Montreal, Oswego, Toronto, Buffalo, Erie, Cleveland, Detroit, Chicago, Milwaukee, Thunder Bay und Duluth, um nur einige Namen zu nennen. Sie stehen für Getreide, Viehzucht, Bergbau, Auto- und Papierindustrien. Auf diesen Seen, die bis zu 300 m tief sind, besorgen riesige Tanker, Bulker und Selfloader den Gütertransport. Allerdings konnten diese Schiffsriesen die Großen

Für die Große Seen-Fahrt erhielt die Kieler Reederei Sartori & Berger im Jahre 1951 die *Konsul Sartori* (Bau-Nr. 923). Das Schiff wurde für die Hamburg-Chicago-Linie eingesetzt.

In 1951, *Konsul Sartori* was delivered to the Kiel owner Sartori & Berger for the Great Lakes Services. The ship sailed the Hamburg-Chicago-Linie.

Die *Luciana* für die Reederei A. H. Schwedersky, Kiel, kam 1953 in Fahrt. Die Bau-Nr. 978 hatte noch ein Schwesterschiff, die *Adriana*.

Luciana, built for owner A. H. Schwedersky, Kiel, was put in service in 1953. She had one sister vessel, the *Adriana*.

Seen nie verlassen. Die Schleusen, die zwischen dem St. Lorenzstrom und dem Ontario- und dem Eriesee lagen, ließen das mit ihren geringen Abmessungen nicht zu.

Man muß wissen, daß die Schiffe auf der Fahrt vom Atlantischen Ozean über den St. Lawrence Seaway bis zu den Großen Seen rund 170 m Höhenunterschied zu überwinden und insgesamt mehr als zwei Dutzend Schleusen zu passieren hatten, davon acht im Welland Canal, der die zwischen dem Ontario- und dem Eriesee liegenden Niagara-Fälle umgeht. Maximal 82,29 m Schleusenlänge und ca. 13 m Breite bestimmten die äußersten Maße für die sie passierenden Schiffe, die nicht mehr als 14'6" Tiefgang (ca. 4,39 m) aufweisen durften, wollten sie mit heilem Boden aus den Schleusenkammern herauskommen.

Das bestimmte das Aussehen der »Salties«, wie die Leute an den Ufern des St. Lorenzstromes und der Großen Seen die Frachter nannten, die den salzigen Ozean überquerten. Diese Schiffe durften, obwohl sie sich durch den Nordatlantik, der mit zu den härtesten Wegstrecken im Weltseeverkehr zählt, pflügten, eben nicht länger als 78,63 m sein.

Bei solcherart begrenzten Schiffsabmessungen lag die Tragfähigkeit der Frachter zunächst zwischen 2.000 und 3.000 t. Um das letzte an Staukapazität aus den Schiffen herauszuholen, waren sie entsprechend gebaut. Um keinen Zentimeter Ladefläche zu verschenken, gaben ihnen die Konstrukteure senkrechte Vorsteven wie sie bei den Oldtimern aus den Tagen der Dampfer üblich waren. Etwa acht bis neun Wochen dauerte die Rundreise eines solchen Schiffes.

Für die Schleusenpassagen waren besonders gute Manövriereigenschaften der Schiffe gefordert – hier ging es um Zentimeter. Das Festmachen mußte in jeder Schleusenkammer mit eigenen Leuten erfolgen. Festmacher, wie man sie etwa im Kiel Canal kennt, gibt es dort nicht. Typisch für die Große Seen-Frachter wurden die kleinen Ladebäume zu beiden Seiten der Back, mit deren Hilfe sich die Matrosen in den Schleusen an Land schwangen.

Die »Lakers«, die Schiffe, die stets auf den Großen Seen blieben, hatten eine doppelte Besatzung, um Tag und Nacht fahren zu können. Die »Salties«, die lange Strecken über den Atlantik fuhren, verzichteten auf das Mehr an Personal. Was ihren Besatzungen in dem Schleusensystem der Great Lakes »Bauernnächte« bescherte. Es wurde festgemacht, die Besatzung schlief durch.

Damit nicht genug – im Bereich der Großen Seen gibt es Gebiete mit unsicheren magnetischen Störungen – der gute, alte Magnetkompaß wurde hier zu einer unsicheren Einrichtung. Kreiselkompasse, in den Anfangsjahren der Große Seen-Fahrt keineswegs eine Selbstverständlichkeit, wurden hier zu einem gebieterischen Muß.

Angesichts der ausgedehnten Nebelfelder, die die Schiffe im Frühjahr und im Herbst auf den Neufundlandbänken antrafen, wurde das neu aufkommende Radargerät für die Schiffsführungen geradezu ein Segen.

So mußten die Große Seen-Frachter konstruktiv eine Reihe von Besonderheiten erfüllen. Vielleicht war das der Grund, daß diese Fahrt so lange Zeit nur wenigen Reedereien vorbehalten blieb. Die anderen zogen es vor, die für den Raum um die Großen Seen bestimmten oder von dort zu holenden Güter mit der Eisenbahn von und nach New York, Boston oder einen der nördlichen Häfen an der Ostküste der USA bzw. Kanadas transportieren zu lassen.

Die Saison der Große Seen-Fahrt erstreckte sich über die Zeit von Mitte April bis Anfang November eines jeden Jahres. Entsprechend gutes Wetter vorausgesetzt, konnte es im November noch einmal eine Fahrt bis nach Montreal geben. Dann wurde es höchste Zeit, die nördlichen Gewässer zu verlassen, um nicht vom Eis eingeschlossen zu werden. Von März bis Dezember wurden dann nur noch die beiden an der Ostküste Kanadas gelegenen, vom Golfstrom eisfrei gehaltenen kanadischen Häfen Halifax (New Scotland) und St. John (New Brunswick) angelaufen – für die Inlandtransporte kam nun die große Zeit der Railways. Bis eine neue Saison begann. Die meisten Ocean-lake-vessels aber gingen während des Winters in die Tramp-, vornehmlich die Fruchtfahrt.

Nach dem Zweiten Weltkrieg, als die USA zum großen Exporteur wurden, hatten die US-amerikanischen Atlantikhäfen ihre Gebühren drastisch erhöht. Der steile Anstieg des

Dollarkurses verteuerte die amerikanischen Häfen und Eisenbahnen zusätzlich. Das wirtschaftlich davon hart getroffene Kanada, dessen Ein- und Ausfuhrgüter durch das Umladen an den Grenzen zwischen den Großen Seen und dem Seeweg verteuert wurden, drängte auf eine Vergrößerung der Große Seen-Schleusen (sie stellten, mal auf der einen, mal auf der anderen Seite gelegen, eine Art kanadisch-amerikanisches Grenzproblem dar, das den Kanadiern mehr als den US-Amerikanern auf den Nägeln brannte). Noch aber ließ sich die Fahrt zu den Großen Seen nur mit relativ kleinen Schiffen bewerkstelligen – was Wunder, daß nun weitere westeuropäische Reeder die Gunst der Stunde nutzen wollten.

In den kommenden Jahren tauchten neben den gewohnten britischen, norwegischen und niederländischen Flaggen auch die aus Schweden, Italien, Frankreich und der Bundesrepublik auf. Die ersten bundesdeutschen Frachter für die Große Seen-Fahrt kamen von den Kieler Howaldtswerken.

Um es vorwegzunehmen: Die bundesdeutschen Erstlinge waren die Reedereien Sartori & Berger aus Kiel und die Hamburger Reederei A. Kirsten, die ab 1951 den Gemeinschaftsdienst »Hamburg-Chicago Linie A. Kirsten/Sartori & Berger« bildeten und damit einen solchen Erfolg hatten, daß sie – von zahlreichen eigenen Schiffen abgesehen – mehrfach Charterschiffe unter Kontrakt nehmen mußten, um die anfallende Ladung abzufahren.

Das rief bald weitere Konkurrenz auf den Plan. Die Schiffslänge von 78,6 Meter über alles fand sich immer öfter. Viele Eigner, auch wenn sie nicht an eine direkte Beteiligung an der Große Seen-Fahrt dachten, wollten sich die Möglichkeit offenhalten, ihre Neubauten auch in dieser Fahrt einsetzen zu können.

Dabei war es kein einfaches Fahrtgebiet. Der Nordatlantik gehört zu den sturmreichsten Ecken aller Weltmeere. Auf der westlichen Kursstrecke mußte mit dichten Nebelfeldern gerechnet werden. Und mit Eisbergen, die von Grönland heruntertrieben. Manches Unwetter ist im Laufe der Zeit über Europa hinweggezogen – zusammengebraut hat es sich eigentlich immer über dem Nordatlantik, nicht zu Unrecht »die Wetterküche« Europas genannt. Dabei stellte sich ein Vorteil der keine 80 m langen Große Seen-Frachter heraus: Das war eine Länge, mit denen sie die im Nordatlantik üblichen Wellenintervalle großartig abreiten konnten. Wie Bergziegen kletterten sie die Wellenberge hinauf, bequem rutschten sie sie wieder herunter. Da mußten sich die üblicherweise etwa 135 Meter langen 10.000-Tonner anders hindurchwühlen. Obwohl, einmal schlug eine Riesenwelle die Fenster der Brücke eines Sartori & Berger-Frachters ein. Bis zur Brust standen die Wachgänger bald im Wasser des bewegungsunfähigen Schiffes. Kurzschlüsse überall. Da ist der Steuermann (so erzählt die Crew) zur Tür an der Leeseite geschwommen, hat sie aufgestoßen und mußte sich verzweifelt anklammern, um nicht aus der Brücke hinausgespült zu werden. Das Wasser lief ab, über den Notsender eines Rettungsbootes setzten sie einen Notruf ab. Bis allerdings ein US Coast Guard-Kutter erschien, war alles wieder unter Kontrolle. . .

Zugegeben – es gab und gibt Einhandsegler, die die Welt umrunden, es haben Paddler und Ruderer den Nordatlantik überquert. Bei aller Anerkennung ihrer Leistung ist sie nicht mit jenen kleinen Frachtern zu vergleichen, deren Rumpfwände durch große Lukenöffnungen unterbrochen sind und deren Verbände durch die verschiedenartige Beladung stark beansprucht sind. Von der Verteilung der Ladung ganz

1955 wurden die *Norderholm* als Bau-Nr. 1012 und die *Süderholm* an die »Weichsel« Dampfschiffahrts-AG, Kiel, übergeben.

In 1955, *Norderholm* and *Süderholm* were delivered to "Weichsel" Dampfschiffahrts-AG, Kiel.

abgesehen. Den Fahrplan nicht zu vergessen, der zwar ein Beidrehen in allzu schwerer See erlauben mochte, den es aber grundsätzlich doch einzuhalten galt.

Die beiden Sartori & Berger-Bauten *Konsul Sartori* und *Geheimrat Sartori* waren dabei noch von besonderer Art: Ausgelegt auch für den Rhein-See-Verkehr, zeichneten sie sich dadurch aus, daß sie besonders flach gehalten waren. Die Brücke lag nur um eine Deckshöhe über dem Oberdeck. Da fällt es einem nicht schwer, sich vorzustellen, daß diese Frachter im Nordatlantik häufig mehr unter als über den Wellen gefahren sind.

Wenn heute auch kein Schiff mehr nach den Spezifikationen von damals gebaut würde – es ist interessant, sich die wichtigsten Details dieser für die Nordatlantikfahrt vorgesehenen Frachter vor Augen zu halten:

Länge über alles	78,63 m
Länge zwischen den Loten	74,50 m
Breite auf Spanten	11,40 m
Seitenhöhe bis Oberdeck	6,60 m
Tiefgang (beladen)	4,37 m

Die Neubauten entstanden als Einschraubenschiffe vom Shelterdecktyp mit zwei durchlaufenden Decks, Kreuzerheck und ausfallendem Plattensteven (das war bemerkenswert, waren doch – wie schon erwähnt – in der Große Seen-Fahrt Frachter mit senkrechtem Vorsteven üblich). Solche Schiffe hat Sartori & Berger sich später auch bauen lassen. Bei diesen ersten Neubauten aber war man sich vielleicht noch nicht des Erfolges der Große Seen-Fahrt sicher und ging daher in der Schiffsform einen Kompromiß ein. Es wurden drei wasserdichte Querschotte und ein durchlaufender Doppelboden eingebaut. Die zwei Laderäume faßten zusammen 3.320 m³, die beiden Luken maßen jeweils 19,5 x 6,5 m. Sie waren durch ein losnehmbares Herft unterteilt. Die Schiffe waren also für sperrige Güter besonders geeig-

net. Auf Wunsch der Reederei erhielten die Wetterdecksluken eiserne Lukendeckel.

Die Brücke lag mittschiffs. Um die niedrigen Rheinbrücken passieren zu können, waren Masten und Ladeposten klappbar, die Ladebäume wurden über elektrisch angetriebene Winden bedient.

Als Antrieb erhielt jedes Schiff einen 1.000 PSe Dieselmotor, einen Sechszylinder-Viertakter mit Strahleinspritzung, die bei 1.655 t Ladung für eine Schiffsgeschwindigkeit von zirka 12 Kn gut sein sollten.

Die Howaldtswerke sind dann bald über die Baugrößen der Große-Seen-Frachter hinausgewachsen. Doch die engen Verbindungen zu in Kiel ansässigen Reedereien (die gab es damals noch) brachten es mit sich, daß eine Reihe weiterer Schiffe gebaut wurden, die sich für die Fahrt zu den Großen Seen eigneten.

Es waren die beiden aus Danzig nach Kiel gekommenen Schiffahrtskaufleute Patzlaff und Zuckschwerdt, die es schafften, eigene Ein-Schiff-Reedereien aufzubauen und einst in Danzig ansässige Reedereien in Kiel neu zu beleben. Nachdem die Howaldtswerke ihnen im Jahre 1950 für ihre Neugründungen Nordische Reederei GmbH und Nordische Schiffahrts GmbH die beiden 2.100 tdw Frachter *Annemarie* und *Elfriede* geliefert hatten (beide Schiffe besaßen die Abmessungen für die Große Seen-Fahrt), kamen 1953 für die revitalisierte Danziger Reederei A. H. Schwedersky Nachf. GmbH die Schwesterschiffe *Adriana* und *Luciana* mit je 2.185 tdw in Fahrt (alle vier genannten Schiffe hatten die Brückenaufbauten achtern). 1955 folgten dann für die »Weichsel«-Dampfschiffahrts-AG, gleichfalls von Patzlaff und Zuckschwerdt neu belebt, die Baunummern 1011 und 1012, die Motorschiffe *Süderholm* und *Norderholm*. Bei ihnen waren die Brückenaufbauten wieder zur Schiffsmitte gerückt, der Vorsteven war fast senkrecht – diesen Schiffen war die Eignung für die Große Seen-Fahrt auf den ersten Blick anzusehen.

Die schwedische Wallenius Reederei, die ihren Schiffen Opernnamen gibt, ließ sich die *Traviata* (Bau-Nr. 999) und *Rigoletto* bauen. Sie wurden 1955 abgeliefert und hatten als Besonderheit geteilte Aufbauten.

The Swedish owner Wallenius, always giving its ships opera names, ordered *Traviata* (photo) and *Rigoletto*. They were delivered in 1955, and their special features were detached superstructures.

Was Howaldt damit an »Salties« gebaut hatte, muß so gut und so überzeugend gewesen sein, daß nun auch die anspruchsvollsten, weil erfahrensten Reeder auf diesem Gebiet entsprechende Aufträge bei der Kieler Werft plazierten: Die Osloer Reederei Olsen & Ugelstad bestellte zwei derartige Spezialschiffe, die 1955 als *Ternefjell* und *Ravnefjell* in Fahrt kamen.

Äußerlich waren sie ganz konventionelle Frachter, die sich an die in der Große Seen-Fahrt bewährten Schiffstypen der Reederei anlehnten: 2.100 BRT, 2.883 tdw. Die Längen- und Breitenabmessungen entsprachen genau den von den Schleusenkammern vorgegebenen Daten. Heute wäre es eine Besonderheit, damals war es ganz »normal«: Jedes Schiff konnte vier Passagiere mitnehmen.

Die mindestens ebenso anspruchsvolle schwedische »Opera Line« – im Volksmund wurde die Wallenius Line so genannt, weil sie allen ihren Schiffen bis heute Namen aus der Opernwelt gibt – ließ sich im gleichen Jahr ebenfalls zwei »Salties« bauen, die bei Einhaltung der unveränderbaren Grundabmessungen völlig anders aussahen. Zwar bot der Rumpf den gleichen kurzen, etwas gedrungenen Anblick, hatte gleichfalls den senkrechten Vorsteven, der doch so gar nicht in die Zeit zu passen schien, aber dann sah alles an diesen beiden Schiffen, die die Namen *Rigoletto* und *Traviata* erhielten, völlig anders aus: Die Aufbauten waren geteilt, die Brücke war weiter nach vorn gezogen und schloß sich an die Luke 1 an, auf dem achtern gelegenen Maschinenraumaufbau stand noch ein kleines Deckshaus, um mehr Raum für die Unterkünfte zu gewinnen (wodurch die an sich kurz und gedrungen aussehenden Schiffe noch kürzer und noch gedrungener wirkten). An die Stelle von Masten mit Ladebäumen, wie sie auf den Fjell-Schiffen installiert waren, traten hier vier 3 t Borddrehkräne, wozu noch zwei kurze Pfosten mit 3 t Ladebäumen vor dem Brückenaufbau kamen.

Mitte der 50er Jahre wurde der St. Lawrence Seaway für viele Milliarden Dollar ausgebaut. Die kleinen wurden durch große Schleusen ersetzt, die es nunmehr größeren Seeschiffen erlaubten, die Großen Seen direkt anzusteuern. Vor allem aber kam der Container auf, die »große Blechkiste«, die die Kostensituation im Seeverkehr völlig veränderte. Die Zauberformel von den 7.863 Zentimetern, die für den alten Seaway galt, war hinfällig geworden. Aber die Howaldtswerke waren dabei, als die kleinen »Salties« den Höhepunkt ihres Daseins erlebten, als sie ein Stück technische Vollkommenheit darstellten, als sie ein Stück Schiffbaugeschichte schrieben.

Natürlich hatten die Schiffe, die auf die Abmessungen der kleinen Great Lakes-Schleusen zugeschnitten waren, nicht ausgedient, als die größeren Schleusen in Betrieb genommen wurden. Die Howaldtbauten *Ravnefjell* und *Ternefjell* wurden, wie so viele andere Schiffe dieser Gattung, verlängert und präsentierten sich später mit 88 m Länge über alles und 3.450 tdw.

Natürlich dachte die »Fjell-Lines« auch gar nicht daran, das angestammte Fahrtgebiet aufzugeben. Und so ließen sich Olsen & Ugelstad 1959 von den Kieler Howaldtswerken den 9.418 tdw Frachter *Makefjell* bauen, ein elegantes 4.905 BRT Schiff von 138,0 m Länge über alles, 18,0 Meter Breite und 8,6 m Tiefgang, das mit 7.200 PS 16 Kn lief und für das als Fahrtgebiet Europe-Great Lakes genannt wurde. Die Ablieferungsliste der Werft nimmt aber von der Eignung für die Große Seen-Fahrt keine Notiz mehr – die *Makefjell* ist hier nur noch als »Frachtschiff« aufgeführt. Wie das Schiffstrio *Haukefjell*, *Sirefjell* und *Svanefjell*, das die Werft 1962 an Olsen & Ugelstad lieferte. Sie waren jeweils »nur« 108,2 m über alles lang, trugen dementsprechend auch nur 5.645 t, fuhren unter den vertrauten »Fjell«-Namen, doch das Kapitel »Große Seen-Fahrt« war – schiffbautechnisch gesehen – abgeschlossen.

Auf »Puschkin« flogen die Fische

The first step from side to stern trawler in fishing trade was done in Great Britain. Specialists of a whaling owner had this idea and met with success. The USSR – always open to success promising novelties in shipbuilding – had already before the 2nd World War been delivered with most modern motor trawlers from Kiel. They again adressed Howaldt and ordered a total of 24 stern factory trawlers. No. 1 to be supplied was *Puschkin*. Those special ships – tendered by supply vessels – could practically stay non-stop in the fishing region. For a quarter of a century, these Howaldt ships did a good job for their owners.

Durch das trübe Wasser von La Spezia schob sich Anfang April 1981 der Schleppzug mit nur noch ganz langsamer Fahrt. Die Schlepptrosse war aufgekürzt, die Schraube des Schleppers törnte ganz langsam – eine lange Seereise ging zu Ende. Und während die kyrillischen Buchstaben des Schleppernamens wie frisch gepönt leuchteten, war an seinem rostüberzogenen Anhang der Schiffsname kaum noch auszumachen. Und wenn – die Arbeiter, die vom Kai her den Ankömmlingen neugierig entgegenblickten, sie würden mit dem Schiffsnamen *Pushkin* nichts anzufangen wissen, würden nicht ahnen, daß hier der erste Neubau einer Schiffsserie, der einmal Furore gemacht hatte, zu seinem bestenfalls nur von Romantikern »Schiffsfriedhof« genannten Schrottplatz bugsiert wurde, daß er lange Zeit die Presse wie die Politik beschäftigt hatte, daß diese Schiffe, anfangs wegen ihrer Leistungsfähigkeit bestaunt, später auch »die Staubsauger der Meere« genannt wurden, was Anerkennung und Anklage zugleich bedeutete. Dieser Typ des Heckfabriktrawlers – und um einen solchen handelte es sich bei der *Pushkin* – hatte neue Maßstäbe in der Hochseefischerei gesetzt, hatte das Aussehen der Fischereifahrzeuge in aller Welt verändert, den Hochseefischfang revolutioniert. Für die Arbeiter des Abwrackplatzes jedoch war dieses 85,20 m lange, 13,4 m breite und 5,5 m tiefgehende Schiff, das an der Schleppleine hing und sich nun sanft gegen die Kaimauer legte, »nur etwas Schrott mehr«, wie einer der Männer sagte. Dabei hätte die *Puschkin* eigentlich der Nachwelt erhalten bleiben sollen, als das erste Serien-Typschiff einer neuen Schiffsgeneration, die die Weltfischerei umgekrempelt hatte. 24 dieser Schiffe, Gesamtwert rund 180 Mio DM, bauten die

Die Bau-Nr. 1001 *Puschkin* war das erste Schiff einer 24er-Serie von Heckfängern, die in den Jahren 1955 bis 1957 für die Sudoimport gebaut wurden. Diese Heckfänger bedeuteten einen Umbruch in der Hochseefischerei.

Puschkin was to be the first vessel in a series of 24 stern trawlers built between 1955 and 1957 for Sudoimport. These stern trawlers represented a radical change in deep-sea trawling.

Kieler Howaldtswerke in den Jahren 1955 bis 1957 für den offiziellen Auftraggeber, die Sudoimport, Moskau. Die ersten zehn wurden nach bekannten russischen Dichtern, die folgenden nach Städten der Sowjetunion benannt. Zu Hunderten ist dieser Erfolgstyp dann nachgebaut worden. Vorwiegend von der J. S. Nosenko-Werft in Nikolaev. Aber auch viele Konstruktionen anderer Werften in der Welt leugneten nicht die Ähnlichkeit mit den Howaldt-Bauten.

Dabei saßen, das sei ruhig zugegeben, die geistigen Väter des Schiffstyps in Großbritannien. Dort hatten Spezialisten der bekannten schottischen Walfangreederei Chr. Salvesen, Leith, nach dem Zweiten Weltkrieg, als eine hungrige Welt den Fischkonsum nach oben schnellen ließ, sich überlegt, daß das konventionelle Fischen »über die Seite« der Fischdampfer eine viel zu zeitraubende Sache sei. Da ging es auf ihren Walkochern, die den Fang über eine Heckaufschleppe an Deck zogen, vergleichsweise flotter zu. Sie ließen einen Kriegsminensucher, dem sie den Namen *Fairfree* gaben, mit einer Heckaufschleppe versehen und schickten ihn probeweise auf eine Fangreise. Die Konkurrenz wollte sich schier kranklachen. Schon bei den Seitenfängern mußten die Kapitäne geschickt manövrieren, um das aufkommende Netz von der Schraube freizuhalten. Bei dem neuartigen Heckfänger, wo Netz, Kurrleinen und Scherbretter dicht an der Schraube vorbei aufgehievt werden mußten, war es ihrer Ansicht nach geradezu selbstverständlich, daß sich das Netz in der Schraube verfangen würde und Netzschäden unvermeidlich seien, daß die Fänge, die harte Arbeit von Stunden, aus den zerfetzten Netzen auf den Meeresgrund sinken oder mit geplatzten Schwimmblasen zur Oberfläche aufsteigen würden. Fishing for gulls . . . no, thank you! Nicht davon zu reden, in welche Gefahren die Schiffe geraten würden, die

hilflos mit dem Netz in der Schraube den Gewalten der See preisgegeben wären.

Doch dann trat das, was eigentlich geschehen mußte, nicht ein. Die gefüllten Netze ließen sich problemlos einholen, die Fänge wurden, da die Netzsteerte häufig unterteilt waren, auch nicht zum größten Teil durch ihr Eigengewicht zerdrückt. Die silbrig glänzende Beute aus dem Meer wanderte vielmehr schnell durch Lukenöffnungen in das wettergeschützte Arbeitsdeck, wurde dort sortiert, geköpft, gekehlt, geviertelt, entgrätet, verpackt und tiefgefroren. Vorbei waren die Zeiten, da sogenannte »Frischfischfänger« 18 Tage nach dem ersten Fang, egal, was die folgenden Tage gebracht hatten, ihre leichtverderbliche, gesalzene Ladung im Heimathafen löschen mußten. Und vorbei die Zeiten, da manchmal Stunden damit vergeudet wurden, zerrissene Netze an Deck zu entwirren, zu flicken, zeitraubend gegen neue auszutauschen. Hier lag das neue Netz gebrauchsbereit, wenn das andere an Deck gehievt wurde. Keine Minute ging verloren, dann rauschte das nächste Netz aus. Und wie die Heckfänger durch die Heringsschwärme kurvten! Mit Echoloten zum Erkennen der Fischschwärme nach vorn, achtern und nach den Seiten ausgerüstet, mit Unterwasserfernsehkameras an den Netzöffnungen, um den Umfang der gesamten Beute zu erkennen, mit Fischlupe, um genau die Höhe zu erkennen, in der ein Fischschwarm stand – die Fische hatten keine Chance mehr zu entkommen.

Das Gelächter der Konkurrenz war verstummt. Salvesen ließ sich nach den gewonnenen Erfahrungen die Heckfabriktrawler *Fairtry* (1954) und *Fairtry III* bauen. Das waren vervollkommnete Nachfolger der *Fairfree*. Aber dann fand dieser Typ keine direkten Nachfolger mehr in der britischen Fischerei. Zwar gingen die Fischdampferreedereien des

Die *Novikov-Priboy* (Bau-Nr. 1010) wurde 1956 fertiggestellt. Auf dem Bild ist die im Fischfang neuartige Heckaufschleppe gut zu erkennen.

Novikov-Priboy was finished in 1956. On the photo you can easily make out the novel stern chute.

74

Inselreiches sehr bald zum Typ des Heckfängers über (dessen Vorteile waren unübersehbar), generell aber wurden kleinere Schiffe geordert – eventuell bedingt durch den Kapitalmangel der finanzschwächeren Trawler-Owners, die mit der wohlhabenderen Salvesen-Gruppe nicht Schritt halten konnten.

Man kann den Russen nicht nachsagen, daß sie Neuheiten im Bereich des Schiffbaues gegenüber nicht immer sehr aufgeschlossen gewesen seien. Erinnert sei nur an den Bau der Großeisbrecher oder an die Story der *Komsomolets* ex *Okean*. Sie müssen die Entwicklung damals mit größter Aufmerksamkeit verfolgt und Pläne entwickelt haben, die Möglichkeiten dieser Schiffe voll auszunutzen. Als sie bei Howaldt anfragten, ob man derartige Schiffe bauen könnte, war das für die Kieler Techniker kein Problem. Schließlich hatte die Werft im Laufe des Jahres 1931 der Sowjet-Union schon einmal zehn (!) für die damalige Zeit supermoderne Motortrawler geliefert. Was in Moskau wohl unvergessen war. Danach war der Trawlerbau kein Fremdwort mehr für die Kieler Werft.

1933/34 entstanden die Fischdampfer *Claus Ebeling* und *Germania*, 1936 die *Frisia*, alle für die anspruchsvolle Bremerhavener Fischdampferreederei N. Ebeling. Und als nach dem Zweiten Weltkrieg der Schiffbau in »Trizonesien«, wie die drei westlichen Besatzungszonen selbstironisch genannt wurden, wieder begann, war die Werft sofort mit den Fischdampfern *Schleswig, Flensburg, Ellerbek* und *Wellingdorf* für die neugegründete Hochseefischerei Kiel dabei (1950). Für die Erste Deutsche Walfang-Gesellschaft, Geschäftspartner aus Vorkriegstagen, die sich (natürlich) noch nicht wieder an dem für Deutschland verbotenen Walfang beteiligen durfte, entstand im gleichen Jahr das 319 BRT große Fischereimotorfahrzeug *Arktis*. Mit Motorfischereifahrzeugen ging es 1951 weiter: Zwei 595 BRT Neubauten für die norwegische A/L Møretral, Kristiansund. Ihnen folgten 1954 die Motortrawler *Holtenau* und *Laboe*, wiederum für die Hochseefischerei Kiel. Bei Howaldt konnte man also getrost daran gehen, den sowjetischen Auftraggebern »highly sophisticated vessels for fishing« zu bauen. Obwohl das in mancher Hinsicht recht problematisch war: In Paris (!) wurde über das Für und Wider der Erteilung einer Baugenehmigung verhandelt, ein Teil der Politiker und der Presse erging sich in Schwarzmalerei: Die Kieler Werft würde 24 hochwertige Minenleger für die Roten Flotten bauen, hieß es vielerorts. Aber es gab auch noch ein anderes Problem: Die Russen pochten so nachdrücklich auf die Verrechnung des Baupreises mit »Gegengeschäften«, daß es bald auf allen Stapellauffeierlichkeiten für die geladenen Gäste Kaviar und Krimsekt »satt« gab, und der gesamte Howaldtvorstand fuhr in schwarzen Wolga-Limousinen . . .

Am 11. Dezember 1954 lief die Nummer 1 der neuartigen Heckfänger, die *Puschkin* (spätere Schreibweise *Pushkin*), vom Stapel. Nebenbei bemerkt, der Ablauf dieses Ereignisses hätte einem ausgekochten Diplomaten Ehre gemacht: Heute würden die Nationalhymne der UdSSR oder gar die »Internationale« kaum Probleme bereiten, damals dachte man vielerorts noch ganz anders. Und so ertönte beim Ablaufen des Schiffes ein anderes »Hohelied der Arbeit«: Ohne Wimpernzucken hörten deutsche und sowjetische Gäste die »Hammer-Polka« . . .

Die Schiffe wurden Hochleistungstrawler in des Wortes wahrer Bedeutung: 50 Tonnen Verarbeitungskapazität pro Tag, tägliche Gefrierkapazität für »ganz gefrorenen Fisch« 10 t, tägliche Gefrierfiletierkapazität 20 t, tägliche Fischmehlkapazität 20 t. Selbst der Laie mag bei solchen Angaben ahnen, daß der alte Fischerschnack »Kopp un Steert sünd nix wert« auf diesen Schiffen nicht mehr galt – der Fang wurde komplett verarbeitet. Und viele Fischerleute behaupteten später, hinter diesen Heckfängern sei nicht ein Möwensteert zu sehen gewesen. Weil hier kein Stück Abfall mehr über Bord flog.

Von achtern her wanderte der Fisch durch Luken auf einer Rutsche in das Fabrikdeck, in dem nun seine Verwandlung zur eisgekühlten Delikatesse erfolgte. Dabei berührte keine Hand den Fisch auf dem Transport.

Die Fließbandtechnik des guten, alten Henry Ford hielt nun also auch auf Fischereifahrzeugen Einzug – mechanisch durchlief der Fang viele Stationen. Der Fisch wurde geschlachtet, geköpft, gekehlt, filetiert, enthäutet, entgrätet und seiner Leber »beraubt«. Die Filets wurden in bestimmte Portionen geteilt, abgewogen, in Hordenwagen gestapelt und tiefgefroren. Anschließend wurden sie glasiert und maschinell verpackt.

Dabei ging nichts verloren. Der Abfall wanderte ein Deck tiefer in die Fischmehlfabrik, die Leber auf den Sortiertisch und von dort in die Trankocherei oder die Konservenbüchsen, die Fischfilets oder die ganzen Fischkörper in die Packerei. Acht Frauen sollten hier damit beschäftigt werden, ihn in »Gefrierschalen« einzulegen, ab ging's per Transportband in die Kühlladeräume. Husch, husch – die Sieben-Pfund-Gefrierblöcke wurden, wiederum maschinell ausgelöst, in Pappkartons gebracht und im Kühlraum gestaut. Die Fischverwertungsanlagen trugen dem unvermeidlichen Raummangel Rechung. Durch besondere Konstruktionen war es gelungen, in relativ kleine Trocknungsapparate eine große Heizfläche einzubringen. Hydraulische Pressen formten alles Fischmehl platzsparend zu Kuchen. Schließlich war eine bordeigene Eisfabrik vorhanden.

Wohnräume für die Besatzung, das Maschinenpersonal, Fischarbeiter und -arbeiterinnen waren doppelt vorhanden, damit in zwei Schichten gearbeitet werden konnte. Um unter den harten Arbeitsbedingungen auf See einige Erleichterungen zu schaffen, war die Außenhaut der Schiffe isoliert, die Viermannkammern waren zentralbeheizt, es gab ledergepolsterte Sitzbänke. Und an den Arbeitsplätzen konnte sich die Besatzung anschnallen – in der Barentssee konnten die Schiffe ganz schön »zu kehr gehen«.

Es ist höchst interessant, einen Bericht von der Probefahrt der *Puschkin* zu lesen, wie er damals von einem ungenannt gebliebenen Verfasser in der Kieler Schiffahrtszeitschrift »Die Seekiste« erschien: Man schrieb den 27. März 1955, als wir Punkt acht Uhr vom Kieler Seefischmarkt ablegten, um einen langen Seetörn anzutreten. 90 Minuten später lagen wir allerdings erst einmal wieder fest, diesmal in der Holtenauer Schleuse, nachdem wir eine Stunde lang die ermüdende Prozedur des Kompaßkompensierens im Kieler Hafen hatten über uns ergehen lassen.

In der Schleuse umringte man unser Schiff. Verständlich – immerhin waren wir der kurioseste Mischmasch, den man seit Jahren sah. Unser Schiff sah mit der Aufschleppe aus wie eine Walkocherei, war aber keine; die Besatzung war – in der damaligen Zeit der Arbeitslosigkeit – der unbefahrenste Haufe, den man sich denken konnte: Wer mit einigem Geschick behaupten konnte, er hätte schon mal einen Heringsschwanz angefaßt, hatte sich als »Fischer« für diese Fahrt gemeldet.

International waren wir eine seltsame Mischung – Deutsche und Russen. Und als Krönung vom Ganzen wehte am Heck die Bundesflagge, während am Schornstein Hammer und Sichel prangten.

An Bord waren 110 Mann, davon 14 Russen als Abnahmekommission, und 17 Mann – ausgeliehen vom Kieler Fischdampfer *Schleswig* – als seemännisches Personal. Sie waren gewissermaßen die »Elite«, der Rest war dazu bestimmt, dem Meer zurückzuzahlen, was mit dem Netz herausgeholt wurde.

Für die Erste Deutsche Walfang-Gesellschaft, die sich 1950 noch nicht wieder am Walfang beteiligen durfte, entstand unter der Bau-Nr. 925 der Motortrawler *Arktis*.

The motor trawler *Arktis* was built on behalf of Erste Deutsche Walfang-Gesellschaft, which in 1950 was not yet to participate in whaling.

Die Motortrawler *Møretral 1* (Bau-Nr. 931) und *Møretral 2* wurden 1951 für die A. L. Møretral, Kristiansund, fertiggestellt. Sie waren die einzigen für norwegische Reeder gebauten Fischereifahrzeuge der Kieler Werft.

In 1951, the motor trawlers *Møretral 1* and *Møretral 2* were finished for A. L. Møretral, Kristiansund. They were to be the Kiel yard's only fishing vessels ever built for Norwegian owners.

Das begann schon 24 Stunden später, als die *Puschkin,* von den ersten Nordseewellen geküßt, sich begeistert emporhob und mit Sicherheit jedesmal zurücksank. Unseren Fischersleuten machte das natürlich gar nichts aus. Und, als ständen sie auf festem Boden, begannen sie, alle Vorbereitungen zum Fang zu treffen.

Unten im Schiff machten sich gleichzeitig die Arbeiter mit den verschiedensten Verarbeitungsmaschinen vertraut. Da sollten die Fische (noch hatten wir keine) vom Deck zur Köpfmaschine wandern, getrennt für große und kleine Fische, weiter durch xbeliebige Bearbeitungsgänge, bis sie sich vom glatten, glotzäugigen und salzigen Lebewesen in die appetitanregenden Delikatessen verwandelt haben, die morgen den Tisch des Towaritsch Iwan Iwanow zieren.

Ganz einfache Geschichte, gar nicht kompliziert – bis auf die Maschinen. Aber die hatten die Arbeiter ja nicht zu liefern oder zu montieren, sie fanden sie fix und fertig vor und sollten sie »nur« bedienen. Um es vorweg zu sagen: Es klappte prima. Zwei Tage lang hielten wir uns unter der norwegischen Küste auf und fischten in der Hauptsache Rotbarsch, »Kommunisten«, wie die Fischerslüüd dazu sagten (sie sagten es allerdings nur, wenn kein »Kollege« aus der Sowjet-Union in der Nähe war).

Dann ging es in die Barentssee, die uns am 7. April in Empfang nahm. Käpt'n Eduard Finnberg, ansonsten Herr über die *Schleswig,* war nicht zufrieden. Es kamen ihm nicht genügend Fische herein. Und was wir fingen, war nach seinen Angaben »lütt Schiet«.

Dagegen strahlten die Gesichter von Kapitän Burkov, seiner Steuerleute, Ingenieure und Techniker – die *Puschkin,* das war schon ein Schiff . . .!

Wenn bloß nicht das schlechte Wetter gewesen wäre. Die Werftarbeiter hingen blaß außerbords, der »Onkel Doktor« hätte eine pharmazeutische Fabrik aufmachen können, so gingen seine Pillen gegen die Seekrankheit. Wo so viel über Bord geht, müssen die Fische ja kommen! 700 Korb fingen

wir jetzt täglich, Linde's Kühlmaschinen arbeiteten auf Hochtouren. Ob es dann an den Pillen lag oder an sonst was – plötzlich war nichts mehr drin im Netz. Dabei stand »Extrembelastung« der Gefrieranlagen auf dem Programm. Ein Schuft, der keinen Ausweg findet: Fischmehl und Wasser wurden gemixt und gefroren. Taugte das Zeug auch buchstäblich zu nichts, so konnte man doch feststellen, daß die Kühlanlagen okay waren.

Am 13. (!) Stop für alle und alles. Telegraphischer Bescheid: Frau des russischen Ingenieurs verstorben. Die Fanggeräte wurden eingeholt, und mit »full speed« ging es in Richtung Murmansk. Von dort kam uns ein Schiff entgegen, auf das bei Nacht und Nebel der Ingenieur umstieg, um zu seinen drei Kindern zu fahren, die plötzlich keine Mutter mehr hatten.

Dann ging es zurück. Und als sollten wir für all' die voraufgegangenen Enttäuschungen entschädigt werden, gab es »stramme Büdels« = prima Fänge. Aber mit des Geschickes Mächten: Sturm zog auf über der Barentssee. Das Fischen wurde unterbrochen, wir ließen uns treiben. Arme Mitfahrer, denen nur noch nach Sterben zumute war und die doch auf den Beinen bleiben mußten. Dabei hatten sie allen Komfort zur Verfügung, wenn auch für diese Probefahrt das letzte freie Fleckchen an Bord als Schlafplatz ausgenutzt war. Doch ansonsten wohnte die Besatzung in Zwei- und Viermannkammern (damals etwas Ungewohntes), hatte eine Sauna an Bord und brauchte sich um die schmutzige Wäsche keine Sorge zu machen. Waschmaschine, Schleuder, Trockner und Heißmangel mußten nicht einmal selbst bedient werden. Wie bei den Russen üblich, so erfuhren wir, würden später acht Waschfrauen zur Besatzung zählen.

Wir wollten weiterfischen. Es lohnte zwar nicht mehr viel, aber schließlich waren wir ein Fischerei- und kein Passagierschiff! Die Barentssee zeigte sich von ihrer schlechtesten Seite, was Kapitän Burkov nicht störte – er erlebte, daß alle

Einrichtungen an Bord auch unter extrem schlechten Wetterbedingungen funktionierten.

Aber als wir am 19. April in der Höhe des Nordkaps noch einmal die Netze aussetzten (ohne nennenswerten Erfolg), verloren die Russen die Lust. *Puschkin* hatte sich als Schiff bewährt, alle Einrichtungen waren erprobt – was sollten sie noch mehr? Fische fangen konnten sie auch selbst – Kapitän Burkov machte von seiner Autorität Gebrauch und ließ die Fangreise abbrechen. Zur Freude des Kochs. Der Proviant reichte nicht – die 100 Mann an Bord hatten trotz Seekrankheit einen unbändigen Appetit entwickelt. Harstad wurde angelaufen, um den Proviant zu ergänzen. Dann ging es auf Heimatkurs.

Die Fischerslüüd waren enttäuscht, aber da war nichts zu machen. Es ging ihnen wie den Schlepperleuten: »No cure – no pay – no fish – no money«.

Sie bekamen 650,– DM und ihre Prozente vom Fang. Zeitungen schrieben nachher, wir hätten 6.000 t Fisch gelandet – nun, dann lägen wir mit geborstenen Laderäumen auf dem Grund der Barentssee. Nein – 6.000 Korb waren es. Daraus wurden 39 t Fischmehl, 49 Faß Tran, 2,5 t Fischöl, 45 t Filet und 91 t Ganz-Fisch.

Mochten unsere Fischereistrategen auch maulen und dem Wettergott zürnen – Kapitän Burkov sagte mit strahlendem Gesicht: »Karascho!« Hier endet der Bericht.

Die See-Verweildauer der Schiffe vom *Puschkin*-Typ war praktisch unbegrenzt. Die Russen gingen dazu über, Versorgungsschiffe einzusetzen, die von den vollgefischten Trawlern nicht nur die verarbeitete, tiefgefrorene oder abgesackte Ware (Fischmehl) auf hoher See übernahmen, sie brachten auch neue Besatzungen, neue Vorräte, neue Ausrüstung, neue Filme für das Bordkino. Ein Fischen »round-the-year« war möglich geworden. Es gab auch kritische Stimmen, die darauf hinwiesen, daß bei dem »fliegenden Personalwechsel« nur zu leicht notwendige Wartungs- und Reparaturarbeiten unterblieben, um sie der Ablösung zu überlassen.

Die 24 aus Kiel stammenden Trawler mit den Heimathäfen Murmansk, Arkhangelsk, Kaliningrad, Vladivostok und Petropavlovsk-Kamshatskiy fischten weltweit. Im Flottenverband, über riesige Distanzen von »Pfadfinderschiffen« dirigiert, die ihnen mit den empfindlichsten Ortungsgeräten das mühselige Suchen lohnender Fischgründe abnahmen, und als einzelne einsame Jäger, die bis in die Regionen der Antarktis und der Polarmeere ihrer Beute nachstellten. Manchmal haben sie auf abgelegensten Kursen Weltumseglern geholfen – Beweis dafür, wie abseits aller Schiffahrtsrouten sie dem Fischfang nachgingen. Und als die Einführung der weltweiten 200-Meilen-Grenzen vielen von ihnen den Job erschwerte, da legten sie sich vor die schottische, die neufundländische und die portugiesische Küste und verarbeiteten für die dort ansässigen Küstenfischer auf hoher See deren Fänge, was den kleinen Fahrzeugen lange, zeitraubende Rückreisen ersparte – ein gutes Geschäft auf Gegenseitigkeit.

Für die Fabriktrawler bedeuteten diese Jahre den härtesten Dauerjob, dem Fischereifahrzeuge überhaupt unterzogen werden konnten. Sie bestanden ihn glänzend – Howaldt-Bauten . . .

Der Motortrawler *Laboe* (Bau-Nr. 997) für die Hochseefischerei Kiel wurde 1954 abgeliefert. Schiffe dieser Reederei belieferten den Seefischmarkt in Kiel.

In 1954, the motor trawler *Laboe* was delivered to Hochseefischerei Kiel. Ships of this owner supplied the Kiel sea-fish market.

Daß sie nach einem Vierteljahrhundert ununterbrochenem Dauerstreß Abwrackplätze in aller Welt ansteuerten, hatte eine einfache Erklärung. Es gibt inzwischen modernere, brennstoffsparende Antriebsanlagen, es gibt neue, leistungsfähigere Verarbeitungs- und Gefrieranlagen, es gibt neue Ansprüche hinsichtlich der Unterkünfte. Schließlich: Die Einführung der 200-Meilen-Grenzen ließ die Sowjet-Union zu noch größeren Trawlern übergehen, die in viel größeren Tiefen fischen können. Deren »Eltern« aber waren unverkennbar jene 24 Heckfabriktrawler, die Mitte der 50er Jahre bei Howaldt in Kiel entstanden.

Doch ich sollte deren Beschreibung nicht beenden, ohne noch drei Stories zu erzählen: Es mochte schon ungewöhnlich erscheinen, daß die ersten zehn Neubauten dieser Klasse Dichter-Namen erhielten – man stelle sich vor: empfindsame Dichterseelen und der harte Job des Hochseefischers . . . Dann aber kam nach Jahren einer der Trawler zur Grundüberholung nach Kiel. Und im Aufenthaltsraum der Crew stand ein . . . Konzertflügel. Den der Kapitän auch noch meisterhaft beherrschte. Also – Maulhobel und Quetschkommode, das mochte auf dem einen oder anderen Schiff vorkommen, vielleicht auch noch selbstgebaute Drums Marke Ölfaß und Teufelsgeigen. Aber ein Piano auf einem Trawler . . . Es war derselbe Kapitän, der sich weigerte, eine Flagge der Stadt Kiel auszuleihen, als es galt, das Schiff zum Empfang offizieller Gäste der Stadt zu schmücken. Er bestand dem Makler gegenüber darauf, eine Stadtflagge devisenverschwenderisch zu kaufen – »weil man Freunde nicht mit geliehenen Sachen empfängt«. Das war wohl ein Hauch der vielgerühmten »russischen Sääle«.

Ein anderer Trawler kam zur Werftüberholung unter der Führung einer gutaussehenden Kapitänin. Gefragt, wie sie mit dem Howaldtschiff klarkomme, das mit seinem relativ hohen Freibord bei Wind in engen Gewässern sicherlich nicht ganz einfach zu manövrieren sein mußte, erklärte sie ohne viel Aufhebens: »Wenn man Vertrauen hat, weiß, daß das Schiff auf jedes Kommando sofort reagiert, dann kann man auch in engsten Hafenbecken mit hohen Fahrtstufen arbeiten« (damals, das sei hinzugefügt, gab es Bugstrahlruder und dergleichen noch nicht) »ein gutes Schiff bereitet keine Probleme!«

Keine Probleme – so war, so ist es mit Howaldt-Schiffen.

1959 wurde das Denkmal »Dem Kieler Werftarbeiter« vor dem Kieler Schloß aufgestellt.

The small monument for the "Kiel yard workers" was set up in front of Kiel's castle in 1959.

Mit alten Kriegsschiffen auf Walfang

Two world-famous owners, the Norwegian Anders Jahre and the Greek Aristoteles S. Onassis, ordered whaling outfit with Howaldt after the 2nd World War – however only by means of conversions. Onassis, who later was to become the Greek "King of Tankers", took an old T2 standard tanker and several Canadian corvettes to Kiel for having them converted to measure into a whaling factory ship and into catcher ships. Jahre and Onassis remained regular customers after they had on time sold their whaling fleets. Newbuilding orders for combined whaling and fishing factory ships *Vladivostok* (1961) and *Dalnij Vostok* (1962) were passed to Howaldt from the USSR.

Olympic Challenger

Als im Dezember 1949 der rostüberzogene amerikanische Tanker *Herman F. Whiton* bei den Howaldtswerken eintraf, nahm kaum jemand Notiz von dem sechs Jahre alten und 12.200 tdw großen Schiff. Was Wunder – es gehörte zur Serie der amerikanischen »T2-SE-A1«-Standardtanker, von denen im Laufe des Zweiten Weltkrieges rund 720 gebaut worden waren.

Wie von seinem »Gegenstück«, dem für Trockenfrachten bestimmten »Liberty-Freighter«, hieß es auch von den T2-Tankern, daß sie viele Mängel und strukturelle Schwächen hätten, und daß ihnen keine lange Lebensdauer beschieden sei. Wie bei den »Liberty«-Frachtern widerlegten die »T«-Tanker, wieviele Mängel sie auch besaßen, alle solche Erklärungen – mit ihnen verdienten viele Reeder in aller Welt, vor allem die Griechen, lange Jahre ein gutes Geld. Und schließlich dominierte der T2-Typ derart, daß er zur Basis der weltweiten Tankerraten-Berechnung genommen wurde.

Als Einzelstück aber verdiente sicherlich keines dieser Schiffe besondere Beachtung – die *Herman F. Whiton* ausgenommen. Die hatte sich ein unternehmungslustiger griechischer Reeder, dessen Namen Aristoteles S. Onassis eigentlich so recht noch niemand kannte, von der amerikanischen Union Sulphur Inc. gekauft, zusammen mit zwölf ehemals kanadischen Korvetten der Flower- und der Coastal-Klasse, die es damals, als nach den großen Jagden auf deutsche U-Boote keinerlei Bedarf mehr an diesen

während des Krieges im Fließbandverfahren gebauten Schiffen bestand, für »ein Ei und für ein Butterbrot« zu kaufen gab.

Dieser ganze Schiffsschwarm war über den Atlantik geschwommen gekommen und sollte zu einer Walfangflotte umgebaut werden, ein Auftrag, so groß und so umfangreich, daß von den Korvetten, aus denen Walfangboote werden sollten, drei zu den Hamburger Howaldtswerken und drei zur Werft Nobiskrug, Rendsburg, geschickt wurden, weil die Kieler Howaldtswerke es unmöglich schaffen konnten, den Gesamtauftrag innerhalb der vorgeschriebenen zehn Monate abzuwickeln.

Dabei war der Umbau eines Tankers in eine Walkocherei so ungewöhnlich nicht – aber hier war es der Umfang der Umbauten und der hohe technische Anspruch, der an das »neue« Schiff gestellt wurde, die diesen Auftrag so ungewöhnlich machten.

Im Jahre 1925 schickte die norwegische Walfangreederei Melsom & Melsom – nach dem Zweiten Weltkrieg mehrfacher Besteller von Schiffsneubauten bei den Howaldtswerken – ein Fabrikschiff hinaus, wie die Welt es noch nicht gesehen hatte: Die *Lancing* besaß im Heck eine schräge Aufschleppe, über die die erlegten Wale mit Windenhilfe auf das Schlachtdeck gezogen werden konnten, wo sie nun so gründlich und restlos zerlegt werden konnten, wie es bisher nur in den Landstationen möglich gewesen war. Nun war der Walfang noch viel lohnender als bisher, nun war man beim Schlachten der Tiere vom Wetter unabhängig, nun ging das Zerlegen der Tiere schneller, nun konnten die Fangboote ununterbrochen auf Fang gehen – aus dem Walfang wurde die Walschlachterei.

Begünstigt wurde die Entwicklung aber auch noch durch etwas anderes. Irgendwie hatten C. A. Larsen und später seine Gesellschaft wohl das Gefühl, sie müßten für die Fänge in der Ross Sea zahlen. Und sie taten es auch. Zuletzt 200 Pfund Sterling (und zwar Vorkriegs-Pfunde!) für jede Kocherei mit jeweils fünf Fangbooten plus 2s 6d für jedes Barrel Öl oberhalb eines Gesamtbetrags von 20 000 Barrel. »Royalties« nannte sich die Zahlung – so wie sie auch im Ölgeschäft genannt wurde.

Melsom & Melsom schickten zwei Flotten, behaupteten, die Meere seien frei, die Ross Sea falle nicht unter die Drei-Meilen-Regelung und bekamen, als Neuseeland 1929 ein Gesetz erließ, das die Ross Sea für das Fischen ohne regierungsseitige Genehmigung sperren wollte, dank der

Hilfe der norwegischen Regierung Recht. Ein Gerücht besagt, daß die Leute von C. A. Larsen auf die Rückzahlung »ihrer« Gelder durch die neuseeländische Regierung drängten, ohne damit Erfolg zu haben. Wer hat schon je Geld vom Staat zurückbekommen?

In der Ross Sea erschien jetzt noch eine andere riesige norwegische Fangflotte – die *Kosmos* des Reeders Anders Jahre. Auf den in diesem Buch noch zurückzukommen ist.

Vorerst aber noch einmal ein Blick auf die Fabrikschiffe. Es waren zumeist umgebaute Frachter, vorwiegend Tanker. Nachdem Melsom & Melsom die Heckaufschleppe eingeführt hatten, ließ die C. A. Larsen-Gruppe den 1913 gebauten Tanker *San Gregorio* zur Kocherei *C. A. Larsen* herrichten. Mit einer Bugaufschleppe. Sie ist bei keinem anderen Schiff wiederholt worden, trug aber der *C. A. Larsen* den »Ruhm« ein, damit wohl das häßlichste Schiff der Welt gewesen zu sein.

Gestiegene Rentabilität der Fangflotten, Wegfall der bislang gezahlten Gebühren – nun stürzte man sich geradezu auf den Walfang. Waren in der Saison 1928/29 genau 26 Fabrik- und 111 Fangschiffe in der Antarktis tätig, waren es ein Jahr darauf 38 Fabrik- und 194 Fangschiffe. Die Zahlen stiegen weiter. Mit dem Ergebnis, daß unmittelbar darauf der Markt zusammenbrach. Die Weltwirtschaftskrise kam hinzu. In der Saison 1931/32 wurden nur noch sieben Fabrikschiffe und 40 Fangboote in der Antarktis gesichtet.

1934/35 tauchte die erste japanische Fangflotte in den südlichsten Gewässern der Welt auf, 1936/37 kamen mit der *Jan Wellem* und ihren Fangbooten *Treff I* bis *Treff VI* die Deutschen hinzu.

Jan Wellem fuhr mit ihren Fangbooten unter der Flagge der »Ersten Deutschen Walfang-Gesellschaft« (EDWG). Das war ein Tochterunternehmen der Düsseldorfer Firma H. Henkel, das sich nicht die Zeit nahm, wie die meisten anderen am Walfang interessierten deutschen Firmen, auf einen Neubau zu warten. So wurde aus dem Hapag-Dampfer *Württemberg*, Baujahr 1921, 1936 jene *Jan Wellem*, die den Kieler Howaldtarbeitern in besonderer Erinnerung blieb: Als nach dem Zweiten Weltkrieg der riesige U-Bootsbunker in Dietrichsdorf gesprengt werden sollte, wurde die im Kriege schon schwer beschädigte *Jan Wellem* vor seine Einfahrtsöffnung gelegt, um die Druckwelle von innen auf den Bunker und nicht über den Hafen verpuffen zu lassen.

Die Erste Deutsche Walfang-Gesellschaft war es auch, die bei den Howaldtswerken den Versorgungstanker *Antarktis* bauen ließ, der 1939 in Fahrt kam und es möglich machte, daß die *Jan Wellem*, wenn ihre Lager gefüllt waren, ihre kostbare Fracht in der Antarktis ausladen und so ohne Zeitverlust im Fanggebiet bleiben konnte.

Die *Antarktis* war ein äußerlich ganz konventioneller 15.000 tdw Tanker, 147,8 m lang, 21,4 m breit, 9,1 m Tiefgang, Geschwindigkeit 12,5 Kn.

Aus dem alten T2-Tanker *Herman F. Whiton* bauten die Howaldtswerke Kiel für Olympic Whaling Company 1950 unter der Bau-Nr. 930 die *Olympic Challenger*. Charakteristisches Merkmal waren die vier Schornsteine.

In 1950, the old T2 tanker *Herman F. Whiton* was converted by Howaldtswerke Kiel on behalf of Olympic Whaling Company into *Olympic Challenger*. Her special features were four funnels.

Aber das Schiff war dazu bestimmt, Versorgungsgüter auf hoher See an andere Schiffe abzugeben, Ladungen von anderen Schiffen auf See zu übernehmen. So wurde es zum Vorläufer jenes Versorgungsschiffes, das an anderer Stelle dieses Buches erwähnt ist und während des Zweiten Weltkrieges zu ungewollter weltweiter Popularität gelangte: der *Altmark*.

Vielleicht hätte die Mitte der 30er Jahre wieder beginnende intensive Waljagd schon sehr bald zur Ausrottung der Wale geführt. Da setzte der Ausbruch des Zweiten Weltkrieges dem Walfang ein Ende. Das heißt, norwegische Kochereien setzten ihn anfangs noch fort, während die Engländer daran gingen, die landseitigen Stationen zu zerstören, damit sie nicht deutschen Hilfskreuzern als Versorgungsbasen dienten. Doch in der Saison 1940/41 steuerte der deutsche Hilfskreuzer *Pinguin* ex *Kandelfels* der DDG »Hansa«, Bremen, das Südmeer an und kaperte drei norwegische Kochereien, einen Versorgungstanker und elf Fangboote. So blieb der Walfang für die kommenen Kriegsjahre allein den Japanern überlassen.

Man brauchte kein Fachmann zu sein, um sich nach dem Kriege auszurechnen, daß es in der Antarktis wieder von Walen wimmeln müßte. Während andererseits der Krieg den Bestand an Walfangflotten reduziert hatte.

Aber es sollte zunächst nur einen »Außenseiter« geben, der es wagte, in eine Branche einzubrechen, für die es praktisch nur wenige Könner und Kenner in Norwegen und Großbritannien gab: Aristoteles S. Onassis, Griechenreeder, damals schon Herr über eine Flotte von angeblich insgesamt 130 Schiffen, die unter vielen Flaggen fuhren. Diese Reeder, die während des Zweiten Weltkriegs ihre Schiffe hatten für die Alliierten fahren lassen – ein damals vielzitiertes Wort war, daß die norwegischen Tanker für die Versorgung Großbritanniens das waren, was die Spitfires im Luftkrieg um England darstellten – genossen in der Nachkriegszeit das Vertrauen, die Dankbarkeit und das Entgegenkommen der Amerikaner und der Engländer. So war es für den jungen »Ari« Onassis wohl nicht allzu schwer gewesen (und wohl auch nicht sehr teuer), den T2-Tanker *Herman F. Whiton* und eine ganze Flotte ausgedienter Korvetten zu erhalten.

Wenn jemand glaubte, er würde an der mangelnden Erfahrung im Walfang scheitern – so kannte er Onassis nicht! Der clevere Grieche wußte offensichtlich um jenes ganze Heer arbeitsloser Walfänger in Deutschland, dem 1945 die Beteiligung am Walfang untersagt worden war. Und er wußte wohl auch darum, daß die Norweger es einigen ihrer erfahrenen Walfängern verübelten, daß sie vor dem Kriege für die Deutschen gefahren waren – diese Norweger waren, trotz aller Erfahrungen, vom norwegischen Walfang ausgenommen. Und was an organisatorischem Geschick erforderlich war, das besaß die Erste Deutsche Walfang-Gesellschaft, die es nach wie vor in Hamburg gab. Sie wurde von Onassis' Olympic Whaling Company, die in Panama eingetragen worden war, mit der Bauaufsicht und der Regelung der

Personalfragen beauftragt – der Verdacht, daß hier ein verkappter deutscher Walfang im Entstehen war, wurde von Onassis ebenso energisch wie von der Ersten Deutschen Walfang-Gesellschaft zurückgewiesen.

Auf den Howaldtswerken begannen inzwischen die Umbauarbeiten an der *Herman F. Whiton*. Der Entwurf für die *Olympic Challenger* – so sollte die neue Walkocherei heißen – sah vor, das Schiff auf etwa halber Länge auseinanderzuschneiden und es um 12,5 auf 165,8 m zu verlängern. Das etwa mittschiffs liegende Deckshaus war abzutrennen und nach vorn zu versetzen, um genügend Länge für das Schlachtdeck zu erhalten. Ein vollständiges Deck war dem Tanker aufzusetzen, um Raum für die Verarbeitungsanlagen, die eigentliche »Wal-Fabrik«, zu gewinnen. Alle für die Walverarbeitung und für die Lagerung der gewonnenen Rohstoffe erforderlichen Einrichtungen und Tanks sowie Behälter waren zu installieren, Winden, die die Wale über das Schlachtdeck zogen, waren einzubauen, die Unterkünfte, bisher auf eine normale Tankerbesatzung ausgelegt, waren so zu erweitern, daß jetzt neben den Seeleuten die Walfabrikarbeiter und das Verwaltungspersonal aufgenommen werden konnten. Die simple Tankerbrücke war um jene Räume zu erweitern, die notwendig waren, alle Kommunikations- und Ortungsgeräte für die Zusammenarbeit mit einer ganzen Flotte von Fangbooten zu ermöglichen. Und schließlich war in das Achterschiff jene Aufschleppe einzuziehen, über die die Wale an Deck gezogen werden konnten. Damit entfiel der bisher in der Mittschiffslinie des Tankers stehende Schornstein. Das Schiff bekam – und das sollte das typische Erscheinungsbild der *Olympic Challenger* prägen – vier Schornsteine aufgesetzt, die paarweise nebeneinander standen.

Was sich sehr einfach liest, klingt schon komplizierter, wenn in die Einzelheiten des Umbaues eingestiegen wird. Im Hinterschiff waren neben und über dem Walslip die Wohnräume des Maschinenpersonals einschließlich der Ingenieure, des Arztes, der Biologen und Chemiker sowie von einem Teil des Verarbeitungspersonals, Kocher, Separatorenleute, Harpunenschmiede, Plan- und Pumpenmänner einzurichten. Offiziere, Zahlmeister und Verwaltungspersonal erhielten kleine Wohnräume im Brückenaufbau. Hier wurden auch Räume für den Expeditionsleiter, den Kapitän und den Eigner hergerichtet. Außerdem fanden hier Schiffsküche und -bäckerei mit den dazugehörigen Storeräumen Platz. Das Vorschiff nahm die Wohnräume der Fabrikarbeiter, Köche, Bäcker, Fleischer, Schuster, Schneider usw. auf, hier wurde auch die Mannschaftsmesse installiert.

In Höhe des Fabrikdecks wurden vier Kühlräume für den Proviant angelegt.

Der wichtigste Teil des Schiffes, die Fabrik mit dem darüberliegenden Schlachtdeck, befand sich im mittleren Bereich. 40 t Winden zogen die Wale von Schlachtstation zu Schlachtstation, wo sie abgeflenst, zerlegt, die Knochen zersägt wurden. Das so gewonnene Gut wurde durch Luken der darunterliegenden Fabrik zugeführt.

Hier in dieser Fabrik, einem Irrgarten von gewaltigen rotierenden Speck- und Knochenkochern, Tanks, Separatoren und sonstigen Hilfsmaschinen, wurde praktisch der gesamte Wal verarbeitet. Nichts ging verloren, der Speck, das Fleisch, die Knochen, die Barten – alles wurde verarbeitet. Das einzige, was über Bord ging, waren die Kaldaunen. Gewaltig die Vielzahl der benötigten Hilfsmaschinen, für Laien unvorstellbar die Verschiedenartigkeit aller Geräte und Aggregate. Dazu die Schweiß- und die Messerschärfwerkstatt, die Schmiede, die Zimmermanns-, die Maschinen- und Elektrikerwerkstatt mit Drehbänken, Bohr- und Fräsmaschinen. Den Chemikern stand ein modern eingerichtetes Labor zur Verfügung.

Enorm auch die Menge des mitzuführenden Proviants. Weit über 300 Menschen waren für die Dauer einer Reise zu versorgen. Um länger Frischfleisch zu haben, wurden auf dem Oberdeck Ställe für 60 Schweine angelegt.

Die vorhandene Maschinenanlage blieb erhalten, war aber vollständig auseinanderzunehmen und zu überholen, ein weiterer Kessel war einzubauen.

Für die Walverarbeitung wurden vier Knochensägen, elf Universalkocher, vier Blubberkocher und eine komplette Vitaminölanlage aufgestellt.

Und auf dem Deck, oberhalb der Aufschleppe, mußte eine Hubschrauberplattform eingerichtet werden.

Am 21. Oktober 1950, zehn Monate nach Baubeginn, wurde das Schiff abgeliefert. Wohlgemerkt: Es waren mehrfach Frachter oder Tanker zu Walkochereien umgebaut worden.

Aber nie hatten diese Arbeiten ein solches Maß an hoher, moderner Technik eingeschlossen. Nach dem Zweiten Weltkrieg pflegten die Walfangreedereien Neubauten in Auftrag zu geben. Onassis erwartete von den Howaldtswerken, daß ein Kriegsstandardtanker mit den teuersten Neubauten Schritt halten konnte.

Da war der Umbau der Korvetten zu Fangbooten vergleichsweise sehr viel einfacher. Als der Bedarf an derartigen Geleitfahrzeugen immer größer, die Auseinandersetzung mit den angreifenden U-Booten immer härter wurde, hatte die Royal Navy sich nicht lange mit komplizierten Neukonstruktionen aufgehalten – man griff, auch für die kanadischen Werften, einfach auf die Entwürfe von Walfangbooten zurück, die sich in den Vorkriegsjahren unter härtesten Wetterbedingungen auf der hohen See bestens bewährt hatten. Schließlich waren die Aufgaben der Wal- und der U-Bootjagd so unähnlich ja nicht, genauso wie dem unberechenbaren Wal war dem mit allen Raffinessen manövrierenden U-Boot nachzustellen, wie der Wal verschwand das U-Boot unter Wasser.

Trotzdem: Bei den Korvetten war die bis zur Brücke reichende Back zu entfernen, das Oberdeck mußte hochgezogen werden, um einen größeren Sprung zu erhalten, das Vorschiff mit ausfallenderem Steven und dem verstärkten Standort der Harpunenkanone war zu erneuern, Leinenstores, Pulverräume einzurichten, der für Fangboote typische Laufsteg von der Brücke zur Harpune war aufzubauen. Die Unterkünfte waren modernen Ansprüchen entsprechend herzurichten, sie waren gegen die Kälte zu isolieren und mit

Aus einem kanadischen U-Boot-Jäger wurde 1950 (Bau-Nr. 947) das Führungsboot der Walfänger *Olympic Leader*. Die Walfangflotte bestand aus 16 ähnlichen Booten.

A Canadian submarine hunter was converted in 1950 into the whaler command boat *Olympic Leader*. The whaling fleet consisted of 16 similar boats.

einer leistungsfähigen Heizung auszustatten. Schließlich war jener spezielle Vormast aufzustellen, der den Zug der Walleine aufnehmen konnte, lief die doch über Leitblöcke im Vormast.

Mit 2800 PSi-Dampfmaschinen erreichten die zwischen den Loten 57,91 m langen und 10,06 m breiten Fangboote Geschwindigkeiten bis zu 16 Kn. Sie waren mit etwa 700 BRT vermessen.

Sämtliche Boote wurden nach einem viermonatigen Umbau in der Zeit vom 8. September bis zum 16. Oktober 1950 abgeliefert – *Olympic Leader* als das Führungsboot hatte als einziges eine Helikopter-Plattform auf dem Achterschiff erhalten.

Am 28. Oktober verließ die *Olympic Challenger* in Begleitung von zwei Fangbooten Kiel. Die anderen zehn Fangboote waren schon ein paar Tage vorher auf die Reise geschickt worden. An Bord aller Schiffe befanden sich rund 530 Mann, auf der Kocherei allein 290.

Die erste Saison bescherte Aristoteles S. Onassis ein ausgesprochen gutes Ergebnis: 28.850 t Bartenwal und 4.560 t Spermwal.

Das Ergebnis muß so gut gewesen sein, daß Onassis persönlich der Flotte entgegenflog. Großer Empfang an der Achterkante der mit Flaggen geschmückten Brücke. Wo hat es das schon mal auf einem Walfänger gegeben. Dann die Rede – großartige Arbeit, alles primissima, mucho Dollars, jetzt könnte es ja weiter auf den Pottwal gehen. . . Die Leute stutzen. Pottwale? Sie haben die 15 000 freigegebenen Wale doch längst geschossen (vielleicht auch ein paar mehr . . .) Papperlapapp – man möge sich das mal überlegen – so gute Arbeiter – die werden doch auf die zusätzlichen Dollars nicht verzichten . . . Die Besatzung zieht sich zur Beratung zurück. Die Walarbeiter lehnen ab. Onassis erhöht. 50 % der Heuer zusätzlich. Und der Fanganteil. Neue Beratung. Die Arbeiter bleiben bei ihrem Nein. Onassis flog zurück.

Nach nur dreimonatiger Überholungszeit begann die zweite Saison. Die Fangflotte war um zwei weitere ehemalige Korvetten erweitert, ein älteres Ankaufboot kam hinzu, schließlich noch eine Korvette. Jetzt waren es 16 Fangboote.

Das mußte man Onassis lassen: Er ging aufs Ganze.

Und mußte – die kriegsbedingte Lebensmittelknappheit in Europa nahm ab, Walfleisch konnte auf die Dauer kein Steak ersetzen – bald den ersten Preisverfall erleben.

1954 schickte er die Flotte erneut hinaus. Den Anfang sollte der Spermwalfang vor der peruanischen Küste machen. Am 16. November kam es zum Eklat: Peru beschuldigte die Führung der Fangflotte, die unlängst verkündete 200-Meilen-Grenze mißachtet zu haben. Eben außerhalb dieser Grenze (so behaupteten es die Walfänger) kam es zu Bombenabwürfen und zum Maschinengewehrbeschuß durch peruanische Flugzeuge. »Es war innerhalb der 200-Meilen-Grenze«, sagten die Peruaner, die die *Olympic Challenger* und vier Fangboote zum Einlaufen in einen peruanischen Hafen zwangen.

Es gab viel Hin und Her um diesen Zwischenfall (einige ahnten, was sich mit diesem Anspruch auf die 200-Meilen-Grenze weltweit anbahnte) – am gelassensten blieb vielleicht Onassis selbst. Drei Millionen Dollar Strafe hatte er zu zahlen, um seine Flotte auszulösen – er tats ohne Wimpernzucken. Lloyd's in London ward zur Kasse gebeten. Onassis hatte sich in kluger Voraussicht dessen, was mit der 200-Meilen-Grenze auf ihn zukommen könnte, gegen solches Mißgeschick versichert.

Trotzdem – man mochte ahnen, daß der Walfang dem Griechen langsam verleidet wurde (in der Tankschiffahrt gab es auch ein besseres Geld zu verdienen). Am 9. Oktober 1955 verließ die *Olympic Challenger* Kiel zur fünften Fangreise, zur letzten unter dem Onassis-Emblem am Schornstein. 15 Fangboote waren dabei – eines, die *Olympic Conqueror*, blieb mit Maschinenschaden zurück. Onassis wollte es wohl gar nicht mehr reparieren lassen.

Am 1. Dezember gab es im Fanggebiet eine Kollision. Im Nebel rammte Boot Nr. 2 den Kollegen Nr. 14. Das Loch war nicht abzudichten, *Olympic Rider* sank. Eiligst mußten die Howaldtarbeiter das zurückgebliebene Boot Nr. 7 reparieren, das der Flotte dann mit Höchstfahrt hinterhergeschickt wurde.

Die Rückreise trat die Flotte durch den Südatlantik an, Dakar war letzte Zwischenstation. Es gab nicht mehr die Fahrt durch den Pazifik, Perus Gewässer wurden gemieden. Und so unterblieb auch die Fahrt durch den Panama-Kanal. Die dortigen Behörden hatten auf der ersten Fahrt der *Olympic Challenger* die Passage verweigert. Ein sooo schmutziges Schiff dürfe den Kanal nicht passieren. Im Scheinwerferlicht (tagsüber war es zu heiß) mußten alle Mann mit Bürsten und Sodawasser ran, bevor die Panamesen ihre Zustimmung zur Kanalfahrt erteilten. Es war wohl das einzige Mal, daß jemand über ein Howaldt-Schiff die Nase gerümpft hatte . . .

Im Jahre 1956 verkaufte Onassis die *Olympic Challenger* samt 15 Fangbooten für 8,5 Millionen Dollar an die japanische Walfangreederei Kyokuyo Hogei K. K., Tokio. Die Kocherei erhielt den Namen *Kyokuyo Maru No. 2* und ging bis zur Saison 1970/71 dem Walfang in der Antarktis nach. Besser konnte ein Schiff nicht umgebaut worden sein.

Anders Jahre

Es liegen keinerlei Berichte vor, daß sie sich draußen, in der Antarktis, als Konkurrenten begegnet wären. In Kiel lagen sie jedenfalls einträchtig zusammen: die Walfangflotten des Griechen Aristoteles S. Onassis und des Norwegers Anders Jahre.

Wenn gesagt wird, es gebe zwei Arten Reeder, solche, denen eine Reederei als Erbe in die Wiege gelegt wurde, und andere, die buchstäblich aus dem Nichts eine Reederei aufbauen, dann zählte Anders Jahre unbestritten zu den letzteren. Als er sich 1978 als 86jähriger aus dem Geschäftsbetrieb zurückzog, überließ er seinem Nachfolger, dem Schiffsreeder Björn Bettum, ein Unternehmen, dessen Eigenkapital bei 400 Millionen Norwegischen Kronen lag, während die liquiden Mittel noch einmal ungefähr den gleichen Betrag ausmachten. Womit sie alle Forderungen an das Unternehmen bei weitem überstiegen.

Anders Jahre besaß vieles von dem, was man als »Wikingertum« bezeichnen konnte. Unternehmungsgeist, Abenteurertum und Kühnheit. Ob es stimmt, was oft erzählt wurde, daß er sein Studium durch Kartenspiele finanzierte, sei dahingestellt – studiert hat er, der eigentlich nicht die finanziellen Mittel dazu besaß. Daß er sein kaufmännisches Talent im Pferdehandel entwickelt habe, mag eine Erzählung sein – Tatsache ist, daß er einmal einen Pferdehandel besaß. Er brauchte solche Behauptungen über sich auch nicht zu leugnen, denn Anfang der 20er Jahre schon versuchte er einen Einstieg in die Branche, die neben anderen (penetranten) Gerüchen vom Geruch des Abenteuers umgeben war: der Walfang.

Die Geldgeber, die er brauchte, mochten um das Risiko wissen, das zum Walfang gehörte. Aber sie waren deshalb keine Hasardeure, die ihr Geld leichtfertig auf's Spiel setzten. Sie suchten einen zuverlässigen, kenntnisreichen, soliden und vorausschauenden Mann, der ihnen für ihr Kapital mehr als die banküblichen Zinsen in Aussicht stellen konnte. Und das war Anders Jahre eben auch: 1891 geboren, 1914 juristisches Staatsexamen, Gerichtsreferendar, Bankangestellter, kurze Auslandserfahrung in Frankreich, ließ er sich 1916 in Sandefjord, der Stadt am Westufer des Oslo-Fjords, nieder.

Wer hier in der Stadt der Walfänger lebt, wer die stattlichen Häuser sieht, die die »Könige« unter den Fangbootkapitänen sich hier hinsetzen ließen, der konnte sich wohl kaum der Faszination des Walfanges entziehen. Anders Jahre konnte 1928 – endlich – seine »Kosmos«-Gesellschaft gründen.

Es war etwas von dem kühnen Wikingertum, das seine Schiffe in der fernen Ross Sea auftauchen ließ, ohne daß er die bis dahin stillschweigend entrichteten »Royalties« zahlte, und es muß etwas von dem gelernten Juristen in ihm gewesen sein, das ihn sicher machte, damit durchzukommen. Und es muß der scharf kalkulierende Kaufmann in ihm gewesen sein, der die erste Walkocherei hinausschickte, die so vollkommen ausgestattet war, daß auf ihr kein Stück vom Wal ungenutzt blieb. Sechs Walfanggesellschaften gründete er zwischen 1929 und 1930, *Kosmos I* und *Kosmos II* waren

Der Walkocher *Kosmos IV* wurde in Kiel 1950 unter der Bau-Nr. 939 einem größeren Umbau unterzogen. 1937 ist das Schiff als *Walter Rau* von der Deutschen Werft erbaut worden (Bau-Nr. 197).

In 1950, the whale factory ship *Kosmos IV* underwent a major conversion in Kiel. The ship was built as *Walter Rau* at Deutsche Werft in 1937.

die ersten Kochereien 1929 und 1931 erbaut, während die Fangboote kurz und bündig *Kos* hießen, gefolgt von einer Nummer dahinter. Rasch sprach sich der Erfolg seiner Ölkochereien herum, die im Volksmund bald »Ölberge« hießen, während Anders Jahre mal »Anders de Wal« oder »Vater des Walfangs« genannt wurde.

Als Ausgleich für Kriegsverluste erhielt die »Kosmos«-Gruppe 1945 die deutsche Kocherei *Walter Rau* samt Fangbooten zugesprochen, die fortan *Kosmos IV* hieß. 1947 kam aus Göteborg der Neubau *Kosmos III* hinzu, 1948 aus England der Neubau *Kosmos V*. Die *Kosmos IV* wurde nach dem Kriege im Howaldt-Dock auseinandergeschnitten und auf insgesamt 183,1 m Länge über alles vergrößert. Es war eine Arbeit, die Aufsehen erregte – immerhin war es eine komplette schwimmende Fabrik, die zertrennt, um ein beträchtliches Stück verlängert und millimetergenau wieder zusammengefügt wurde.

Und es war ein imposanter Anblick, wenn diese drei riesigen Kochereien – die beiden anderen waren 194,6 bzw. 204,6 m lang – mit den Flotten ihrer Fangboote in Kiel lagen und für die nächste Saison grundüberholt wurden. Wozu dann noch die *Olympic Challenger* mit ihren Fangbooten kam. Da reichte der Platz in der Werft oft nicht aus, um alle die Schiffe aufzunehmen. Dann lagen die Fangboote »in Päckchen« im Anschluß an die Seegarten-Brücken. Und die Kieler pilgerten in Scharen zum Hafen, und Väter erklärten ihren Söhnen, daß diese kleinen Schiffchen bis fast zum Südpol fahren und mit ihren »Kanonen« auf dem Vorschiff dem größten Säugetier der Welt nachstellen, das gegen die hochentwickelte Technik der Walfänger keine Überlebenschance besitzt.

Welche »Nase« Onassis und ein Anders Jahre für das Geschäft besaßen, mag daraus zu erkennen sein, daß sich beide von ihren Fangflotten trennten, als es noch einen guten Preis für sie gab, als beide aber ahnten, daß es mit dem Walfang bergab zu gehen begann. Für Onassis war die Beteiligung an diesem Geschäft nur ein Randgeschehen im Rahmen vieler Schiffahrtsaktivitäten. Anders Jahre muß der Abschied viel schwerer gefallen sein. Für ihn war der Walfang ein Stück Leben.

In einer Biographie steht über ihn zu lesen: »Anders Jahre war ein Fuchs – und ein zielstrebiger Geschäftsmann mit einer seltenen Begabung, sein Kapital zu vermehren. Weit vorausschauend, wie er darüber disponierte, grenzten seine Entscheidungen bisweilen fast an die Verwirklichung seiner Visionen; sein Spürsinn für neue Märkte war genauso zuverlässig, wie seine Fähigkeit, schwindende Marktchancen vorauszuahnen.« 1971 verkaufte er die *Kosmos IV* samt Fangbooten als die letzte seiner Flotten.

Für die Howaldtswerke war der Verkauf der Walfangflotten ein herber Verlust im jährlichen Reparatur- und Überholungsgeschäft. Obwohl Onassis wie Jahre der Werft als Kunde erhalten blieben. Und zwar lange über die Zeit hinaus, da sie Walfangflotten ihr eigen nannten.

Schiffe für die Sowjetunion

Doch nun kamen die Russen. Sie hatten allerbeste Erfahrungen mit den bei Howaldt gebauten Fischerei-Fabrikschiffen gesammelt, sie wußten zu deuten, was es an zufriedenstellender Werftarbeit heißen mußte, daß ein Anders Jahre seine Walkochereien über lange Jahre in Kiel hatte warten lassen.

Sie wollten einen ganz neuen Schiffstyp, wie es ihn in der Welt noch nicht gab, eine Kombination von schwimmender Heringsfabrik und Walkocherei. Und trauten den Howaldtswerken zu, ihnen diesen Schiffstyp zu entwickeln und zu bauen.

Dazu trug sicherlich noch bei, daß die Sowjetunion Ende 1956 für drei im eigenen Land zu bauende Walfangmutterschiffe die Walverarbeitungsanlagen bei Howaldt bestellt hatte und mit den 1958 gelieferten Anlagen außerordentlich zufrieden war.

So kam es zur Bestellung der Neubauten Nr. 1168 und 1169 durch die UdSSR – es sollten die kombinierten Wal- und Fischerei-Fabrikschiffe *Vladivostok* und *Dalnij Vostok* werden.

Der Bau beider Schiffe ging glatt und planmäßig voran. Am 30. November 1961 taufte die Gattin des Botschafters Smirnow die *Vladivostok*, die unter dem Jubel von Tausenden in ihr Element glitt. Am 4. Dezember wurde das Schwesterschiff auf der Schwentine-Helling auf Kiel gelegt.

Die *Vladivostok* lag bereits am Ausrüstungskai des Dietrichsdorfer Betriebes, als am 16. Februar 1962 ein »Jahrhundert-Orkan« über Norddeutschland hinwegfegte, eine Spur der Vernichtung und des Todes hinterlassend. Allein im Hamburger Elbegebiet verloren über 300 Menschen ihr Leben, 4.000 Stück Vieh ertranken, 12.000 Hektar Land standen unter Wasser, 100.000 Menschen wurden von den Wassermassen, die die Deiche überstiegen und durchbrachen, eingeschlossen. 2,9 Milliarden DM Gesamtschaden wurden später errechnet.

Kiel bekam die Ausläufer des Sturmes zu spüren. Die *Vladivostok*, 182,0 m lang und, unausgerüstet wie das Schiff noch war, etwa 20 m hoch aus dem Wasser ragend, bot dem anstürmenden Wind genau die Breitseite dar: ein riesiger Windfang. Die Böen drückten das Schiff bis zu 29^0 nach Backbord, an der Backbordseite liegende Montageöffnungen, die – wie es auf Werften üblich ist – in den Rumpf geschnitten sind, um durch sie Ausrüstungsgegenstände, Werkzeuge und Materialien in das Schiff hineinzubringen, gerieten unter dieser extremen, niemals einkalkulierten Schräglage unter die Wasseroberfläche, Wasser strömte ein, rasch die Schräglage des Schiffes verstärkend. Polternd gerieten Maschinen, Kisten, Motoren ins Rutschen. Obwohl die Arbeiter sich äußerst diszipliniert verhielten und kühle Köpfe bewahrten, gab es bei dieser Katastrophe zwei Tote und mehrere Verletzte. Und als wenn es nur darauf angekommen wäre, dieses Unglück auszulösen, setzte sich der Schiffsrumpf nunmehr achtern auf Grund, die Kaimauer, gegen die sich das Schiff lehnte, verhinderte ein weiteres Kippen.

Der Jahrhundert-Sturm im Februar 1962 beschädigte die am Ausrüstungskai in Kiel-Dietrichsdorf liegende *Vladivostok* erheblich. Das Schiff wurde ohne Inanspruchnahme von Bergungsfirmen von der Werft wieder aufgerichtet und gehoben.

In February 1962, the century's worst storm severely damaged the *Vladivostok* moored at the fitting-out pier of Kiel-Dietrichsdorf. The ship was lifted by the yard without resorting to salvage companies.

Obwohl dem Schiff äußerlich ein Schaden kaum anzusehen war, waren die Auswirkungen beträchtlich. Maschinen und Motoren hatten bei ihrer »Rutschfahrt« durch das Deck Schaden genommen und Schäden angerichtet, der Wasserschaden war, insbesondere an den elektrischen Einrichtungen, erheblich – erst Monate nach dem vorgesehenen Ablieferungstermin kam die *Vladivostok* am 12. Dezember 1962 in Fahrt.

Dabei ließ sich manche Zeitersparnis dadurch erzielen, daß Ausrüstungsgegenstände, die bereits für das Schwesterschiff *Dalnij Vostok* geliefert waren und wurden, jetzt in die *Vladivostok* eingebaut wurden. Aber wer den Werftbetrieb kennt, der weiß: Noch so viele Überstunden, noch so viel Fleiß und Engagement der Beschäftigten, auch ein verdop-

Für UdSSR-Rechnung entstanden die Neubauten *Vladivostok* (Bau-Nr. 1168) und *Dalnij Vostok*, kombinierte Wal- und Fischereifabrikschiffe.

The newbuildings *Vladivostok* and *Dalnij Vostok* were built as combined whale and fish factory ships for USSR account.

1965/67 bauten die Kieler Howaldtswerke acht Fischverarbeitungs-Mut-
terschiffe für die Sudoimport. Das
Foto zeigt das erste Schiff der Serie,
die *Rybatskaja Slava* (Bau-
Nr. 1178). Die Schiffe waren Vorbild
für weitere Neubauten auf ausländischen Werften.

In 1965/67, the Kieler Howaldtswerke built eight fish factory ships for
Sudoimport. The photo shows the
first ship of the series, the *Rybatskaja Slava*. These ships served as
pattern for further newbuildings constructed at foreign yards.

pelter Einsatz aller vermag solche Zeitverluste nicht aufzu-
holen. Das schlug sich in der Bilanz nieder: Zehn Jahre
bestand die Kieler Howaldtswerke Aktiengesellschaft – in
diesem Unglücksjahr gab es zum erstenmal keine Dividende.
War vorher davon die Rede gewesen, daß Anders Jahre
seinerzeit die technisch vollkommensten Walkochereien in
Fahrt gebracht hatte, so wird man kaum darum herumkom-
men, diesen rund 20 Jahre jüngeren Neubauten einen noch
höheren Standard zuzubilligen. Allein der Gedanke, die
Schiffe während der Walfangsaison zusammen mit Walfangbooten, während des Restes des Jahres aber, wenn die
Walkochereien untätig in den Häfen lagen und überholt
wurden, zusammen mit kleineren Trawlern für den Herings-
fang einzusetzen, versprach eine weitaus höhere Wirtschaftlichkeit. Zudem war es möglich, diese schwimmenden
Heringsfabriken zusammen mit kleineren und älteren Trawlern einzusetzen, was hieß, daß ältere und keineswegs sehr
hochwertige Fangfahrzeuge hier noch einmal einen »zweiten
Frühling« erleben konnten – zweifellos ein bestechender
Gedanke, die Fischerei höchst wirtschaftlich zu gestalten.
Ob sich das von sowjetischen Wissenschaftlern entwickelte
Konzept bewährt, ist nicht bekannt. Der auslaufende Walfang führte dazu, daß die Schiffe 1983 – da hatten sie aber
immerhin schon 20 harte Dienstjahre auch im Walfang
hinter sich – in Singapore zu reinen Fischfabrikschiffen
umgebaut wurden. Der Hafen, in dem sie umgebaut wurden,
spiegelte einen Teil der Entwicklung in der Weltfischerei
wider: Die Einführung der 200-Meilen-Grenze engte die
Fangmöglichkeiten vor den kanadischen, den US-amerikanischen, der Neufundland-, Spitzbergen-, Grönland- und Nor-
wegenküste für ausländische Fischereifahrzeuge erheblich
ein. Die Russen verlegten die Haupttätigkeit ihrer Fischereiflotten in den pazifischen Raum, ganz selten nur sah man
einst hier gebaute Fischereischiffe in europäischen Gewässern. Und für die saisonale Überholung waren die Anreisen
aus dem Pazifik zu weit geworden.

Das galt und gilt auch für jene acht Fischverarbeitungs-
Mutterschiffe, die die Howaldtswerke in den Jahren 1965/67
für die Sowjetunion bauten. Und zwar im direkten Vergleich
zu acht fast gleichen Schiffen, die in Japan bestellt worden
waren. Ganz vordergründig sprechen einige Vergleichszah-
len für die Kieler Bauten. Die acht Schiffe der *Slava*-Klasse
(*Baltijskaja Slava*, *Boevaja Slava*, *Chernomorskaja Slava*,
Kronstadtskaja Slava, *Leningradskaja Slava*, *Morskaja
Slava*, später umbenannt in *Vilis Lacis*, *Rybatskaja Slava* und
Trudovaja Slava) waren generell kleiner als die japanischen
Bauten vermessen (z. B. 16.500 BRT gegenüber 18.000
BRT), besaßen auch eine geringere Länge (167,3 statt
174,3 m), trugen aber gleichfalls 10.000 t und liefen 14 Kn
mit 5.000 WPS, wofür die japanischen Schiffe 5.500 WPS
benötigten.
Heute sind die Zeiten längst vorbei, da bundesdeutsche und
japanische Werften zum Ausbau der sowjetischen Fischerei-
flotte, die die größte der Welt ist, beitrugen. Die Werften
Polens und der DDR sind, von sowjetischen Werften nicht
zu reden, an die Stelle früherer Schiffslieferanten getreten.
Eines aber darf behauptet werden: Als es galt, Pionierarbeit
zu leisten, Neuheiten zu entwickeln, Prototypen bislang
nicht vorhandener Fischereifahrzeuge zu liefern, da standen
die Howaldtswerke an erster Stelle. Und ihre Entwicklungen
waren erstklassig.

Der Beginn einer Freundschaft

Ob es die Preise und die Preistreue, die absolute Termineinhaltung oder die saubere Arbeit der Howaldtswerft war, die der Werft über Jahre die Aufträge zur Instandhaltung der Jahre-Fangflotten sicherten, mag dahingestellt bleiben. Es kann sein, daß ein ganz anderer Grund mitspielte. Und es entspräche dem Naturell des norwegischen Reeders, daß sich aus einem Gauner- oder Geniestreich der Howaldtverantwortlichen (er wurde wohl je nach dem Grad der Betroffenheit von den Beteiligten so oder so bezeichnet) jene Freundschaft entwickelte, die weit über die Zeit der Walkochereien den Howaldtswerken immer neue Aufträge durch die Kosmos-Gruppe bescherte. Doch zunächst zu jener schier unglaublichen Geschichte, mit der nach dem Zweiten Weltkrieg zugleich die Geschichte der Howaldtswerke begann.

In Kiel lag der beschädigte Tanker *Jaspis*, ein Schiff, das im Kriege beschlagnahmt und jetzt von Anders Jahre vom British Ministry of Transport, dem es als Kriegsbeute zugefallen war, zurückgekauft werden sollte. Die Verhandlungen um den Preis und andere Einzelheiten hätten sich hinziehen können, aber die Howaldtswerke zeigten eine riesengroße Eile, so daß Anders Jahre schließlich vorzeitig sein »Okay« gab. Und sofort ließ die Werft Schlepper vor den Tanker spannen, der einen durch Minenexplosion verursachten schweren Bodenschaden aufwies, und ihn über Nacht in das Dock V der einstigen Deutschen Werke bugsieren, das die Werft zu Reparaturzwecken zu benutzen gedachte. Allerdings war durchgesickert, daß das Dock V im Zuge der Demontagemaßnahmen gesprengt werden sollte.

Als einige Tage später das Pionierkommando mit seiner Sprengladung anrückte, lag in dem Dock mit aufgeschnittenem Rumpf der Tanker *Jaspis* – alliiertes Eigentum, unmöglich in seinem beschädigten Zustand aus dem Dock herauszuholen. Die Reparaturarbeiten zogen sich so lange hin, bis die Militär-Regierung ihre starre Haltung in Demontagefragen lockerte und den Erhalt der beiden nebeneinanderliegenden Docks V und VI zusicherte. Beide konnten Schiffe bis zu 30.000 t Tragfähigkeit aufnehmen und lieferten in den 50er und 60er Jahren einen erheblichen Beitrag zum Wiederaufstieg der Howaldtswerke.

Anders Jahre aber dürfte herzlich gelacht haben, als er erfuhr, weshalb die Werft derart auf den Kaufabschluß für den Tanker drängte. Und er dürfte zustimmend mit dem Kopf genickt haben, als er von dem Trick hörte, mit dem sich die Werft zwei für sie geradezu »unbezahlbare« Docks gesichert hatte. Seine gute Laune muß so groß gewesen sein, daß er den Howaldtswerken eng verbunden blieb, obwohl ihm für die Reparatur der *Jaspis* eine Rechnung über 500.000 Dollar präsentiert wurde. Was zu jener Zeit nicht sehr viel war – das konnte ein Tanker in der Zeit der Nachkriegs-Tonnageknappheit auf einer Reise einfahren.

Die 500.000 Dollar sind übrigens nur rund gerechnet. Prokurist Bahr, Leiter der Reparaturabteilung, hatte einen besonderen »Tick«, über den (hinter seinem Rücken) nachsichtig gelächelt wurde. Reparaturangebote gab er mit Vorliebe in Beträgen wie 111.111,11 DM ab. Oder 66.666,66 DM. Oder 222.222,22 DM. Ob er glaubte, damit wären sie auf »Heller und Pfennig« korrekt errechnet und besonders glaubwürdig, sei dahingestellt.

Dem Anders-Jahre-Tanker *Jaspis* (6.097 BRT) hat Howaldt zu verdanken, daß nach dem Zweiten Weltkrieg die Docks V und VI der Werft erhalten blieben.

Anders Jahre's tanker *Jaspis* (6.097 GRT) owing to which Howaldt could keep dock V and VI after the 2nd World War.

Vom Frachter zum Auswandererschiff

Many ships have an unusual fate. One example for this is the emigrant vessel *Skaugum*. Originally it was meant to be a diesel-electric freighter for HAPAG; however, caused by the 2nd World War, only the hull got finished (with Fried. Krupp Germania Yard in Kiel). Afterwards, it was given to the Oslo Owner I. M. Skaugen, who ordered Howaldt to convert it into an emigrant vessel to sail for Australia. In 1957, when there was no more money in transporting emigrants, the ship once again returned to Kiel to become a freighter.

Als wenige Jahre nach dem Zweiten Weltkrieg das norwegische Auswandererschiff *Skaugum* zum erstenmal Australien anlief, gab es einen jubelnden Empfang für die Neubürger. In den dünn besiedelten Kontinenten war man damals über einen Strom von Einwanderern happy, wußte man doch, daß aus dem vom Kriege verwüsteten Europa jetzt viele erstklassige Spezialisten kamen, die unter normalen Umständen nie an ein Auswandern gedacht hätten, die es jetzt aber leid waren, noch auf Jahre hinaus zwischen Trümmern zu leben. Nie, so sagten sich viele »Immigration-Officers«, würde es wieder »bessere« Einwanderer geben als in dieser Zeit.

Um der Massen der Auswanderer Herr zu werden, wurden damals die merkwürdigsten Schiffe eingesetzt. Tonnage war nach dem blutigen Aderlaß der Kriegsjahre knapp, es ließ sich mit allem, was nur schwimmen konnte, Geld verdienen.

Es war daher etwas völlig Ungewohntes, als sich der norwegische Reeder I. M. Skaugen von den Howaldtswerken in Kiel die *Skaugum* bauen ließ, ein äußerlich ungewöhnlich schönes Schiff, das 2.254 Passagieren Platz bot. Und als es nun das erste Mal mit italienischen Einwanderern in Australien auftauchte, da winkten die Einheimischen nicht nur den Neuankömmlingen zu – der »Salut« aus Feuerlöschkanonen und der Applaus der Australier galten auch einem Schiff, das nach der »Poverty« der Kriegs- und der ersten Nachkriegsjahre zum ersten Mal wieder so etwas wie altgewohnten Passagierschiffsglanz zum Fünften Kontinent trug.

Der Rumpf der *Skaugum* war im Krieg als *Ostmark* bei der Germaniawerft noch vom Stapel gelaufen, aber nie komplettiert worden. Er überstand wie durch ein Wunder alle Luftangriffe, fiel 1945 den Engländern in die Hände und wurde nach Jahren den Norwegern als Ersatz für im Kriege verlorene Tonnage zugeteilt.

Als *Ostmark* auf der Germaniawerft vom Stapel gelaufen, aber nicht mehr komplettiert, überstand der Schiffsrumpf den 2. Weltkrieg. 1949 wurde er unter der Bau-Nr. 902 für die norwegische Reederei I. M. Skaugen als Auswandererschiff *Skaugum* fertiggestellt.

Launched as *Ostmark* at Germaniawerft, but not yet completed, the hull got over the 2nd World War. In 1949, it was finished on behalf of the Norwegian owner I. M. Skaugen as emigrant vessel *Skaugum*.

Der Osloer Reeder I. M. Skaugen war es, der den unfertigen Frachter zugeteilt erhielt und der – weil der Rumpf nun einmal in Kiel lag – den Kieler Howaldtswerken den Auftrag erteilte, das 167 m lange Schiff als »Auswandererschiff« fertigzustellen.

Es war ein völlig ungewohnter Auftrag. Die Howaldt-Konstrukteure bauten ein Schiff mit vielen Unterkünften, mit einem sich über den gesamten Lukenbereich erstreckenden Sonnendeck, unter dessen schattiger, luftiger Decksfläche die Fahrgäste in tropischen Gewässern die Reise buchstäblich genießen konnten, mit Hobby- und Bastelräumen unter Deck und mit zahlreichen auf dem Sonnendeck aufgestellten Rettungsbooten.

Klugerweise beließen die Werftleute Ladepfosten und Masten, wo sie waren, wenn auch die Ladebäume fehlten. Sie hatten wohl eine Ahnung, daß nach Abflauen des Auswanderer-Booms die Skaugum wieder als Frachter Verwendung finden könnte . . .

1957 kehrte die Skaugum zu den Kieler Howaldtswerken zurück. Im Auswanderergeschäft war mit dem umgebauten Schiff kein Geschäft mehr zu machen – es wurde ein simpler Frachter daraus, der nicht einmal mehr sein Ladegeschirr behielt, sondern fortan als »Bulker« fahren sollte.

Da sich die Skaugum im Auswandererdienst sehr gut bewährte und Bedarf für weitere Schiffe bestand, beabsichtigte die Reederei Skaugen, ein zweites Schiff für diese Route bauen zu lassen. Sie beschloß daher, ein Frachtmotorschiff, das sie auf der Oeresundsvarvet in Landskrona/ Schweden im Bau hatte, zu einem Passagierschiff umzubauen. Auch dieser grundlegende Umbau wurde den Howaldtswerken Kiel übertragen, zumal diese einen äußerst kurzen Liefertermin für die umfangreichen Arbeiten nennen konnten. Der Schiffskörper wurde Mitte Oktober 1950 von Landskrona nach Kiel geschleppt. Trotz einer Unterbrechung der Arbeiten durch einen Einspruch des Military Security Board, das zunächst die Genehmigung zum Umbau verweigerte, konnte das Schiff, das den Namen Skaubryn erhielt, bereits am 22. 2. 1951 abgeliefert werden. Nachdem es sich im Auswandererdienst Europa – Australien bestens bewährt hatte, beschloß die Reederei Anfang 1952, die Skaubryn weiter zu verbessern, da die IRO (International Refugee Organization) aufgelöst wurde und Bedarf bestand, neben der Beförderung von Auswanderern auch eine größere Anzahl von Kabinenfahrgästen unterzubringen. So wurden dann im Februar 1952 wiederum bei den Howaldtswerken Kiel in nur knapp fünf Wochen 68 Kammern für 256 Fahrgäste der Kabinenklasse sowie mehrere große Gesellschaftsräume eingebaut. Die Skaubryn fuhr dann in Charter der »Messageries Maritimes« in regelmäßigem Dienst Marseille – Australien.

Der Schiffsrumpf der Skaubryn entstand 1950 auf der Oeresundsvarvet in Schweden. Howaldt übernahm die Fertigstellung zu einem Auswandererschiff (Bau-Nr. 959).

The hull of Skaubryn was built in 1950 by Oeresundsvarvet in Sweden. Howaldt finished the ship as an emigrant vessel.

Vom »Brandtaucher«
zur U-Boot-Klasse 209

It is a long way from the *Brandtaucher* to the modern Class 209 submarines which are delivered in most various versions. HDW's conventional submarines have a good name all over the world. The yard also participates in the West German Navy's new frigate programme. However, in the course of 150 years also light cruisers were built for China as well as battleships for the German Empire. The first warship for Germany was the *Undine* in 1901.
Between 1st and 2nd World War, warship building was of no importance. During the 2nd World War, the yard was above all ordered to build submarines.

Die Qualität der Arbeit und die Anpassungsfähigkeit der Howaldtswerft zeigten sich, als die Werft von der Jahrhundertwende ab zunehmend am Bau der nach den Flottengesetzen von 1898 und 1900 entstehenden deutschen Flotte beteiligt wurde. Doch letztlich war man auch hier nicht ganz unerfahren, wenngleich die ersten unter Bauwerft Howaldt laufenden Kriegsschiffe nur sehr indirekt zu dieser »Ehre« kamen: Zwei 1880 für den Londoner Reeder Lambert in Bau befindliche Handelsschiffe (*Diogenes* und *Socrates*, 1.071 BRT, 16 Kn) wurden nach Fertigstellung 1881 von Peru angekauft. Sie sollten in England zu Kreuzern umgebaut und bewaffnet werden, um im chilenisch-peruanischen Krieg (1879/83) eingesetzt zu werden. *Diogenes* erhielt 2–15,2-cm-Geschütze und drei Dreipfünder, den neuen Namen *Lima* und existierte – ein Zeichen für Qualität! – bis zur Ausmusterung im Jahre 1935 – zuletzt als Wohnschiff für U-Bootbesatzungen. *Socrates* wurde ebenfalls umbenannt und führte den Namen *Topeca*.

So wenig beeindruckend die Schiffe auch – militärisch! – waren, die Stadt, die an der Beschäftigungslage der Werft natürlich höchst interessiert war, war über den Auftrag so erfreut, daß zwei in unmittelbarer Werftnähe gelegene Straßen die Philosophen-Schiffsnamen erhielten. Da das längst in Vergessenheit geraten ist, wundert sich sicher mancher, wieso zwei Straßen des Arbeiter-Vororts Neumühlen-Dietrichsdorf ausgerechnet Namen griechischer Philosophen führten (heute gibt es nur noch die Sokrates-Straße). Wesentlich »kriegsschiffmäßiger« waren zwei ungeschützte Kreuzer von 2.200 t Verdrängung, die am 12. 12. 1883 und 8. 1. 1884 als *Nan Thin* und *Nan Shui* für die Nanyang-Flotte

Ein Blick von Gaarden auf Kiel im Jahre 1881. Im Vordergrund sind die beiden britischen Schiffe *Socrates* und *Diogenes* (Bau-Nr. 39 und 40) zu erkennen.

A view from Gaarden over Kiel in 1881. In the foreground there are two British ships *Socrates* and *Diogenes*.

Für die Kaiserliche Chinesische Marine wurden 1884 zwei Kreuzer von 2.200 t Verdrängung gebaut: *Nan Shui* (Bau Nr. 108 im Bild) und *Nan Thin*.

On behalf of China's Imperial Navy two cruisers each having 2.200 t displacement were built, *Nan Shui* (on photo) and *Nan Thin*.

Chinas von Stapel liefen. Mit Rammsteven, zwei Schornsteinen, drei Masten und Barktakelung versehen, trugen sie 2–21- und 8–12-cm-Geschütze und damit eine für die Größe der Fahrzeuge recht beachtliche Bewaffnung. Diesmal wurden aber keine Straßen nach den Schiffen benannt.

1901 entstand dann das erste Schiff für die deutsche Marine: Mit dem Kleinen Kreuzer *Undine* wurde das letzte Schiff einer Serie von zehn weitgehend gleichartigen Fahrzeugen (2.700/3.112 t, 8.000/8.700 PSi, 21,5 Kn, 10–10,5-cm, 2 TR) auf Stapel gelegt. Der Stapellauf erfolgte am 11. 12. 1902, die Indienststellung am 5. 1. 1904. Am 7. 11. 1915 in der Ostsee vom englischen U-Boot *E 19* torpediert und versenkt, wäre der Kreuzer heute wohl längst vergessen, gäbe es nicht im Kieler Rathaus einen Undine-Saal, der so heißt, weil das Werftmodell des Schiffes lange Jahre in seiner Mitte stand. Heute kann es im Kieler Schiffahrtsmuseum besichtigt werden . . .

Bis 1907 waren die großen Kriegsschiffe der Kaiserlichen Marine immer wieder von bestimmten Werften gebaut worden. Hierzu gehörten auch die beiden Kieler Werften, Kaiserliche Werft und Germaniawerft. Der Größensprung der Großkampfschiffe machte nun jedoch das Heranziehen weiterer qualifizierter Werften erforderlich. So erhielt die Howaldtswerft 1908 den Auftrag zum Bau des Typschiffs *Helgoland* einer aus vier Fahrzeugen bestehenden Großkampfschiff-Klasse der deutschen Marine.

Das 22.800/24.700-t-Schiff lief am 25. 9. 1909 von Stapel und kam am 1. 8. 1911 in Dienst. Zwölf 30,5-cm-Geschütze, 300 mm maximaler Wasserlinienpanzer, 28.000/31.250 PSi, 20,8 Kn, 1.113 Mann Besatzung verdeutlichten einerseits beachtlichen Kampfwert, doch darf nicht übersehen werden, daß durch die seitliche Aufstellung von vier der sechs Zwillingstürme nur eine Breitseite von 8–30,5-cm zur Verfü-

gung stand und die ganze Bauserie wegen nicht zeitgerecht realisierbarer Turbinenlieferung noch einmal Kolbendampf-maschinen erhalten mußte.

Das maritime Wettrüsten ging weltweit weiter. Von den fünf in den Jahren 1909/13 gebauten Großkampfschiffen der »Kaiser«-Klasse baute Howaldt das dritte Schiff, die *Kaiserin,* die am 11. 11. 1911, 11 Uhr 11 (!!) von Stapel lief und am 14. 5. 1913 in Dienst gestellt wurde. Mit 172,4/171,8 × 29,0 m Abmessungen, 24.700/27.000 t Verdrängung, 350 mm Wasserlinienpanzer, 31.000/41.500-PS-Parsons-Turbinen, 22,1 Kn und 10–30,5-cm-Geschützen waren bei diesen, wie alle deutschen Kriegsschiffe vom Konstruktionsamt des Reichsmarineamts entworfenen Großkampfschiffen gegenüber der »Helgoland«-Klasse erhebliche Fortschritte zu verzeichnen. Das galt vor allem für den Turbinenantrieb und die Diagonalanordnung des 2. und 3. 30,5-cm-Turms an Back- und Steuerbordseite sowie die überhöhte Anordnung des 4. gegenüber dem 5. Turm. Damit waren – trotz gegenüber den Vorgängern reduzierter Rohrzahl – theoretisch Breitseiten aller zehn Geschütze möglich. In praxi wurden die Verbände dabei jedoch durch Rückstoß und Mündungsdruck erheblich beansprucht.

Nachdem die 1911/14 gebaute »König-Klasse« noch einmal das zwar bewährte aber letztlich überholte 30,5-cm-Geschütz erhalten hatte, entschloß sich das Reichsmarineamt, mit den 1913/14 begonnenen Großkampfschiffen der »Bayern«-Klasse ebenfalls zum 38,1-cm-Geschütz überzugehen. Auch die Aufstellung von je zwei Doppeltürmen vorn und achtern entsprach der »Queen-Elizabeth«-Klasse. Aufgrund des kriegsbedingten Arbeiter- und Materialmangels und der Priorität des U-Boot- und Kleinkriegsschiffbaus wurden jedoch nur noch zwei Schiffe dieser Klasse fertig: Die von den Howaldtswerken gebaute *Bayern* und die von F. Schi-

chau in Danzig gebaute *Baden* kamen 1916, nach der Skagerrakschlacht, in Dienst.

Aufschlußreich für die unterschiedlichen Konzeptionen der englischen und der deutschen Marine ist ein Vergleich der technischen Daten der »Bayern«- und der »Queen-Elizabeth«-Klasse:

	BAYERN	QUEEN ELIZABETH
Abmessungen:	179,4 × 30,0 × 9,3 m	196,8 × 27,6 × 8,8 m
Verdrängung:	28.600/32.200 t	27.500/31.500 t
Antriebsleistung:	35.500/55.000 PS	56.000/75.000 PS
Geschwindigkeit:	22 Kn	24 Kn
Bewaffnung:	8–38,1; 16–15	8–38,1; 14–15
max. Panzerdicke WL:	350 mm	330 mm
max. Panzerdicke Deck:	100 mm	50 mm
Besatzung:	1.171 Mann	908–997 Mann

Da Größe und Bewaffnung der Schiffe praktisch identisch sind, sind die charakteristischen konstruktiven Akzentsetzungen beider Marinen deutlich erkennbar: Die Engländer legten Wert auf schnelle, damit lange und schlanke Schiffe, die Deutschen auf langsamere und dafür besser geschützte Schiffe. Im ersteren Falle waren hohe Gewichtsanteile für die Antriebsanlage, im letzteren für den Schutz (einschließlich der in der Tabelle nicht in Erscheinung tretenden wasserdichten Unterteilung usw.) erforderlich. Dieses Bemühen um Schutz bewährte sich nicht nur an der Doggerbank und vor dem Skagerrak. Als die *Bayern* am 12. 10. 1917 im Rahmen der Ösel-Unternehmung einen Minentreffer erhielt, gab es für das Schiff zu keinem Zeitpunkt Probleme. *Bayern* und *Baden* blieben 1919 in Scapa Flow.

Auch im Kreuzerbau wurden die Howaldtswerke wieder engagiert: 1911/14 entstand die *Rostock* (4.900/6.191 t, 27 Kn, 12–10,5-cm, 2 TR), die in der Skagerrakschlacht als Führerschiff der Torpedoboote fuhr und am 1. 6. 1916 von deutschen Torpedobooten versenkt werden mußte, weil das Schiff nach Torpedotreffern durch englische Zerstörer nicht mehr zum Rückmarsch fähig war.

1915/17 entstand auf der Werft der Kreuzer *Nürnberg* (II) (5.440/7.125 t, 27,5 Kn, 8–15-cm, 4 TR), und 1916 wurden die Kreuzer *Dresden* (II) und *Magdeburg* (II) auf Stapel gelegt. Die *Dresden* kam noch am 28. 3. 1918 zur Flotte und wurde, wie *Nürnberg,* am 21. 6. 1919 bei Scapa Flow versenkt. *Magdeburg* lief am 17. 11. 1917 von Stapel und stand bei Kriegsende neun Monate vor der Fertigstellung. Der Schiffskörper wurde verkauft und abgebrochen. Bemerkenswerterweise wurde die Werft im Ersten Weltkrieg nicht zum U-Bootbau herangezogen. Dafür wurde sie 1916 zunächst mit dem Bau der großen Torpedoboote *H 145-147* betraut (990/1.147 t, 34 Kn, 3–10,5-cm, 6 TR). *H 145* kam noch vor Kriegsende in Dienst und wurde, wie *Kaiserin*, *Bayern* und die im Kriege gebauten Kreuzer, am 21. 6. 1919 in Scapa Flow selbstversenkt. *H 146-147* wurden erst nach Kriegsende fertiggestellt und 1920 als Kriegsbeute an Frankreich ausgeliefert. Dort fuhren sie bis zur Ausmusterung im Jahre 1935 als *Rageot de la Touche* und *Marcel Delage*. Die später bestellten Boote *H 166-169* liefen, zu etwa 55–60 % fertig, 1918/19 von Stapel, um dann in Erfüllung des Versailler Vertrags abgebrochen zu werden. Die Aufträge für die Torpedoboote *H 186-202* (1.268/1.553 t, 35 Kn, 4–10,5-cm, 6 TR) befanden sich bei Kriegsende 1918 teils in der Vorfertigung, teils im ersten Baustadium. Die Bootskörper von *H 186* und *H 187* wurden 1919 für je 81.000 Mark an die Howaldtswerke verkauft und als Motorfrachtschiffe *Hoisdorf* und *Hansdorf* fertiggestellt. Die übrigen Fahrzeuge wurden abgebrochen. Als technische Besonderheit lieferten die Howaldtswerke im Jahre 1908 an die Kaiserliche Marine die *Vulkan*, ein Dock- und Hebeschiff für die gerade entstehende deutsche Unterseebootwaffe. Es bestand aus zwei parallel angeordneten Pontons, die vorn und achtern durch stevenähnliche Brücken miteinander verbunden waren. Vortrieb und Winden wurden durch Turbo-Generatoren betrieben. Das Schiff galt als technisch richtungsweisend, so daß später nach seinem Vorbild je ein Fahrzeug für die russische und die spanische Marine gebaut wurde.

Es ist bemerkenswert, daß die Howaldtswerke, die sich in den letzten Vorkriegs- und den Kriegsjahren des Ersten Weltkriegs einen Stellenwert beim Bau von Großkampfschiffen, Kreuzern und Torpedoträgern erwarben, bis zum

Linienschiff *Helgoland*, Typschiff einer aus vier Einheiten bestehenden Großkampfschiff-Klasse, kam 1911 in Dienst (Bau-Nr. 500). Auf dem Bild liegt es in einem von Howaldt gebauten Schwimmdock (Bau-Nr. 520) der Kaiserlichen Werft.

Battleship *Helgoland*, prototype vessel for a class of battleships which consisted of four units was commissioned in 1911. The picture shows the ship lying in a floating dock built by Howaldt for Kaiserliche Werft.

Ausbruch des Zweiten Weltkriegs keine diesbezüglichen Engagements mehr hatten.

Im Zweiten Weltkrieg wurde die Werft – abgesehen von allgemeinen Kriegsaufgaben – nur für den U-Bootbau herangezogen. Nach dem *Brandtaucher* im Jahre 1851 hatte sich die Howaldtswerft 1897/98 abermals an den Bau eines U-Bootes herangewagt. Der Entwurf stammte von dem Torpedoingenieur Karl Leps. Der spindelförmige Rumpf war etwa 13 m lang. Das 40 t Versuchs-U-Boot mit einem Torpedo-Rohr wurde von einer Akkumulatoren-Batterie angetrieben. Doch galt die Konstruktion als wenig betriebssicher und hat auch nie eigene Tauchversuche unternommen. Lediglich einmal wurde das Boot im Schwimmdock abgesenkt. Der Kaiser sah den Neubau 1901, als das Boot,

Der kleine Kreuzer *Undine* (Bau-Nr. 390, Baujahr 1903) wurde am 7. 11. 1915 nördlich von Rügen vom britischen U-Boot E 19 versenkt.
The light cruiser *Undine* built in 1903 was sunk by the British submarine E 19 north of the Isle of Rügen (Baltic Sea) on November 7, 1915.

Werkvertrag über den Bau und die Lieferung des Linienschiffes *T* zwischen dem Reichs-Marine-Amt, Berlin, und den Howaldtswerken (1914). Das Linienschiff *T* erhielt den Namen *Bayern* und wurde 1916 in Dienst gestellt.

Contract for building and supplying the battleship *T* concluded between Reichs-Marine-Amt, Berlin, and Howaldtswerke in 1914. The battleship *T* was named *Bayern* and commissioned in 1916.

allerdings aufgetaucht, auf der Kieler Förde an der *Hohenzollern* vorbeifuhr. Austretende Säure der Akkumulatoren zerfraß später die Bodenbleche. Das Versuchsboot sank, wurde geborgen, hinter einem Holzverschlag aufgelegt und schließlich unrühmlich verschrottet.

Der erste moderne U-Bootstyp war dann der Typ VII C, von dem, einschließlich der Hamburger Werft, 65 Boote fertiggestellt wurden (*U 371-400, 651-683, 1131-1132*). Neunundzwanzig weitere Boote dieses Typs (*U 684-698, 1133-1146*) waren geordert, wurden aber nach dem Übergang auf die Elektro-U-Boote ebenso sistiert wie die siebzehn bestellten U-Boote des Typs VII C/42 (*U 699-700, 1142-1152, 2001-2004*). Darüber hinaus stellte die Werft im Jahre 1944 mit *U 5001-5003* die drei Prototypboote des Klein-U-Boot-Typs XXVII B5/Seehund fertig, deren Serienbau dann der Danziger Schichauwerft und der Kieler Germaniawerft übertragen wurde.

Erst im Jahre 1960 wurde – nach der Restauration der drei gehobenen Kriegs-U-Boote (*U-Hai, U-Hecht* vom Typ XXIII und *U-Wilhelm Bauer* vom Typ XXI) bei Howaldt – der Bau der bereits im ersten Nachkriegshaushalt der Bundeswehr enthaltenen U-Boote *U 1-12* der vom Ingenieurkontor Lübeck (IKL) entworfenen Klasse 205 (43,9 × 4,6 × 3,8 m, 420 ts, 1.200/1.500 PS, 10/17 Kn, 21 Mann, 8 Bug-TR) aufgenommen. Die aufgrund zwingender militärischer Forderungen wegen der Minengefährdung in den Flachwassergebieten der Ostsee erstmals im weltweiten Kriegsschiffbau aus amagnetischem Stahl gefertigten ersten Boote brachten aufgrund unerwarteter Mängel des angelieferten austenitischen Materials (Rißbildungen durch interkristalline Korrosion) eine gewisse Verzögerung des Serienbaus. *U 1-2* erhielten neue Bootskörper aus konventionellem Stahl. *U 3*, zunächst als »Kobben« an Norwegen ausgeliehen, wurde abgewrackt; die Schiffskörper der Boote *U 4 – U 8* wurden durch Spritzverzinkung geschützt.

Nachdem die Stahllieferanten aufgrund schneller und höchst erfolgreicher Forschungsarbeiten die aufgetretenen Materialmängel beheben konnten, lief die zeitlich hinausgeschobene Fertigung von *U 9–12* an. *U 4–8* wurden vorzeitig außer Dienst gestellt. *U 1, U 2* und *U 9–12* werden heute vorherrschend zu Schul- und Versuchszwecken verwandt. So erhielt, wie später dargestellt wird, *U 1* gerade jüngst eine neuartige Versuchsantriebsanlage.

Schon im Laufe der sechziger Jahre zeigte sich dann, daß das im Rahmen des WEU-Abkommens von der Bundesrepublik Deutschland akzeptierte Größenlimit für U-Boote von 350 t nicht ausreichte, um den wachsenden Raumbedarf moderner elektronischer Führungs- und Ortungsmittel aufzunehmen. Trotzdem blieb man bemüht, weitere, unverändert für den Ostsee-Einsatz vorgesehene U-Boote größenmäßig so klein wie möglich zu halten. Nach der Anhebung des Limits auf 450 t entstand beim Ingenieurbüro Lübeck (IKL) der Entwurf für die U-Bootklasse 206 (48,6 × 4,6 × 4,0 m, 450 ts, 1.500/1.800 PS, 10/17 Kn, 22 Mann, 8 Bug-TR), von denen HDW als Generalunternehmer 1969/72 acht Boote (*U 13, 15, 17, 19, 21, 25, 27, 29*) und Thyssen Nordseewerke Emden 1972/75 zehn Boote (*U 14, 16, 18, 20, 22–24, 26, 28, 30*) im Untervertragsverhältnis bauten. Der Bau der Boote erfolgte aus Fertigungs- und Sicherungsgründen in geschlossenen Hallen, der Zusammenbau in geschlossenen Schwimmdocks.

In den 60er Jahren erhielt HDW verschiedene Anfragen aus dem Ausland nach Unterseebooten. Diese waren ganz offensichtlich mit Fahrzeugen der für die Bundesmarine gebauten Größenordnung nicht zu befriedigen.

Speziell als Reaktion auf eine Anfrage der peruanischen Marine im Jahre 1966 entwarfen daher die Howaldtswerke und IKL gemeinsam ein U-Boot von ca. 1.000 ts std, mit einem Druckkörperdurchmesser von 6,20 m und einer Länge von ca. 51 m.

Aus diesem Entwurf entstand durch detaillierte technische Verhandlungen mit dem ersten Kunden die Klasse 209. Dieser erste Kunde war jedoch nicht die peruanische,

1906 wurde der Tender *Delphin* für die Kaiserliche Marine, Kiel, in Dienst gestellt (Bau-Nr. 437). Er war ein Begleitschiff des Artillerie-Versuchs-schiffes *Prinz Adalbert*.

In 1906, the tender *Delphin* was commissioned for the German Imperial Navy, Kiel. She served as an escort vessel for the experimental gunnery ship *Prinz Adalbert*.

sondern die königlich griechische Marine. Außer den Perua-nern hatten sich auch die Marinen von Chile, Brasilien und Griechenland für U-Boote aus Deutschland interessiert; aber die Griechen waren es, die im Oktober 1967 nach einem halben Jahr intensiver Verhandlungen als erste dieses neu-entwickelte 1.000 ts-Boot bestellten. Sie bewiesen damit viel Vertrauen in die Fähigkeiten von Howaldt und IKL, auch einen Prototyp erfolgreich und vertragsgetreu zu entwickeln, zu bauen und zu liefern. Natürlich blieben Probleme beim Bau des ersten Bootes nicht aus. Die Lieferzeit wurde überschritten; die Integration des Waffensystems und die Durchführung der See-Erprobungen bereiteten der hierin unerfahrenen Werft große Schwierigkeiten. Entscheidend war jedoch, daß die Entwicklungsparameter eingehalten werden konnten und daß auch nach der Abnahme der Boote die Werft niemals aufhörte, den Kinderkrankheiten dieser ersten Boote nachzugehen, und allen Beschwerden der griechischen Marine große Aufmerksamkeit schenkte.

So konnte das erste Exportgeschäft mit Unterseebooten für HDW sicherlich kein geschäftlicher Erfolg werden, aber der neue Typ wurde im Entwurf so verbessert, daß die nachfol-genden Aufträge mit immer größerer Sicherheit abgewickelt werden konnten. Außerdem hatte HDW auf diese Weise in der griechischen Marine einen so guten Ruf erworben, daß diese 1975 eine zweite Serie von vier weiteren Booten der inzwischen weiterentwickelten Klasse 209 bestellten, die zur allseitigen Zufriedenheit in den Jahren 1979/1980 abgeliefert werden konnten.

Als die ersten vier Boote 1967 Auftrag wurden, galt immer noch die im WEU-Abkommen vereinbarte Größenbegren-zung für in Deutschland gebaute U-Boote von 450 ts std. Die Bundesmarine hatte sich allerdings eine Ausnahme für sechs U-Jagd-U-Boote geben lassen, die bis zu 1000 ts std groß werden durften. Der Bau dieser geplanten U-Boote *U 25* bis *U 30* wurde jedoch niemals ausgeführt, und die Bundes-marine trat vier dieser Sondergenehmigungen an den

Unter der Bau-Nr. 333 entstand das Versuchs-U-Boot von Karl Leps. Das Foto zeigt das aus der Fahrt genom-mene und mit Holzbrettern verschalte Boot.

The experimental submarine of Karl Leps was built under hull no. 333. The photograph shows the ship out of commission and covered with wooden planks.

NATO-Partner Griechenland ab. Hierdurch wurde der Bau dieser Boote in Deutschland erst ermöglicht.

Bei den Exportaufträgen wirkte übrigens auch die Firma Ferrostaal, Essen, mit, eine deutsche Exportgesellschaft – Tochter der GHH, später der M.A.N. –, die sich an den Vertragsverhandlungen, an den Vertragsabwicklungen und an der Finanzierung beteiligte. Die Firma Ferrostaal war besonders gut in Südamerika vertreten. Hier lag daher ein Schwerpunkt der Akquisition in den folgenden Jahren.

Bereits im Jahr 1969 wurde ein Auftrag von zwei weiteren U-Booten der Klasse 209 durch die Republik Argentinien erteilt. Da es von vornherein feststand, daß hier auf die oben beschriebenen Sondergenehmigungen für die Bundesrepublik nicht zurückgegriffen werden konnte, sah der Vertrag vor, daß diese Boote in fertig ausgerüsteten Sektionen geliefert und in Argentinien zusammengebaut werden sollten. Dieses geschah dann auch auf der Werft Tandanor in Buenos Aires, wobei allerdings die alleinige Verantwortung und die Durchführung der Arbeiten bei HDW lagen, die deshalb eine Baustelle dort errichtete, die Boote zusammenbaute und erprobte.

Inzwischen waren auch die Peruaner wieder in Verhandlungen mit der Werft eingetreten, und ein Vertrag über zwei Boote kam 1970 zustande. Im gleichen Jahr noch folgten Bestellungen von Kolumbien.

Die Türken bestellten zwei Boote in 1971 und die Venezolaner im Jahr 1972. Der türkische Auftrag wurde durch das BWB wie ein deutscher Auftrag mit Mitteln der deutschen Militärhilfe durchgeführt, und die letzten beiden Sondergenehmigungen für 1000 ts-Boote konnten zur Anwendung kommen.

Die übrigen Boote mußten unter der Bedingung unter Vertrag genommen werden, daß ggf. der Zusammenbau im Ausland erfolgen sollte. So war es für die Werft eine große Erleichterung, als am 27. 9. 1973 endlich die Größenbeschränkung des WEU-Vertrages aufgehoben werden konnte, so daß alle diese Boote mit Ausnahme der o.e. Argentinier in Kiel fertiggebaut werden konnten.

Da auch im Jahre 1987 nochmals fünf Unterseeboote bestellt wurden, ergibt sich eine Gesamtsumme von 45 Unterseebooten, die in 20 Jahren für den Export in Auftrag genommen und größtenteils auch bereits geliefert werden konnten.

U 29, eines der 18 Boote der Klasse 206. Das Boot ist 1974 unter der Bau-Nr. 49 gebaut worden und in Kiel beheimatet.

U 29 one of the 18 class 206 boats. The boat was built in 1974. Her home port is Kiel.

Shankush S 45 ein U-Boot des Typs 1.500. Es wurde 1986 unter der Bau-Nr. 187 für die indische Marine gebaut und unterscheidet sich von den bewährten Booten der Klasse 209 durch den größeren Druckkörperdurchmesser.

Shankush S 45 is a submarine of the type 1.500. She was built in 1987 on behalf of the Indian Navy and deviates from the proven class 209 by the pressure hull diameter.

Im Juni 1987 konnte HDW als Generalunternehmer mit dem umfangreichen Modernisierungsprogramm von zwölf in den siebziger Jahren gebauten U-Booten der Klasse 206 der deutschen Bundesmarine beginnen. Dieses umfaßt den Ersatz nicht mehr leistungsfähiger bzw. logistisch nicht mehr versorgbarer Anlagen und Geräte, die Modernisierung des Waffensystems (u.a. neue Sonaranlage, Einbau einer Lageerarbeitungs- und Waffeneinsatzanlage [LEWA]), die Verbesserung der Wohnqualitäten sowie die üblichen Depotinstandsetzungen. Die Konstruktionsarbeiten leitete IKL. Im Unterauftrag wurde Thyssen Nordseewerke, Emden, (TNSW) verpflichtet, für sechs der zwölf Boote die im Umbauvertrag festgelegten Leistungen zu erbringen. Der Umbau aller Boote soll zwischen 1989 und 1992 abgeschlossen sein. Sie werden dann als Klasse 206 A bezeichnet.

Unabhängig von der Modernisierung der U-Boote Klasse 206 unterzog HDW ab Frühjahr 1987 das U-Boot *U 1* der Bundesmarine (Klasse 205) einem zukunftsweisenden Umbau: Dem Boot wurde eine zusätzliche Sektion eingefügt, um einen neuartigen Antrieb unterzubringen, der einen längeren Unterwasseraufenthalt ohne zwischenzeitliches Aufladen der Batterien durch die Diesel in Schnorchelfahrt ermöglicht. Die Entwicklung dieses außenluft-unabhängigen U-Bootantriebs wurde im Verlaufe von fünf Jahren durch ein Konsortium der Firmen Ferrostaal AG, IKL und HDW auf eigene Rechnung durchgeführt und 1986 unter Mitwirkung des Bundesministeriums der Verteidigung mit einer hierfür bei HDW aufgebauten Landtestanlage erprobt. Die

Ergebnisse der Mitte des Jahres 1988 begonnenen See-Erprobungen mit *U 1* dürften großen Einfluß auf die Planung nicht-nuklear angetriebener U-Boote der neunziger Jahre haben.

Seit 1987 ist HDW mit TNSW und IKL an der Entwicklung der zukünftigen U-Bootklasse 212 der Bundesmarine beteiligt. Diese Boote werden einen Hybridantrieb erhalten, d. h. eine Kombination eines dieselelektrischen Batterieantriebs mit einer Brennstoffzellen-Anlage.

Ab 1988 wird unter konsortialer Federführung durch HDW und Thyssen Nordseewerke die kombinierte Konzept- und Definitionsphase für diese Klasse durchgeführt. Sie wird etwa zwei Jahre beanspruchen. Nach bisherigem Planungsstand soll das erste Boot dieser Klasse 1994 die See-Erprobungen absolvieren und Anfang 1995 der Bundesmarine übergeben werden.

Neben den Aktivitäten im U-Bootsbau bemühte sich HDW auch um Aufträge im Überwassermarineschiffbau. Mit dem Bau der beiden mittelgroßen Landungsschiffe *Ofiom* und *Ambe* für die nigerianische Marine wurde die Tradition des Baus von Landungsschiffen fortgesetzt, die 1963 von Howaldt in Hamburg mit 22 kleinen Landungsbooten des Typs LCU für die Bundesmarine begonnen wurde. An dem Bau der sechs Fregatten der Klasse 122 war HDW mit dem Bau der Fregatte *Karlsruhe,* die 1982 getauft wurde, beteiligt. Der Generalunternehmer war jedoch der Bremer Vulkan.

Korvette *Lekir* (Bau-Nr. 184) wurde 1984 nach nur 36 Monaten Vertragslaufzeit an die malaysische Marine abgeliefert.

Corvette *Lekir* (Hull No. 184) was delivered in 1984 to the Malaysian Navy after a delivery time of 36 months only.

Ende der 70er Jahre bestand der Eindruck, daß auf dem Markt Bedarf für eine Klasse von mittleren Kriegsschiffen sei, die man als kleine Fregatten oder auch Korvetten bezeichnen könnte. HDW entwickelte gemeinsam mit der MTG (Marinetechnik Planungsgesellschaft mbH) ein Schiff von zunächst 1.500 ts std Verdrängung, das die Bezeichnung FS 1500 erhielt und verschiedenen Kunden angeboten wurde. 1980 konnten ein Vertrag über die Lieferung von vier derartigen Schiffen mit Kolumbien und 1981 ein Vertrag über zwei weitere ähnliche Schiffe mit Malaysia abgeschlossen werden. Geplant wurden diese Schiffe mit folgenden Hauptdaten:

Länge über alles:	95,3 m
Breite:	11,30 m
Verdrängung:	ca. 1.800 t
Antriebsleistung:	4 × 4.250 kW

Eine Besonderheit ist der Antrieb mit 4 MTU-Dieselmotoren, die auf zwei Wellen arbeiteten und die mit einfachen Mitteln für Überholungszwecke ausgewechselt werden können. Ein weiteres Merkmal ist, daß beide Varianten mit völlig verschiedenen Bewaffnungskonfigurationen geliefert wurden.

Die kolumbianischen Schiffe *Almirante Padilla*, *Caldas*, *Antioquia* und *Independiente* wurden in den Jahren 1983 und

Mehrzweck-Fregatte *Turgut* wurde unter der Bau-Nr. 202 gebaut und 1988 an die türkische Marine übergeben. Sie ist die 2. Einheit einer Serie von vier Schiffen, die konsortial mit Blohm + Voss gebaut werden.

Multi-purpose frigate *Turgut* was delivered to the Turkish Navy in 1988. She is the second unit of a class of four ships built in a consortium with Blohm + Voss.

1984, die malaysischen Schiffe *Kasturi* und *Lekir* im Jahr 1984 abgeliefert.

In Zusammenarbeit mit B+V wurde 1982 konsortial der Auftrag für vier türkische Fregatten – *Yavuz*, gebaut bei B+V, abgeliefert 1987, und *Turgut*, gebaut bei HDW, abgeliefert 1988, sowie *Fatih* und *Yildirim,* im Bau auf der türkischen Marinewerft in Gölcük – hereingenommen, gefolgt von einem Auftrag der portugiesischen Marine über drei ähnliche Schiffe im Jahr 1986, von denen eines bei Blohm + Voss und zwei bei HDW gebaut werden. Diese sieben Schiffe der MEKO-200-Klasse beruhen auf dem Konzept von B+V, Schiffsrümpfe so zu entwerfen, daß das Waffensystem modular in »containerisierter Form« eingebaut werden kann. Die Hauptdaten der türkischen Fregatten sind:

Länge über alles:	110,50 m
Breite:	13,30 m
Verdrängung:	2.780 t
Antriebsleistung:	4 × 7.400 kW

Der besonders dringende Bedarf der Bundesmarine an Fregatten zur Ablösung der vier aus den sechziger Jahren stammenden und immer höhere Instandhaltungskosten erfordernden Zerstörer der »Hamburg«-Klasse machte jetzt den vorgezogenen Bau von vier Schiffen erforderlich, die aus Entwürfen abgeleitet wurden, die die Marinetechnik Planungsgesellschaft zur Fregatte 124, der nationalen Variante der NFR 90, der NATO-Fregatte für die neunziger Jahre, erarbeitet hatte. Diese Fregatten werden sich einerseits an der bewährten BREMEN-Klasse der Bundesmarine (F 122) orientieren, andererseits aber auch Spielraum lassen für die spätere Anpassung an die Ausstattung der NFR 90. Um den anstehenden Bau der vier Fregatten bewerben sich die vier einschlägig erfahrenen norddeutschen Küstenwerften Blohm + Voss, Bremer Vulkan, Howaldtswerke-Deutsche Werft und Thyssen Nordseewerke gemeinsam.

Jede der vier Werften wird ein Schiff bauen. Als Generalunternehmer sollen Blohm + Voss und der Bremer Vulkan fungieren.

Abschließend ist festzustellen, daß die Howaldtswerke-Deutsche Werft AG sich im Laufe ihrer langen Geschichte, besonders aber in den Jahren vor dem Ersten Weltkrieg und in der jetzigen Nachkriegszeit, auf dem Gebiet des Kriegsschiff- und U-Bootbaus einen weltweiten Ruf erworben hat und die neuere Wiederaufnahme des Überwasser-Kriegsschiffbaus für eine größere Stetigkeit der Auslastung sorgt.

Landungsboot *Ofiom* wurde 1979 für die nigerianische Marine bei HDW, Werk Ross, unter der Bau-Nr. 122 gebaut. Der Entwurf basiert auf den Ausarbeitungen für das L-Boot Klasse 502.

Landing craft *Ofiom* built in 1979 by HDW at Ross yard works on behalf of the Nigerian Navy. The design is based on the German Navy's Landing Ship Class 502.

»Schwabenland« lag im Atlantik

Fast air mail connections are nowadays a matter of course. But in the 1920s and 1930s the oceans could not yet be crossed flying non-stop. So, floating air bases in the Atlantic served for refuelling mail planes. The Kiel yard had a leading part in converting and newbuilding the air base and catapult launching ships as well. In 1938, big sized propeller planes enabled to cross the Atlantic non-stop. So, flying boats and catapult launching ships became superfluous.

In den 20er Jahren schossen den Leuten nicht nur neue modische Tänze in die Beine, es schossen ihnen auch Gedanken durch den Kopf, daß das bisherige Leben viel zu langsam vor sich gegangen sei.

Es war das Flugzeug, das in den Menschen neue Zeitvorstellungen geweckt hatte.

Da waren die »Vergnügungs-Rundflüge«, die 1927 den Passagieren der Lloyd-Dampfer *Columbus* und *Lützow* als Weltneuheit geboten wurden, schon fast ein technischer Rückschritt: Das von den Schiffen mitgeführte Schwimmerflugzeug wurde per Bordkran ausgesetzt, um mühselig vom Wasser aus zu starten. Und Köhl, Fitzmaurice und von Hünefeld machten, als sie 1928 zu ihrem berühmten Transatlantikflug starteten, in Irland einen Zwischen-Hopser, weil es zum Nonstopflug über den Atlantik nicht reichte. Für die

Lufthansa, das war klar, konnte für lange Strecken über See nur das Schwimmerflugzeug als akzeptabel gelten.

Das paßte sehr gut in das Konzept des Flugpioniers Heinkel. Der hatte in zweijähriger Arbeit ein Flugzeugkatapult für Handelsschiffe entwickelt, für das er praktischerweise das passende Flugzeug gleich mitliefern konnte, die einmotorige He 112. Katapult und Flugzeug waren an Bord des Schnelldampfers *Bremen,* als der 1929 zur Jungfernreise nach New York auslief. Am 22. Juli, 400 km vor dem Zielhafen, startete das Maschinchen. 300 kg Post langten schneller noch als mit dem schnellsten Schiff in der Neuen Welt an. Riesengroßer Jubel! Und während New Yorks Oberbürgermeister dem kleinen Flugzeug den Namen seiner Stadt gab, brüteten daheim die Ingenieure schon über neuen Plänen. Denn vom Trubel abgesehen: Viel war es nicht, was das Bordflugzeugchen leisten konnte.

Und weder die neuen viermotorigen Dornier-»Superwale« noch die ebenso neuen, dreimotorigen Rohrbach-»Romar«-Flugzeuge besaßen, wie Testflüge unterstrichen hatten, wobei die Severa, die Seeflugzeug-Versuchs- und Verkehrs-Anstalt in Kiel-Holtenau, mitgewirkt hatte, eine ausreichende Reichweite für Nonstopflüge über den Atlantik.

Da andererseits die Schleuderstarts funktionierten, erörterten die Techniker die Herrichtung bzw. den Bau spezieller Flugzeug-Katapultschiffe. Zwar erschien der Nordatlantik mit seinem rauhen Wetter den Planern noch zu riskant, aber es ließ sich ja mit dem milderen Südatlantik anfangen. »Die Mengen an Post, die über den Atlantik befördert werden,

Die *Ostmark* (Bau-Nr. 747, Baujahr 1936) war der erste echte Neubau eines Flugzeugstützpunktes (Katapultschiffes) für den Luftpostdienst nach Süd- und Nordamerika.

Ostmark, built in 1936, was the first real newbuilding of a floating air base (catapult launching ship) for the airmail service to South and North America.

So wurde das Wasserflugzeug auf der *Friesenland* an Bord gehievt.

That way hydroplanes were hoisted on board of *Friesenland*.

sind so gewaltig, daß es eine Kleinigkeit wäre, aus ihnen die dringende Post abzuzweigen und damit täglich ein paar Flugzeuge zu füllen«, hatte der Lufthansa-Vorstand damals auf einer Presse-Konferenz erklärt. Und Otto Bertram, Chef der Seefliegerei der Lufthansa, hatte pathetisch ausgerufen: »Wir müssen hinaus mit unseren Maschinen auf den Weltkampfplatz, den Ozean!« Dabei spielte der Gedanke wohl mit, daß die Lufthansa auf der anderen Seite des Südatlantiks schon ein Streckennetz aufgebaut hatte. Die Lufthansa-Werft in Kiel (!) hatte 1926 die beiden Dornier-Wale *Atlantico* und *Hai* dafür vorbereitet. Sie wurden per Schiff nach Montevideo gebracht. *Hai* kollidierte bald darauf in einer Sturmböe mit einer Mole in Buenos Aires und fiel aus. Die *Atlantico* aber zog brummend ihre Kreise über dem südamerikanischen Kontinent. Und Reichskanzler a.D. Luther, zur Förderung der zivilen Luftfahrt immer bereit, machte eifrig Südamerika-Rundflüge. Es mußte also »nur« noch das Zwischenstück, der Atlantik, überquert werden. Vorerst begnügte man sich mit Posttransporten in Etappen. Flugzeuge brachten die Postsäcke nach Bathurst, dem heutigen Banjul, der Hauptstadt des westafrikanischen Staates Gambia. Südamerika-Frachter nahmen sie von dort mit zur Insel Fernando de Noronha vor der brasilianischen Küste, Wasserflugzeuge besorgten dann den Weitertransport.

Währenddessen wurde in der Ostsee das sogenannte »Schleppsegel« erprobt. Das war, simpel gesprochen, eine Segelleinwand, die über das Heck eines Schiffes gehängt wurde und über das Wasser schleifte, während das Schiff mit »Voll Voraus« eine große Kurve fuhr. Dadurch wurde der Wellengang gebrochen, ein ruhiger »Ententeich« entstand, in dem ein Wasserflugzeug landen konnte. Es lief dann auf das Schleppsegel auf, das eine halbstarre Verbindung zum Schiff bildete, wodurch das ankommende Flugzeug »stabilisiert« wurde, bis es vom Bordkran aufgenommen werden konnte.

Während dieser Vorbereitungszeit meldeten die Kapitäne von Südamerika-Dampfern fleißig Wetterbeobachtungen –

langsam zeichnete sich ein Bild von dem ab, was die Piloten erwartete, wenn sie mit ihren Postflugzeugen über den Großen Teich geschickt wurden.

Am 1. Juli 1932 trat der Dampfer *Westfalen* des Norddeutschen Lloyds, ein Oldtimer aus dem Jahre 1906 und nur durch das sog. »Columbus-Abkommen« von der Ablieferung laut Versailler Vertrag ausgenommen, in eine Charter der Luft Hansa (so schrieb sich die Gesellschaft bis zum Jahre 1934), um auf der reichseigenen Deutsche Werke AG in Kiel (im Jahre 1955 in Kieler Howaldtswerke AG aufgegangen) zum schwimmenden Flugstützpunkt mit Großflugzeug-Schleuderanlage, Schleppsegel und Heckkran umgebaut zu werden. Da seitlich an Deck Platz erforderlich war, um die am Heck aufgenommenen Flugzeuge nach vorn zum Katapult zu bringen, wurde die Steuerbord-Brückennock einfach abgeschnitten. Am 4. Mai 1933 meldeten die »Kieler Neueste Nachrichten«: »In aller Stille hat im Laufe der letzten Nacht der zu einer Flugzeuginsel umgebaute Lloyd-Dampfer *Westfalen*, der zu Einbauarbeiten in einer Kieler Werft lag, den Kaiser-Wilhelm-Kanal passiert.« Der Name der Werft wurde betulich verschwiegen (so wenig fanden damals Firmennamen Eingang in den journalistischen Teil der Zeitungen), der Umbau war dort erfolgt, wo heute die großen HDW-Docks liegen.

Am 29. Mai startete der erste Dornier-Wal, die 8 t wiegende *Monsun*, von Europa, machte einen Zwischenstop in Gambia, tastete sich mit Hilfe des Funkpeilers an die *Westfalen* heran, wasserte, wurde aufgenommen und betankt, am 6. Juni schleuderte das Katapult der *Westfalen* das Flugboot in Richtung Natal (Brasilien) in die Luft.

Im Oktober des gleichen Jahres gab es die Wiederholung mit einer Variante: Das ankommende Flugboot wasserte längsseits der *Westfalen*, die Postsäcke wurden hinübergeschafft, in ein mit schon laufenden Motoren auf dem Katapult stehendes Flugboot umgeladen, Schuß – ab ging die Post. Immer schneller.

103

Am 3. Februar 1934 begann der regelmäßige Südatlantik-Post-Dienst. Eine He 70 startete von Berlin-Tempelhof über Stuttgart und Marseille nach Sevilla. Dort übernahm eine Ju 52 die Briefpost, Weiterflug nach Las Palmas und dann nach Bathurst. Dort lag die *Westfalen,* auf ihrem Katapult das Flugboot *Taifun.* Umladen der Postsäcke. Dann lief die *Westfalen* aus. 36 Stunden später war der Startpunkt auf hoher See erreicht. Katapultstart. Flug nach Natal. Wo eine W 34 in Schwimmerausführung wartete. Umladen. Start nach Rio de Janeiro. Zugegeben, es war reichlich umständlich. Aber die Post flog nach Südamerika!

Im gleichen Jahr, 1934, charterte die Lufthansa die *Schwarzenfels,* einen 8.631 BRT großen Frachter der Bremer DDG »Hansa«, 1925 bei den Deutschen Werken in Kiel erbaut, um ihn zum Katapultschiff *Schwabenland* umbauen zu lassen. Der Einsatz von zwei Schiffen erlaubte es, die *Westfalen* von ihrer Position im Südatlantik, in der Mitte zwischen Bathurst und Natal, vor die brasilianische Küste zu verlegen. Die *Schwabenland* ging in der Mündung des Gambia-Rivers vor Anker.

Bis dahin starteten die Flugboote zu ihrer ersten Etappe vom Wasser aus, landeten bei der *Westfalen,* wurden an Bord gehoben, versorgt und mittels Katapult auf ihren weiteren Weg geschossen. Seit dem 30. März riskierten die Piloten gar Nachtflüge auf der Südatlantik-Strecke. Die Postlaufzeit Deutschland-Rio de Janeiro verkürzte sich auf drei Tage!

Als am 25. August 1935 der 100. planmäßige Postflug über den Südatlantik beendet war, meldete die Lufthansa: Vier Millionen Luftpostbriefe befördert!

Und nun beschloß die Lufthansa, ein drittes Hilfsschiff zu bestellen. Die Zeit der Improvisationen war vorbei. Man wußte, was man wollte. Kein Umbau mehr – jetzt sollte es ein Spezialschiff sein; von vornherein auf seinen Zweck zugeschnitten. Es würde, das war klar, ein Schiff werden, wie es bislang noch nie in der Welt gebaut worden war. Da mußte eine Werft her, der man solches zutrauen konnte. Die Kieler Howaldtswerke erhielt den Auftrag.

Die *Ostmark,* so sollte der Neubau heißen, blieb mit 74,00 m zwischen den Loten, 11,25 m Breite und 4,0 m Tiefgang weit unter den Dimensionen der beiden älteren Katapultschiffe, die 125 Meter (*Westfalen*) und 143 m (*Schwabenland*) lang waren. Kundige ahnten, weshalb. Der Nordatlantik lockte mit einem weitaus größeren Postaufkommen.

Die *Ostmark* würde die große *Schwabenland* für die neue Aufgabe freistellen und als relativ kleines Schiff in der wettergeschützten Flußmündung in Westafrika Position beziehen. Durch seine höhere Geschwindigkeit (13,5 Knoten) würde der Neubau zudem beweglicher als die »Oldies« sein. Das Eindeckschiff mit den achtern gelegenen Aufbauten und seinen klappbaren Masten erhielt u. a. elf Tanks mit je 17 000 l Fassungsvermögen für Flugzeugbenzin und Frischwasser sowie Kühlräume.

Das Interesse am Nordatlantik-Postverkehr war verständlich. Schon am 4. Juni 1933 hatten die »Kieler Neueste Nachrichten« gemeldet: »Die kühne Lösung des Problems der schwimmenden Flugstation, die mit dem Umbau der *Westfalen* der deutschen Technik gelungen ist, hat auch die Amerikaner zu einer lebhaften Tätigkeit auf diesem Gebiet angeregt. Auf einer Werft in Norfolk wurde soeben die erste künstliche Ozeaninsel Amerikas fertiggestellt.« Merkwürdig – man hat nie wieder etwas davon gehört. Vielleicht hatte auch nur der phantasievolle Ufa-Film »FP 1 antwortet nicht«, in dem eine ozeanische Flugstation die Hauptrolle spielte, den Berichterstatter zu seiner Meldung inspiriert?

Am 5. September 1936 begannen die Nordatlantik-Versuchsflüge. Die *Zephir,* eine Do 18, war in Horta an Bord der *Schwabenland* genommen worden. Anschließend dampfte der alte Frachter schwer gegen die See an, mußte das Flugzeug doch nach dem Start rasch an Höhe gewinnen, um die Felsenwand der Azoreninsel, die ausgerechnet an diesem Tage genau in der Startrichtung lag, zu überwinden. Ansonsten galt die Regel, daß zwecks Treibstoffersparnis in der Westrichtung möglichst niedrig (bei Tage in nur fünf bis zehn Meter Höhe), rückkehrend in höheren Schichten

1937 kam das unter der Bau-Nr. 755 gebaute Flugsicherungsschiff *Friesenland* für die Deutsche Lufthansa in Fahrt.

In 1937, the air-base vessel *Friesenland*, built under hull no. 755, was commissioned for Deutsche Lufthansa.

geflogen werden sollte, um den jeweiligen Schiebewind auszunutzen. (Sei noch erwähnt, daß ein ehemaliger Lotsenschoner, die *Orion*, Flugsicherungsdienste leistete.)

Dann war es soweit. Die Piloten angeschnallt (wegen der hohen Startbeschleunigung), über den Sitzen Kopfpolster. Die Motoren auf »volle Pulle«. Die Maschine zitterte und bebte in den Bremskeilen. Von draußen das Zeichen »Start in wenigen Augenblicken«. Genauer ging's beim besten Willen nicht. Es galt zu warten, bis das Schiff im Seegang genau horizontal lag. Jetzt! 160 atü jagten den Schlitten über das gut 30 m lange Katapult, dann hielten Bremsklötze ihn ruckartig fest. Mit 150 km/h wurde das Flugzeug über Bord geschleudert und entschwand.

Anfangs pendelte die *Schwabenland* allein als schwimmender Flugstützpunkt zwischen den Azoren und New York hin und her. Im Sommer 1937 kam ein Neubau hinzu.

Und was für ein Neubau! Nachdem sich die *Ostmark* als das erste derartige Spezialschiff in der Welt großartig bewährt hatte, beauftragte die Lufthansa die Kieler Howaldtswerft auch mit dem Bau des nächsten Schiffes. Und die *Friesenland*, so hieß der Neubau, sollte das weltweite Nonplusultra auf ihrem Gebiet werden!

Mit 5.434 BRT, einer Tragfähigkeit von 3.228 t, 140,5 m Länge ü. a., 16,5 m Breite und 6,04 m Tiefgang wesentlich größer sowie mit 16 Kn auch erheblich schneller als alle Vorgänger, sah das 1937 an die Lufthansa abgelieferte Schiff mit seinen weit nach vorn verlegten Aufbauten auch völlig anders aus.

Wie auf der *Schwabenland* wurden die Flugzeuge über das Heck katapultiert, während es bei der *Ostmark* und der *Westfalen* über den Bug geschah.

Am 19. August 1937 ging die *Friesenland* in See, um an den Atlantik-Tests teilzunehmen. Eingesetzt wurden u.a. die B- & V-Flugboote *Nordmeer* und *Nordwind*, viermotorige Schwimmerflugzeuge, deren kennzeichnendstes Merkmal die großen Knickflügel waren. Flugdauer des ersten Trips Horta – New York: 16 Std., 18 Min.

Die erfolgreichen Versuche lösten in Deutschland helle Begeisterung aus. Ein Prof. Dr. Heinrich Herner schrieb: »Mit der Bezwingung des Nordatlantiks auf dem Luftwege leistet die Deutsche Lufthansa eine Pionierarbeit, die in der Verkehrsgeschichte aller Zeiten und Völker bestehen wird. Für uns Deutsche bedeutet diese Tat darüber hinaus erneut Geltendmachung unserer Ansprüche auf Kolonialbesitz, wie ihn unsere allen Völkern zugute kommende Kulturarbeit rechtfertigt.« Heutige Zeitgenossen mögen die Logik dieses Gedankenganges suchen – damals redete man so.

Der Professor vergaß aber in seinem Überschwang die Bauwerft nicht. »Der deutsche Schiffbau, insbesondere die Howaldtswerke in Kiel«, fuhr er fort, »hat daran mit der Fertigstellung der ersten, eigens zu diesem Zweck gebauten Flugsicherungsschiffe *Ostmark* und *Friesenland* einen so bedeutsamen Anteil, wie ihn das erfolgreiche Zusammenarbeiten von beschwingtem, heldenmütigen Pilotentum und zielbewußter, schöpferischer Technik nur wünschen lassen kann.« Aber was die Werft anging, hatte der Professor recht.

Doch dann kam der 10. August 1938. An diesem Tage startete in Berlin-Tempelhof die neue Focke-Wulf Condor Fw 200, landete 24 Std. und 36 Minuten später in New York und schaffte den Rückflug in eben unter 20 Stunden. Der Nonstopflug großer Radflugzeuge über den Nordatlantik war möglich geworden, wenn auch zunächst noch ohne Passagiere. Die Flugboote waren buchstäblich in eine Sackgasse geflogen, die eigens entwickelten Flugzeugkatapultschiffe waren überflüssig geworden.

Der Öffentlichkeit wurde das kaum bewußt.

Denn bald darauf brach der Zweite Weltkrieg aus. Die kleine *Ostmark* lief schon im Jahre 1940 vor der französischen Küste bei der Insel Yeu auf eine Mine und sank. Die *Westfalen* wurde im Jahre 1944 von einer Mine vor der norwegischen Insel Vinga tödlich getroffen. Die *Schwabenland* wurde 1946 mit Munition im Kattegat versenkt.

Nur die *Friesenland* überstand alles. Bei der Besetzung Norwegens lag sie vor Travemünde und schleuderte Transportflugzeuge in die Luft, die ansonsten wegen Überladung nicht mit eigener Kraft von der Wasseroberfläche hätten abheben können. Dann wurde das Schiff nach Brest verlegt, um mit Treibstoff überladene See-Aufklärer in die Luft zu katapultieren. Als diese Flugeinsätze 1941 endeten, mogelte sich die *Friesenland* durch den Englischen Kanal zurück, wurde vor Vlissingen von einer Fliegerbombe getroffen, konnte aber die Reise fortsetzen. In Bremerhaven repariert, ging das Schiff nach Norwegen. Dort riß ihm am 19. September 1944 ein russischer Fliegertorpedo fast das gesamte Vorschiff ab – die *Friesenland* schwamm weiter und wurde nach einer Behelfsreparatur zum Werkstattschiff umfunktioniert. 1946 fiel das Schiff den Engländern als Kriegsbeute zu. 1947 und noch einmal 1950 erfolgten Umbauten, um das Schiff als Frachter zu verwenden, der überall, wo er auftauchte, wegen seiner weit vorn liegenden Aufbauten Aufsehen erregte. Als *Fairsky* fuhr die *Friesenland* unter Panama-Flagge, wurde 1952 zur italienischen *Castel Nevoso*, 1968 zur *Argentinian Reefer*, erneut unter Panama-Flagge (wobei der Schiffsname verriet, daß inzwischen aus dem einstigen schwimmenden Flugstützpunkt ein Kühlschiff geworden war), 1969 wurde das Schiff verschrottet.

Als Katapultschiff hatte die *Friesenland* schon 30 Jahre zuvor, bald nach ihrer Indienststellung ausgedient – als Schiff war dieser Howaldt-Bau fast nicht totzukriegen.

Die schwimmenden Bunkerstationen

Already during the 1st World War, fleet tankers were built for making warships independent from shore bases. One of best known of this special unit was the Howaldt-built *Altmark*. These fuel oil tankers proved a success and could be used for quite a time after the war's end for example as cable ship, etc. This is also true for some fleet supply ships from 2nd World War.

Wir lagen vor Madagaskar
und hatten die Pest an Bord,
in den Fässern faulte das Wasser
und täglich ging einer über Bord. .

In jener Zeit, als die Schiffe für ihre Fortbewegung nur vom Wind abhängig waren, brauchte kein Hafen angesteuert zu werden, um die Bunkervorräte zu ergänzen. So konnte sich ein Columbus aufmachen, um einen Seeweg nach Indien zu entdecken, ein Francis Drake konnte auf seinen Raubzügen, die angesichts des finanziellen Erfolges nachträglich von seiner Königin sanktioniert wurden, die ganze Welt umsegeln. Nur: Unabhängig von allen Versorgungsbasen waren die alten Segler nicht. Die Bordvorräte verfaulten schnell, das Trinkwasser wurde zu einer übelriechenden Brühe. Skorbut und Beriberi waren die unvermeidlichen Folgen, wenn auch die Engländer herausfanden, daß die regelmäßige Verabreichung von Lemon ein wenig helfen konnte, was den englischen Seeleuten den Spitznamen »Limey« eintrug. Und auch die tägliche Rum-Ration, die bis vor wenigen Jahren auf den englischen Kriegsschiffen ausgegeben wurde, gehörte zu den anerkannten Vorbeugungsmitteln (daß letzteres unter den Seeleuten beliebter als der Limonensaft war, lag wohl in der Natur des Menschen) . . .

Es war für die alten Segelschiffe lebenswichtig, rechtzeitig Land oder eine Insel zu erreichen, um frisches Wasser und frisches Obst und Gemüse zu erhalten – leider mißtrauten in den meisten Fällen die Insel- und die Hafenstädtebewohner den ankommenden Fremdlingen. Nicht alle kamen bloß, um wie Charles Robert Darwin, der 1831–1836 eine Expedition nach Südamerika und in den Pazifik begleitete, »Über den Ursprung der Arten durch natürliche Zuchtwahl« weitere Erkenntnisse zu erlangen.

Deshalb verlangten die vorsichtigen Landbewohner, daß die herankommenden Segler vor der Hafeneinfahrt ihre Kanonen leerschossen (damals war der Unterschied zwischen Kriegs- und Handelsschiffen nicht so ausgeprägt wie heute), woraufhin man dann mit den landseitigen Kanonen dasselbe tat (Vertrauen gegen Vertrauen) – aus alledem hat sich das Salutschießen entwickelt, das unter den Marinen der Welt noch heute üblich ist.

Als das Dampfschiff aufkam, waren die Seeleute nicht länger von günstigen Winden abhängig. Nun gab es die bekannten Bunkerhäfen, über alle Weltmeere verteilt – Gibraltar und Aden (nach dem Bau des Suez-Kanals zum Beispiel). Woraus schon deutlich wird, daß jene Länder, vor allem aber jene Kriegsflotten im Vorteil waren, die sich auch in Krisenfällen auf solche Stützpunkte »stützen« konnten.

Es hatte daher in vielen Marinen Überlegungen gegeben, wie Kriegsschiffe auf hoher See versorgt werden könnten. Die »Kohlendampfer« der Kaiserlichen Marine waren so wenig eine befriedigende Lösung wie die Kohlenprähme. Erstere boten die Möglichkeit, gefüllte Kohlenkörbe bis zur halben Masthöhe aufzuhieven und sie dem parallel- oder vorangehenden Kriegsschiff per Taljenzug zu übergeben, letztere mußten nach der »guten, alten« Methode längsseits der Kriegsschiffe festmachen – beides Verfahren, die umständlich waren und bei schlechtem Wetter und Seegang kläglich versagten. Eher boten sich solche Möglichkeiten schon für die Versorgung der Kampfschiffe mit Lebensmitteln an, weil hier die Mengen geringer waren. Aber was nützte eine satte Besatzung, wenn die Kohlenbunker leer waren?

Am besten aber – und das fanden die »Mariner« schnell heraus – klappte es mit der Übergabe von Kesselspeise- und Trinkwasser auf hoher See.

Torpedoboote hatten schon in den Jahren vor dem Ersten Weltkrieg die Ölfeuerung gekannt, gleich zu Beginn des Krieges aber kamen die ersten Großkampfschiffe in Fahrt, die neben Kohle- auch Ölkessel hatten, z. B. der Schlachtkreuzer *Derfflinger* und die neuen Linienschiffe der »König«-Klasse. Nun also mußte sich die Versorgung einfacher gestalten lassen – durch spezielle Marine-Tanker.

Die Marineleitung zögerte nicht. Im Etat 1914 waren zwei Heizöldampfer vorgesehen, die unter den Baunummern 522 und 523 bei der Howaldtswerft im Bau waren. Bei Kriegsausbruch wurde der Auftrag um vier weitere Schwesterschiffe erweitert, die unter den Baunummern 596 bis 599 entstehen sollten.

Diese sechs Schiffe, die bis zum Jahre 1916 als *Alsen, Fehmarn, Norderney, Baltrum, Westerplatte* und *Brösen* in Fahrt kamen, waren nicht nur die ersten Flottentanker überhaupt, es war auch das erste Mal, daß von einem »Serienbau« gesprochen werden konnte, wenn auch zwischen den ersten beiden und den letzten vier Schiffen dieser Gattung geringe Unterschiede bestanden. So waren die ersten beiden Neubauten mit jeweils 1.198 BRT um etwa 100 BRT kleiner als die vier Nachfolger. Die trugen dann auch statt der 1.660 t der ersten Schiffe an die 1.740 t. Der Antrieb war bei allen gleich – 800 PSi, womit die Schiffe zwischen 9 und 10 Kn liefen.

Von diesen Schiffen ist der Heizöldampfer *Brösen* während des Ersten Weltkriegs auch als Benzoltransporter zur Versorgung von Unterseebooten eingesetzt gewesen, hat diese – allgemein als äußerst gefahrvoll angesehene Aufgabe – glücklich überstanden und wurde schließlich wieder Heizöldampfer für die Kaiserliche Werft in Wilhelmshaven.

In der zweiten Kriegshälfte baute die Howaldtswerft dann unter den Baunummern 603 und 604 noch zwei weitere Heizöltanker, *Usedom* und *Amrum,* die mit 1.781 BRT und jeweils 2.278 tdw noch einmal größer als ihre sechs Vorgänger waren, denen sie äußerlich aber durchaus ähnlich waren, so daß es selbst kundigen Betrachtern schwerfiel, die Tanker aus großer Entfernung zu unterscheiden. Dazu trug bei, daß sich die Schiffe nicht so sehr in den Dimensionen, wohl aber in den Antriebsleistungen von den Vorgängern unterschieden – die beiden letztgenannten Flottentanker verfügten über Antriebsanlagen von 1.000 PSi. Die waren von der Größe her bedingt, die Geschwindigkeit dieser jüngsten Neubauten betrug ebenfalls 10 Kn.

Daß diese Tanker sich im Ersten Weltkrieg voll bewährten, obwohl die Anforderungen an die Schiffe außerordentlich hoch waren, weil der Bedarf mit den Jahren stieg, ohne daß die Schiffe angesichts der schnell erkennbaren Materialmängel sonderlich gepflegt werden konnten, spricht für diese Howaldt-Konstruktionen. Daß sie dann – unter teilweise völlig veränderten Umständen und nach z. T. wechselvollen Lebensläufen – im Zweiten Weltkrieg noch einmal befriedigende Arbeit leisteten, stellt ihnen das allerhöchste Zeugnis aus.

Dabei wurde keines dieser Schiffe sonderlich berühmt – es waren »Arbeitspferde« im besten Sinne des Wortes: kaum beachtet, aber immer zuverlässig. Howaldt-Produkte. . .

Berühmt sollte ein ganz anderer Flottentanker werden, den die Howaldtswerke bauten: die *Altmark*. Und es gibt nicht wenige, die meinen, daß dieser Schiffstyp der Ahnherr der heute in Ost und West anzutreffenden Flottenversorgungstanker ist, ohne die sich niemand mehr eine weltweit operierende Flotte vorzustellen vermag.

Die *Amrum* wurde 1916 an die Kaiserliche Werft, Wilhelmshaven, abgeliefert (Bau-Nr. 604). 1935 gehörte sie der Hamburger Tankreederei Essberger und hieß damals *Anneliese Essberger*.

In 1916, *Amrum* was delivered to Kaiserliche Werft, Wilhelmshaven. In 1935, she belonged to the Hamburg tanker owner Essberger and was named *Anneliese Essberger*.

Doch dazwischen baute die Kieler Werft noch einen Tanker, von dem es dem Chronisten schwerfällt, ihn richtig einzuordnen. Das war die *Antarktis,* ein 15.000 tdw Tanker, 1939 als Versorgungsschiff für die Erste Deutsche Walfang-Gesellschaft, Wesermünde, entstanden. Die EDWG, das Walfangunternehmen des Düsseldorfer Henkel-Konzerns, setzte den 10.711 BRT großen Tanker ein, um die in der Antarktis operierende Walfangflotte mit Nachschubgütern und Post zu versorgen, während der Tanker für die Rückreise Walöl der Kocherei übernahm, deren Tanks dadurch für Nachschub frei wurden, was hieß, daß die gesamte Fangflotte sich länger im Fanggebiet aufhalten konnte.

Damit war die *Antarktis* so etwas wie ein »Zwitter« – einerseits ein ganz »normaler« Tanker, wie er in jedem Ölhafen abgefertigt wurde, andererseits ein Schiff, das auf hoher See Versorgungsgüter abgeben oder Ladung übernehmen konnte.

Es kann nicht verwundern, daß nach den Marine-Heizöldampfern, die die Werft zur vollen Zufriedenheit des Auftraggebers Marine gebaut hatte, dieses Schiff gleichfalls ein voller Erfolg war.

Das läßt sich trotz der geringen Einsatzzeit sagen – die *Antarktis* lief am 28. August 1939 mit 14.000 t Gasöl in Vigo ein. Das reichte aus, um ein Panzerschiff und ein U-Boot voll zu versorgen. Aber die 640 Kisten Zinn, die das Schiff an Bord hatte, wurden als zu wertvoll erachtet, als daß man die *Antarktis* allzu großen Risiken aussetzen wollte. Vielmehr sollte das Schiff versuchen, St. Nazaire zu erreichen, was auch gelang. Doch im August 1944 wurde das Schiff in Nantes ein Opfer des Krieges.

Womit wir also zum nächsten (richtigen) Versorgungstankerbau der Howaldtswerft zurückkehren können, zur schon erwähnten *Altmark.* In den späten 20er und in den 30er Jahren boten sich den Seekriegs-Strategen neue technische Möglichkeiten. Der Dieselantrieb hatte sich im Kriegsschiffbau bewährt, Kriegsschiffe hatten nun ein weites Operationsfeld, bevor eine Versorgung akut wurde. Und die konnte, was den Brennstoff anging, per Schlauch erfolgen. Die deutsche Marine entwickelte den Typ des »pocketbattleships«, des »Westentaschen-Panzerkreuzers«, ein 10.000 t Schiff (das in Wirklichkeit zwar 14.000 Tonnen verdrängte, selbst dann kleiner als der herkömmliche Schlachtkreuzer oder gar das noch stärkere Schlachtschiff war). Aber das störte die deutsche Marineleitung nicht, die sich einen weltweiten Einsatz dieser Schiffe als Handelsstörer vorstellte und sich von der bekanntgewordenen Devise leiten ließ, daß diese Panzerschiffe schneller als jeder stärkere und stärker als jeder schnellere Gegner seien.

Damit erträumte man sich vielversprechende Möglichkeiten für die neuen Panzerschiffe A, B und C, die nacheinander als *Deutschland, Admiral Graf Spee* und *Admiral Scheer* in Fahrt kamen. Logische Konsequenz eines erfolgreichen Einsatzes dieser Schiffe aber war, daß ihnen Versorgungsschiffe zur Seite gestellt würden, die die »Raider« von landseitigen Basen unabhängig machten.

Es ist dann, nachdem die *Admiral Graf Spee* schon in den Anfangswochen des Krieges in der Mündung des Rio de la Plata ein schnelles Ende fand, kaum zu jenen geplanten kombinierten Einsätzen von Handelsstörern und ihren Versorgern gekommen – bekannt wurde allein das bei Howaldt gebaute Troßschiff *Altmark.*

Analog zu den drei Panzerschiffen wurde als erstes Baulos der Bau von drei Versorgungstankern, später wegen ihrer vielseitigen Ausrüstung treffender »Troßschiffe« genannt, vergeben: Schiff 1 (*Westerwald*) bei Schichau in Danzig, Schiff A (*Altmark*) bei Howaldt, Schiff B (*Dithmarschen*) wiederum bei Schichau. Die *Altmark* kam am 14. November 1938 in Fahrt. Später kamen noch zwei Schiffe hinzu, *Ermland* und *Franken.* Zudem sollten zwei noch etwas größere Schiffe dieser Art gebaut werden, eines davon wiederum bei Howaldt, vorgesehener Name angeblich *Havelland.* Doch der Kriegsfortgang machte einen Strich durch die Rechnung, beide Schiffe kamen über den Planungszustand nicht hinaus.

Die *Altmark* war unbewaffnet, als sie am 5. August 1939 Wilhelmshaven verließ, um die *Admiral Graf Spee* zu »betreuen«. Wohlgemerkt – es war Wochen vor dem Kriegsausbruch. Und das Schiff lief den USA-Hafen Port Arthur (Texas) an, um dort fast 9.500 t bestes Gasöl zu bunkern. Am 19. August ging das Schiff wieder in See und hörte in der Nacht vom 21. zum 22. August auf, die *Altmark* zu sein. Der Phantasiename *Sogne* wurde an den Rumpf gepinselt, wobei allerdings hinderlich war, daß die sorgfältig arbeitenden Werftarbeiter den Namen *Altmark* in Einzelbuchstaben auf den Rumpf geschweißt hatten. Aus der Nähe war der übermalte Name leicht zu erkennen. Allerdings gedachte die *Altmark* nicht, ein fremdes Schiff so nahe an sich herankommen zu lassen, daß das hätte erkannt werden können.

Am 1. September traf das Troßschiff die *Admiral Graf Spee* zum ersten Mal, wobei zwei Maschinengewehre an Bord genommen wurden, danach trafen sich die Schiffe noch neunmal im Südatlantik. Dabei übergab das Panzerschiff insgesamt 303 Seeleute von aufgebrachten und versenkten Handelsschiffen an die *Altmark,* Kapitäne und Offiziere dieser Schiffe blieben auf der *Admiral Graf Spee.* Und wurden – zum Entsetzen der Schiffsführung der *Altmark,* die am 15. Dezember 1939 per Radio davon erfuhr – in Uruguay an Land gesetzt. Jetzt mußte die englische Marine vom Vorhandensein der *Altmark* erfahren! Unter den Tarnnamen *Haugesund* (Norwegen) und dann *Chirripo* (USA) versuchte die *Altmark* die Heimkehr, sich immer ziemlich in der Mitte des Atlantiks haltend. Unter Island schlich sich der Tanker vorbei, steuerte Norwegen an und lief am 14. Februar beim Halten-Leuchtturm in norwegische Gewässer ein. Während einer Kontrolle durch ein norwegisches Kriegsschiff versuchten die versteckt gehaltenen Gefangenen durch höllischen Lärm, den sie veranstalteten, auf sich aufmerksam zu machen. Die *Altmark*-Besatzung war darauf vorbereitet – überall wurden die laut ratternden

Die *Altmark* wurde unter der Bau-Nr. 750 für die Kriegsmarine gebaut und 1938 in Dienst gestellt. Auf dem Foto führt das Schiff den Tarnnamen *Sogne* und Oslo als Heimathafen.

Altmark was built on behalf of the German Navy and commissioned in 1938. On the photograph, the vessel is camouflaged giving the name *Sogne* and Oslo as port of registry.

Winden bedient. Die Norweger waren offensichtlich froh, dem Lärm zu entkommen, und verließen das Schiff, ohne von den Gefangenen Kenntnis erlangt zu haben.

Aber die Royal Navy hatte . . . Und als die *Altmark* in Höhe des Jössingfjords stand, wurde ein britischer Zerstörer ausgemacht, der sich dem Schiff näherte. Sofort steuerte die *Altmark* in den Fjord hinein. Doch auf der *Cossack* stand mit P. L. Vian als Captain ein ausgesprochener Haudegen, der sich mit seinen Zerstörern auch bei der Versenkung der *Bismarck* hervortun sollte. Der ließ ein Enterkommando sich bereitmachen und steuerte auf das Heck der *Altmark* zu. Verzweifelte Schraubenmanöver des Tankers halfen nicht – der wendigere Zerstörer schob sich an das Heck der *Altmark* heran, mit dem Ruf »The Navy's here!« sprangen die

englischen Sailors auf das Achterschiff. Törichterweise fiel von Seiten der *Altmark*-Besatzung ein Schuß – jetzt wurde das Feuer erwidert. Acht Tote und elf Verletzte waren die Folge. Mit ihren befreiten Gefangenen zogen die Engländer wieder ab – die *Altmark*, die auf den felsigen Grund gesetzt war, blieb beschädigt zurück.

Aber es war ein Howaldt-Bau. Durch mehrfaches Umtrimmen des Ballastes wurde das Schiff »freigeschaukelt«. Die Schrauben waren beschädigt. Aber der Hilfe der drei herbeibeorderten Schlepper bedurfte es nicht – mit 60 Umdrehungen humpelte die *Altmark* in den sicherer erscheinenden Sandefjord. Von dort bugsierte sie der Hamburger Bergungsschlepper *Atlantic*, ein Kraftpaket, das den Krieg nicht überleben sollte, nach Kiel, wo bei Howaldt die notwendigen Reparaturen erfolgten.

Die *Antarktis* (Bau-Nr. 771) lieferte Howaldt 1939 ab. Auf dem Foto befindet sich der Tanker in der Ausrüstung. Links ist das Linienschiff *Schleswig-Holstein* (1908 bei der Germaniawerft in Kiel erbaut) zu sehen.

In 1939, Howaldt delivered *Antarktis*. The photograph shows the tanker in fitting-out stage. At the left there is the battleship *Schleswig-Holstein* (built in 1908 by Germaniawerft in Kiel).

Motoren kamen in Mode

The world's first motor vessel was built by the Danes, the *Selandia*. When she paid a visit to Kiel, Emperor Wilhelm II congratulated the Danish King Christian X. Only a few months later the German motor vessel *Monte Penedo* was launched at Kiel in 1912. The vessel remained in service for more than 50 years.

Wollte jemand ganz pingelig sein, er könnte natürlich behaupten, der niederländische Tanker *Vulcanus*, gebaut im Jahre 1910, sei das erste Motorschiff der Welt gewesen. Weil er aber für die Verteilung von Erdöl- und Raffinerieprodukten von Borneo aus für das damalige Niederländisch-Indien bestimmt war, erklärten die Dänen, das 1.179 BRT große Schiff sei kein »richtiges« Seeschiff gewesen, um das es in dieser Frage schließlich gehe. So gebühre denn ihrer 4.964 BRT großen *Selandia*, im Oktober 1911 bei Burmeister & Wain in Kopenhagen fertiggestellt, der Ruhm, das erste seegehende Motorschiff der Welt zu sein.

Und da die bekannte britische Schiffahrtszeitschrift »Fairplay«, so etwas wie die »Bibel« unter den Schiffahrtspublikationen der Welt, am 15. Februar 1912 die *Selandia* als der Welt erstes Motorschiff bezeichnet hat, dann ist sie es auch. Schließlich kabelte auch Wilhelm II., der deutsche Kaiser, der das Einlaufen der *Selandia* in Kiel beobachtete, dem dänischen König Christian X.: »Ich bin an Bord der *Fionia* (das Schwesterschiff der *Selandia*) und beeile mich, Dir meine Glückwünsche zu senden zu der vortrefflichen Leistung der dänischen Techniker. Das Schiff bedeutet einen ganz neuen Abschnitt im Schiffbau, der Bewunderung verdient.« Und ein Redakteur der »Kieler Neueste Nachrichten« schrieb dazu bemerkenswert klarsichtig: »Dieser Antrieb, der keine Kohlen erforderlich macht und nicht zwingt, so schwere Kohlenmengen mitzuschleppen, könnte natürlich auch im Kriegsschiffbau sehr interessant sein.«

Die Dänen sonnten sich im Ruhm »ihrer« Konstruktion und hatten die *Selandia* auf eine Vorführreise nach dem Fernen Osten geschickt. Und die Thailänder, so hieß es, bezeichneten das merkwürdige Schiff, das einen so winzigen Schornstein besaß, daß er kaum auszumachen war, dafür aber drei

Die Hamburg-Süd erhielt 1911 das Motorfrachtschiff *Monte Penedo*. Die Bau-Nr. 546 gehörte zu den ersten Motorfrachtern weltweit.
In 1911, the motor-freighter *Monte Penedo* was delivered to Hamburg-Süd. She was one of the world's first motor-freighters.

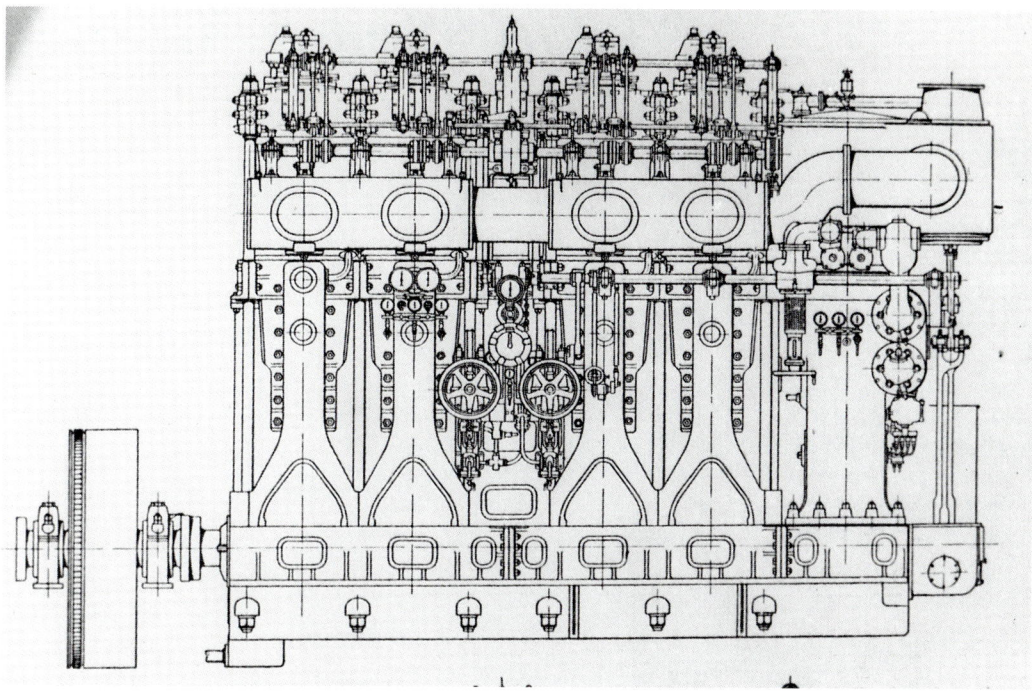

Masten, die das Ladegeschirr trugen, als »The Three Piece Bamboo Motorcar Steamer« = »der Automotor-Dampfer mit den drei Bambusstöcken«. Das wäre in der Tat eine wunderschöne Bezeichnung – erfunden wurde sie aber wohl sehr viel später. Denn der zunächst noch sehr großvolumige Dieselmotor setzte sich in Autos erst erheblich später als in Schiffen durch. . .

Man sieht, es gab genügend Ballyhoo um das erste seegehende Motorschiff der Welt. Da verdient festgehalten zu werden: Viel fehlte nicht, und der Kieler Howaldtswerft wäre der Ruhm zugefallen, das erste Motorschiff überhaupt gebaut zu haben. Denn nur sechs Monate nach der Fertigstellung der *Selandia* lief im Februar 1912 in Dietrichsdorf der Motorschiffsneubau *Monte Penedo* vom Stapel. Und nur vier Monate, nachdem die Erprobungen der *Selandia* abgeschlossen waren, übergab die Kieler Werft ihren ersten Motorschiffsneubau an die Hamburg-Südamerikanische Dampfschifffahrts-Gesellschaft. Womit die wiederum die »große« Hapag schlug, die ihrerseits einen Motorschiffsneubau bei der Hamburger Werft Blohm & Voss bestellt hatte. Dieser Motor aber flog den Ingenieuren auf dem Prüfstand um die Ohren. Woraufhin die Hapag-Oberen anordneten, dieses Motorschiff als Dampfer fertigzustellen.

Wie dicht die Howaldtswerft und ihre Kopenhagener Konkurrenz Burmeister & Wain beieinanderlagen, zeigt sich auch bei der Größe ihrer ersten Motorschiffsneubauten. Ursprünglich wollten die Dänen, um kein allzu großes Risiko einzugehen, den ersten Motor in ein Schiff von 400 t Tragfähigkeit einbauen. Kühne schlugen vor, doch ein 1.000 t Schiff zu wählen. Ganz Kühne fragten, warum dann nicht gleich ein Schiff von 3.000 tdw? Und wie im Pokerspiel reizten sich die verschiedenen Befürworter über einen 6.000 t Frachter schließlich zu einem von 7.000 t Tragfähigkeit hin. Bei Howaldt wagte man sich gleich und wie selbstverständlich an ein »großes« Schiff – die *Monte Penedo* hatte eine Tragfähigkeit von 6.451 t. Die beiden Dieselmotoren hatte die Schweizer Firma Sulzer geliefert. Mit seinen 2 × 800 PS lief das Schiff 10 Kn.

Am 31. August 1912 ging die *Monte Penedo* auf Jungfernreise. 1914 wurde sie wegen des Kriegsausbruchs und der Unmöglichkeit, den Heimathafen zu erreichen, in Rio Grande aufgelegt. 1917 beschlagnahmten die Brasilianer das Schiff, das den Namen *Sabara* erhielt und von 1919 bis 1922 an die französische Regierung verchartert wurde. 1927 übernahm der Lloyd Brasileiro die einstige *Monte Penedo*, die 1947 zwei neue, wirtschaftlichere Dieselmotoren und 1948 den Namen *Ascanio Coelho* erhielt.

Erst 1969 wurde das mittlerweile 57 Jahre alte Schiff in Brasilien verschrottet. Da war längst vergessen, daß der Oldie beinahe das erste seegehende Motorschiff der Welt gewesen wäre. Übrigens: Die *Selandia*, die nur so knapp vorher fertiggestellt worden war, endete schon 1942 als Wrack auf den Klippen vor dem japanischen Hafen Yokohama.

Ein Schiff mit 17 Kesseln

Doubtlessly, the *Okean* ranks among the very special Howaldt newbuildings. She was delivered in 1902 to the Russian Empire, and had not less than 17 (!) boilers on board. The reason for this was the engine room cadetts of the Tsar's fleet were to become aquainted with as many boiler plants of most various makers as possible.

Um die Jahrhundertwende bestellte die Kaiserliche Russische Admiralität bei der Kieler Werft einen Neubau, der 1902 als *Okean* zur Ablieferung gelangte und ein halbes Jahrhundert später der Roten Flotte immer noch als Schulschiff *Komsomolets* diente. Mit seinen drei Schornsteinen äußerlich einem Passagierschiff sehr ähnlich, hatte die 6.911 BRT große *Okean* es »in sich«. Als Ausbildungsschiff für Maschinisten und Heizer gedacht, bestanden die praktischen Russen darauf, in dieses Schiff möglichst viele und möglichst verschiedenartige Schiffsmaschinen und -kessel-Typen eingebaut zu bekommen. So sollte der Maschinenraumnachwuchs der Zarenflotte an Bord eines Schiffes gleich Anlagen der verschiedensten Hersteller kennenlernen. Die Howaldtkonstrukteure brachten es fertig, in den Maschinenraum des 143,3 m langen und 17,4 m breiten Dampfers drei Dreifachexpansionsmaschinen mit 17 (!) Kesseln einzubauen. Und zwar – und hierin lag die Besonderheit – zwei vom Typ Yarrow, drei vom Typ Thornycroft, sechs vom Typ Nicalusse und sechs vom Typ Belleville. Man sieht: Howaldt und die zaristischen Marineoffiziere nahmen's nur vom Besten. Wie sich das Schiff mit seiner »Mehrfach-Maschinenanlage« bewährt hat, entzieht sich der Kenntnis des Chronisten. Aber die *Okean* kehrte nie wieder zur Bauwerft zurück, was immer als ein gutes Zeichen genommen werden darf.

So sah kurz nach der Jahrhundertwende eine Kiellegung – hier für die *Okean* – aus. Helling-Krane waren noch nicht vorhanden.

At the beginning of the century laying the keel – here for the "Okean" – looked like this. There were no slipway cranes as yet.

Der Kapitäns-Salon auf der *Okean*. An der Wand sind Portraits des letzten Zarenpaares (Nikolaus II. und Alexandra) zu sehen.

Captain's Saloon on the *Okean*. At the wall there are portrays of the last tsar and his wife.

Deutsch-russische Informationen herausgegeben zum Stapellauf des Schiffes am 8. 2. 1902.

German-Russian information issued on the occasion of launching on Febr. 2nd, 1902.

УЧЕБНОЕ СУДНО
Россійскаго ИМПЕРАТОРСКАГО Флота
„ОКЕАНЪ".

Наибольшая длина	490 футъ.
Длина между перпендикулярами	470 „
Ширина	57 „
Средняя осадка при полномъ грузѣ	25 „
Полное водоизмѣщеніе	11900 тоннъ.
Индикаторная сила машинъ	11000 IHP.
Скорость хода	18 узловъ.
Помѣщеніе для 25 офицеровъ и 700 нижнихъ чиновъ.	
Грузоподъемность (включая уголь въ ямахъ)	5600 тоннъ.

SCHULSCHIFF
der KAISERLICH-Russischen Flotte
„OKEAN".

Grösste Länge	490 engl. Fuss
Länge zwischen den Perpendikeln	470 „ „
Breite	57 „ „
Mittlerer Tiefgang bei voller Ladung	25 „ „
Volles Deplacement	11900 Tonnen
Indicierte Maschinenstärke	11000 IHP.
Fahrtgeschwindigkeit	18 Knoten
Räumlichkeit für 25 Officiere u. 700 Mann	
Ladefähigkeit (incl. Kohlenbunker)	5600 Tonnen.

Die *Okean*, ein Spezialschiff für die Zarenflotte, wurde 1902 abgeliefert (Bau-Nr. 372). Zu Schulungszwecken war das Schiff vielseitig ausgerüstet: verschiedene Maschinen und Kessel, Takelage und ähnliches.

Okean, a special ship for the Tsar's fleet, was delivered in 1902. The vessel had an all-round equipment for training purposes: various machines, boilers and rigs, etc.

Masten als Antennenträger

Albert Ballin had the tourist steamer *Silvana* (804 GRT) built for his "Nordsee-Linie", Hamburg. A ship without peculiar features that has justly long fallen into oblivion. Yet, *Silvana* was the first German vessel equipped with a radio plant; her masts served as antenna supports. In Cuxhaven, the radio signals could be received from as far as 14 km.

Im Sommer des Jahres 1905 schipperte Kaiser Wilhelm II. auf dem Hapag-Dampfer *Hamburg* im Mittelmeer herum, als S. M. einfiel, in dringenden Regierungsangelegenheiten (vielleicht waren sie auch nicht so dringend) ein Telegramm nach Berlin zu schicken.

Es kam aber nur bis zur Marconi-Station auf Borkum, wo ein Funker saß, der – vielleicht – als überzeugter Sozialdemokrat dem Monarchen eins auswischen wollte oder der als über-

korrekter Beamter »Dienst nach Vorschrift« versah und sich weigerte, nach Dienstschluß ein Telegramm weiterzuleiten. Wie dem auch sei – Berlin mußte an diesem Tage ohne das Telegramm von Willem Zwo regieren (Nachteile daraus sind nicht bekannt geworden). Majestät aber sollen vor Zorn die Bartspitzen gezittert haben. Und er erließ die für Signore Marconi und dessen selbstherrliches Unternehmen fatale Order, eigene deutsche Küstenfunkstationen einzurichten.

So impulsiv Wilhelm II. oft reagierte – in diesem Fall hatte er sich vergewissert, daß die schnelle Realisierung seines Befehls möglich war. Dank des 1897 von der Howaldtswerft gebauten Passagierdampfers *Silvana*. . .

Den hatte sich Albert Ballin, der damals noch nicht der Herrscher der Hamburg-Amerikanische Packetfahrt Actiengesellschaft (HAPAG), sondern »nur« ein außerordentlich erfolgreicher Auswandereragent war, für seine »Nordsee-Linie« bauen lassen, d.h. das 804 BRT große und 66 m lange Schiff fuhr zweimal wöchentlich als Bäderdampfer zwischen

Unter der Bau-Nr. 321 ist die *Silvana* der Nordsee-Linie, Hamburg, für die Helgoland-Fahrt 1897 gebaut worden. Auf dem Foto befindet sich das Schiff in der Werft unter dem alten Drei-Bein-Kran noch in der Ausrüstung.

Silvana was built in 1897 on behalf of Nordsee-Linie, Hamburg, to sail the Helgoland route. The photo shows the ship still in fitting-out stage below the old sheer legs crane.

Hamburg und Helgoland. Für die Kieler Howaldtswerke, die den Steamer gebaut hatten, war es sicher nur ein »Wald- und Wiesenschiff«, weshalb auch in keiner Werftbiographie sonderlich auf die *Silvana* eingegangen wird. Tatsächlich aber. . .

Zu jener Zeit experimentierte der geniale Italiener Marconi mit den funkentelegrapischen Möglichkeiten. Das veranlaßte Professor Braun, den Erfinder der nach ihm benannten »Braunschen Röhre«, seinen Assistenten, den späteren Professor Zemneck, zu beauftragen, von Cuxhaven aus gleichfalls Versuche auf dem Gebiete der drahtlosen Telegraphie vorzunehmen.

Zemneck sah in Cuxhaven die regelmäßig vorbeidampfende *Silvana,* setzte sich mit Ballin in Verbindung, der zustimmte, auf dem Schiff einen Sender einzubauen, angeregt durch einen Funkinduktor. Als Antenne wurde zwischen den knapp 20 Meter hohen Masten der *Silvana* ein simpler Draht gespannt. Näherte sich der Dampfer Cuxhaven, begann der Funker sein Morsegerät zu bearbeiten.

Der Empfänger stand in einer kleinen Bretterbude, die in etwa zwei Meter Höhe in der heute noch stehenden Cuxhavener Kugelbake angebracht war, die Empfangsantenne war etwa 30 Meter hoch.

Wann immer die *Silvana* fällig war, begann in der Holzbude der Kugelbake das große Lauschen. Und lauter Jubel, wenn es zu knistern begann. »Uhrenvergleich!« Schließlich konnte als Regel gelten, daß die Funksignale der *Silvana* bis zum Jahre 1912 aus etwa 14 km Entfernung wahrgenommen werden konnten – ein toller Erfolg (auch wenn in Zeiten des weltumspannenden Satellitenfunks heute nur darüber gelächelt werden kann). So wird denn auch verständlich, daß ein Offizier der Kaiserlichen Marine noch im Jahre 1906 meinte, die Funktelegraphie sei ein Nachrichtenmittel, »das wohl gelegentlich auch mal funktioniere«.
Es kann denn auch nicht überraschen, daß zur Nachrichten- übermittlung zwischen den vor der Eidermündung verankerten Feuerschiffen und der Lotsenstation Tönning »vorsichts- halber« Brieftauben verwendet wurden, obwohl Funkein- richtungen schon um die Jahrhundertwende auf den Feuer- schiffen installiert worden waren. Später, als immer größere Reichweiten erzielt wurden, übernahmen die weit draußen in der Nordsee verankerten Feuerschiffe die Rolle der *Silvana.* Dem Kieler Dampfer aber gebührt der Ruhm, das erste deutsche Schiff gewesen zu sein, das eine Funkanlage besaß und seine Masten als Antennenträger benutzte. Aus diesen Experimenten erwuchs später Norddeich-Radio und Kiel-Radio. Der kleine Dampfer von den Howaldtswerken in Kiel ist darüber vergessen worden. . .

Die *Silvana* auf der Fahrt nach Helgoland (Bau-Nr. 321).
Silvana on her way to Helgoland.

Ein Holzsegler für die Forschungsfahrt

The extremely modern *Polarstern* is not the first Howaldt vessel to go for the icy Antarctic regions. Already in 1901, the *Gauß*, a wooden three-masted topsail schooner of 46 m length, went on an expedition. The scientists returned with plenty of data which however were not appropriately estimated.

Gauß was sold to Canada, and there served until 1926 as supply vessel.

Im Jahre 1895 beschloß die Reichsregierung, daß man sich an der auflebenden Antarktisforschung beteiligen sollte – die »Deutsche Kommission für die Südpolarforschung« wurde gebildet und rief, bekannten Beispielen folgend, zu Spenden für den Bau eines Forschungsschiffes auf.

Aber die Herren Initiatoren hatten sich wohl ganz falsche Vorstellungen von der Spendenbereitschaft der Öffentlichkeit gemacht. Zwar fand der Deutsche Flottenverein ohne weiteres selbst die Unterstützung von Frauenverbänden, wenn es darum ging, Geld für den Bau eines Kriegsschiffes zusammenzubringen (die Kaiserliche Marine war denn auch nicht kleinlich und nannte einen durch »Damenspenden« finanzierten Kreuzer *Frauenlob*). Aber ein Forschungsschiff – das war natürlich nicht mit dem Glanz und der Gloria eines »Bumbum-Dampfers«, wie die Eingeborenen in den Kolonialgebieten respektvoll ein Kriegsschiff nannten, zu vergleichen. Und so waren nach vier Jahren leidenschaftlicher Spendenaufrufe noch keine 36.000 Mark in der Kasse. Hätten nicht Majestät eingegriffen und nach langem Drängen – denn auch Wilhelm II. hielt mehr von Kriegs- denn von Forschungsschiffen – die Schirmherrschaft übernommen, wer weiß, ob sich im Reichstag jene Mehrheit gefunden hätte, die schließlich eineinhalb Millionen Mark für den Bau eines Forschungsschiffes bewilligte. . .

Nun konnte also der Bauauftrag vergeben werden. Und so, wie die Howaldt-Ingenieure Anfang der 80er Jahre mit Erfolg darangegangen waren, das ungewöhnliche For-

Die bei Howaldt gebauten Segelschiffe lassen sich an den Fingern einer Hand abzählen. Für C. Sodemann, Barth (bei Stralsund), entstand 1885 als Bau-Nr. 143 die Schonerbark *Hedwig*.

The sailing ships Howaldt built can be counted on the fingers of one hand. In 1885 *Hedwig*, a barkantine, was built for C. Sodemann, Barth (near Stralsund).

schungsschiff *Polarstern* zu entwickeln, so hatten sie auch damals keinerlei Bedenken, sich um den Bau des Forschungsschiffes zu bewerben. Das mußte fast vermessen erscheinen: Die Kieler Werft hatte sich von ihren ersten Tagen an nie mit dem Holzschiffbau befaßt, sie war gewissermaßen eingeschworen auf den Eisenschiffbau. Und sie hatte sich, von zwei Seglern, der *Hedwig* und *Mercur* abgesehen, nie mit dem Bau von Segelschiffen befaßt. Das neue Forschungsschiff aber sollte einen hölzernen Rumpf erhalten (wegen der besseren Widerstandsfähigkeit im Eis) und, abgesehen von einer kleinen Hilfsmaschine für die Eisfahrt, als Dreimast-Marssegelschoner getakelt werden. Denn mit dem Kohlenvorrat an Bord mußte sparsamst umgegangen werden, wer sollte dem Schiff wohl Kohlen hinterherfahren?

Der Entwurf sah ein Schiff von 46,0 m Länge zwischen den Loten vor, Breite auf Spanten 10,7 m, Konstruktionstiefgang 4,8 m, Freibord 1,5 m. Die zu installierende Dampfmaschine sollte ganze 270 PS leisten. Für den Rumpf wurde eine Beplankung aus drei Lagen Holz gewählt: Pitchpine, Eiche und Greenheart, in der Wasserlinie, die dem Eisdruck ausgesetzt war, je 75 mm dick. Bug- und Heckpartien des Schiffes wurden zusätzlich durch Eisenplatten verstärkt. Die mitzuführende Ausrüstung reichte für 30 Mann für 1000 Tage (die tatsächliche Besatzung umfaßte 27 Mann einschließlich fünf Offiziere, wozu auf der Forschungsfahrt fünf Wissenschaftler kommen würden). Alles zusammengenommen kam das Schiff auf eine Wasserverdrängung von 1442 t. Hatten die Konstrukteure der Werft sich bei ihren ersten Entwürfen an bewährte Vorbilder halten können (das war damals, als Schiffbauversuchsanstalten und Schlepptanks noch unbekannt waren, die durchaus übliche Methode), so

mischten sich sehr bald immer mehr Instanzen mit Wünschen, Vorschlägen und Forderungen ein. Nach dem Motto »Wer die Musik bezahlt, bestimmt, was gespielt wird«, übernahm das Reichsmarineamt, kaum daß der Reichstag die 1,5 Millionen Mark bewilligt hatte, die »Bauleitung«. Und war vorher eine gewisse Ähnlichkeit der künftigen *Gauß* mit Nansen's Polarschiff *Fram* unverkennbar, so gab es nun bald Ähnlichkeiten mit den Dampfsegelfregatten der Kaiserlichen Marine, wie z. B. mit der *Stosch*. Wie sie erhielt die *Gauß* einen abnehmbaren Schornstein (unter Dampf waren tunlichst die Segel abzuschlagen, um nicht durch glühende Funken aus den Kesseln in Brand gesetzt zu werden), die Schraube war »aushebbar«, um bei Fahrt unter Segeln nicht als Unterwasserbremse zu wirken.

In dem eiligst für zuständig erklärten Reichsmarineausschuß hatten Admiräle, hohe Verwaltungsbeamte und Marinebauräte das Sagen. Tausende von Vorschlägen wurden der Verwaltungszentrale unterbreitet, jeder meldete eigene »Erfahrungen« an – obwohl nicht einer der hohen Herren Erfahrung in der Antarktisfahrt besaß. Die Werft war froh, als das Schiff endlich abgeliefert werden konnte.

Am 11. August 1901 gab es einen großen Abschied für das Schiff in Kiel. Die Schiffe der Kaiserlichen Flotte trugen vollen Flaggenschmuck. Am Ufer Gala-Uniformen, Orden, Ehrenzeichen, Säbel. Die Damen trugen Große Garderobe. Die Herren der Wissenschaft waren in ihrem schlichten Zivil kaum auszumachen.

Vom Deck der *Gauß* winkten die sechs Wissenschaftler Erich von Drygalski, Geograph und Leiter der Expedition, E. Vanhöffen (Zoologe), Fr. Bidlingmaier (Erdmagnetiker), E. Philippi (Geologe), E. Werth (Botaniker) sowie J. Enzensperger (Meteorologe) mit der gebotenen »wissenschaft-

Bau-Nr. 250, *Mercur*, ebenfalls eine Schonerbark, wurde 1892 an Segebarth, Prerow (bei Stralsund), abgeliefert.

Barkantine *Mercur* was delivered in 1892 to Segebarth, Prerow (near Stralsund).

Wissenschaftler und Schiffsleitung der *Gauß* auf der Antarktisexpedition 1902/03.
Obere Reihe: L. Ott (2. Offizier), Dr. F. Bidlingmaier (Erdmagnetiker), Dr. E. Werth (Biologe), Dr. H. Gazert (Arzt), Dr. E. Philippi (Geologe). Untere Reihe: R. Vahsel (2. Offizier), Dr. E. Vanhöffen (Zoologe), E. von Drygalski (Expeditionsleiter), H. Ruser (Kapitän) und W. Lerche (1. Offizier).

The ship's command and heads of the research team during the Antarctic expedition of *Gauß* in 1902/03.

lichen Zurückhaltung« denen zu, die zu ihrer Verabschiedung gekommen waren. Auf der Brücke der *Gauß* salutierte Hapag-Kapitän H. Ruser, dem die Führung des Schiffes übertragen worden war.

Erst nach dreieinhalb Monaten, am 23. November, erreichte die *Gauß* Table Bay an der Südspitze Afrikas. Ein Schnellsegler war sie nicht – dafür war der schwere Rumpf auch nicht konstruiert. Daß er Wasser zog, beunruhigte die Wissenschaftler, die Berufsseeleute an Bord wußten, daß kein hölzernes Schiff »trocken« sein konnte. Da mußte man eben pumpen.

Das alles war nicht so schlimm – schlimmer war, daß sich auf dem Schiff, das wegen des Mitspracherechtes so vieler Stellen zwischen dem Status eines Kriegs- und eines Handelsschiffes pendelte, Kompetenzstreitigkeiten entwickelten.

Kapitän Ruser wollte solches Gegeneinander nicht bis in die Eismeer-Region mitschleppen und setzte kurzerhand sechs »Aufsässige« an Land, die durch andere Fahrensleute ersetzt wurden.

Gauß, 1901 gebaut, war eines der ganz wenigen Holzschiffe der Kieler Werft, die von Anfang an auf Eisen- und Stahlschiffe gesetzt hatte (Bau-Nr. 371). Die *Gauß* wurde später nach Kanada verkauft und lief noch bis 1926 als Versorger.

Gauß built in 1901 was one of the yard's very few wooden ships as from the first outset the Kiel yard had opted for steel ships. Later, *Gauß* was sold to Canada and sailed as a supply vessel until 1926.

Nach Erledigung von Reparaturen und dem Komplettieren der Ausrüstung – beides war zeitraubend, da Cape Town von den aufsässigen Buren vom Hinterland abgeschnitten war und von Australien aus versorgt werden mußte – ging das Schiff nach 14 Tagen Hafenaufenthalt wieder in See.

Über die Crozet Isles ging es zu den Kerguelen Inseln im südlichen Indischen Ozean, damals eine recht unbekannte Inselgruppe, inzwischen bekannt geworden, weil sie ausflaggenden französischen Reedern einen neuen »Heimathafen« bietet. Dort wurde gestoppt, um durch die Wissenschaftler ein Observatorium einrichten zu lassen, dessen Leitung der Meteorologe Enzensperger übernahm.

Kaum war dann die Schelfeisgrenze der Antarktis erreicht, als stürmisches Wetter die Gauß früher als erwartet zwischen einen dichten Packeisgürtel und die Küste in eine Art Kanal drückte, dessen Ufer 50 Meter steil aufragte. Mit nur 270 »Pferden« im Bauch war nicht daran zu denken, erfolgreich gegen die Eispressung anzudampfen. Nach zwei Tagen sinn- und erfolgloser Manöver mit der Dampfmaschine fiel am 23. Februar 1902 die Entscheidung: Bleiben wir hier und driften mit dem Eis.

Auf einer mehrere Meter dicken Eisplatte, »Tempelhofer Feld« genannt, wurde ein Labor eingerichtet, ein Suchtrupp zog mit Schlitten los und kehrte mit der Nachricht zurück, daß nicht weit entfernt ein eisfreier Berg aufrage. Expeditionsleiter von Drygalski ließ den Start des mitgeführten Fesselballons vorbereiten und stieg damit bis in 500 Meter Höhe auf. In sein Tagebuch schrieb er: »Dieser Sonnabend vor Ostern war ein schöner Tag, wohl der schönste mit, den wir gehabt, und einer der wenigen, an denen ein Ballonaufstieg in der Antarktis überhaupt denkbar war, so daß er von großem Glück begünstigt wurde. Die Rundsicht aus 500 Meter Höhe war grandios. Von etwa 50 Meter sah ich den neuentdeckten ›Gaußberg‹ vor mir und aus größerer Höhe, daß er die einzige eisfreie Marke in weiterer Umgebung war. Bemerkenswert war das Streichen offener Rinnen in dem Scholleneis, das uns allseitig umgab. Ruser und Philippi nahmen vom Ballon aus Photographien« (um diese Zeit hatte der Münchener S. Finsterwalder die photogrammetrischen Grundlagen zur Auswertung von Luftaufnahmen entwickelt).

Im Februar 1903 gab das Eis die Gauß frei. Von Drygalski träumte davon, an der Eiskante entlang ostwärts zu segeln und einen idealen Liegeplatz für eine weitere Überwinterung zu suchen. Doch Kapitän Ruser winkte ab. Seine Anweisung lautete, möglichst schnell einen Hafen anzulaufen und sich mit Berlin wegen weiterer Order in Verbindung zu setzen. Die Stimmung an Bord war gedrückt – den Seeleuten hatte der Aufenthalt im Eis der Antarktis nicht sonderlich gefallen. Und die Wissenschaftler ahnten vielleicht, daß Kritiker ihre bisherigen Forschungsergebnisse zerpflücken würden.

Die Rückreise ging wieder über die Kerguelen, um das dort zurückgelassene Team wieder aufzunehmen. Große Bestürzung – der Meteorologe Enzensperger war an Beriberi gestorben.

Die Flagge war halbstocks gesetzt, als die Gauß am 9. Juni in Simonstown einlief. Im dortigen Hinterland grassierte die Pest. Als Kapitän Ruser den dort wartenden Befehl an Bord gebracht bekam, »sofort« in die Heimat zurückzukehren, verlor er keine Zeit, den ungastlichen Hafen zu verlassen.

In Berlin vermißte man offensichtlich die Nachrichten von »großen« Forschungsergebnissen. Was konnten die Ministerialbürokraten schon mit Analysen von Robbenurin, denitrifizierenden Bakterien im Eisschlamm oder mit der Benennung eines Berges als »Gaußberg« anfangen. Ja, wenn sich das erkundete Gebiet als Kolonie oder wenigstens zur Anlage eines Flottenstützpunktes geeignet hätte. . . Und der große Robert Koch wetterte, daß Geld hätte man besser in Krankenhäusern anlegen sollen.

Als die Gauß wieder in Kiel einlief, erinnerte bei dem frostigen Empfang nichts mehr an die glanzvolle Verabschiedung. Das bereitgestellte Geld war verbraucht – was hatte man davon? Erst viele Jahre später, als von Drygalski mit Hilfe von über hundert Mitarbeitern die Forschungsergebnisse aufgearbeitet hatte und in 20 Bänden und zwei Atlanten veröffentlichte, setzte sich die Erkenntnis durch, daß für die damalige Zeit Großes geleistet worden war.

Angesichts der kaum verhohlenen Enttäuschung der Bürokraten über die Expeditionsreise fiel die Entscheidung schnell: Die Gauß wird umgehend verkauft. Die kanadische Regierung übernahm das Schiff und setzte es bis zum Jahre 1926 (!) zur Versorgung der arktischen Küsten ein. Hier zeigte sich dann, welch ein großartiges, unverwüstliches Schiff die Howaldtswerke gebaut hatten.

Seitenriß und Draufsicht der Gauß (Bau-Nr. 371).
Side and top view of Gauß.

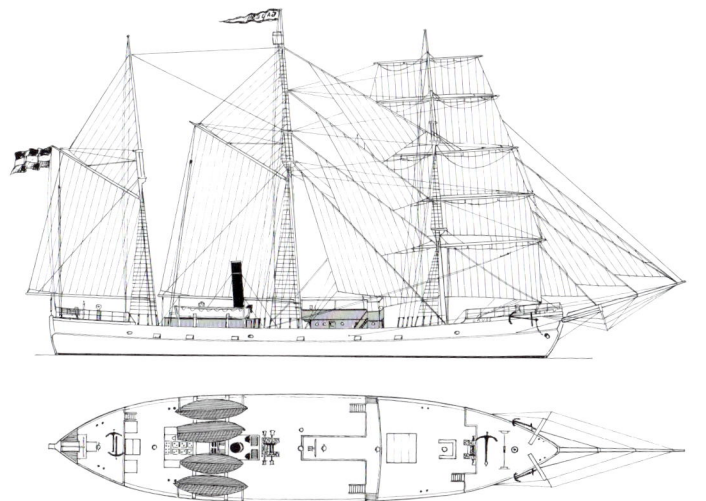

Fährlinie mit Tradition

Once, also the Kiel–Korsör route (founded in 1856) was of high importance amongst the ferry lines across the Baltic Sea. First, the Danes held the monopoly. Then, the Kiel owner Sartori stepped in.
In terms of that time, Howaldtswerke were building three super ferries doing notable 16 knots. All three were given the names of princes and thus only called "prince steamers". After the 2nd World War, the Korsör-Line was several times reactivated and discontinued. For owner Ivers, Howaldtswerke converted former mine sweepers into ferries.

Heute reichen die zehn Finger nicht mehr aus, all die Fährschiffsverbindungen aufzuzählen, die es in der Ostsee gibt. Eine Route aber fehlt dabei, obwohl sie einmal eine führende Stellung einnahm und pro Jahr von mehr Fahrgästen benutzt wurde, als die seinerzeit schon so bekannten Strecken Warnemünde–Gedser oder Saßnitz–Trelleborg: Das war die Fährschiffslinie Kiel–Korsör, wegen der guten und schnellen Anschlüsse von drei Städten – Kiel–Korsör–Kopenhagen – auch »3-K-Linie« genannt.

Ursprünglich fuhren nur dänische Schiffe auf dieser Linie – der Zuspruch war rege, denn Schleswig-Holstein, vom dänischen Königshaus in Personalunion mitregiert, mußte unendlich viele Verwaltungs- und Finanzierungsdinge in Kopenhagen »regulieren« lassen. Dabei boten die cleveren dänischen Reederei-Manager immerhin die Einsparung von Hotelkosten – die im Jahre 1856 eingerichtete Schiffsverbindung wurde als »Nachtlinie« befahren, die Passagiere kamen also am nächsten Morgen ausgeruht in Kiel oder Korsör an. Das dänische Monopol bestand bis zum Jahre 1880. Dann hatte der Kieler Reeder Sartori den bekannten Generalpostmeister Heinrich von Stephan davon überzeugt, daß man die Route und das Fahrgeld nicht den Dänen allein überlassen sollte. Eine regelmäßige deutsche Post-, Passagier- und Frachtschiffsverbindung sollte parallel zu den dänischen Schiffen zwischen Kiel und Korsör eingerichtet werden. Das Risiko, so argumentierte Sartori, sei nicht groß und einfach berechenbar – man brauche sich ja nur die Fahrgastzahlen der dänischen Schiffe anzusehen.

Und es entspreche doch durchaus der Größe und Bedeutung des neugegründeten Deutschen Reiches, hier »Flagge zu zeigen«. . .

Das leuchtete in Berlin ein – vorsichtig, wie man trotz allem war, sollte der Versuch zunächst aber nur mit gecharterten Schiffen gestartet werden. Die ersten deutschen Dampfer auf dieser Route waren dann *Kaiser* und *Kronprins Fredrik-Wilhelm*, später wurden die Raddampfer *Adler* und *Auguste Victoria* erworben. Anlegestelle war der Kai direkt unterhalb des Bahnhofes, d.h. des alten Kieler Bahnhofes, der etwas nördlicher lag, dort, wo jetzt das Parkhaus des ZOB steht.

Der Postdampfer *Stephan* (Bau-Nr. 44, Baujahr 1881) der Reederei Sartori & Berger verkehrte in der Ostsee. Das Schiff erhielt seinen Namen nach dem Generalpostmeister Heinrich von Stephan.

The mail steamer *Stephan* (built in 1881) of owner Sartori & Berger sailed the Baltic Sea. The ship was named after the postmaster-general Heinrich von Stephan.

Die Kiel–Korsör-Fähren hatten eine lange Tradition. *Prinz Adalbert* (Bau-Nr. 297, Baujahr 1895) war einer von drei Doppelschraubendampfern der Kieler Reederei Sartori & Berger. Sogar US-Präsident »Teddy« Roosevelt reiste 1910 mit *Prinz Adalbert* nach Dänemark.

The Kiel–Korsör ferries looked upon a longstanding tradition. *Prinz Adalbert*, was one of three twin-screw steamers of the Kiel owner Sartori & Berger. Even U.S. President "Teddy" Roosevelt sailed on *Prinz Adalbert* to Denmark in 1910.

Aus der Konkurrenz mit den Dänen erwuchs bald ein abgestimmter Fahrplan. Die Schiffe unter dem Danebrog fuhren weiterhin über Nacht, die Kieler wurden in den Rang einer »Kaiserlich Deutschen Tages-Post-Dampfschiffs-Linie« erhoben. Der Verkehr nahm rasch zu, die »Paddeldampfer« erwiesen sich bald als unzureichend und unmodern.

Da entschloß sich die Reederei Sartori & Berger, drei »Super-Fährschiffe« in Auftrag zu geben. Und bestellte sie bei den Howaldtswerken in Kiel. Die Zwei-Schornstein-Doppelschraubendampfer *Prinz Waldemar, Prinz Adalbert* und *Prinz Sigismund* waren wirklich »Super-Fähren«, obwohl sie größenmäßig keineswegs auch nur annähernd den Vorstellungen entsprachen, die ein heutiger Fahrgast von einem »Super-Fährschiff« hat. Aber man muß die damalige Zeit berücksichtigen! Da war allein die Geschwindigkeit von 16 Kn.

Dazu kam die vielgerühmte Eleganz der Salons, die »verschwenderische Pracht« von nicht weniger als 158 »elektrischen Brennstellen« an Bord.

Was die Howaldtswerke gebaut hatten, war in jeder Hinsicht bemerkenswert und konnte sich sehen lassen.

Die Europäische Fahrplankonferenz bezog denn auch die Stunde der Schiffsabfahrten in die kontinentalen Eisenbahnfahrpläne ein. Und illustre Namen zierten die Passagierlisten. So reiste »Teddy« Roosevelt, der berühmte »Rauhreiter«, Amerikas wohl bekanntester Präsident der Vorkriegszeit, am 2. Mai 1910 mit seiner Familie auf der *Prinz Adalbert* von Kiel nach Korsör.

Als der Erste Weltkrieg ausbrach, wurden die »Prinzen«, wie die Dampfer allgemein nur genannt wurden, »Soldaten«. Als Minenleger dienten sie in der Ostsee – das war damals die typische und traurige Aufgabe vieler flinker und wendi-

ger kleiner Fähr- und Bäderdampfer. Doch schon bald nach Kriegsende sah man sie wieder auf der altgewohnten Strecke Kiel–Korsör. Die Dänen allerdings beteiligten sich nicht mehr mit eigenen Schiffen an dem Verkehr. Die Abfahrten wurden deshalb so gelegt, daß die »Prinzen« im Anschluß an die ankommenden Abendzüge aus Hamburg bzw. Kopenhagen in Kiel und Korsör ablegten. Die Zahl der Fahrgäste kletterte trotz nicht geringer Passagekosten schnell nach oben. Denn die Dänen hatten herausgefunden, daß es sich für harte Kronen bei schwindender Kaufkraft der Mark im Deutschen Reich sehr günstig einkaufen ließ. Als dann aber im November 1923 eine Billion Papiermark in eine Rentenmark umgewandelt wurde und 4,20 Rentenmark einem Dollar entsprachen, blieben die Dänen von einem Tag auf den anderen zu Hause. Und als nach den Weihnachtstagen 1923 jeweils weniger als zehn Fahrgäste an Bord gezählt wurden, stellte die Reederei am 10. Januar 1924 den Betrieb schweren Herzens ein, die Schiffe wurden in Kiel aufgelegt. Erst war ein Platz in dem reichlich verödeten Arsenalbecken vorgesehen, schließlich wurden die drei Dampfer in der Schwentine-Mündung angebunden. Dort, wo sie rund 30 Jahre zuvor gebaut worden waren.

Das war für Kiel ein umso schwererer Schlag, als sich die Stadt, der jetzt das belebende wirtschaftliche Element der Kaiserlichen Flotte spürbar fehlte, verzweifelt um jede Art Wirtschaftsbelebung bemühte. So haben sich denn die Ratsversammlung, die Stadt, die Provinzialverwaltung, die Industrie- und Handelskammer alle gemeinsam bemüht, von Berlin Subventionen für die Wiederaufnahme des Kiel–Korsör-Dienstes zu erhalten.

Allerdings stand es nach dem Ersten Weltkrieg um die deutsch-dänischen Beziehungen bald nicht mehr zum besten, der »Grenzlandkampf« hatte unnötig Gräben aufgeworfen.

Kieler Hafenpanorama mit einem »Prinzen«-Dampfer bei der Ausreise nach Korsör. Diese Dampfer gehörten damals zum gewohnten Hafenbild wie heute die Jahre-, Stena- und Langeland-Fähren.

Kiel's harbour panorama with one of the "Prince" steamers setting out for Korsör. These steamers were at that time part of the harbour's scenery just as today the Jahre, Stena and Langeland ferries.

Die Reichsregierung lehnte jede Unterstützung ab (ihr lag mehr an den von der Reichsbahn benutzten Linien Warnemünde–Gedser und Saßnitz–Trelleborg). Kiel mußte einsehen, daß es für die Kiel–Korsör-Route zunächst keine Chance gab. Die Reederei Sartori & Berger verkaufte die drei »Prinzen«-Dampfer.

Nach dem Zweiten Weltkrieg unternahm es die Kieler »Ivers-Linie K.G.«, die Kiel–Korsör-Route neu zu beleben, und zwar mit zwei 1944 gebauten Minensuchern (M 607 und M 608), die als *Christian Ivers* und *Harald Ivers* in Fahrt kamen. M 608 war bereits kurz nach dem Zweiten Weltkrieg bei den Howaldtswerken Hamburg für den Minenräumeinsatz der German Mine-Sweeping Association (GMSA)

umgebaut worden. Die Umbauten zu Fährschiffen wurden bei den Lübecker Flender-Werken und Nobiskrug, Rendsburg, in Auftrag gegeben. In der Auslandsfahrt konnten die beiden ehemaligen Minensucher bis zu 390 Passagiere und 30 Personenwagen mitnehmen.

Als der Korea-Krieg ausbrach, blieben die amerikanischen GI's aus, die den Hauptteil der Fahrgäste gebildet hatten, hatten sie es doch vorgezogen, ihre Urlaubstage statt in zerbombten deutschen Städten in »wonderful Copenhagen« zu verbringen, was ihnen wegen ständiger Alarmbereitschaft nunmehr untersagt war. Mit Saisonende 1952 wurden beide Schiffe stillgelegt – ein erneutes »Aus« für die Kiel–Korsör-Linie. Auch spätere Neuauflagen scheiterten.

Der Terminal der *Prinzen*-Dampfer in der Hörn. Auf der gegenüberliegenden Seite befinden sich heute die Hallen der HDW-Abteilung Sonderschiffbau.

Terminal of the *Prince* steamers at the "Hörn" (Kiel). Opposite, there are nowadays the ship-building hangars of HDW's special shipbuilding division.

122

Am Anfang
stand eine Lust-Dampfbarkasse

The first yacht after many ferry boats, passenger ships, cattle transporting vessels and freight steamers was built in 1878 for a member of the Holstein gentry. It was a steam launch meant for amusement and leisure, called *Undine*. In 1881, there followed the *Lensahn* for the Duke of Oldenburg. Also the Howaldt family had a sailing yacht, the *Ingeborg*, built for their own pleasure. Yet, these leisure yachts did not play an important role.

However, by converting an old corvette into the Onassis luxury yacht *Christina*, Howaldt showed its forte in this field of profession as well.

»Man umgebe mich mit Luxus, mehr brauche ich nicht zum Leben«, soll Oscar Wilde gesagt haben. Eine sehr schöne Lebensdevise. Nur, wer kann sie für sich verwirklichen? Nun, ein paar Leute konnten und können es. Und Howaldt half, solche Träume vom schönen Leben zu verwirklichen.

Ob schon der Graf von Blome auf Salzau dazugehörte, sei dahingestellt. Was die Werft ihm 1878 lieferte, wurde in ersten Baubeschreibungen noch bescheiden »Lust-Dampfbarkasse« genannt. Immerhin, die *Undine*, so hieß das Bötchen, war der erste Neubau der Werft, der nicht profanen Zwecken als Fähr-, Passagier-, Vieh-, Frachtdampfer oder als Schlepper dienen sollte (die Ablieferungslisten der Werft nennen von 1865 bis 1878 nur solche »Arbeitstiere«) – hier durfte der Lust gefrönt werden. Aber richtig »elegant« wurde wohl erst die Yacht *Lensahn*, die im Jahre 1881 für Seine Königliche Hoheit, den Erbherzog von Oldenburg, gebaut wurde. Zwar prangte am Heck des Schiffes Brake als Heimathafen, aber sehr bald wurde die Boje in Höhe des Kaiserlichen Yacht-Clubs als ständiger Liegeplatz des erbherzoglichen Schiffes bekannt.

Der adelige Eigner muß mit dem Howaldt-Bau sehr zufrieden gewesen sein, obwohl er offensichtlich schon bald darauf höhere Ansprüche an den Luxus stellte, der ihn umgeben sollte: Schon im Jahre 1890 ließ er sich von der Werft eine zweite Yacht bauen, die wiederum den gleichen Namen und Liegeplatz erhielt.

Es mochte bestimmte Kreise bedenklich stimmen, aber schon bald begannen die »Bürgerlichen«, es dem Adel nachzumachen. Nur ein Jahr später, 1891, lieferte die Werft einem gewissen Hugo Brehmer aus Leipzig (ob er sächselte, ist nicht überliefert) die *Hansa*, ausdrücklich als »Lustyacht« bezeichnet.

Da mochten wohl die Howaldts selbst nicht zurückstehen – 1897 ließen sie sich von der eigenen Werft die Segelyacht *Ingeborg* bauen.

Der Erbgroßherzog von Oldenburg ließ sich 1890 eine Dampf-Yacht (Bau-Nr. 215) mit dem Namen *Lensahn* (II) bauen. Im Bild ist die Yacht an einer Boje vor dem Kieler Schloß vertäut.

In 1890, the Duke of Oldenburg ordered a steam yacht to be built with the name of *Lensahn* (II). On the photo she is towed to a buoy in front of Kiel's castle.

Die dritte *Lensahn* für den Großherzog von Oldenburg entstand 1901 (Bau-Nr. 382). Im Ersten Weltkrieg diente die Yacht als Lazarettschiff.

The third *Lensahn* for the Duke of Oldenburg was built in 1901. She served as a hospital ship during the 1st World War.

Und man rate einmal, wer sich 1901 die Dampfyacht *Lensahn* bauen ließ? Natürlich: Es war wiederum Seine Königliche Hoheit der Großherzog von Oldenburg. Und dieser »Dampfer« wurde den Kielern wohl am vertrautesten, bot er mit seinen 43,5 m Länge, dem Klüverbaum und dem schrägstehenden Schornstein, aus dem allerdings öfter Kombüsen- denn Kesselqualm quoll, doch einen imponierenden Anblick.

Und die Howaldts sagten sich im Jahre 1905, daß ihre Yacht *Ingeborg* aus dem Jahre 1897 inzwischen alt genug sei. Und sie ließen sich eine neue Segelyacht *Ingeborg* bauen.

Damit war allerdings der Bau von »Lustbooten« und Luxusyachten vorerst beendet. Der verlorene Erste Weltkrieg und die bald darauf folgende Inflation trieb den meisten Menschen die Lust an Lustfahrzeugen wohl aus.

Immerhin wußte man bei Howaldt, wie schwimmende Eleganz auszusehen hatte und wie sie zu verwirklichen war.

Das ließ sich großartig verwenden und unter Beweis stellen, als dem griechischen Tankerkönig Aristoteles S. Onassis der Einfall kam, seiner Gattin Christina eine Yacht zu schenken. Die Beweglichkeit der Yacht *Christina* – mit dem Eigner war vereinbart, daß sie auf telefonischen Bescheid innerhalb von sechs Stunden auslaufbereit sein mußte, erzählt ihr einstiger Kapitän Willy Schlatermund – entsprach wohl in idealer Weise dem Naturell ihres Besitzers. Im Gegensatz zu vielen Yachtbesitzern, die ihr stolzes Schiff mehr oder weniger als

Aus einer alten Korvette ließ der griechische Großreeder Onassis 1955 die Luxusyacht *Christina* bauen, ein Geschenk für seine damalige Frau.

In 1955, the Greek "King of Owners" Onassis had a former corvette converted into the luxury yacht *Christina*, and donated her to his wife.

Aristoteles S. Onassis (1907–1975) war der Besitzer einer der größten Privatflotten.

Aristoteles S. Onassis (1907–1975) owned one of the world's most important private fleet.

Es konnten bis zu 32 Gäste die Seereisen mitmachen – die 16 Doppelkammern waren oft mit geladenen Gästen belegt. Und Seetrips, mal länger, mal kürzer, gab es häufig. Im Winter pflegte Monte Carlo der Liegeplatz des eleganten Schiffes zu sein. »Ari«, wie Aristoteles S. Onassis von Freunden gerufen wurde, war im Privatleben so unternehmungslustig wie in seinen Geschäften – Nordatlantiktrips nach New York mit der Yacht waren nichts Ungewöhnliches. Als Onassis dann aber die Lust packte, mit der *Christina* in die Antarktis zu fahren, wo seine Walfänger am Arbeiten waren, lehnte Kapitän Schlatermund ab. Die sturmerprobte einstige Korvette *Stormond* war nach dem Umbau natürlich nicht mehr das, was sie gewesen war: Die höheren Aufbauten hatten das Schiff rank werden lassen. Da es keine Ladung trug, war der Tiefgang gering, das Schiff war windempfindlich – Onassis hatte genug griechisches Seefahrerblut in den Adern, um die Reisepläne in das südliche Eismeer aufzugeben, stattdessen wurden nachträglich 80 bis 100 Tonnen Ballast eingebaut – aber »Abenteuertrips« unterblieben. Die *Christina* blieb, was sie war: Ein Schiff, das allen, die es sahen, Freude bereitete und jeden, der an Bord kommen durfte, zum jahrelangen Schwärmen brachte. Es galt der Satz, den ein hoher Gast beim Kennenlernen der Yacht ausstieß: »By God – what a wonderful vessel!«

Eignerwohnraum mit Kamin auf der *Christina*.
Private living room with fireplace on board of *Christina*.

eine Art Aushängeschild betrachteten, war der Grieche sehr, sehr häufig an Bord. »Ich glaube sogar, er war mehr an Bord als zu Hause«, erinnert sich Ex-Kapitän Willy Schlatermund, »wir hatten aber auch alle Kommunikationsmittel, um mit aller Welt in Kontakt treten zu können, vom Bordflugzeug, dem zeitweilig mitgeführten Helikopter oder dem schnellen Tragflächenboot ganz zu schweigen.«
Wollte man die Gästeliste durchgehen, es würden einem nahezu alle Berühmtheiten der damaligen Zeit begegnen. Könige, Wirtschaftsbosse, Banker, Regierungshäupter (Churchill war mehrfach an Bord), Politiker, Filmstars. Auf dem 118 Meter über alles langen Schiff war Platz für viele Gäste – bei einer der größten Bordparties waren an die 165 Gäste versammelt. Die *Christina* pflegte dann vor Anker zu liegen. Schnelle Barkassen stellten die Verbindung zum Ufer her – auf solche Weise blieb man ganz »entre nous«. An Land aufgestellte Wachen waren mit Walkie-Talkies ausgerüstet und teilten mit, wer auf einen Bootstransfer wartete – so gab es nie Probleme mit ungebetenen Gästen oder unerwünschten Seh-Leuten.

In selbstgebauten Schiffen über die Förde

Ships are not only needed for trips around the world – they are also needed in Kiel for door to door traffic. So, small excursion steamers, "Kiel Firth vessels", steam boats were time and again ordered partly in considerable number. Many Howaldt yard workers went to work crossing the "Kiel Firth" on ships they had built.

Der Schiffahrt war immer – auch, oder gerade – im Verkehr über kürzere Strecken eine große Bedeutung zugekommen. Aus sehr naheliegenden Gründen: Das Landstraßen- und Wegenetz war überall in einem miserablen Zustand, das Reisen mit Pferdewagen und Postkutschen bedeutete mehr an Strapazen denn an Komfort oder Vergnügen. Von Winter- und Sturmtagen abgesehen, versprach die Fahrt mit einem Schiff viel mehr Reisevergnügen.

Dabei war kennzeichnend für den »Nahverkehr« übers Wasser, daß er gewissermaßen von außerhalb nach innen vorangetrieben wurde. Nimmt man Kiel als Beispiel, so war es Beeke Sellmer aus Laboe, die als erste eine Segelbootsverbindung nach Kiel einrichtete. Es waren die Ellerbeker Fischer, die ihre Frauen mit Fischerbooten nach Kiel schickten, um hier die Fänge zu verkaufen. Und wenn der Wind nicht wehte, mußten die Frauen rudern. Mit Ruderblättern, die ihrer Größe wegen »Kohlenschüfeln« hießen. An der Unterelbe waren es die Obstbauern aus dem Alten Land und Vierlanden, die ihre Früchte über die Elbe nach Hamburg schipperten, in Ostfriesland ließen sich die Moorbauern mit ihren Fehnbooten gemächlich in die Städte treiben, um ihren Torf als Brennstoff anzubieten.

Die Städter zog es nicht in die ländliche Umgebung, sie brauchten keine Schiffsverbindungen in die Vororte, sie hatten genug Natur vor der Tür. Und bei Ausflügen reichte es den Kielern, wenn sie das weit vor den Toren der Stadt gelegene Hotel Bellevue oder gar die Forstbaumschule zum Ziel hatten. Bei dem Komfort, den die offenen Segelboote boten (»bei Flaute sind die Herren Passagiere verpflichtet, beim Rudern zu helfen«), blieb man sowieso besser an Land, wenn einen nicht irgendeine unangenehme Pflicht auf einen solchen schwankenden Untersatz zwang.

Auch Fehmarn und die nordfriesischen Inseln waren, was ihre Verbindungen zum Festland anging, auf die einheimischen Bootsführer angewiesen, Helgoland war so weit entfernt, daß man es (zunächst) getrost den Engländern überließ.

Das änderte sich mit dem Aufkommen der Dampfboote, bei denen man wußte, wann sie abfuhren und wann sie wiederkamen, die nicht bei Windstille einfach liegenblieben und die zudem an kalten Tagen den Vorzug boten, daß ihre Dampfmaschine eine wohlige Wärme ausstrahlte.

Die neumodischen Dampfer, so klein sie auch sein mochten, waren natürlich erheblich teurer als die vergleichsweise simplen Segelboote. So gab es damals den großen Wechsel: Namen von Familien, zum Teil generationenlang mit dem Betrieb von Segelbooten und segelnden Postschiffen verbunden, verschwanden, bislang unbekannte Namen von Eignern von Dampfschiffchen (mehr waren sie zumeist nicht) tauch-

Die *Lore-Ley* (Bau-Nr. 4, Baujahr 1866) verkehrte auf der Kieler Förde zwischen der Wilhelminenhöhe und der Stadt Kiel.

Lore-Ley (1866) shuttled the Kiel Firth between Wilhelminenhöhe and the city of Kiel.

Hertha (Bau-Nr. 354, Baujahr 1899) von der Blauen Dampferlinie hat im Laufe von über 60 Jahren viele Howaldt-Angehörige zwischen Dietrichsdorf und Kiel befördert.

Hertha (built in 1899) of Blaue Dampferlinie shuttled a great deal of Howaldt people between Dietrichsdorf and Kiel in the course of her more than 60 years of service.

ten auf. Oft waren es nun irgendwelche »Dampfschiffahrts-gesellschaften«, die mit einem bestellten Kapitän an die Stelle der einstigen Postschiffer u. ä. traten.

So war der erste Schiffsneubau der Howaldtswerft der Passagier-, Vieh- und Frachtdampfer *Vorwärts* des Kieler Holzhändlers Christian Ahrens, gefolgt von der Baunummer 2, dem Passagier-, Vieh- und Frachtdampfer *Apenrade* für P. B. Hansen aus Apenrade. Dieses Schiffchen sollte in späteren Jahren als Hafendampfer *Neumühlen* der »Blauen Dampferlinie« wieder in Kiel auftauchen.

Secundus (Bau-Nr. 464, Baujahr 1908) war eine von drei Fähren dieses Typs (*Primus, Secundus, Tertius*), die zwischen der Kieler Altstadt und dem Ostufer, dem Standort der Werften, pendelten. Die Fähren konnten an der Zahl der Schornsteinringe voneinander unterschieden werden.

Secundus (built in 1908) was one of three ferries of the same type (*Primus, Secundus, Tertius*) shuttling between the old city of Kiel and the east shore of the Firth where the yards are located. The ferries could be distinguished by the number of their funnel rings.

Die mit 77 BRT vermessene und als Motorschiff gebaute *Albert Ballin* (Bau-Nr. 542) wurde 1911 an die Wyker Dampfschiffreederei abgeliefert. Ein Motorantrieb war für die damalige Zeit noch ungewöhnlich.

In 1911, *Albert Ballin* with a tonnage of 77 GRT and built as motor ship was delivered to a Wyk owner (North Sea). At that time, motor propulsion was still unusual.

Schon die beiden nächsten Neubauten der Werft bestätigten das vorher Gesagte: Der Gaardener Gastwirt H. F. Heuer bestellte die Fährschiffe *Wilhelminenhöhe* und *Lore-Ley*, die er zwischen Kiel und Gaarden fahren ließ, wo in Ufernähe sein Restaurant »Wilhelminenhöhe« lag. Es war ein geschickter und erfolgreicher Schachzug, mehr Gäste in sein Lokal zu bringen. Die *Wilhelminenhöhe* wurde zu einem der beliebtesten Ausflugslokale bürgerlicher Kreise und der Studenten.

Andererseits sagten sich die Kieler Bootsführer C. Krantz und Georg Holm wohl zu Recht, daß der Reiz von »Lust- und Lampionfahrten« mit einem der neuartigen Dampf-boote so groß sein mußte, daß sich der Bau eines solchen wohl rentierte. Weshalb sie sich 1860 von Schweffel & Howaldt den knapp 17 m langen Dampfer *Kiel* bauen ließen, der zu »Vergnügungsfahrten« vom Fischeranleger in Bootshafennähe bis in die Höhe von Bellevue startete.

Ihm ließ Friedrich Holm im Jahre 1867 (von Georg Howaldt in Ellerbek) den 20,4 m langen Dampfer *Heinrich Adolph* folgen. Daß der auf seinen »Ausflugfahrten nach der freien See« auch noch Musik bot, eine Art Spieluhr, die mit der Dampfmaschine gekoppelt war und beim Rückwärts-fahren die Melodien auch prompt rückwärts abspielte, ist vielleicht Seemannsgarn – jedenfalls wird das gleiche von

Als Bau-Nr. 252 entstand 1892 für die Sylter Dampfschifffahrts-Gesellschaft der Raddampfer *Nordsee*. Das besondere an dem Schiff war die gleiche Ausführung des Bugs und Hecks.

In 1892, the paddle steamer *Nordsee* was built for a Sylt owner (North Sea). Special features were her identical stern and bow.

Die Schlepper *Stein* (Bau-Nr. 414, Baujahr 1904) und *Laboe* waren Schwesterschiffe und gehörten der Kieler Neuen Dampfer-Compagnie. Im Kieler Nahverkehr durften sie auch Passagiere befördern.

The tug-boats *Stein* (built in 1904) and *Laboe* were sister vessels belonging to the Kiel Neue Dampfer-Compagnie. They also were permitted to transport passengers within Kiel's local traffic.

einem Flensburger Hafendampfer behauptet. Tatsache ist, daß zu dem Bordangebot Segeltuchklappstühle sowie in der achteren Kajüte plüschbezogene Sitzbänke und kardanisch aufgehängte Petroleumlampen gehörten. Als dann an Bord auch noch Kaffee ausgeschenkt wurde, sah angesichts eines derart verschwenderischen Luxus ein Schiffseigner voraus, daß »die Passenscheers demnächst auch noch ein Gratis-Büffstück verlangen«.

Es paßt wiederum zu dem Bild der »von aussen« kommenden Schiffsverbindungen, daß sich Laboer und Heikendorfer Bauern zusammentaten, die Gesellschaft »Verein« gründeten und mit eigenen Dampfern Passagiere, vor allem aber Milch, Eier, Butter und Gemüse nach Kiel bringen wollten. Es ist überliefert, daß einer der beiden »Burendampfers«, wie sie im Volksmund hießen, so rank war, daß die

Fahrgäste bei Seegang »höflichst ersucht wurden, die unteren Räume aufzusuchen«. Dort sollten sie als eine Art lebender Ballast dem schwankenden Schiff mehr Stabilität verleihen. Nun, da nur einer der beiden »Vereinsdampfer«, wie sie auch hießen, von Howaldt stammte, war es sicher der andere, der sich so schaukelnd durch die See bewegte. . .

Was die »Vereinsdampfer« für den Raum Laboe/Heikendorf waren, wurde der Dampfer *Andreas* von E. Schmidt und J. Wellendorf, später von Kapitän Fritz Scheel aus Ellerbek übernommen, der seinerseits mehrere Neubauten bei Howaldt bestellte, für die Gegend um Ellerbek und die südliche Schwentinemündung. Eine Straßenbahnverbindung in diese Gegend, die in einem Reisebericht einmal mit der Lieblichkeit des Harzes verglichen wurde (das änderte sich, als für die Anlage des Arsenals das gesamte Gelände südlich

Ein Raddampfer mit der Bau-Nr. 126 im Jahre 1885 abgeliefert, ging als *Cranz* an die Memel-Cranzer Dampfschifffahrtsgesellschaft und verkehrte zwei Jahrzehnte auf dem Kurischen Haff.

Paddle steamer *Cranz*, delivered in 1885 to a Memel owner sailed for about 20 years the Golf of Courland.

der Schwentinemündung abgetragen wurde), gab es nicht, der Uferstreifen zwischen Flußmündung und Hafen war so abgelegen, die dort wohnende Bevölkerung, zumeist arme Fischer, war so anspruchslos, daß die Kieler von dieser Gegend als »Rußland« sprachen.

An der Nordsee bestanden bis in die 70er Jahre des vergangenen Jahrhunderts hinein lediglich Segelbootsverbindungen zwischen dem Festland und den vorgelagerten Inseln. Einen Reiseverkehr, der auch nur im entferntesten an unseren heutigen Tourismus erinnert, gab es nicht, weil niemand auf die Idee gekommen wäre, etwa einen Badeurlaub inmitten der »Povertät« an der See zu verbringen und seinen Körper der Sonne und den Wellen auszusetzen.

Und was die Insulaner an Postverkehr aufrechterhielten, hatte viel, viel Zeit. Die meisten Männer verdingten sich als Seeleute und Walfänger und erzählten nach ihrer Rückkehr lieber, was sie erlebt hatten, als daß sie lange Briefe schrieben. Und die Auswanderer, von denen es im Verhältnis zu den Einwohnerzahlen der Inseln immer sehr, sehr viele gab, lebten irgendwo in Amerika zwischen Trappern, Indianern und Büffeln. Man hörte von Zeit zu Zeit voneinander, weil sie alle davon träumten, mit prallgefüllten Geldkatzen zurückzukehren. Na, und das genügte. Und was die Versorgung der kargen Inseln anging – manchmal half der liebe Gott. Dann hatte er die Gebete der Inselbewohner offensichtlich erhört und ihren Strand gesegnet. Mit einem gestrandeten Schiff, dessen Ladung am Strand »gefunden« wurde. Zwar konnten die Überlebenden des havarierten Schiffes darauf pochen, daß die Ladung zu ihrem Schiff gehöre. Aber mußte es denn Überlebende geben? Nein, den

Inselbewohnern war es nur recht, wenn keine Fremden auf ihre Inseln kamen. Weshalb die Fährleute oft darauf verpflichtet waren, auf die Passagiere »zu achten«, keine »unsicheren Elemente« vom Festland auf die Inseln mitzunehmen und den vorgesetzten Stellen sofort Meldung zu machen, wenn sie etwas Ungewöhnliches oder gar Ungesetzliches beobachteten.

Doch allmählich behagte den Insulanern das wochen- oder gar monatelange Abgeschnittensein von der restlichen Welt nicht mehr. Sie hörten von Dampfeisenbahnen, die es inzwischen geben sollte, von elektrischem Licht. Und wollten an der modernen Entwicklung teilhaben. Mochten jene, die die Fährgerechtsame besaßen, auch betonen, daß man mit Segelbooten bei Herbststürmen schwerlich und bei Eis gar nicht fahren konnte – dann mußten eben die neumodschen Dampfschiffe her, die es an vielen Stellen der Welt schon gab. »Man« wußte doch Bescheid – jedes Jahr berichteten die aus aller Welt heimkehrenden Männer von irgendwelchen kaum glaublichen Neuerungen da draußen. So gaben die alten Fährleute auf. Dampfschiffahrtsgesellschaften wurden gegründet.

Der Ruf der Kieler Howaldtswerft muß damals schon weit gedrungen sein, denn diese an der Nordseeküste neugegründeten Gesellschaften bestellten ihre ersten Neubauten bei der Kieler Werft. (»Weit« war es angesichts der katastrophalen Straßenverhältnisse von der Nordseeküste bis nach Kiel. Die Postkutschen der damaligen Zeit genossen als »Holsteinische Rippenbrecher« eine traurige, sich über halb Europa erstreckende Berühmtheit.) Die Neubauten in die Nordsee zu überführen, bereitete überhaupt keine Schwierigkeiten –

Die Ungarisch-Kroatische Seedampfer-Gesellschaft, Fiume (heute Rijeka), erhielt 1893 die 101 BRT große *Stefanie* (Bau-Nr. 269).

In 1893, the 101 GRT *Stefanie* was delivered to the Hungarian-Croatian Sea Steamer Company of Fiume (today Rijeka).

seit 1784, also etwa einem Jahrhundert, gab es den Eider-Kanal. Sein Bau hatte am 6. Juli 1777 begonnen. Schleusen in Holtenau, Knoop, Rathmannsdorf, Königsförde, Kluvensiek und Rendsburg halfen, die Höhenunterschiede zwischen Kiel und Rendsburg und den Wasserständen des Schirnauer und des Audorfer Sees auszugleichen. Nach 43 Kilometern mündete der Kanal in die Eider, die Verbindung zur Nordsee war hergestellt. Schiffe bis zu 2,80 m Tiefgang konnten ihn benutzen, auf der Wasseroberfläche war er 28,7 m, auf der Sohle 18 m breit.

Zu beiden Seiten des Kanals verlief ein Treidelpfad, Pferde gab es in Holtenau, Kluvensiek und Landwehr. Es dauerte drei bis vier Tage, bis die braven Gäule einen Segler durch den Kanal geschleppt hatten, die späteren Dampfer schafften es in etwa 15 Stunden.

So war es sehr einfach, die in Kiel gebauten Dampfschiffe für den nordfriesischen Inselverkehr durch den Kanal zu bringen. Howaldt lieferte 1877 die *Pellworm* an die Pellwormer Dampfschiffahrts-Gesellschaft, 1878 die *Wyck-Föhr* an Flekken, Wyk auf Föhr, 1883 den Dampfer *Nordsee* an die Föhringer Dampfschiffahrts-Gesellschaft, und 1883, 1884 und 1885 die Dampfer *Sylt*, *Vorwärts* und *Westerland* an die Sylter Dampfschiffahrts-Gesellschaft. 1886 ließ die Kieler Werft den Dampfer *Stephan* für die Wyker Dampfschiffs-Reederei folgen, 1892 den Dampfer *Nordsee* für die Sylter Dampfschiffahrts-Gesellschaft.

Letzterer war, wie die Eigentümer dem »p.p. Publicum« per Annoncen mitteilten, »mit elektrischem Licht und Schein-werfern versehen«. Die Fahrt von Hoyerschleuse, dem Hauptabgangshafen nach Sylt, der erst entfiel, als Hoyer nach dem Ersten Weltkrieg dänisch wurde, nach Munkmarsch auf Sylt dauerte zwei bis drei Stunden. Durchschnittlich alle 13/14 Tage ersetzte eine Dampfbarkasse oder ein Segelboot den Dampfer *Nordsee*, weil dann dessen Kessel gereinigt werden mußten. . .

Die Bautätigkeit der Kieler Werft für die Bäderschiffsgesellschaften an der Nordsee hielt bis in die Jahre kurz vor dem Ersten Weltkrieg an – 1908 entstand der elegante Dampfer *Föhr-Amrum* (220 BRT) für die Wyker Dampfschiffs-Reederei, im Jahre 1911 das 77 BRT große Passagier-Motorschiff *Albert Ballin* für dieselben Eigner.

Der Bau eines Passagier-Motorschiffes zu jener Zeit ist umso bemerkenswerter, als inzwischen ein neuer Kunde aufgetreten war, der ein Ausflugsschiff nach dem anderen bei Howaldt bauen ließ, für den das erste Passagiermotorschiff aber erst 1930 entstand – die Neue Dampfer-Compagnie (NDC) in Kiel. Die Gesellschaft war im Dezember 1886 gegründet worden (unter Mitwirkung der Werft Georg Howaldt, was ihr ein halbes Jahrhundert lang fast alle Neubauaufträge der Gesellschaft sichern sollte und schließlich dazu beitrug, daß die Werft die schwere Krise der 30er Jahre überlebte). Vor allem, so hieß es, sollten diese Dampfer die Arbeiter für den Bau des Kaiser-Wilhelm-Kanals von Kiel nach Holtenau bringen. Zusätzlich fielen auch viele Schleppaufträge an, da es galt, die gefüllten Baggerschuten in die Kieler Bucht hinauszubringen, wo sie ihre Fracht entluden. Auf diesen Doppelzweck waren die

Als Bau-Nr. 412 der Howaldtswerke wurde 1904 der Raddampfer *Basra* der Anatolischen Eisenbahngesellschaft, Konstantinopel, übergeben. Das Schiff konnte 600 Passagiere befördern.

The paddle steamer *Basra* of the Anatolian Railway Company, Constantinople, was delivered by Howaldtswerke in 1904. The ship had transport capacity for 600 passengers.

ersten NDC-Dampfer deutlich zugeschnitten – sie besaßen zumeist ein niedriges, von Aufbauten weitgehend freigehaltenes Achterschiff, um zu Schleppfahrten verwendet werden zu können.

Howaldt baute der Neuen Dampfer-Compagnie bis zu deren Aufgehen in die Kieler Verkehrs-AG im Jahre 1939 nicht nur über 30 Hafendampfer und Schlepper – diese Fahrzeuge wurden zum Teil auch noch mehrfach umgebaut. Der einstige Zwei-Schornstein-Dampfschlepper *Laboe,* der mit seinen 650 PS im Baujahr 1907 zu den stärksten Ostseeschleppern überhaupt zählte, wurde z. B. zunächst zum Passagierschiff, dann zu einem Marine-Spezialfahrzeug und schließlich wieder zum Passagierschiff umgebaut, das 1948 in seiner verlängerten Version (40,18 Meter Länge über alles) als »das schönste deutsche Passagierschiff« galt.

Hier also war der Fall eingetreten, daß unter veränderten wirtschaftlichen Verhältnissen eine Entwicklung von »innen« nach »außen« einsetzte – die in Kiel von Geschäftsleuten gegründete Reederei übernahm nach und nach die von außen nach Kiel hereinlaufenden Dienste, die Fahrten ab Laboe und Heikendorf (die »Vereins-Dampfer« wurden etwas später übernommen). Später kehrten sich die Verhältnisse um. Das Badeleben entwickelte sich, die Großstadt wuchs, damit verbunden der Sonnenhunger der Großstädter – die NDC wurde zur großen Ausflugsreederei.

Dagegen blieb es bei A. C. Hansens »Blauer Linie« (so genannt, weil die Schiffe einen blauen Anstrich besaßen) bei der alten Regelung: Hansen saß an der Schwentine-Mündung, seine Dampfer fuhren nach Kiel. Und weil mit Hansen's Blauen Dampfern die in Kiel wohnenden Howaldt-

Als *Obotrit* war die Bau-Nr. 291 schon 1894 für G. Ahlert, Schwerin, gebaut worden. 75 Jahre später gehörte sie der Mindener Fahrgastreederei Torges und fuhr als *Castor* auf der Weser und dem Mittellandkanal.

Obotrit was built for G. Ahlert, Schwerin, in 1894. 75 years later, she belonged to the Minden Passenger owner Torges, and under the name of *Castor* she sailed the river Weser as well as the Ems-Weser-Elbe Canal.

Bei HDW, Werk Ross, wurde 1981 das Ausflugsschiff *Max Brauer* (Bau-Nr. 126) für die HADAG Seetouristik gebaut. Der Aufbau des Neubaus war extrem niedrig gehalten, um auch niedrige Brücken passieren zu können.

In 1981, HDW's Ross yard built the tourist vessel *Max Brauer* on behalf of HADAG Seetouristik. The newbuilding's superstructure was extremely low – for being able to pass low bridges as well.

Arbeiter zu fahren pflegten (er unterhielt die Anlegestelle Kiel-Dietrichsdorf direkt neben der Werft), ließ er auch sein Leben lang alle seine Schiffe von Howaldt bauen – die schon erwähnte *Apenrade,* als Baunummer 2 bei Howaldt entstanden, wurde als sein erstes Schiff von ihm angekauft und in *Neumühlen* umbenannt. Ein ganzes Dutzend Schiffe hat er sich dann von Howaldt bauen lassen. Die Werft baute ihm auch, als in den 30er Jahren die Motorisierungswelle einsetzte, mehrere angejahrte Dampfer zu Motorschiffen um. Das letzte Schiff, das A. C. Hansen bestellte, konnte nicht mehr bei Howaldt in Kiel gebaut werden – es entstand als Baunummer 783 bei der Howaldtswerke AG, Hamburg. Aber treu blieb A. C. Hansen »seiner« Howaldtswerft.

Nicht unerwähnt sollte bleiben, daß Howaldt auch viele kleinere Passagierschiffe baute, die weit weg von Kiel, ob im Kurischen Haff, in der Adria, im Bosporus oder irgendwo im Binnenland über viele Jahre erfolgreich ihren Dienst versahen und versehen.

Nach dem Zweiten Weltkrieg waren Fördeschiffe wohl zu klein für die Howaldtswerke geworden – zwar erlebte die gesamte Kieler Fördeschiffsflotte noch die Renovierung und Modernisierung aller ihrer Schiffe durch die Howaldtswerke, aber neu gebaut wurde kein Fördeschiff mehr bei Howaldt in Kiel.

Anders bei Howaldt in Hamburg. Dort entstanden 1980 und 1981 für die HADAG zwei äußerlich ungewöhnliche Ausflugsschiffe. *Adolph Schönfelder* und *Max Brauer,* je 543 BRT groß, 52,70 m über alles lang, 9,50 m breit, dabei nur 1,45 m Tiefgang, ausgelegt für jeweils 550 Fahrgäste, waren extrem niedrig gehalten, um auch das Passieren niedriger Brücken zu ermöglichen. Dabei waren sie groß genug für »Fahrten in See« und flach genug, um in die kleinsten Häfen hineinzukommen. Über ihre »Schönheit« durfte man – was bei solchen »Vielzweckschiffen« fast immer der Fall ist – streiten, ideal sollen sie für den Hamburger Hafen nicht gewesen sein. So sah man sie in mancher Charter fahren.

Neue Dampfer-
Compagnie Kiel

A. C. Hansen
Kiel-Wellingdorf

Sylter Dampfschiffahrts-
Gesellschaft A. G.
Westerland, Sylt

Wyker Dampfschiffs-
Reederei G.m.b.H.
Wyk a/Föhr

Das Unmögliche möglich gemacht

Big barges and floating cranes used all over the world for salvaging and difficult transports once were products in high demand. Today, there is no market for floating cranes anymore. However, *Magnus* or *Hebe* cranes are still seen at spectacular salvages. This chapter gives an account of how salvage device from Kiel proved effective during a large-scale operation.

Von der Howaldtswerke-Deutsche Werft AG, Abteilung Stahlbau, gebaute Großleichter und Schwimmkräne vollbrachten 1980 eine Arbeit, wie sie in der Welt einmalig ist: Mit ihrer Hilfe wurde ein in Schweden gebautes und auf der Schleppreise nach Murmansk verlorengegangenes russisches Riesendock, das vom Sturm auf norwegische Klippen geworfen wurde und schwere Schäden davontrug, aus dem Wasser gehoben und von unten her repariert. Die Pontons und die Kräne arbeiteten zusammen, als wären sie für diesen Auftrag »maßgeschneidert« worden. Der von vielen für unmöglich gehaltene Job ist beendet, das Dock liegt längst in Murmansk.

Stapellauf der *Goliat 8* am 15. Januar 1976 auf der Schwentine-Helling im Werk Dietrichsdorf. Der Seetransportleichter wurde bei der Bergung des gestrandeten Docks eingesetzt.

Launching of *Goliat 8* on January 15, 1976, in the Schwentine building berth of Dietrichsdorf yard. The sea transport barge was used for salvaging the dock run aground.

Das Dock, das allerdings erst an seinem Stationierungsort von den Auftraggebern in ihr Eigentum übernommen wurde, hatte trotz seiner Jugend schon eine bewegte Vergangenheit. Zunächst rangelten einige namhafte Werften, darunter auch HDW, um den Auftrag. Immerhin sollte das »Ding« 330 m lang, 88 m über die Außenwände breit und 30 m hoch werden. Rund 35.000 t Stahl wurden für den Bau benötigt.

Eine schwedische Werft sicherte sich schließlich das Objekt. Denn gegen den Bau in einem westeuropäischen Land hatten die USA Protest angemeldet: Ein derartiges Dock könnte von den großen Schiffen der sowjetischen Nordmeerflotte benutzt werden – und man war mitten im Kalten Krieg. Die neutralen Schweden hielten solche Argumentation für nicht stichhaltig, bauten das Dock und hatten Pech beim ersten Probetauchen des riesigen Stahlkörpers. Stahlplatten wurden eingedrückt, Verstärkungen waren einzuziehen, die Überführungsfahrt verzögerte sich und mußte schließlich in jener Jahreszeit erfolgen, die man eigentlich meiden wollte: im Herbst um das Nordkap!

Eine holländische Schleppreederei schickte zwei Riesenschlepper, richtete an den Küsten Wetterstationen ein und konnte beinahe aufatmen, als – fast in Sichtweite der russischen Küste – der Wind umsprang und Stärke 11 erreichte. Die Schlepper konnten trotz ihrer vielen PS das Dock nicht mehr halten. Die darauf befindlichen Männer, die sogenannten »Runner«, wurden von den Hubschraubern abgeborgen, das Dock beendete seine Reise auf den Granitklippen der norwegischen Küste.

Der Boden des Docks sah schlimm aus. Aber die vielfache Unterteilung des Dockkörpers ließ die Berger dann doch hoffen, das Wrack wieder herrichten zu können. Nach umfangreichen Arbeiten schwamm das Dock auf. Es sollte in einem Fjord überwintern, aber die Anker hielten auf dem Felsenboden nicht – so mußten wieder Schlepper heran, um das halb zerrissene Bauwerk trotz der Winterstürme südwärts zu bringen. Die europäischen Werften witterten einen lohnenden Reparaturauftrag. Selbst aus dem entfernten Amsterdam gingen Angebote ein.

Aber die finanziell schwer mitgenommenen Versicherungsgesellschaften winkten ab. Gebranntes Kind scheut das Feuer. Sie konnten im Reparaturfall mit dem Verlust von etwa 170 Mio. Schwedenkronen davonkommen, während ein Totalverlust etwa 250 Mio. skr gekostet hätte – da war ihnen die nächstgelegene Stord-Vaerft im Hardangerfjord lieber. Dort lag nun das Dock. Aber wie das Riesending aus dem Wasser kriegen, um an den aufgerissenen Boden heranzukommen? Denn ein Dock, groß genug, um dieses Riesendock aufzunehmen – das gab es nicht!

Da kam die deutsch-schwedische Neptun-Gruppe mit einem kühnen Vorschlag. Sie hatte sich in den 70er Jahren von der Abteilung Stahlbau in Kiel mehrere absenkbare Großpontons und leistungsfähige Schwimmkräne bauen lassen. »Die Pontons senken wir ab und schieben sie einfach unter das zerfetzte Dock. Die Kräne *Hebe 2* und *Hebelift 3* packen mit an. Dann heben wir, indem wir die Pontons lenzen, das ganze Wrack aus dem Wasser, reparieren es an Ort und Stelle von unten und senken unsere Pontons wieder ab, dann schwimmt das reparierte Dock auf«. So einfach also war das im Prinzip. Aber der Teufel steckt bekanntlich im Detail. Die Pontons *Goliat 8, 9 10* und *17* (ex *7*), als Transportleichter konzipiert, waren zum Teil umzubauen, ein Lot-System, das Druckunterschiede ausschaltete und das unter Wasser funktionieren mußte, war zu entwickeln, die Kielblöcke waren anzufertigen und genau in die richtige Position zu bringen. Denn nur an einigen wenigen Stellen konnte das Dock abgestützt werden, an anderen Stellen war der Dockboden nicht vorhanden oder auszuwechseln. Dabei war die Gewichtsverteilung des Docks sorgfältig zu berechnen, ein Übergewicht auf einem der Pontons konnte fatale Folgen haben.

Das Lenzen der Tanks in den Pontons und das Aufschwimmen hatten exakt zu erfolgen, andernfalls bestand Bruchgefahr. Und bei alledem mußten die auf die riesige Dockwand aufprallenden Windkräfte berücksichtigt werden. Mit Computerhilfe, per Telefonleitung mit der Rechenzentrale in Stockholm verbunden, gelang es. Innerhalb von zwei Tagen hoben die Pontons und Kräne das schwerbeschädigte Dock 2,4 Meter aus dem Wasser. Innerhalb von nur zwölf Tagen schnitten dann die Brenner die zerfetzten Bodenpartien weg, neue Platten wurden eingefügt.

Es dürften an die fünf Millionen D-Mark sein, die für die Ponton- und Krangestellung berechnet wurden.

Dann gingen von der Hamburger Bugsier-, Reederei- und Bergungs-AG der 16.000-PS-Schlepper *Simson* und aus Holland der 20.000-PS-Schlepper *Smit London* zum Hardangerfjord. »Wir werden das Dock mindestens 100 Meilen von der Küste wegschleppen, bevor wir auf Nordkurs gehen«, sagte Kapitän Detlefs von der Bugsierreederei damals am Telefon. Innerhalb von acht Tagen sollte dann Murmansk erreicht werden. Ob es ein lohnender Schleppauftrag war? »Damit ist es immer so eine Sache«, lautete die (zu erwartende) Antwort. Aber eines ist nicht wegzuleugnen: Bunkeröl ist teuer geworden. Frachter laufen deshalb mit reduzierter, wirtschaftlicher Geschwindigkeit. Die Schlepper aber müssen sich mit einem Anhang und rund ums Nordkap voll ins Zeug legen. Billig würde die Schleppreise nicht werden.

Aber die Reparatur hatte sich gelohnt. Die Kräne und die Großpontons aus Kiel bewiesen ihre Eignung auch für diesen Zweck. Das Dock erreichte sicher Murmansk. HDW-Geräte hatten das Unmögliche möglich gemacht.

Nicht alles, was eine Werft baut, muß schwimmen

Not everything that is built by a shipyard has to float. HDW also includes – beside merchant shipbuilding and special shipbuilding – divisions for repair and steel construction/industrial engineering, where among others road and railway bridges, tunnel diving shields, as well as ship and environmental plant components are built.

Die Abkürzung »Dergl.« ist eine Schöpfung der deutschen Marine für all das, was in den Bestandslisten nicht unter die gängigen Begriffe paßte. So gab es unter den Schiffen neben Kreuzern, Zerstörern, U-Booten und Schleppern auch viele »Dergels«, jene Spezialschiffe, die unter der entsprechenden Rubrik aufgeführt wurden.

Unter »Dergl.« würde nach Marinebegriffen vieles fallen, was HDW produziert. Hier soll nicht die Rede sein von der vor einiger Zeit aus der Werft ausgegliederten Abteilung HDW-Elektronik, die sich mit außerordentlichem Erfolg auf dem Gebiet unterirdischer Messungen betätigte; auch nicht von der vor einiger Zeit übernommenen Firma Hagenuk, die sich einen Namen mit Schiffsfunk- und Bordkommando-Übermittlungsanlagen gemacht hat und heute mit gutem Erfolg vor allem im Telefonbau tätig ist; auch nicht von der Gemeinnützigen Wohnungsgesellschaft Kieler Werkswohnungen (KWW), die zusammen mit der Baugesellschaft Kiel über einen Bestand von über 10.000 Wohneinheiten verfügt. Die HDW-Isoliertechnik GmbH, Kiel, eine hundertprozentige Tochter, gehört ebenso wenig dazu wie die »Teil«-Töchter NIS, Norddeutsche Informations-Systeme GmbH, Kiel (66⅔ %), und die MARLOG Marine Logistik GmbH, Kiel (50 %). Nein, unter den Begriffen »Dergl.« fällt vor allem vieles von dem, was in der HDW-Abteilung Stahlbau-Industrietechnik entwickelt und gefertigt wird.

Der Stahlbau ist einer von vier Geschäftsbereichen der Werft. Er stellt nach Handelsschiffneubau, Reparatur und Sonderschiffbau das vierte, kleinste Bein dar. Die Diversifikation in diese Richtung – schließlich bauten schon Schweffel & Howaldt so einiges aus Stahl und Eisen, was mit dem Schiffbau ganz und gar nichts zu tun hatte – ist eigentlich eine logische Entwicklung. Sie begann 1956 mit der Übernahme der Stahlbau Kiel GmbH in Hassee.

Diese selbständige Stahlbauanstalt, 1871 als Gebr. Andersen gegründet, hatte nach dem 2. Weltkrieg u.a. die Ostseehalle (aus Teilen eines alten Flugzeughangars) hingestellt und die Gablenzbrücke erweitert. Die Werft sicherte sich durch diesen Kauf einen Betrieb, der dann wesentlich an ihrem eigenen Wiederaufbau beteiligt war: Der neue Bereich Stahlbau errichtete etliche Schiffbauhallen und baute mehrere Dockverschlüsse.

Bald kamen schwimmende Stahlbauten hinzu, ein lukrativer Markt. Der ersten Hubinsel 1960 folgte eine ganze Serie,

An das Bundesamt für Wehrtechnik wurde 1964 die Hubinsel *Barbara* abgeliefert.

In 1964, the self-elevating platform *Barbara* was delivered to the "Bundesamt für Wehrtechnik".

136

zum Beispiel die *Barbara* für die Bundesmarine. Am Bau der Förderplattformen für das Feld Schwedeneck See waren Werft und Stahlbau-Abteilung gleichermaßen beteiligt.

1970 zog der Stahlbau von Hassee nach Dietrichsdorf, 1982/83 folgte er im Zuge der Stillegung des Dietrichsdorfer Werkteils dem Werftbetrieb nach Gaarden.

Mit dem Bau des ersten Schwimmkranes hatte eine Zeit der Hochkonjunktur begonnen. Der Stahlbau zählte zeitweise bis zu 500 Mitarbeiter.

19 Schwimmkräne wurden bis 1977 abgeliefert. Daneben entstanden kleine Schuten, seegehende Pontons, Holzbargen und absenkbare Bergungspontons. Mit der Krise im Schiffbau gingen aber auch diese Märkte weitgehend verloren. Der allgemeine Stahlhochbau war in diesen erfolgreichen Jahren vernachlässigt, aber nie ganz aufgegeben worden.

Die Schwerpunkte dieser Abteilung liegen heute auf dem Bau von Straßen- und Eisenbahnbrücken sowie der Erstellung von Industrie- und Kraftwerksanlagen (z. B. einer Rauchgas-Entschwefelungsanlage beim Gemeinschaftskraftwerk Kiel-Ost).

Als Spezialprodukte der Abteilung Stahlbau-Industrietechnik sind die Vortriebsschilde für den Tunnelbau (der erste für die Frankfurter U-Bahn 1964, weitere für die neuen Röhren des Elbtunnels) hervorzuheben. Die Entwicklung in der Tunnelbautechnik führte später zu vollautomatischen Abbaumaschinen, für die maßgeschneiderte Schildkörper (inzwischen weltweit über 70) gebaut worden sind. Aber hier ist im übertragenen Sinne des Wortes das Ende des Tunnels noch nicht erreicht. Höherwertige Produkte, sprich: weiterentwickelte, elektronisch gesteuerte Schildvortriebsmaschinen sind ein Produkt mit Zukunft.

1984 wurde die Abteilung neu gegliedert. Dieses drückte sich unter anderem auch in dem erweiterten Namenszug »Stahlbau-Industrietechnik« aus. Im Zuge dieser Neuorientierung wußten die Kieler ihr Know-how auf dem Sektor der Schiffskomponenten gezielt zu nutzen und einzusetzen. So werden erfolgreich »Marine Components«, also technisch anspruchsvolle Schiffsausrüstungen verschiedenster Art, speziell nach China und auch an deutsche Werften vertrieben. Die Entwicklung und Produktion dieser Komponenten erfolgt in Kiel, wo auch Mitarbeiter der jeweiligen Werft Einweisungs- und Trainingsmöglichkeiten erhalten. Andererseits reisen aber auch HDW-Ingenieure nach China, um dort Einbau und Anlauf ihrer Anlagen zu überwachen.

Im Rahmen weiterer Diversifikationsaktivitäten beschäftigte man sich mit Untersuchungen auf dem Gebiete der Erdwärmetauscher und Wärmepumpen sowie mit der Konzipierung

Für die Texaco/Wintershall wurden 1983 die Offshore-Plattformen *Schwedeneck-See A* und *B* fertiggestellt.

In 1983, the offshore platforms *Schwedeneck-See A* and *B* were finished for Texaco/Wintershall.

und dem Betrieb einer Biogasversuchsanlage. Des weiteren erfolgte die Entwicklung und Herstellung von Strohverbrennungsanlagen. Drei größere, betriebsfähige Anlagen dieser Art wurden verkauft. Die Planungsaktivitäten zur Entwicklung von schwimmenden Produktionsanlagen fanden in einer Studie ihren Ausdruck. Leider wird der Ideenreichtum eingeschränkt durch die hohen Entwicklungskosten während der Anlaufphase. Auch hier steht die für den Kunden notwendige Wirtschaftlichkeit im Vordergrund, die Voraussetzung für eine erfolgreich betriebene Diversifikation ist. Um den Diversifikationsaktivitäten ein besonderes Gewicht zu verleihen, wurde eigens dafür 1987 eine neue Haupt-Abteilung ins Leben gerufen, die eng mit der Abteilung Stahlbau-Industrietechnik zusammenarbeitet.

Vortriebsschilde für den Tunnelbau sind eine Spezialität der HDW-Abteilung Stahlbau. Weltweit wurden über 70 solcher Schilde geliefert.

Tunnel driving shields for tunnel building are a speciality of HDW's division "Stahlbau". 70 of these shields were delivered to all over the world.

Mit dem Transportponton *Hera* (9.000 tdw) erhielt die A/B Neptun, Stockholm, 1969 ein für viele Aufgaben geeignetes »Arbeitspferd«.

By *Hera*, a 9.000 dwt transport pontoon, A/B Neptun, Stockholm, received in 1969 a toiler fit for many tasks.

Das Superding von Kiel

From 1973, the construction of HDW's superdock strongly influenced the events at Kiel harbour. Later the completed dock characterized the harbour's silhouette. Even though the giant dock was never intended exclusively for constructing very large crude carriers (VLCC) only; nevertheless, four of these 480.000 tdw vessels were already entered in the order book at the time the dock construction started. But none of these giant supertankers were ever built in this dock, as all orders were cancelled. Later the dock became famous through building "twins" of successful container vessels.

Der Bau des Großdocks wurde noch vor der Fertigstellung durch die plötzlich einsetzenden Komplikationen des weltweiten Tankermarktes belastet. Wenn auch die Werftleitung von Anfang an stets betont hatte, eine vielseitige Verwendung des Docks anzustreben und sich nicht auf ein »single line product« wie Großtankerbauten zu verlassen (darüber ging schließlich die AG »Weser«, Bremen, kaputt) – offen wurde eingestanden, daß sich die Investition mit dem Bau

von sieben 400.000 tdw Tankern, wovon vier schon bei Dockbaubeginn kontrahiert waren, bezahlt gemacht hätte. Aber auch diese Aufträge wurden storniert – bis heute ist kein derartiger Großtanker in dem Kieler Dock der HDW gebaut worden.

Für die Stadt Kiel bedeutete der Dockbau mehr als nur die Erweiterung des Werftbetriebes in das Fördewasser hinein. Das Dock veränderte mit seinem riesigen Portalkran das Bild des inneren Hafenteils und damit der Stadtsilhouette und rief die Stadtplaner auf den Plan, die die Farben der Kräne genau mit der des Himmels abgestimmt wissen wollten, damit alles »gut aussehe« . . .

Der Dockbau bedeutete aber auch eine immense Investitionssumme, die überwiegend der einheimischen Wirtschaft, ortsansässigen Firmen und Arbeitskräften zugutekam. Der Werft sollte das Dock auf lange Zeit hinaus die Wettbewerbsfähigkeit mit den modernsten Werften der Welt sichern. Dabei konnten sich die Werftmanager, sofern die Tankerkrise länger anhalten sollte, mit dem Gedanken trösten, daß das Großdock bei seiner endgültigen Fertigstellung bereits zur Hälfte abgeschrieben sein würde . . .

Der Bau des Großdocks 8 a und die Errichtung des 900 t Portalkranes veränderten ab 1973 das Kieler Hafenpanorama.

In 1973, Kiel's harbour panorama changed through the big 8 a dock's construction and through the 900 tons gantry crane's set-up.

139

Der Bau des Docks bestimmte ab Herbst 1973 das Geschehen im Kieler Hafen.

Der Zeitplan für den Dockbau, unter dem Druck der Tanker-Bautermine entstanden (dreimal waren Neubauten aus dem weiter landeinwärts gelegenen Dock 8 durch die Baustelle hindurch zu bugsieren!), ließ von der Auftragserteilung bis zum Baggerbeginn nicht viel Zeit. Die Tinte unter dem Auftrag war noch nicht trocken, da hatte die »ARGE Naß« – so nannte sich die Arbeitsgemeinschaft mehrerer renommierter Wasserbaufirmen – schon mit der Arbeit begonnen. Das hieß, eine eigentlich für das Winterquartier bestimmte Flotte von Baggern und Baggerschuten eilends auf den Weg nach Kiel zu bringen. Der Eimerkettenbagger *Triton* kam aus dem schwedischen Erzhafen Lulea, wo er sich die extraharten, stahlgußlegierten Kanten seiner 7.000 DM teuren Schürfkübel auf schwedischem Granit abgeschliffen hatte, sein Kollege *RIG II* ließ Weservertiefung Weservertiefung sein und wühlte sich durch die hochgehenden Sturmseen der Nordsee zum Kiel Canal (erinnern Sie sich der Herbststürme des Jahres 1973?).

Die kleinen Baggerschuten kamen teilweise von Bauplätzen aus England. Eine wurde vor der Wesermündung arg gerupft, während die andere von den Stürmen auf den Strand Terschellings geschleudert wurde. Die Besatzung, bleich aber gesund, hatte das Unglück überstanden und konnte einige Tage später mit dem wieder flottgemachten Fahrzeug die Reise fortsetzen.

Baggern ist eine Kunst für sich. In Kiel besonders. Klar, daß mit der »Förderung« zahlreicher Bombenblindgänger gerechnet wurde. Weshalb auch auf jedem Bagger ein Mann ständig die Eimerladungen kritisch beobachtete. Nur – es kamen kaum Bomben ans Tageslicht. Kenner warnten. Die Teufelsdinger könnten tiefer im moddrigen Boden liegen. Aber die »Enttäuschung« blieb – es fanden sich zum Glück weniger Blindgänger als befürchtet.

Die diversen Baggerschuten faßten zwischen 500 und 1.500 Kubikmeter. Fast alle verfügten über eigenen Antrieb. »Verklappt« wurde der alte Hafengrund auf der Kolberger Heide. Auf einem Munitionsversenkungsgebiet, das etwa fünf Meter hoch mit Boden aus dem Kieler Hafen bedeckt

Blick vom Schloß auf den Gaardener Betrieb mit den drei Portalkranen (1980). Im Vordergrund ist der Neubau *Berlin* (Bau-Nr. 163) zu sehen.
View from the Kiel castle over the yard's Gaarden shops with three gantry cranes (1980). The foreground shows the newbuilding *Berlin*.

wurde. Vielfältige Munition übrigens wurde zugeschüttet. Denn dort draußen vor Schönberg lagen auch noch die Kugeln, mit denen sich einst dänische und schwedische Kriegsschiffe in einer großen Seeschlacht beharkt hatten.

Als sich die Kieler an den Pendelverkehr der voll in Richtung See laufenden und leer zurückkehrenden Baggerschuten gewöhnt hatten, mußten sie »umlernen«. Es war wie beim »Ball paradox«. Nun kamen geradezu elegant zu nennende Hopper, größenmäßig Ostseefähren ähnelnd, in den Hafen herein. Sorgfältig peilten sie ein dem Laien unsichtbares Ziel an, klappten ihre Bodenklappen aus und »hoppten« (daher ihr Name) geradezu aus dem Wasser hervor, wenn sich ihre tonnenschwere Last aus dem Rumpf ergoß. Der zweite Bauabschnitt des Howaldt-Großdocks hatte begonnen und unterschied sich vom ersten erheblich. Bis zu minus 35 Meter unter N.N. hatten die Eimerkettenbagger schlechten Hafengrund weggeräumt. In das so geschaffene Loch war bis zu minus elf Meter feinster Seesand wieder einzufüllen. Das sollte ein festes Fundament für das künftige Großdock bilden. Während noch die Eimerkettenbagger quietschten, liefen zwei – bald darauf sogar drei – Schleppkopf-Hoppersaugbagger in den Hafen ein. Kurs 225,5 Grad. Sie legten sich mit ihrer Schiffsmitte genau neben eine im Hafen verankerte Tonne und öffneten ihre Bodenklappen. Wie ein Klotz rutschte dann die Ladung von rund 6.000 m³ Seesand durch die Bodenklappen auf den Hafengrund. Zwei Millionen Kubikmeter Boden hatten sie heranzuschleppen und genau zu verteilen.

Der Seesand, den die Hopper brachten, stammte von den Untiefen Gabelsflach und Stoller Grund. Dort war bei umfangreichen Probebohrungen eine ideale Körnung entdeckt worden. Hier ließen die Hopper ihre Saugrohre wie Super-Rüssel über die Bordwand bis auf den Meeresgrund hinab. Mit ein bis zwei Knoten Fahrt ging es dann vorwärts, wobei der etwa 2,5 Meter breite Saugkopf eine etwa 15 Zentimeter tiefe Furche vom Meeresgrund »ablutschte«.

Sechs Fahrten machte jeder dieser Großbagger, die zu den größten der Welt zählen, pro Tag. Vorräte waren für vier Wochen an Bord, gebunkert wurde während der Fahrt aus begleitenden Tankschiffen. Nur keine Pause, nur nie festmachen. Es war wie beim »Fliegenden Holländer«. 24 Mann fuhren das Schiff, 48 Mann umfaßte eine Besatzung, weil laufend gewechselt wurde, um Urlaub und Freizeiten einzuhalten. Rund eine Viertelmillion DM Betriebskosten verursachte so ein Bagger pro Woche.

Den Seesand gab es nicht gratis. Obwohl aus internationalen Gewässern stammend, gab ihn der Bund nur gegen einen Obolus ab . . . Das Abladen des aus dem Kieler Hafen stammenden Bodens in die Ostsee ließ sich der Bund ebenfalls bezahlen. Umsonst ist der Tod . . . Um das Kuriosum komplett zu machen: Das Bergamt Clausthal-Zellerfeld, zuständig für alle Erdarbeiten, ob im Ruhrpott oder auf dem Stoller Grund, hatte hier ein entscheidendes Wörtchen mitzureden.

Überholungsarbeiten der *Polycastle*, eines norwegischen Halbtauchers für den Offshore-Einsatz, im Baudock 8 a.

In dock 8 a, overhauling works on *Polycastle*, a Norwegian semi-submersible drill rig for offshore activities.

Während die Hopper den Seesand nach Kiel brachten, kam die erste Ladung Spundbohlen zur damals noch im Bau befindlichen Bollhörn. 6.000 Tonnen wurden hier gelagert, noch einmal die gleiche Menge wurde später so verarbeitet, wie sie eintraf. Acht Rammen wurden eingesetzt, noch einmal 8.000 Spundbohlen wurden danach direkt am neuen Dock angeliefert.

Es war ein Riesenauftrag, 200 Millionen DM wert, ein »Superding«. Und mit jedem Rammschlag wurde Kiel in die Spitzenposition internationaler Großwerften hineingehämmert. So ging der Dock- und Kranbau weiter.

Während die Werft sich ihr eigenes Docktor baute, war sie zugleich an der Erstellung des riesigen 900 t tragenden Portalkranes beteiligt, der das neue Dock überspannen sollte. Denn noch galt – egal, was aus den vorliegenden, hart umhandelten Großtankeraufträgen werden sollte – der alte Termin: Im Frühjahr 1976 hatte in dem neuen Dock der Bau des ersten Schiffes zu beginnen.

Schweffel sucht Howaldt

Johann Schweffel, an esteemed Kiel merchant, and August Ferdinand Howaldt from Braunschweig, master mechanic on a small paddle steamer, entered on Sept. 29, 1838, a "deed of partnership". They announced that they run since 1st October on joint account the machine factory located at "Rosenwiese" in combination with an iron foundry under the firm name of "Schweffel & Howaldt". At that time, there was no talk of a yard as yet. Meanwhile it is many years ago that the enterprise is without Schweffels and Howaldts.

The way of development, and how the present "Howaldtswerke-Deutsche Werft Aktiengesellschaft" came about through purchases and mergers is described in the following chapters.

So, wie es in der Überschrift geschrieben steht, ist es falsch. Johann Schweffel, angesehener und wohlhabender Kieler Kaufmann, suchte für seinen Raddampfer *Løven* (man beachte die dänische Schreibweise des Schiffsnamens), der von Kapitän Emil Diederichsen, einem Sohn des Kieler Werftbesitzers, Kaufmanns und Reeders Andreas Ludwig Diederichsen geführt wurde, einen tüchtigen Maschinenmeister. Er fand ihn in dem aus Braunschweig stammenden »Mechanikus« August Ferdinand Howaldt. Die Zukunft sollte lehren, daß es war, als hätten sich die beiden gesucht und gefunden. Womit die Überschrift dieses Kapitels wiederum ihre Berechtigung hat. Howaldt aber gab sich offensichtlich nicht mit der Position eines Maschinenmeisters auf einem kleinen Raddampfer zufrieden und hatte in Johann Schweffel wohl auch einen Partner, der die Talente des aufstrebenden jungen Mannes erkannte. Jedenfalls schlossen die beiden am 29. September 1838 einen »Sozietätsvertrag« und meldeten für den 1. Oktober desselben Jahres per Mitteilung im »Wochenblatt zum Besten der Armen in Kiel« an, daß sie »seit dem 1sten dieses

Die Darstellung der *Von der Tann* (Baujahr 1849) nach einem heute nicht mehr vorhandenen Modell im Hydrographischen Institut in Hamburg.

Picture of *Von der Tann* (1849) at the Hydrographic Institute in Hamburg drawn after a missing model.

142

Johann Schweffel

August Ferdinand Howaldt

Monats die auf der Rosenwiese befindliche Maschinenbau-Anstalt in Verbindung mit einer Eisengießerei unter der Firma von Schweffel & Howaldt für gemeinschaftliche Rechnung betreiben«.

Schweffel war der Finanzier des neuen Unternehmens, der Grund und Boden, die Gebäude und das nötige Anfangskapital stellte. August Ferdinand Howaldt war der Praktiker, der die erforderlichen Werkzeuge und Instrumente einbrachte, sich verpflichtete, für ein tägliches Meistergeld »alle

Kraft und Arbeit dem gemeinschaftlichen Geschäft zu widmen«, und der auch die erforderliche Konzession besaß, für die neu zu errichtende Maschinenfabrik Gesellen diverser Handwerke halten zu dürfen – eine Genehmigung, die erst im Jahre 1840 auf Johann Schweffel ausgedehnt wurde. Übrigens: Jacob Diederichsen, ein Bruder des Kapitäns des Raddampfers *Løven,* erlernte in dem neuen Unternehmen den Maschinenbau (es ist gut, sich den Namen Diederichsen zu merken).

Der *Brandtaucher* (Baujahr 1851) steht heute im DDR-Armeemuseum Dresden.

Today, the *Brandtaucher* (1851) is exhibited in the Dresden Army Museum (GDR).

143

Johann Schweffel jun.

Georg Howaldt

Wenn heute vielfach die Rede ist von der notwendigen Diversifizierung von Schiffbau-Unternehmen, dann sollte festgehalten werden, daß die Firma Schweffel & Howaldt keineswegs als Werft begann . . . man baute zunächst Nieder- wie Hochdruck-Dampfmaschinen, Dampfkessel für Schiffe wie für Brennereien mit deren Apparaten, Decimalwaagen, Kornreinigungsmaschinen, die verschiedensten Pumpen, eiserne Wasserleitungsröhren, Saal-, Stuben-, Bilegger- (Beileger-) und Kanonenöfen wie Heizapparate mittels Röhren usw., Sparherde, Brennhexen, mannigfaches

Kochgeschirr wie überhaupt eine Menge Gegenstände aus Guß- und Schmiedeeisen, »dienend zur Landwirtschaft, der Schiffahrt und dem Bau-, Mühlen- und Maschinenwesen«. Und dann tat August Ferdinand Howaldt etwas, das sich viel später für die Howaldt'sche Werft auszahlen sollte – er heiratete Emma Diederichsen, die Tochter von Andreas Ludwig Diederichsen, womit er – die gegenseitige Liebe und Zuneigung soll nicht bestritten werden – der Erkenntnis jener Tage entsprach: »Wer nix erheirat' und nix ererbt, der bleibt ein armer Hund bis daß er sterbt . . .«

Die Bau-Nr. 1, Georg Howaldt's erster Schiffsneubau in Ellerbek, erhielt 1865 den wie ein Signal klingenden Namen *Vorwärts*. Der Dampfer wurde damals für den Kieler Holzhändler Ahrens gebaut. Erst 1927 ist das Schiff abgewrackt worden.

Hull no. 1, Georg Howaldt's first ship newbuilding in Ellerbek was given in 1865 the name *Vorwärts* ("Forward") sounding like a start signal. The steamer was built for the Kiel timber-merchant Ahrens. She was scrapped as late as 1927.

Hermann Howaldt

Bernhard Howaldt

Politisch trieb das geruhsame Schleswig-Holstein unruhigen Zeiten entgegen. 1830 hatte der Kieler Universitätsprofessor Uwe Jens Lornsen seine Schrift »Über das Verfassungswerk in Schleswig-Holstein« vorgelegt, eine sogenannte »Schleswig-Holsteinische Bewegung« formierte sich. Doch erst im Jahre 1848 kam es zum Bruch mit Dänemark.

Die sich nach der Verkündung der dänischen Gesamtstaatsverfassung vom 28. Januar 1848 anbahnenden Spannungen führten dazu, daß der »Deutsche Verein« u.a. einen »Ausschuß für die Errichtung der deutschen Flotte« gründete, in den als bedeutende Kieler Bürger auch Johann Schweffel und August Ferdinand Howaldt berufen wurden.

Am 21. März 1848 reiste eine Kieler Delegation nach Kopenhagen. Ihre Rückkehr verzögerte sich. Gerüchte schwirrten durch Kiel, ein dänischer »Überfall« solle bevorstehen. Am 23. März 1848 wurde in Kiel eine «Provisorische Regierung« gebildet. Am 26. März war das ganze Festland, mit Ausnahme Haderslebens, der Proklamation der provisorischen Regierung beigetreten.

Kopenhagen setzte Truppen in Marsch, schickte die Flotte in See. Eiligst warfen die Laboer eine Schanze auf, eine Kanone richtete ihre Mündung drohend in Richtung Norden. Eine schleswig-holsteinische Marine entstand, in Anlehnung an die in der Nordsee gebildete deutsche Flotte. Der Paketdampfer *Løven* verwandelte seinen Namen in das deutsche *Löwe* und wurde armiert, der Dampfer *Bonin* dampfte in Begleitung von vier Ruderkanonenbooten gegen das vor Kiel liegende dänische Linienschiff *Skjold*, man feuerte ein paar Kanonenschüsse ab, die zum Glück hüben wie drüben keinen Schaden anrichteten.

Am 14. Oktober 1848 bat die provisorische Regierung die Herren Howaldt und Schau in Kiel sowie Hudemann in Rendsburg, gemeinsam einen »Riß mit Kostenvoranschlag für ein Dampfkanonenboot« einzureichen. Und sehr opti-

mistisch wurde die Firma Schweffel & Howaldt beauftragt, gleich für zwei zu erbauende Kanonenboote die großen Kanonen und 3.000 (!) 24pfündige Granaten zu liefern.

Erste Änderung des Firmennamens:
Von »Schweffel & Howaldt« zu »Gebrüder Howaldt« (1879).

First change of the firm's name:
from "Schweffel & Howaldt" to "Gebrüder Howaldt" (1879).

Kiel, den 31. December 1879.

P. P.

Mit dem heutigen Tage übergeben wir unser Geschäft mit den Activis und Passivis an die drei Söhne unseres Herrn A. F. Howaldt, die dasselbe unter der Firma:

"Gebrüder Howaldt"

fortführen werden.

Wir danken für das uns bewiesene langjährige Vertrauen und bitten freundlichst, selbiges auf unsere Nachfolger übertragen zu wollen.

Hochachtungsvoll

Schweffel & Howaldt.

Bezugnehmend auf vorstehende Mittheilung beehren wir uns Ihnen anzuzeigen, daß wir das von den Herren Schweffel & Howaldt übernommene Geschäft unverändert fortführen werden. Wir bitten uns mit Ihren werthen Aufträgen betrauen zu wollen und werden wir uns bemühen, solche zu Ihrer Zufriedenheit auszuführen. Mit dem höflichen Ersuchen, von unserer Unterschrift Kenntniß zu nehmen

Hochachtungsvoll

Gebrüder Howaldt.

Herr Georg Howaldt wird zeichnen:

Herr Bernhard Howaldt wird zeichnen:

Herr Hermann Howaldt wird zeichnen:

145

Neuerungen standen die Howaldt-Verantwortlichen immer aufge-schlossen gegenüber, auch wenn nicht alle Erfolge wurden, so wie das »Hydromotor«-Versuchsschiff (Bau-Nr. 34) aus dem Jahre 1879.

Howaldt's management was always open to innovations even though not everything proved a success such as the "hydromotor" experimental ship built in 1879.

Am 19. 7. 1882 fand die Fahnenwei-he der Kieler Schiffswerft statt. Die Enthüllung der Fahne nahm Helene Howaldt, Gattin von Georg Howaldt vor.

On July 19, 1882, the Kiel shipyard's colours were presented. They were revealed by Mrs. Helene Howaldt, wife of Georg Howaldt.

Zu der am
Mittwoch d. 19. Juli
stattfindenden

Fahnenweihe

der

KIELER SCHIFFSWERFT

beehren wir uns
Herrn Heesch
hierdurch ergebenst einzuladen

Kieler Schiffswerft
im Juli 1882.

Das Festcomitée

Die Regierung beschloß dann allerdings, nur ein Dampfka-nonenboot und dazu sechs Ruderkanonenboote bauen zu lassen – das Dampfschraubenkanonenboot (Schraube im Gegensatz zum seitlichen Radantrieb), das den Namen *Von der Tann* erhielt, war eines der ersten seiner Art in der Welt – es wurde von dem Kieler Schiffbaumeister Hilbert erbaut, Schweffel & Howaldt lieferte das wichtigste Zubehör, die Maschine und den Kessel. Diese Antriebsanlage bewährte sich derart, daß sich an ihr sogar viele englische Konstruk-teure orientierten. Und die Marinekommission war von den Probefahrten der *Von der Tann* so angetan, daß drei weitere Dampfschraubenkanonenboote bestellt wurden, für die jetzt auch die Kanonen und Drehbassen von Schweffel & Howaldt geliefert werden sollten.

Diese Aufträge bedeuteten eine klare Hinwendung zum Eisenschiffbau – mit dem bald auslaufenden Holzschiffbau hat man sich bei Schweffel & Howaldt so gut wie gar nicht mehr befaßt. Statt dessen sollte man schon wenig später ein weiteres Schiff aus Eisen mit einer großen Zukunft bauen: den *Brandtaucher*.

Die Dänische Flotte blockierte mit Erfolg die Häfen Schles-wig-Holsteins. Und am Kieler Fördeufer besaß der Universi-tätsprofessor Hilmy ein Haus, von dem die Besitzerin befürchtete, es könnte einer dänischen Kanonade zum Opfer fallen, falls die Dänenschiffe in die Kieler Förde eindrangen. Also schrieb besagte Dame ihrem Neffen, dem jungen preußischen Artillerieleutnant Werner von Siemens, der zu technischen Tüfteleien neigte und sich später mit Erfolg in der Industrie betätigte, er möge doch um Himmels willen etwas erfinden, das die Dänen am Eindringen hindern würde. . .

Der Neffe setzte sich mit dem Onkel Hilmy zusammen und erfand die Seemine.

Zum Stapellauf der Bau-Nr. 100
Emma erschien 1883 diese Werft-
abbildung.

This photo was published on the
occasion of the launching of *Emma*,
the yard's hundredth hull, in 1883.

N. W. Theil der Schiffswerft am 14. August 1883.
Stapellauf der „Emma" No. 100.

Eine Sperre von diesen »Teufeleiern« wurde von der Höhe der Seebadeanstalt zum Ostufer verlegt. Und weil es mit den Zündern nicht hundertprozentig klappte, kam es schon mal vor, daß mir nichts, dir nichts eines der Teufelsdinger in die Luft flog, wobei in Friedrichsort Dächer von den Häusern gerissen und in Laboe noch viele Fensterscheiben zersprungen sein sollen. Siemens, der Techniker, war von solchen Erfolgen des »physikalischen Experiments« begeistert, General Prinz zu Noer murrte: »Wer soll das bezahlen?« (Er meinte nicht die Schäden der Zivilisten, sondern die Kosten des »sinnlos verpulverten Pulvers«.) Die dänischen Kriegsschiffe aber blieben den Dingern (und Kiel) vorsichtshalber fern – insofern war Siemens mit seiner Minensperre durchaus erfolgreich. Und Tantchen soll auf ihren tüchtigen Neffen richtig stolz gewesen sein.

Aber die Mine war eine passive Verteidigung. Der bayrische Pionier-Unteroffizier Wilhelm Bauer, nach Schleswig-Holstein geschickt, wollte die Dänen direkt angreifen. Nicht über Wasser – dafür waren die dänischen Kriegsschiffe zu stark. Nein, er dachte mehr an eine Art »Brander«, wie ihn einstmals ein Herzog Albrecht gegen die hölzernen Stadtmauern Kiels segeln lassen wollte. Oder wie sie die Holländer mit mehrfachem Erfolg gegen die spanische Armada eingesetzt hatten. Aber Bauer wollte nicht alte Holzboote mit Pech, Teer, ölgetränkten Segeln und Pulver gegen die reichlich hilflos vor Anker liegenden Segelschiffe treiben

lassen – Bauer wollte seinen »Brander« ungesehen, getaucht gegen den Feind steuern. Seinem »Taucherschraubenschiff«, wie seine Konstruktion etwas umständlich, aber im Grunde korrekt bezeichnet wurde, gab er den Namen *Brandtaucher*. Häufig wird der *Brandtaucher* als das erste Unterseeboot bezeichnet. Das ist und war er nicht. Für das U-Boot wurde als Waffe typisch der Torpedo, der auf große Entfernung auch gegen fahrende Ziele abgefeuert werden konnte. Bauer wollte mit seinem *Brandtaucher* unbemerkt an vor Anker liegende Schiffe oder Brücken usw. heranfahren, um sie durch angehängte Sprengladungen zu zerstören. Dabei konnte sein Boot getaucht nur kurze Strecken fahren. Der General zu Noer bemerkte denn auch scharfsinnig und triumphierend: »Was hat sich der verrückte Kerl nur ausgedacht – sein Schiff kann ja gar nicht fahren, das hat nämlich überhaupt keinen Schornstein!« Den brauchte Bauer aber auch nicht – seine Konstruktion sah ein großes Tretrad vor, das von zwei Männern, Goldhamstern in ihrem Käfig ähnlich, mit den Füßen in Bewegung versetzt werden mußte und sein Drehmoment auf die Schiffsschraube umsetzte.

In den Werkstätten von Schweffel & Howaldt am heutigen Eisenbahndamm entstand der »submarine Apparat«, wie der Brandtaucher bezeichnet wurde. Eigentlich sollte er in Rendsburg gebaut werden. Aber die bereits begonnenen Arbeiten waren gestoppt worden, weil sich Kritik daran regte, eine Kriegsmaschine gegen die Dänen zu bauen – sooo antidänisch war man in Rendsburg nicht!

Folglich waren Eisenplatten, und was sonst schon bestellt und geliefert worden war, auf Pferdewagen nach Kiel gekommen. Doch weil die Kieler zwar begeistert waren, aber nicht genug spendeten, stellte Schweffel seufzend fest, daß er sich wohl angesichts der fehlenden Geldmittel damit abfinden müßte, »an die 1000 Thaler Courant ans Bein zu binden«.

1850 hatten die Schleswig-Holsteiner die entscheidende Schlacht bei Idstedt verloren, der »Rebellendampfer« *Löwe* war von den Dänen beschlagnahmt worden. Der Brandtaucher wurde erst 1851 fertig, als die Blockade Kiels längst beendet war. Bauer wußte, daß sein Schiff aus Geldmangel viel schwächer als geplant gebaut worden war. Besessen von

So wurde zum Stapellauf und zur Probefahrt der *Emma* eingeladen. Das Schiff wurde zum 25jährigen Jubiläum der Kieler Reederei Sartori & Berger abgeliefert. Es war das 50. Schiff der Reederei-Flotte und der 100. Neubau der Werft.

Invitation to Emma's *launching and trial trip. The ship was delivered for the 25th anniversary of the Kiel owner Sartori & Berger. She was the 50th vessel of the owner's fleet and the 100th newbuilding of the yard.*

seiner Idee, tauchte er trotzdem im Kieler Hafen – seine Erfindung barst in 16 Meter Tiefe. Die beiden Begleiter gerieten in Panik und versuchten, ein Luk zu öffnen. Bauer, dem sein Risiko bewußt gewesen war, mahnte zur Geduld. Erst wenn zwischen dem Inneren des Bootes und dem umgebenden Wasser ein Druckausgleich herbeigeführt sei, ließe sich das Luk öffnen. Als sich der Bootsrumpf fast ganz mit Wasser gefüllt hatte, konnten die drei Männer das Luk aufstoßen und mit der Restluft an die Wasseroberfläche schießen. Sie überlebten. Das Wrack aber wurde erst geborgen, als die Kaiserliche Marine es Jahrzehnte später bei Baggerarbeiten vor Ellerbek fand. Für die Beseitigung schickte man der fast mittellosen Witwe Bauer eine Rechnung. Bis Wilhelm II. davon hörte und die Kosten begleichen ließ.

Der enttäuschte Bauer war lange vorher nach St. Petersburg gegangen und hatte dem russischen Zaren mehrere funktionierende Tauchboote gebaut. Der Original-Brandtaucher steht heute im Dresdner DDR-Armeemuseum.

Es war logisch, daß die Kieler Werften auf dem Westufer lagen – das bekannte Unternehmen von Reuter & Ihms sogar bis in die 70er Jahre des letzten Jahrhunderts zu Füßen des Kieler Schlosses – noch gehörte das Ostufer nicht zu Kiel, und das Marinedepot, das mit der Verlegung des preußischen Marinestützpunktes von Danzig nach Kiel 1865 in Düsternbrook entstand, wurde erst 1879 zur Kaiserlichen Werft nach Gaarden verlegt. (Auf dem Gelände des Depots entstand dann die Marine-Akademie, heute Sitz der Schleswig-Holsteinischen Landesregierung.) Doch man sieht, Kiel hätte sehr leicht ein ganz anderes Aussehen bekommen können . . . Wie auch auf das, was Johann Schweffel und August Ferdinand Howaldt gemeinsam aufgebaut hatten, ein buntes Schicksal wartete. Es driftete unter vielen Erben zwangsläufig auseinander, wurde aber auch wieder zusammengeführt . . . Johann Schweffel überließ 1854 seinem Sohn Johann Schweffel jun., der schon seit geraumer Zeit an der Seite seines Vaters tätig gewesen war, die Leitung von Schweffel & Howaldt, während sein Bruder Hermann Schweffel Alleininhaber der Firma Schweffel & Sohn wurde. 1870 schied Johann Schweffel jun. dann aus der Firma Schweffel & Howaldt aus. In der Geschichte der Howaldtswerke spielten die Schweffels keine Rolle mehr.

August Ferdinand Howaldt hatte acht Kinder, vier Söhne und vier Töchter. Die Söhne hatten alle bei Schweffel & Howaldt den Maschinenbau erlernt. Georg, der älteste Sohn, studierte nach Abschluß der Lehrzeit, die er auch in der Maschinenfabrik und Schiffswerft von Summers and Day, Southampton, absolvierte, von 1861–1864 auf dem Politechnikum in Zürich. Er war es, der nach einjähriger praktischer Tätigkeit in Hamburg nach Kiel zurückkehrte und im Jahre 1865 die Howaldtswerft gründete. Während aber die kleinen Kieler Werften nach und nach von der Bildfläche verschwanden, kam es mit der einsetzenden Industrialisierung zur Bildung jener Großwerften, deren Namen noch der älteren Generation geläufig sein mögen. Sie alle fanden ihren Standort auf dem Ostufer. So hatte 1865 ein Theodor Christian Bruhn aus Bornhöved in Gaarden eine kleine Werft eröffnet. 1867 wurde in Kiel eine Norddeutsche Schiffbau-Aktien-Gesellschaft, allgemein Norddeutsche Werft genannt, gegründet, die die Bruhn'sche Werft ankaufte und das Werftgelände in Gaarden erweiterte. Leiter der Werft wurde Georg Howaldt, dessen 1865 in Ellerbek eingerichteter Schiffbauplatz, auf dem er seinen

1885 entstand für eigene Rechnung der Werft die Bau-Nr. 119, der Frachter *Kiel*. Das Bild der *Kiel* ist im Kieler Schiffahrtsmuseum ausgestellt.
In 1885, the yard built on own account the freighter *Kiel*. The *Kiel*'s picture is on display in the Kiel Shipping Museum.

ersten Dampfer *Vorwärts* für den Kieler Holzhändler Chr. Ahrens gebaut hatte, der Marine überlassen wurde. Denn am 23. Januar 1868 war »allerhöchsten Ortes« die Entscheidung gefällt worden, in Kiel eine Königliche Werft zu errichten, aus der später die Kaiserliche Werft hervorgehen sollte. Georg Howaldt blieb Leiter der Norddeutschen Werft bis zum Jahre 1875; dann war er es wohl leid, für andere Leute zu arbeiten, und er gründete 1876 erneut eine eigene

Werft, die »Georg Howaldt, Kieler Schiffswerft«. Die lag nun bereits in Dietrichsdorf, dort, wohin eigentlich die Werft von Reuter & Ihms hatte verlegt werden sollen, ein Projekt, das aufgegeben wurde, als Rudolf Reuter, die treibende Kraft des Unternehmens, 1871 ertrank.

Georg Howaldt beschäftigte zunächst knapp 100 Arbeiter. Bis 1883 stieg die Zahl der Beschäftigten auf etwa 1.200.

Die *Sieglinde* (Bau-Nr. 204, Baujahr 1890) der Dampfschiffs-Rhederei von 1889, Hamburg. Johannes Kothe war der Gründer dieser Reederei.

Sieglinde (built in 1890) of Dampfschiffs-Rhederei von 1889, Hamburg. This shipping company was founded by Johannes Kothe.

Nach drei Jahren hatte Georg Howaldts Werft bereits 25 Neubauten abgeliefert. Maschinen und Kessel bezog man von Schweffel & Howaldt, später, nach dem Erlöschen der von seinem Vater und Joh. Schweffel begründeten Firma, von »Gebrüder Howaldt«, wie sich das Unternehmen nach dem Ausscheiden von Joh. Schweffel jun. am 30. Dezember 1879 nannte.

1881 baute Georg Howaldt gemeinsam mit dem Dresdner Erfinder des Hydrometer, Dr. Emil Fleischer, das Hydromotor-Versuchsschiff. Das Schiff brauchte zu seiner Fortbewegung und Steuerung weder eine Dampfmaschine noch Seitenräder oder Schrauben. Wasserdampf wurde direkt in das Wasser geleitet. Das Verfahren erwies sich als unwirtschaftlich.

Die Produktionsstätten der Eisengießerei lagen immer noch am Kleinen Kiel, die Maschinenfabrik und Kesselschmiede wurden am Eisenbahndamm auf der Rosenwiese betrieben. Mit der ständigen Produktionssteigerung der Werft konnten diese Werkstätten nicht Schritt halten. Man entschloß sich, neue Fabrikationsanlagen neben »Georg Howaldt, Kieler Schiffswerft« in Dietrichsdorf zu schaffen und erwarb dort fast 145.000 qm. Insgesamt waren nahezu 33.000 qm für die Anlage von Werkstätten bestimmt. In jenem Jahr 1883

Der 150 t Ausrüstungs-Kran galt auf der Pariser Weltausstellung 1900 als Weltsensation. Die »Alte Oma« wurde im Juli 1966 abgebrochen.

At the Paris World Fair in 1900, the 150 tons crane was regarded as world sensation. The "Granny" was dismounted in July 1966.

Georg Howaldt jun.

Heinrich Diederichsen

wurde der einhundertste Neubau abgeliefert. Es war der Schrauben-Frachtdampfer *Emma,* den die Kieler Reederei Sartori & Berger übernahm. Da Schiffsreparaturen laufend zunahmen und die zahlreichen Neubauten gedockt werden mußten, bauten Gebrüder Howaldt für gemeinschaftliche Rechnung ein Schwimmdock und gründeten dafür 1884 eine besondere Aktiengesellschaft, die »Swentine-Dock-Gesellschaft«.

Was mancher als Erfindung unserer Jahre betrachten mag, nämlich die Beteiligung von Werften am Schiffahrtsgeschäft, wurde von den Howaldts schon lange praktiziert. Am 13. Mai 1885 war die »Friesische Dampfschiffahrtsgesellschaft« in das Kieler Handelsregister eingetragen worden. Sie betrieb den Fahrgast- und Frachtverkehr im Raum Elbe, Helgoland, Norderney, Föhr und einigen anderen Hafenplätzen. Zu den Gründern der Gesellschaft zählten auch Jacob Diederichsen, Hermann Howaldt und Bernhard Howaldt.

Zu jener Zeit hatte auch der Stettiner Reeder Schultz bei Howaldt einen Neubau für den Amerika-Dienst bestellt, die *Martha.* Als die Reederei einige Zeit später in Konkurs ging, übernahm Georg Howaldt den Frachter und gründete für dessen Betrieb die Kieler Dampfer-Compagnie, in die er auch ein zweites, auf eigene Rechnung gebautes Schiff einbrachte, den Dampfer *Kiel.*

Am 22. Juni 1889 wurde den Geschäftsfreunden in einem Rundschreiben mitgeteilt: »Durch Gegenwärtiges beehren wir uns, Ihnen mitzuteilen, daß wir unsere bis jetzt unter den Firmen Gebr. Howaldt, Maschinenfabrik, Gießerei und Kesselschmiede, sowie Georg Howaldt, Kieler Schiffswerft, geführten Geschäfte zu einer gemeinsamen Actien-Gesellschaft vereint haben, welche unter der Firma Howaldts-

werke in das hiesige Handelsregister eingetragen worden sind. Die Herren Georg Howaldt und Hermann Howaldt übernehmen als Vorstandsmitglieder die Leitung der neuen Gesellschaft, während die Herren Consul F. Mohr, als Vorsitzender, Justizrath Heinrich Meier, Kiel, und Carl Diederichsen, Hamburg, den Aufsichtsrath bilden.«

Wer lesen konnte, für den war es leicht herauszulesen, daß Bernhard Howaldt nicht mehr unter den Familienmitgliedern vertreten war. Meinungsverschiedenheiten zwischen den Brüdern hatten seit längerem bestanden, sie bezogen sich allerdings nur auf das Geschäftsleben, privat war die Freundschaft nicht beeinträchtigt.

Das wirtschaftliche Problem bestand darin, daß die Werft verstärkt auf den Großschiffbau ausgerichtet werden mußte, daß aber die Basis dafür, die Aufträge mittelgroßer Frachter, zur Zeit nicht ausreichte. Zudem machten sich unter dem Personal soziale Spannungen breit, noch wurde es auf »auswärtige« Agitatoren zurückgeführt, aber es war unverkennbar, daß die Arbeiter begannen, mehr und nachdrücklicher auf ihre Rechte zu pochen.

Ob man glaubte, daß das Geld in der Fremde leichter zu verdienen sei, mag dahingestellt bleiben – 1893 beteiligten sich die Howaldtswerke mit Aktienmehrheit an der Societa Fiuma di Construzione Navale in Fiume, wo sie bis 1903 Schiffe bauten, deren Maschinen und Kessel vom Kieler Werk geliefert wurden. Vielleicht aber lag das auch daran, daß man neue Kunden im Balkanraum gefunden hatte, denen man räumlich entgegenkommen wollte.

In Kiel wurde 1896 ein Bauplatz für größere Schiffe angelegt, auch die Werkstätten wurden vergrößert, neue Maschinen wurden beschafft, die Werft war jetzt in der Lage, auch größte Schiffe zu bauen. Im Geschäftsjahr 1897/98 waren

Eine Aktie über 1.000,00 Mark
herausgegeben von den Howaldtswerken 1920.

Share amounting at DM 1.000,00
issued by Howaldtswerke in 1920.

neun, im folgenden Jahr 1898/99 schon achtzehn Schiffe abgeliefert worden. Die Stahlindustrie hatte Schwierigkeiten, den Anforderungen der Werften nachzukommen, die Howaldtswerke beteiligten sich daher mit mehr als 100.000 Mark an der Errichtung eines neuen Stahl- und Walzwerkes in Rendsburg.

Um die Jahrhundertwende galten die Howaldtswerke bereits als »eine bedeutende deutsche Schiffswerft«. Sie hatte bis dahin 390 Schiffe gebaut, darunter 18 Dampfer zwischen 2.000 und 3.000 tdw, 18 weitere zwischen 3.000 und 6.000 tdw und 9 zwischen 6.000 und 11.000 tdw.

Am 17. Mai 1900 starb Hermann Howaldt. Die Leitung des Unternehmens fiel nunmehr ganz Georg Howaldt und seinem am 23. Juli 1870 geborenen ältesten Sohn Georg zu. Die günstige Entwicklung der Werft hielt weiter an.

Der alte Ausrüstungskran war den Anforderungen der größeren Neubauten nicht länger gewachsen. 1902 wurde ein neuer Kran, mit einer Tragfähigkeit von 150 t errichtet, der 1900 auf der Weltausstellung in Paris gezeigt wurde und dort als »Sensation« galt. Die »Alte Oma«, wie man sie auf der Werft nannte, wurde im Juli 1966 abgebrochen. Bereits 1909 waren die 175 m langen Hellingerüste errrichtet worden.

Schon im Jahre 1908 war es zu einer finanziellen Beteiligung der Turbinenbau-Firma Brown, Boveri & Cie. an den Howaldtswerken gekommen. Das Unternehmen übernahm Vorzugsaktien in Höhe von drei Millionen Mark und gewann damit entscheidenden Einfluß, der noch gestärkt wurde, als am 1. April 1909 die Firma ihren Vertrauensmann Mirus in den Vorstand der Howaldtswerke entsandte. Das Aktienka-

pital wurde auf Mirus' Veranlassung zweimal zusammengelegt, es gab eine Reorganisation des Gesellschaftskapitals. Mehrere Angehörige der Familie Howaldt schieden aus dem Unternehmen aus. Am 10. Mai 1909, nur ein knappes Jahr nach dem Tode seines Bruders Bernhard, erlag Georg Howaldt einem Gehirnschlag.

An die Stelle des Vaters trat Georg Howaldt jun., der Lehrling im Schiff- und Maschinenbau auf den Howaldtswerken, 1894 Betriebsingenieur der Werft und später Prokurist und Direktor gewesen war. Im Jahre 1910 schied auch er aus. Das Kapitel Schweffel & Howaldt und die Howaldtswerke war endgültig beendet.

Anfang 1911 gerieten die Stahl- und Walzwerke Rendsburg AG in Konkurs. Da die Howaldtswerke über ihre Kapitalanteile hinaus eine Bürgschaft geleistet hatten, wurden sie arg in Anspruch genommen, erwarben aber beim Versteigerungstermin das Stahlwerk für sich und eröffneten es am 29. April 1911 unter dem Namen Eisenhütte Holstein AG, die dann sogar sehr bald Gewinn erzielen sollte. 1913 verkündete eine Zeitungsanzeige, daß die Howaldtswerke nun über 4.000 Beschäftigte zählten.

Übrigens – die Norddeutsche Werft, auf der Georg Howaldt ein kurzes Gastspiel gegeben hatte, ging 1879 in Konkurs und wurde von der Märkisch-Schlesische Maschinenbau- und Hütten-AG, vormals F. A. Egells, Berlin, übernommen. Die stattete das Unternehmen 1882 mit drei Millionen Mark Grundkapital aus und ließ es als Schiffs- und Maschinenbau-A.G. Germania eintragen, deren Schiffbau in Kiel und deren Maschinenbau in Berlin-Tegel betrieben wurden.

So warben die Howaldtswerke, Kiel, in den 20er Jahren. Auf Tradition konnte schon damals hingewiesen werden: »Maschinenbau seit 1838« und »Eisenschiffbau seit 1865«.

This is how Howaldtswerke, Kiel, advertised in 1920s. Tradition could already at that time be referred to; engine building since 1838, and steelship building since 1865.

Inzwischen lief der Flottenbau auf vollen Touren. Und Kanonenkönig Krupp in Essen war bemüht, die sich bietenden Chancen zu nutzen. 1896 wurde die Germania-Werft an die Firma Fried. Krupp, Essen, übertragen. 1902 übernahm Krupp das Gesamtkapital der Werft. Die Kaiserliche Werft hatte inzwischen fast das gesamte einstige Gelände der Germaniawerft übernommen, die ihrerseits ihren Betrieb weiter nach Süden in die Hörn hinein verlegte. Sie sollte hier im Ersten Weltkrieg über 10.000 Menschen beschäftigen.

Zwar gab es 1904/05 und 1910/11 eine Wirtschaftskrise, die auch zu Rückgängen der Auftragsbestände der Werften führte, grundsätzlich aber hatte das Tirpitz'sche Flottenrü-

Die Jebsen Rhederei in Apenrade war der Kieler Werft auch durch Familienbande zugetan. Im Bild der Neubau *Michael Jebsen* (Bau-Nr. 677) aus dem Jahre 1927.
Apenrade's Jebsen Rhederei was attached to the Kiel yard also by family bonds. The photo shows the newbuilding *Michael Jebsen* of 1927.

Helgen der Howaldtswerke A.G. aus dem Jahre 1931. Auf den Helgen sind zehn Fischdampfer-Neubauten für UdSSR zu erkennen (Bau-Nr. 714–723).
Building berths of Howaldtswerke A.G. in 1931. They accommodate the ten trawler newbuildings for USSR.

stungsprogramm einen solchen Umfang angenommen, daß die Werften diese Zeit relativ gut überstanden.

Hatte man – die unter so optimistischen Erwartungen vollzogene Gründung der Deutschen Werft AG in Hamburg bewies es – mit einem fliegenden Start des deutschen Schiffbaus in die 20er Jahre gerechnet, so ergaben sich bald große Schwierigkeiten. Die Werften der Welt wollten alle an dem Kuchen teilhaben, die im Kriege arg dezimierte und vernachlässigte Welthandelsflotte zu erneuern und aufzumöbeln. Und es fand sich sehr bald eine günstige Gelegenheit, ein allzu rasches Einschalten der deutschen Werften in den Nachkriegswiederaufbau zu verzögern.

Die Selbstversenkung der in Scapa Flow internierten Kaiserlichen Flotte am 21. Juni 1919 gab den Entente-Mächten Veranlassung zu Repressalien. Es mußten nun nicht nur die in deutschen Häfen verbliebenen Reste der Kaiserlichen Flotte für eine Auslieferung bzw. Verschrottung bereitgehalten werden, es wurden auch zahlreiche Handelsschiffneubauten für deutsche Rechnung sofort nach Fertigstellung beschlagnahmt und an ausländische Reeder als Reparationsleistung vergeben. Eine Verknüpfung der Ereignisse von Scapa Flow mit Folgen, auf die im Deutschen Reiche übrigens kaum einmal hingewiesen wurde.

Die deutschen Werften mußten also sehr bald erkennen, daß es unter diesen Umständen Aufträge für deutsche Besteller zunächst nicht gab.

Kaum waren die einengendsten Bestimmungen für den deutschen Schiffbau gefallen, setzte der englische Kohlenarbeiterstreik ein, der in den deutschen Seehäfen die Bunkerkohlenpreise von 26.000 Mark auf 46.000 Mark für die Tonne emporschnellen ließ und die Frachtraten derart

verteuerte, daß viele Schiffe wegen Beschäftigungsmangels angebunden werden mußten. Zudem wurde die deutsche Wirtschaft nunmehr in vollem Maße von den Auswirkungen der Währungsinflation getroffen. Erst als sich Ende 1923 die Ablösung der Papier- durch die Rentenmark abzeichnete, gab es eine Wende zum besseren.

Immerhin: Im Jahre 1925 lieferten die drei Kieler Werften Fried. Krupp Germaniawerft, die Deutschen Werke AG und die Howaldtswerke zusammen zehn Prozent der in aller Welt gebauten Frachtmotorschiffe – ein stolzes Ergebnis.

Die Teuerung nahm derweil ein kaum vorstellbares Ausmaß an und führte dazu, daß am 4. Juli 1923 die Werftarbeiter die Arbeit niederlegten und in langen Kolonnen zum Neumarkt zogen. Eine Delegation wurde ins Rathaus geschickt. Aber die Stadt konnte auch nicht helfen.

Im Sommer 1926 zeichnete sich eine katastrophale Entwicklung für die Howaldtswerke ab: Neubauaufträge waren für einen halbwegs vernünftigen Preis von nirgendwo mehr zu erhalten. Das Rombacher Hüttenwerk, damals Hauptaktionär der Howaldtswerke, konnte und wollte die zuletzt eingetretenen Verluste in Höhe von sechs Millionen Mark, die das gesamte Aktienkapital der Werft ausmachten, nicht tragen. So wurde die Liquidation der Werft beschlossen. Das war eine Schreckensmeldung – Kiel war im Sommer 1926 verzweifelt bemüht, die übergroße Arbeitslosigkeit abzubauen. Und nun dies! Da erklärte sich Mitte September 1926 Konsul Dr. Diederichsen, Inhaber der bekannten Kieler Firma gleichen Namens, des Hamburger Handelshauses Theodor Wille sowie mehrerer südamerikanischer Unternehmen bereit, die Werft zu übernehmen. Für den »Spottpreis«, wie es hieß, von 1.750.000 Mark. Das sei verflixt wenig, erklärten die Sprecher vom Rombacher Hüttenwerk, mußten aber anerkennen, daß mehr nicht herauszuholen war. Was an Werft zu liquidieren war, firmierte fortan als »Dietrichsdorfer Werft AG«. Denn Konsul Diederichsen, mit den Howaldtswerken über Familienbande seit langem verbunden, wollte den alten Namen möglichst beibehalten und ließ seine neue, absolut schuldenfreie Werft als »Howaldtswerke AG« fortführen.

Und er tat noch etwas: Die Kieler Hafendampfschiffsreederei NDC, die Neue Dampfer-Compagnie, im Volksmund wegen der schwarzen Schiffsrümpfe die »Schwarze Dampfer Compagnie« genannt, in der er Sitz und gewichtige Stimme hatte, wurde von ihm veranlaßt, einen Neubau bei der Werft in Auftrag zu geben, der am 16. April 1927 als *Schilksee* vom Stapel lief. Gleichzeitig bestellte die Apenrader Reederei Jebsen den Frachter-Neubau *Michael Jebsen*.

Als nach dem Stapellauf dieser beiden Neubauten die Werft wiederum vor einem akuten Auftragsmangel stand, veranlaßte Diederichsen, daß die NDC noch ein Schwesterschiff der *Schilksee*, die *Strande*, bestellte. Es darf also gesagt werden, daß Kiels »Schwarze Dampfer« die Howaldtswerke retteten.

Wahrscheinlich hatte sich Diederichsen mit der Übernahme der Werft verkalkuliert. Es hieß immer, daß er aufgrund seiner Südamerika-Geschäfte auf Neubau-Aufträge der Hamburg-Südamerikanischen Dampfschifffahrts-Gesellschaft hoffte, die den Großteil seiner Güter transportierte. Doch diese Bestellungen ließen auf sich warten.

Diederichsen übernahm am 1. Januar 1930 von dem Bankhaus Schröder auch noch die Hamburger Vulcanwerft, die nun den Namen Howaldtswerke A. G. Kiel, Abt. vormals Vulcan, annahm.

Damals lag gerade der bis dahin längste Streik der Schiffbauer hinter der deutschen Schiffbauindustrie.

Es waren nicht nur Diederichsens eigene »Schwarze Dampfer«, die zur Erhaltung der Howaldtswerke beitrugen, es war auch wieder die Reederei Jebsen aus Apenrade dabei. Wen das überrascht – in den Anfangsjahren des von Georg Howaldt gegründeten Schiffbau-Unternehmens waren ja schon Jebsen'sche Neubauten entscheidend für das Wachsen der Werft gewesen – der sollte wisssen, daß zwischen den Häusern Howaldt, Diederichsen und Jebsen mehr als trossendicke Verbindungen bestanden: zarte Familienbande.

Michael Jebsen hatte sich nach langen Jahren als Kapitän in Apenrade niedergelassen und seine »Rhederei« gegründet. Das lag in jener Zeit im Trend. Für viele Seeleute galt die Ostsee noch immer als *das* zentrale Handelsmeer. Den Trade zu den jungen nordamerikanischen Staaten überließ man, ein bißchen auch unter dem Zwang der Verhältnisse, den Engländern. Und hätten nicht die Dänen in St. Thomas (Karibik) einen Stützpunkt gefunden, wer weiß, wer weiß, wie sich der berühmte Flensburger Rumhandel, damals gewissermaßen unter der schützenden dänischen Hand gediehen, weiterentwickelt hätte . . . Jebsen aber konzentrierte sich auf Fernost. Zu jener Zeit beharrten noch viele andere Reedereien fest auf ihrem Sitz an der Ostsee: Die Poseidon-Linien in Königsberg, Zedler in Elbing, Kunstmann sowie Gribel in Stettin, Sartori & Berger in Kiel, Possehl in Lübeck, H. C. Horn in Schleswig und Zerssen & Co. in Rendsburg. Die meisten deutschen Segelschiffsreedereien waren zeitweise in Flensburg zuhause.

Die Schwesterschiffe *Schwan* (Bau-Nr. 772) und *Reiher* der Argo Reederei, Bremen, beendeten 1938 den Handelsschiffbau auf der Kieler Werft.

The sister vessels *Schwan* and *Reiher* of Argo Reederei, Bremen, terminated the merchant shipbuilding of the Kiel yard in 1938.

Die Hamburger Verwandtschaft

The following chapter relates the eventful history of Howaldtswerke Hamburg (founded in 1909 as Vulcan-werke). It also tells the story of how Deutsche Werft Finkenwerder was created from out of a barren wasteland to become a yard of international reputation.

Korrekt wäre in den 70er Jahren von der Howaldtswerke-Deutsche Werft AG mit den Betriebsstätten in Hamburg (Werk Ross und Finkenwerder) sowie in Kiel zu sprechen gewesen. Aber zuerst soll hier von den Howaldtswerken Hamburg die Rede sein, von jenem Schiffbau-Unternehmen, das in der Zeit seines Bestehens viel Auf und Ab, Beschäftigungszahlen zwischen 200 und 8.000 erlebt hat und das 1983 als Neubauwerft zu existieren aufhören sollte.

Aus der Vogelperspektive: das Werk Ross der HDW, die früheren Howaldtswerke Hamburg AG (1980).
Seen from bird's eye view: Ross yard of HDW, erstwhile Howaldtswerke Hamburg AG (1980).

Für unsere Generation, die weiß, daß bei Howaldt in Hamburg Schiffe wie die *Imperator, Cap Trafalgar,* das Bäderschiff *Königin Luise,* das KdF-Schiff *Robert Ley* und schließlich der erste »Supertanker«, die *Tina Onassis,* gebaut wurden, erscheint das unvorstellbar. Howaldt Hamburg – das war doch immer eine Großschiffswerft . . .!

Nicht immer. Zwischen den vertrauten Namen populärer großer Schiffe tauchen in alten Ablieferungslisten auch ganz andere Schiffsgrößen auf: Fischdampfer, Schuten, Hafendampfer etc. 1953 wird dann die erwähnte *Tina Onassis* abgeliefert. Es ist ein schier atemberaubender Aufstieg. Und dann, keine dreißig Jahre später, der abgrundtiefe Sturz.

Doch es war im eigentlichen Sinne kein Fall, es war mehr ein Abgleiten in einem immer schneller werdenden Tempo. Der Untergang der Howaldtswerke Hamburg erfolgte nicht über Nacht. Es war ein langer Weg . . .

Der Name Howaldtswerke, den Kielern lange vertraut, kam für diese Werft nicht von ungefähr. 1858 gründeten die Herren Janssen und Schmilinsky auf der Insel Steinwerder, die St. Pauli gegenüberliegt, eine Werft, die zehn Jahre später rund 120 und 20 Jahre später schon fast 300 Mann beschäftigte. Durch Landkäufe wurde das Areal der Werft vergrößert – grundsätzlich blieb das Unternehmen von Janssen & Schmilinsky eine Kleinschiffswerft, da die Freihafengrenzen, nach dem Zollanschluß Hamburgs im Jahre 1888 eingeführt, keine Ausdehnung zuließen. Immerhin hatte die Werft sich mit dem Bau von Schleppern, Eisbrechern, Lotsendampfern, Schuten, Fährdampfern und Barkassen einen guten Namen gemacht – zudem hatte man schon damals »diversifiziert«, es wurden Lichtmaschinen, von kleinen einzylindrigen bis zu großen Compound-Maschinen, gebaut und gut verkauft.

Als Blohm & Voss Ende des Ersten Weltkrieges beabsichtigte, auf Steinwerder einen U-Boot-Hafen anzulegen, akzeptierte die Geschäftsführung von Janssen & Schmilinsky das Angebot des Hamburger Senats, auf ein Ersatzgelände auf Tollerort umzuziehen. Nach dem siegreichen Kriegsende, so hoffte man, würde dort der Einstieg in den Großschiffbau gelingen.

Mit dem Sieg wurde es nichts. Und der Aufbau der neuen Werft zog sich hin. Mehrfach wurde das Kapital erhöht, schließlich auf 45 Millionen Reichsmark. Ende 1923 konnte von einem »neuen Werftbetrieb« gesprochen werden, wenn es auch noch an manchem mangelte. Und es konnten an die Oldenburg-Portugiesische Dampfschiffs-Rhederei drei 2.000-BRT-Dampfer geliefert werden.

Aber die Schwierigkeiten kamen erst. Waren von 1920 bis 1922 durchschnittlich 1.200 Mann beschäftigt, waren es 1925 nur noch gut 500. Nach einem längeren Streik im Herbst 1928 wurde unmittelbar vor Jahresende, am 29. Dezember 1928, die Zahlungsunfähigkeit der Werft offiziell bekanntgegeben.

Nun hatte sich schon im Jahre 1926 in Kiel der Großkaufmann Konsul Dr. Heinrich Diederichsen als Retter der

Howaldtswerke betätigt. Am 1. Januar 1929 übernahmen die inzwischen Diederichsen gehörenden Howaldtswerke AG, Kiel, wie das Unternehmen nunmehr hieß, die »Schiffswerft und Maschinenfabrik (vormals Janssen & Schmilinsky) Aktiengesellschaft«, Hamburg, die fortan als »Howaldtswerke AG, Kiel, Abteilung vormals Janssen & Schmilinsky« Hamburg, firmierte.

Älter noch als die 1858 gegründete Hamburger Werft von Janssen & Schmilinsky war die Stettiner Firma »Früchtenicht und Breck«, 1851 als Schiffsreparaturbetrieb eingetragen. Bald konnte sich die Firma auch im Schiffbau betätigen – in den Jahren 1897 bis 1907 lieferte die inzwischen längst als »Stettiner Vulcan« bekannte Werft fünf Schnelldampfer vom Typ »Kaiser Wilhelm der Große«.

Aber als die Rede aufkam von Schiffen, deren Rümpfe länger als 200 m sein sollten, reichten weder die Abmessungen der Stettiner Werft noch die Wassertiefen der Oder aus, um weiterhin mithalten zu können. Hitzig wurde unter den Aktionären diskutiert, ob man in Hamburg einen Zweigbetrieb gründen sollte (mancher sah darin den Beginn eines Ausblutens der Stettiner Werft) – schließlich setzten sich die Befürworter mit dem Argument durch, daß man ansonsten bald nicht mehr konkurrenzfähig sein würde. Auf der Insel Ross im Hamburger Hafen wurde für die Dauer von 50 Jahren ein fast 25 ha großes Gelände mit 1.100 m Wasserfront gepachtet, am 21. Juni 1909 wurde der Betrieb in Gegenwart des deutschen Kaisers eröffnet. Hatte man anfangs die besten Fachkräfte von Stettin nach Hamburg geschickt, folgte schon 1911 die Hauptverwaltung – der Firmenname wurde von »Stettiner Maschinenbau A.G. Vulcan« in »Vulcanwerke Hamburg und Stettin A.G.« geändert.

Der Aufbau des Werftbetriebes auf dem sumpfigen Gelände bedingte gewaltige Bodenaufschüttungen und zog sich lange hin. Aber schon im Sommer 1911 lief hier das Linienschiff *Friedrich der Große* vom Stapel, ein Schiff von 24.760 t Wasserverdrängung, dem 1913 die noch etwas größere *Großer Kurfürst* folgte.

Erregten die »Dreadnoughts« unter den Marinemächten der Welt schon Aufsehen, so war es mit dem 52.116 BRT großen Luxus-Schnelldampfer *Imperator,* der 1913 fertiggestellt wurde, nicht anders. Mit seiner Geschwindigkeit von 22 kn konnte das Schiff die Route Hamburg-New York in sieben Tagen herunterdampfen. Finanziell war der Bau des Riesendampfers mit seinen 70.000 PS Turbinenleistung ein Reinfall: Vier Millionen Reichsmark mußten zugesetzt werden – es erwies sich als teuer, wenn auch ruhmträchtig, technisches Neuland betreten zu haben.

1914 wurde dann die 18.805 BRT messende *Cap Trafalgar* an die Hamburg-Süd abgeliefert, das bis dahin größte Schiff dieser Reederei – der Ruf der Werft war weltweit. Doch Schiffbaukrisen auch in dieser Zeit. Zur Zeit des Baues der *Imperator* wurden bis zu 8.000 Mann beschäftigt, im Sommer 1914 waren es noch 4.000. Das änderte sich schlagartig mit dem Ausbruch des Krieges – vor allem aber wurde nun beschleunigt der Auf- und Ausbau des Werftbetriebes vorangetrieben. Das Schlachtschiff *Württemberg* (28.900 t Wasserverdrängung) wurde damals gebaut und noch zu Wasser gelassen, aber nicht mehr fertiggestellt.

Die Nachkriegszeit bescherte dem »Vulcan« die üblichen Sorgen. Man ging zur Lokomotivreparatur über, vor allem aber auch zum Tank- und Behälterbau. Während man sich aus der Reparatur von Lokomotiven wieder zurückzog, als die Aufträge nachließen, ist die Werft dem Tank- und Behälterbau bis zuletzt treu geblieben. Vor allem aber konnte man sich, da man über vier Docks von 6.000, 9.500, 17.500 und 25.000 t Tragfähigkeit verfügte, verstärkt der Schiffsreparatur zuwenden.

Erwähnenswert ist auch der Maschinenbau beim »Vulcan«. Es entstanden Dampfmaschinen, Turbinen und Dieselmotoren für den Schiffshauptantrieb, ebenso zahlreiche Schiffshilfsmaschinen. Die Ölfeuerungsanlagen, System »Vulcan«, wurden bekannt, die Vulcan-Getriebe und die Bauer-Wach-Abdampfturbinen.

Doch schwer trugen die Werften an der Hypothek des verlorenen Krieges. Keine Marine-Aufträge mehr, Konkurrenz durch die staatseigenen einstigen »Kaiserlichen Werften«, die zum Handelsschiffbau übergegangen waren, Rückgang der Ladungsmengen, Zusammenlegungen von Reedereien (Deutsche Austral und Kosmos-Linie z. B. zur Hapag), wodurch deren Stellung als Vertragspartner bei Neubauverhandlungen gestärkt und die der Werften geschwächt wurde.

1924 unternahm der »Vulcan« einen Vorstoß, um eine Werftenfusion herbeizuführen, scheiterte aber. Doch im Dezember 1926 wurde unter der Führung des Bremer Bankiers Schröder, der eine Heilung der Krise in der Reduzierung der Schiffbaukapazitäten sah und Werften kaufte, um sie zu verschrotten, die Deutsche Schiff- und Maschinenbau A. G. (Deschimag) gegründet, in die die drei Werften A. G. »Weser«, die Joh. C. Tecklenborg A. G. und der Hamburger Vulcan eingingen. Die Deschimag kaufte der Stettiner Vulcanwerke A. G. den Hamburger Werftbetrieb ab – die Stettiner zogen sich wieder an die Oder zurück. Bei der Deschimag hoffte man damals wohl, die Howaldtswerke mit ihrem Betrieb Janssen & Schmilinsky, Blohm & Voss und Deutsche Werft würden dem Fusionsbeispiel folgen. Doch die anderen bissen die Zähne zusammen und versuchten, die Krisenzeit zu überstehen. In Flensburg sprang die Stadt ein, um eine Übernahme der Flensburger Schiffsbau-Gesellschaft durch die Deschimag zu verhindern – allein die Neptunwerft, Rostock, Nüscke & Co., Stettin, und die Frerichswerft, Einswarden, schlossen sich der Deschimag an, die schließlich die Anlagen des alten Stettiner Stammwerkes des Vulcans erwarb, um sie zu verschrotten und so die Werftkapazität zu reduzieren.

Die Deschimag hatte beim Bau des Schnelldampfers *Bremen* für den Norddeutschen Lloyd zusetzen müssen, man war mit der Übernahme weiterer Hamburger Werften nicht vorange-

kommen. Sollte die eigene Finanzkraft gestärkt werden, mußte der Hamburger »Vulcan« wieder abgestoßen werden. Interessent: Konsul Dr. Heinrich Diederichsen, der glaubte, dank seiner guten Geschäftsbeziehungen zu deutschen Großreedereien auch Aufträge von denselben zu erhalten. Allerdings zeigte er wenig Neigung, den gesamten Werftbetrieb zu übernehmen. Er behielt nur das 17.500 t Dock, während die Deschimag die anderen Docks an Blohm & Voss verkaufte; die Helling I am früheren Vulcan- und jetzigen Hachmannkai wurde abgerissen, das Gelände veräußert. Fortan firmierte der Hamburger Vulcan als Howaldtswerke AG, Kiel, Abteilung vormals Vulcan. Diederichsen verfügte nunmehr über zwei Werftbetriebe in Hamburg, einen in Tollerort, einen »auf dem Ross«, sowie einen in Kiel. Da die Kieler Howaldtswerke einen gut ausgestatteten Maschinenbaubetrieb besaßen, wurde in Hamburg auf die Beibehaltung großer maschinenbaulicher Werkstätten verzichtet.

Die wirtschaftlichen Verhältnisse entwickelten sich allerdings viel schlechter, als Konsul Diederichsen es sich gedacht hatte. Konnten nach der Übernahme von Janssen & Schmilinsky weiterhin Neubau-Aufträge hereingenommen werden, gab es beim ehemaligen »Vulcan« erst nach Monaten einen Neubauauftrag – den 8.207 BRT Tanker *Circe Shell*, der vorerst aber auch der einzige blieb. Die Russen, bei Janssen & Schmilinsky gute Kunden, erteilten der Abteilung »Vulcan« keinerlei Aufträge (sie ließen aber 1931 bei Howaldt in Kiel bauen). Mühsam mußte man sich mit Schiffsreparaturen über Wasser halten.

Kaufmann Diederichsen, hinter dem das bedeutende Handelshaus Theodor Wille stand, der darüber hinaus auch maßgeblich am deutschen Kaffee-Import beteiligt war, mußte erhebliche Beträge zuschießen. Zudem wurde auf den Werften auf das äußerste gespart – an Investitionen wie am Personal. Aber es ist das Verdienst Diederichsens, daß die Werftbetriebe mit Ausnahme von Tollerort, der stillgelegt worden war, überlebten. Damals kam der Spruch auf, daß eine Werft deshalb Werft heißt, weil sie nichts abwerft . . . 1937 sah es für die Werftgruppe immer noch nicht rosig aus, erhebliche Investitionen waren aber unaufschiebbar geworden. Diederichsen entschloß sich, sein Aktienkapital an die Deutsche Werke AG, Kiel, zu übertragen. Beabsichtigt war, die Kieler Anlagen für die Kriegsmarine zu nutzen und das Kieler Werk später mit dem Marine-Arsenal zu einer Kriegsmarinewerft zusammenzulegen. An den Hamburger Anlagen bestand seitens der Kriegsmarine zunächst kein Interesse – ergo sollten die Werftbetriebe getrennt werden. Das erforderte Zeit. Erst am 1. April 1939 wurde das Kieler Werk endgültig an die Kriegsmarine verkauft, der Hauptsitz der Howaldtswerke wurde von Kiel nach Hamburg verlegt.

Hatte man 1930 in Hamburg auf die Übernahme der maschinenbaulichen Fertigung des Hamburger Vulcans verzichtet, weil Kiel über entsprechende Einrichtungen verfügte, so wurden nun am zurückgekauften Hachmannkai wieder Maschinenwerkstätten errichtet.

In Kiel bewährte sich die Übernahme der Howaldtswerft durch den Staat überhaupt nicht – zum 1. Juli 1943 wurde die Werft von Howaldt zurückgekauft. Jetzt gehörten Howaldt, Hamburg, und Howaldt, Kiel, wieder zusammen, nun saß allerdings die Hauptverwaltung in Hamburg statt in Kiel.

Da der Kriegsverlauf eine zu straffe, zentrale Verwaltung nicht angebracht sein ließ, bewahrten sich beide Betriebe eine gewisse Unabhängigkeit. Die Anlagen des großen Motorenwerkes am Hachmannkai wurden allerdings nicht an die Howaldtswerke, Hamburg, übertragen – sie wurden an die M.A.N. verpachtet.

1944 hörte wegen der Luftangriffe der Neubaubetrieb in Hamburg auf, man beschränkte sich auf gelegentliche Reparaturen. Als dann der Krieg beendet war, waren fast alle Werksanlagen zerstört oder schwer beschädigt.

Nach der Besetzung Hamburgs wurde das gesamte Werftgelände zunächst gesperrt. Nach und nach wurde dann die Beschäftigtenzahl von zunächst 500 auf 2.000 erhöht, zuzüglich zehn Prozent Angestellte. Aufträge kamen zunächst nur von der Royal Navy. Es folgte die Instandsetzung von Fahrzeugen des deutschen Minensuchdienstes (German Minesweeping – GMSA), schließlich der Rückbau von Vorpostenbooten zu Fischdampfern. Lokomotiven und Kesselwagen wurden repariert. Der Tank- und Stahlbau fand Beschäftigung – das Stammpersonal hielt dem Werk die Treue, obwohl eine Bezahlung nur in wertloser Reichsmark, aber nicht – wie bei vielen anderen Firmen – zumindest zu einem Teil durch Sachwerte erfolgte.

1946 drohte die Sprengung der Hellinge, was im letzten Augenblick verhindert werden konnte. Aber fast alle Schwimmdocks wurden als Kriegsbeute abgeschleppt. Als dann der Kontrollrat die ersten Fischdampferbauten freigab (von 100 genehmigten Fahrzeugen durften nur 34 rund 400 BRT groß werden, 66 sollten kleiner bleiben und durften keinen Motorantrieb erhalten, weshalb nur die erstgenannten 34 Schiffe bestellt wurden), gingen drei Aufträge an die Howaldtswerke, Hamburg.

Die Währungsreform bescherte dem Schiffbau nicht, wie anderen Branchen, einen unmittelbaren Aufschwung. 1949 brachte die Werft nur die drei genannten Trawler und zwei 1.500 BRT »Potsdam«-Frachter zur Ablieferung. Erst 1950 kam der Schiffsneubau im Rahmen neuer Größenordnungen langsam in Gang.

Das Kieler Werk mußte sich – obwohl nach der Zahl der Beschäftigten größer als das Hamburger (in der Hansestadt 2.400, in Kiel 4.000 Beschäftigte) – weiter im wesentlichen auf Schiffsreparaturen beschränken.

In den Folgejahren lief die Entwicklung der Hamburger und Kieler Betriebsstätten, die unter der Leitung von Theodor Schecker (Hamburg) und Adolf Westphal (Kiel) standen, auseinander. 1951 wurde bekannt, daß die vollständige Trennung angestrebt wurde. Die Howaldtswerke in Kiel, schon der größte Industriebetrieb des nördlichsten Bundeslandes, wollten nicht länger ein Anhängsel von Hamburg sein – in der von vielfältigem Geschäftsleben erfüllten Hansestadt besaß zudem auch eine große Werft längst nicht die Bedeutung wie in Kiel. Ein Mann wie Adolf Westphal hatte sicher keine Lust, seine Kieler Führungsposition mit seinem Hamburger Kollegen zu teilen. Amerikaner zeigten Interesse, sich in Kiel zu beteiligen, waren aber nicht bereit, eine vom Bund verlangte Beschäftigungsgarantie zu geben. Die Verhandlungen scheiterten. Der Bund konnte sich einschalten, weil beide Betriebe zunächst unter der Verwaltung der jeweiligen Oberfinanzpräsidenten, später unter der des Bundesfinanzministeriums bzw. der Bundesregierung standen.

1953 kam es zur Trennung des Kieler und des Hamburger Betriebes – in Kiel entstand die »Kieler Howaldtswerke AG«, in Hamburg die »Howaldtswerke Hamburg AG«.

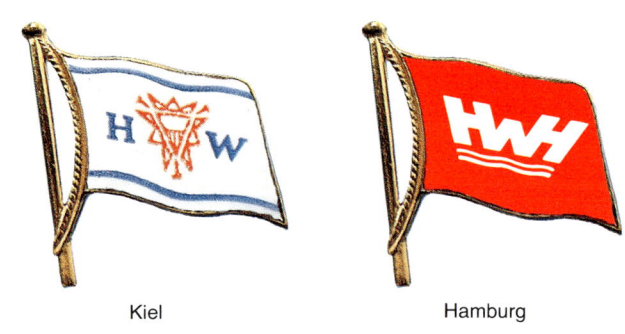

Kiel   Hamburg

1955 fusionierten in Kiel die Howaldtswerke und die bundeseigene Deutsche Werke AG (einstmals die »Kaiserliche Werft«), deren Anlagen in Kiel-Gaarden die Howaldtswerke bereits gepachtet hatten – eine Großwerft zeichnete sich ab. Und ein Stahllieferant signalisierte Interesse – am 30. September 1959 stieg der bundeseigene Salzgitter-Konzern in die beiden Howaldtswerke ein.

Während man noch auf das Wirtschaftswunder und die Ergebnisse des Wiederaufbaues stolz war, tat sich im Fernen Osten Erstaunliches: Japan schickte sich an, die westeuropäischen Industriestaaten das Fürchten zu lehren. Auch und besonders im Schiffbau.

In der Bundesrepublik wollte man gegensteuern. Werftfusionen mit der Zusammenlegung von Verwaltungen, Konstruktion, Verkaufsorganisationen und Einkauf schienen ein geeignetes Mittel.

Mitte der 60er Jahre wurde laut über eine Zusammenlegung der Hamburger Werften nachgedacht (an der Weser sprach merkwürdigerweise kaum jemand über ein ähnliches Vorgehen) – ein Zusammengehen der Hamburger Howaldtswerke mit Blohm & Voss schien vielen als der natürlichste und naheliegendste Weg. Andererseits verhandelten die Howaldtswerke Hamburg AG mit der Stülckenwerft über eine Fusion, an der Siemens beteiligt werden sollte. Zur großen Überraschung (auch des damaligen Bundesschatzministers Werner Dollinger) schlossen sich aber im Februar 1966 die in Hamburg als Nachbarn nebeneinanderliegenden Blohm & Voss und die Stülckenwerft zusammen – nun erschien ein Zusammenlegen der beiden im Bundesbesitz befindlichen Werften Howaldtswerke Hamburg AG und Kieler Howaldtswerke AG mit der Deutschen Werft AG in Hamburg-Finkenwerder logisch.

Die Deutsche Werft war Weltspitze

Der Versuch, in der Einöde von Hamburg-Finkenwerder in den Jahren nach dem verlorenen Ersten Weltkrieg eine Großwerft aufzubauen, mußte vermessen erscheinen, und die Anfangsschwierigkeiten waren riesengroß. Es gab keine direkte Verkehrsanbindung, keinen Gleisanschluß für das Areal. Die Werft mußte auf eigene Kosten den Köhlbrand überbrücken. Dann waren Unmengen von Betonpfählen zu gießen, um die Hellingsohle abzustützen. Danach erfolgte, aber das nahm geraume Zeit in Anspruch, der Aufbau einer damals supermodernen Kabelkran-Anlage. An 24 Kabeln von je 280 Meter Länge fuhren Laufkatzen von je 4 t Tragfähigkeit. Für größere Lasten konnten über Traversen bis zu zehn Katzen zusammengefaßt, das Gesamtgewicht also auf 40 t gesteigert werden. Da damals Werftkräne von mehr als 40 t Hubkraft, die neben den Helgenbahnen fahren konnten, unbekannt waren, war dies die wirtschaftlichste Lösung. Die ersten Neubauten waren zwei Schwimmdocks von je 4.500 t für eigene Rechnung. Dann kam der Schiffbau schon wieder zum Erliegen, weil sich die Bedingungen der Versailler Verträge als so dehnbar erwiesen, daß kein Mensch wagte, auf deutschen Werften Schiffe zu bauen. Und während alle Welt glaubte, daß die Tonnageverluste des Ersten Weltkrieges den Werften auf Jahre hinaus Beschäftigung sichern würden, mußte man erkennen, daß im Juni 1919, als in Finkenwerder noch kein Schiff auf Stapel gelegt worden war, die Welthandelsflotte den Stand des Jahres 1914 mit einhalb Millionen Bruttoregistertonnen bereits überschritten hatte. Immerhin reiften die Pläne der Deutschen Werft. Im Jahre 1920 wurde der erste von sechs 2.000 tdw großen Frachtdampfern, die *Alesia*, für die Hamburg–Amerika Linie auf Kiel gelegt. Dann ergab sich plötzlich die Chance, den in Hamburg gelegenen Werftbetrieb Tollerort günstig zu pachten, um ihn als Neubauplatz zu nutzen.

Danach folgten die ersten Auslandsaufträge von holländischen Reedern. Zwar wies der Gewinn für das Jahr 1923 stattliche 5.237 Billionen Mark aus, allerdings reduzierten die sich auf einen sehr geringen Betrag, wenn man in Betracht zog, daß ein Brot schon eine Billion Mark kostete – die Inflation tobte. 1924 kam es zu der Bestellung der beiden Erzfrachter *Svealand* und *Amerikaland* von je 21.200 tdw für die schwedische Rederi A.B. Broström. Das waren zwei Aufträge, die weltweites Aufsehen erregten, mehr noch als die fünf 9.000 tdw Motortanker, die kurz darauf von norwegischen Reedern bestellt wurden.

Wer glaubte, daß es nun aufwärts gehen werde, irrte. Kaum waren die Inflation und die Ruhr-Besetzung vorüber, womit die schlimmsten Materialengpässe beseitigt waren, da kam es zu einem dreimonatigen Streik um die Einführung des Neun-Stunden-Tages auf der Deutschen Werft.

Mitte der 20er Jahre wollte der Hamburger Senat die Pachtung des Geländes Tollerort beenden, die Deutsche Werft übernahm stattdessen die Reiherstieg-Werft, auf der bis zum Zweiten Weltkrieg 35 Neubauten entstanden. Damals setzte sich der Diesel-Antrieb in der Schiffahrt mehr und mehr durch, die Deutsche Werft baute der Hamburg–Amerika Linie eine ganze Reihe kombinierter Frachter und Fahrgastschiffe von etwa 10.000 tdw, die alle mit neuen M.A.N.-Motoren ausgestattet wurden. Daneben war eine Vielzahl von Spezialbauten, u.a. für die Baggerei, Getreideheber, Hafenfahrzeuge usw. in die Bestellbücher aufgenommen worden. Damals gab es viele Versuche, die Leistungsfähigkeit von Schiffen zu erhöhen, die »Speedy lines« der Deutschen Werft brachten ganz offensichtlich Geschwindigkeitsgewinne bei gleichbleibender Maschinenleistung, die »Simplex«- und »Turbulo«- Fabrikate und -Patente bewährten sich in vielfacher Weise als Ruderanlagen, der Turbulo als Entöler – auch solche Einzelentwicklungen trugen zum Ruf einer Werft erheblich bei.

Aber den eigentlichen Ruf der Deutschen Werft machten wohl die Tankschiffbauten aus. Obwohl die Reedereien aus den verschiedensten Gründen voneinander abweichende Typen verlangten, kam es doch zu bemerkenswerten Tankschiffserien. Die eleganten Linien dieser Schiffe trugen dazu bei, daß den DW-Tankern von der Presse der Name »Tankyachten« verliehen wurde.

Ende der 30er Jahre entstanden das Passagierschiff *Patria* für die Hapag und die Walkocherei *Walter Rau*, eines der leistungsfähigsten Schiffe seiner Art. Und 1938 stand die Deutsche Werft, was die Ablieferungen anging, zum ersten Mal an der Spitze aller Werften der Welt mit 203.353 tdw.

Ein so leistungsfähiges Schiffbau-Unternehmen wurde natürlich voll in das Kriegsbauprogramm der Marine eingegliedert und stand 1945 dann auch mit den im Kriegsschiffbau führenden Werften Germaniawerft und Deutsche Werke in Kiel zusammen an erster Stelle der zu demontierenden Werftanlagen. Während es in Kiel, wo nur die Howaldtswerke von den Sprengungen ausgenommen wurden, bei dieser Entscheidung der Besatzungsmächte blieb, gelang es, die Deutsche Werft Hamburg in buchstäblich allerletzter Minute aus der Liste der zu zerstörenden Werften herauszunehmen.

Als schließlich die Freigabe des deutschen Schiffbaues erfolgte, waren es in erster Linie wiederum die Tankschiffe, die mit ihren gelungenen Formen die Fachwelt begeisterten. Und hier blieb es nicht lange bei den 16.000 und 18.000 tdw Tankern, die in Serien von zehn und elf Einheiten gebaut wurden, jetzt ging es sprunghaft vorwärts, 27.000, 29.000 und 32.000 tdw waren die nächsten gängigen Tankergrößen. Obwohl man Vergrößerungen in diesem Tempo vorher nicht gekannt hatte, konnten sie noch als »normal« bezeichnet werden. Aber als 1956 der Suez-Kanal verstaatlicht wurde, zeichneten sich politische Konsequenzen ab, die bis in die Weltwirtschaft hineinreichen sollten und zu einem einzigartigen Schiffbau-Boom führten. Das galt nicht allein für die Tanker, jetzt steigerten sich die Größen praktisch aller Frachtschiffstypen. Zwar stehlen die Hamburger Howaldts-

werke allen anderen deutschen Werften mit der Fertigstellung der *Tina Onassis* (45.742 tdw) im Jahre 1953 die Schau – als Etappe im Schiffbau blieb die Ablieferung dieses Tankers bis heute unvergessen –, aber auch auf der Deutschen Werft stiegen die Tankergrößen unaufhörlich. Nach 1953 kam kein Tanker mehr aus Finkenwerder, der weniger als 50.000 t trug, die 1964 fertiggestellte *Altanin* war mit 84.734 tdw der größte auf der Deutschen Werft gebaute Tanker.

Hatten die Howaldtswerke Hamburg die Ablieferung der *Tina Onassis* zum großen Ereignis werden lassen, war es im Jahre 1969 das Passagierschiff *Hamburg,* das von der Deutschen Werft geliefert wurde und nunmehr seinerseits für Schlagzeilen sorgte. Gleichzeitig aber stellte sich heraus, daß die Schiffsgrößen, bei deren ständigem Zuwachs kein Ende abzusehen war, zu Gewichten führten, für die der Hellingboden der Finkenwerder Werft nicht ausgelegt worden war, als sie knapp 50 Jahre vorher geplant und gebaut wurde. Zwar überraschte der damalige Vorstandschef der Deutschen Werft die Öffentlichkeit noch einmal mit dem Plan eines

Die frühere Deutsche Werft in Hamburg-Finkenwerder aus der Luft (1968).
The erstwhile Deutsche Werft in Hamburg – aerial photograph of Finkenwerder (1968).

Die Reiherstieg-Werft wurde schon Mitte der 20er Jahre von der Deutschen Werft übernommen (1980).
Already in the middle of the 1920s, Reiherstieg yard was taken over by Deutsche Werft (1980).

gigantischen Baudocks, aber das Projekt ist vielleicht nie ernsthaft durchdacht worden. Jedenfalls verschwand es sehr schnell wieder in den Schubladen, als bald darauf bekannt wurde, daß sich die drei Werften Howaldtswerke Hamburg, Deutsche Werft und Kieler Howaldtswerke künftig unter dem Namen Howaldtswerke-Deutsche Werft AG Hamburg und Kiel als eine der größten Werftgruppen der Welt präsentieren würden. Auch wenn zunächst noch von der Erhaltung aller drei Werften ausgegangen wurde, die Entwicklung sollte dazu führen, daß die Hamburger Schiffbaubetriebe stillgelegt und Kiel als die einzige Großwerft erhalten blieb. In dem beibehaltenen Namen Howaldtswerke-Deutsche Werft aber steckt zugleich, daß alles Können und Wissen der Deutschen Werft übernommen und weiterhin gepflegt wurde.

Die Deutsche Werft war 1918 auch auf das Betreiben des allmächtigen Hapag-Chefs Albert Ballin gegründet worden. Man setzte darauf, daß nach dem Kriege der Baubedarf so groß sein würde, daß es für eine neue Werft so etwas wie

einen »fliegenden Start« geben könnte. Jetzt nach dem Zweiten Weltkrieg waren die Gutehoffnungshütte und die AEG die Hauptanteilseigner. Die Werft war in diesen Nachkriegsjahren vor allem im Tankerbau sehr erfolgreich. Meldungen über den Bau moderner, gut aussehender Neubauten täuschten aber darüber hinweg, daß in den Finkenwerder Werftbetrieb seit seiner Gründung kaum investiert worden war. Der Betrieb war weitgehend abgeschrieben, ausgelaugt, obwohl er, weil es bis zum Jahre 1939 auch kaum etwas zu investieren gab, häufig Gewinne abgeworfen hatte – die Hamburger Öffentlichkeit sah in dem Werftchef Wilhelm Scholz den erfolgreichen »King William«. Angesichts der Tatsache, daß auch die Howaldtswerke Hamburg kaum als sehr moderner Betrieb anzusehen waren, schienen die Befürchtungen zahlreicher Hamburger nicht unberechtigt, daß bei einer Zusammenlegung der beiden Howaldtschen Werften und der Deutschen Werft die Kieler Howaldtswerke mit ihren modernen Anlagen dominieren könnten. In Hamburg wurde insbesondere von SPD-Kreisen unbeirrt die »große Lösung« angestrebt, bei der die Howaldtswerke Hamburg auch noch nachträglich in den Zusammenschluß Blohm & Voss/Stülckenwerft einbezogen werden sollten. Doch gegen die Wunschvorstellungen des damaligen Hamburger Bürgermeisters Weichmann und seines Wirtschaftssenators Kern schlossen Mitte Mai 1966 die Gutehoffnungshütte und die AEG, als Großaktionäre der Deutschen Werft AG, sowie die bundeseigene Salzgitter AG, als Eigentümerin der Howaldtswerke Hamburg AG und der Kieler Howaldtswerke AG, einen Vorvertrag zur Fusion der drei Werften. Der Bund hatte zu diesem Zweck die Howaldtswerke AG in die bundeseigene Salzgitter AG eingebracht.

Im Jahr zuvor hatten die drei Werften zusammen 40 % der deutschen Schiffbauleistung erbracht, sie hatten 610 Mio. DM umgesetzt, zusammen 396.000 BRT abgeliefert, sie boten gemeinsam die größte Reparaturkapazität in der Bundesrepublik.

Allerdings: Die Kieler Landesregierung meldete, obwohl politisch ganz anders zusammengesetzt als der Hamburger Senat, ebenfalls Vorbehalte gegen eine Dreier-Fusion an. Sie ging davon aus, daß das Kieler Werk nach umfangreichen Investitionen eine maximale Größenordnung erreicht habe und daß es fraglich sei, ob eine Fusion noch irgendwelche Vorteile bringen könne. Man bestand darauf, den Großschiffbau künftig allein in den modernen Kieler Anlagen zu betreiben, wandte sich aber gleichzeitig dagegen, daß Hamburg dafür ganz und gar das lukrative Reparaturgeschäft übernehmen würde.

Die IG Metall zog sich auf eine neutrale Stellung zurück und sprach von einem »Brückenschlag« zwischen Kiel und Hamburg, obwohl es später unter den Beschäftigten noch Unruhe geben sollte, weil die Löhne in Kiel erheblich unter dem Hamburger Niveau lagen.

Bundesschatzminister Dollinger sagte zu, daß Hamburg auch nach einer Fusion Schiffsneubau »im bedeutenden Umfang« behalten würde, die Werften aber keine Schiffe über 100.000 tdw bauen würden (so etwas wird heute kaum noch bestellt – man ging damals von ganz anderen Trends aus). »Die Hamburger SPD befürchtet, daß der Tag nicht mehr fern ist, da die Kieler Howaldtswerke den gesamten Großschiffbau von der Elbe an die Ostsee ziehen wird«, stand am 8. Mai 1966 in den »Kieler Nachrichten«.

Im Januar 1967 beschlossen die Aufsichtsräte von Deutsche Werft sowie Howaldt (Hamburg und Kiel), die Fusion der drei Großwerften noch vor dem ursprünglich geplanten Fusionstermin 31. 12. 1968 zu vollziehen. Der Kieler Adolf Westphal sollte Chef werden, Sitz des Unternehmens »Howaldtswerke-Deutsche Werft AG« würden Hamburg und Kiel sein. Als sich über die Bewertung der drei unterschiedlichen Werftbetriebe keine schnelle Einigung erzielen ließ, hieß es, notfalls solle eine »Als-ob-Fusion« erfolgen.

Bei der Deutschen Werft war Vorstandsvorsitzender Dr. Paul Voltz, der Nachfolger von Wilhelm Scholz, noch schnell mit dem phantastischen Plan an die Öffentlichkeit gegangen, das riesige Ausrüstungsbecken in Finkenwerder zu überdachen. Von der Howaldtswerke Hamburg AG hieß es, die Werft sei bis Ende 1968 voll beschäftigt, die dort geplanten Investitionen würden aber nur noch so weit verwirklicht, wie sie bereits in Angriff genommen seien. Außerdem sollten Investitionen höchstens im Rahmen der Abschreibung erfolgen – es zeichnete sich frühzeitig ein »Abschreiben« der Howaldtswerke Hamburg AG ab. Sie hatte 1964 einen Verlustabschluß vorgelegt; 1965, so hieß es, würde ein ausgeglichener Abschluß nur unter Inanspruchnahme der Abschreibungen vorgelegt werden können.

Am 30. Juni 1966 erklärte Dr. Wilhelm von Menges, Chef der Gutehoffnungshütte sowie Aufsichtsratsvorsitzender der Deutschen Werft (und bemüht, einen guten Preis für das Werk Finkenwerder herauszuholen), die Fusion werde nicht weniger, wahrscheinlich aber sicherere und krisenfestere Arbeitsplätze für die Werftarbeiter bedeuten (Damals hatten die drei Werften zusammengenommen rd. 22.000 Beschäftigte, vor den geplanten Großentlassungen waren es noch 12.000).

Die Fusion, so wurde ausgerechnet, werde die neue Gruppe leistungsmäßig auf den 3. Platz der Weltrangliste bringen – hinter den japanischen Schiffbauriesen Mitsubishi und Ishikawajima Heavy Industries, aber vor Hitachi, Mitsui und Blohm & Voss/Stülckenwerft, die (theoretisch) den 6. Platz einnehmen würden. Von den Südkoreanern sprach noch niemand.

Bundesschatzminister Dollinger, obwohl er damals sicher nicht ahnte, daß die Großwerften eines Tages »kleine Brötchen backen«, d. h. kleine Schiffe bauen würden, erklärte im Sommer 1966: »Die Großwerft beabsichtigt nicht den Bau kleiner Schiffe.«

Als sich im September 1967 herausstellte, daß die schwierigen Bewertungsfragen die Fusion verzögerten, einigten sich die Beteiligten auf die Bildung einer »Betriebsführungsgesellschaft«, die sämtliche Anlagen der drei Werften pachten und sie einheitlich führen sollte. 1967 wurde dazu die allgemeine Zustimmung gegeben.

Im September 1968 wurde folgendes Konzept für die drei fusionierten Werften vorgelegt: Der Betrieb Finkenwerder der ehemaligen Deutschen Werft AG würde nur noch für Neubauten mit hohem Ausrüstungsgrad bis zum Stapellauf benützt, die Endausrüstung der Neubauten würde im Werk Ross (Howaldtswerke Hamburg) erfolgen. Dort würden auch Schiffsumbauten ausgeführt werden. Der Betrieb Reiherstieg (DW) sollte sich mit dem Werk Ross Reparaturaufträge teilen. Die Großhelling der Howaldtswerke Hamburg würde weitgehend stillgelegt werden, dort aber könnten schwimmfähige Bodensektionen vorgefertigt werden, die dann von Schleppern nach Kiel gebracht würden.

Im Sommer 1970 lebte noch einmal der Gedanke eines Zusammengehens mit Blohm & Voss auf – von HDW wurde signalisiert, man sei »zu einer sinnvollen Zusammenarbeit mit jedem bereit«. Noch im Jahre 1971 wurden darüber unter den Beteiligten Gespräche geführt – im August 1971 verlautete, die Verhandlungen seien endgültig »geplatzt«.

Inzwischen war die Entwicklung im Schiffbau weitergegangen. Andererseits war die Modernisierung der Anlagen der einstigen Howaldtswerke Hamburg AG unterblieben. Die Schiffe wurden aber größer und größer. Der Bau eines Großdocks in Kiel, so wurde jetzt argumentiert, sei vorteilhafter und im Grunde nicht teurer als etwa ein Ausbau des Docks 17 in Hamburg. Die Erkenntnis schälte sich heraus, daß die Gutehoffnungshütte das Interesse am Schiffbau endgültig verloren hatte. »Die dachten an Lastkraftwagen«, sagte Hans Birnbaum, damals Salzgitter-Chef, »wir an den Schiffbau«.

Im Dezember 1971 einigten sich die Salzgitter AG und die Gutehoffnungshütte auf die Übernahme des GHH-Anteils durch Salzgitter – 50 Mio. DM kassierte die GHH schließlich im Jahre 1973. Es war wohl der höchste Preis, der je für einen verschlissenen Werftbetrieb gezahlt wurde, wie es der Betrieb Finkenwerder der Deutsche Werft AG mittlerweile geworden war, der zudem für den modernen Schiffbau nicht

An der Schwentinemündung in Dietrichsdorf entstanden seit 1876 viele Schiffe. Diese Betriebsstätte wurde 1983 aufgegeben. Auch die Konstruktionsbüros und die Verwaltung der HDW ziehen im Februar 1989 in einen Neubau nach Gaarden. Die Aufnahme zeigt das Werk Dietrichsdorf im Jahre 1968.

Many ships were built at the Schwentine outlet in Dietrichsdorf since 1876. This work was closed in 1983. In February 1989, HDW's design offices and administration will also move into a new building at Gaarden. The photograph shows Dietrichsdorf in 1968.

mehr benutzt werden sollte und bald völlig aufgegeben wurde. Bei dieser »Neuordnung« fürchtete das Land Schleswig-Holstein offenbar wieder um die künftige Rolle des Kieler Betriebes der HDW – man signalisierte Interesse an einer Schachtelbeteiligung von 25,1 % – Hamburgs Politiker verweigerten jede Beteiligung der Hansestadt und plädierten noch einmal für eine Fusion der Hamburger Howaldtswerke mit Blohm & Voss. Im Februar 1972 wurde ein neues Konzept für den Hamburger Raum vorgelegt. In Finkenwerder sollten nur noch Offshore-Plattformen größter Ausmaße gebaut werden, die Werke Ross und Reiherstieg im erweiterten Umfang Reparaturarbeiten erledigen, das alte Helgengerüst im Werk Ross sollte durch einen 750 t Portalkran mit 120 m Spannweite ersetzt, eine Plattensektionsstraße sollte für einen Jahresdurchsatz von 60.000 t Stahl ausgelegt werden. Dort könnten dann Schiffe bis zu 120.000 tdw entstehen. Gleichzeitig sollten die Docks in Kiel erweitert werden.

Der Hamburger Senat lehnte erneut eine Beteiligung an der HDW ab. Noch einmal wurde erklärt, daß man einer »großen Lösung«, d. h. der Fusion Howaldt/Blohm & Voss, den Vorzug gebe. Es war das »letzte Wort« in dieser Angelegenheit – jetzt fiel die Entscheidung zugunsten des Baues eines Großdocks in Kiel. Das Werk Finkenwerder wurde stillgelegt, das dortige, erst 1959 gebaute Verwaltungshochhaus leer stehengelassen – 1.300 DW-Arbeiter gingen zu Howaldt, Hamburg, 300 wurden entlassen.

Das Großdock für Tanker bis zu 500.000 tdw war in Kiel noch nicht fertig, als der Schiffbaumarkt als Folge der Ölkrise zusammenbrach, die Schiffbaupreise fielen in den Keller, Aufträge waren nur noch unter Verlusten hereinzuholen.

In dieser nahezu verzweifelten Situation legte Dr. Henke, inzwischen zum Vorstandsvorsitzenden der HDW avanciert, ein Strukturkonzept vor, das nach der Stillegung des Werkes Finkenwerder nun die Einstellung des Schiffsneubaues auch im Werk Ross der einstigen Howaldtswerke Hamburg AG vorsah – allein die modernen Anlagen in Kiel sollten noch Neubauten erstellen.

Im Werk Gaarden haben sich der Neubaubetrieb und die Reparatur konzentriert (1988).
At Gaarden yard, newbuilding construction and repair shops concentrate (1988).

166

So kam es auch. In Kiel entstanden zahlreiche Spezialschiffe, zum Beispiel die Oslo-Fähre *Prinsesse Ragnhild* (II) oder das Kreuzfahrtschiff *Berlin*, das später sogar TV-Traumschiff wurde. Die Werftanlagen wurden kontinuierlich weiterentwickelt, das Werftgeschehen zunehmend im Standort Gaarden konzentriert. Investitionen gingen in vorhandene Anlagen, um sie auf den neuesten Stand zu bringen und die Leistungskraft zu optimieren. Aber auch neue Gebäude wurden hochgezogen, für den Sonderschiffbau ebenso wie für Verwaltung und Konstruktion. Im Jubiläumsjahr zählt HDW rund 4.500 Beschäftigte, die Auftragsbücher sind zwar nicht prall, aber für diese Zeiten gut (bis Anfang 1991) gefüllt.

Vielleicht werden sie sogar noch im Jubiläumsjahr um ein Projekt erweitert, das dann mit Sicherheit im nächsten Jubiläumsbuch einen besonderen Stellenwert haben würde: das Superschiff *Phoenix World City*. Pläne davon geisterten schon seit einigen Jahren durch die Presse, ohne aber konkretere Formen anzunehmen. Doch im Juli 1988 unterschrieb der norwegische Reeder Knut U. Kloster eine Absichtserklärung. Partner sind die vier großen bundesrepublikanischen Werften Blohm + Voss, Hamburg, Bremer Vulkan, Thyssen Nordseewerke, Emden, und die Howaldtswerke – Deutsche Werft AG. Der Gesamtwert dieses Auftrags dürfte bei zwei Milliarden Mark liegen, denn das gigantische schwimmende Urlaubsparadies soll für 6.200 Passagiere ausgelegt werden, eine kleine Stadt.

Damit wäre die *Phoenix* mit Abstand das weltgrößte Kreuzfahrtschiff. Bei einer Breite von 77 m und einer Länge von 380 m könnte diese schwimmende Hotelstadt nur im Kieler Großdock fertiggestellt werden. So liegt die Federführung auf deutscher Seite auch bei HDW. Bei Redaktionsschluß fehlte eigentlich »nur« noch die Finanzzusage für die zwei Milliarden DM Baukosten . . .

Auf dem Zeichenbrett schon fertig: die gigantische schwimmende Urlauberstadt *Phoenix World City* für den norwegischen Reeder Knut U. Kloster.
Länge über alles: 380 m, maximale Breite: 77 m. 6.200 Passagiere sollen die Hoteltürme und sonstigen Einrichtungen nutzen können. In der Reihe der vielen ungewöhnlichen Neubauten der Kieler Werft wäre die *Phoenix* ein neuer Höhepunkt.

Already finished on the drawing board: the giant floating resort *Phoenix World City* for the Norwegian owner Knut U. Kloster.
Length over all: 380 m, max. breadth: 77 m. 6.200 passengers are intended to enjoy their stay in the hotel towers as well as in the other accommodations. Among the many outstanding newbuildings of the Kiel yard, *Phoenix* would represent a new highlight.

HDW-Aufsichtsratsvorsitzende

Dr. Dietrich Wilhelm von Menges
21. 12. 1967 bis 16. 2. 1972

Hans Birnbaum
16. 2. 1972 bis 13. 2. 1979

Ernst Pieper,
Vorsitzender
des Vorstandes der Salzgitter AG,
seit 27. 2. 1979

HDW-Vorstandsvorsitzende

Konsul Adolf Westphal
21. 12. 1967 bis 30. 9. 1970

Dr. Manfred Lennings
1. 10. 1970 bis 30. 6. 1974

Dr. Norbert Henke
1. 7. 1974 bis 31. 7. 1982

Klaus Ahlers
1. 12. 1982 bis 10. 12. 1986

HDW-Hamburg GmbH

On October 1, 1985, Ross yard was given the name "HDW-Hamburg Werft und Maschinenbau GmbH". Some weeks later, the yard was sold to Blohm + Voss AG, Hamburg. Since 1988, it is part of the Blohm + Voss shipyard.

Am 1. Oktober 1985 vollzog sich in Hamburg »der letzte Schritt aus dem Unternehmenskonzept '83 der HDW« – das Werk Hamburg, jahrelang mit dem Kieler Betrieb vereint, wurde verselbständigt und stellte sich an diesem Tage als »HDW-Hamburg Werft und Maschinenbau GmbH«, eine neugegründete 100%ige Tochter der Howaldtswerke-Deutsche Werft AG, Kiel, vor. »Mit dieser rechtlichen Verselbständigung ziehen wir nun den formalen Schlußstrich unter eine bereits vollzogene Entwicklung«, erklärte Klaus Ahlers, Vorsitzender des Vorstandes der HDW AG und ab sofort Aufsichtsratsvorsitzender der HDW-Hamburg GmbH. Die »Tochter« sollte mit 40 Mio. DM Stammkapital eine solide Grundlage erhalten, um, wie es hieß, die nötige Flexibilität in einer harten Wettbewerbssituation sicherzustellen. – Die HDW-Hamburg GmbH sollte sich künftig in den Geschäftsbereichen Werft und Maschinenbau betätigen. Sie verfügte dazu über einen qualifizierten Mitarbeiterstamm von 2.100 bis 2.200 Beschäftigten, davon ca. 200 Auszubildende.

Als Ziel des Hamburger Unternehmens wurden rund 130 Mio. DM werftbezogene Umsätze pro Jahr genannt. Das sollte mit etwa 1.300 unmittelbar im Werftbereich tätigen Mitarbeitern erzielt werden, angestrebt wurde eine Fertigungskapazität von 1,2 Mio. Stunden/Jahr.
Wie es weiter hieß, sollten durch eine Reihe von Investitionsmaßnahmen, die zu diesem Zeitpunkt bereits realisiert wurden, Produktionsverbesserungen in diesem und im darauffolgenden Jahr erzielt werden, um die Wettbewerbsfähigkeit im Markt zu stärken.
Da die weltweit zu beobachtende Zurückhaltung im Reparaturgeschäft nachzulassen begann, schätzte man auch die Zukunft auf diesem Gebiet optimistischer als bisher ein.
Bemerkenswert war zu diesem Zeitpunkt, da der Schiffsneubau bei Howaldt-Hamburg doch eigentlich schon eingestellt war, der Bau einer Luxusyacht für einen ungenannten Auftraggeber. Dieser Auftrag wurde allerdings nicht als Rückkehr zum grundsätzlich aufgegebenen Handelsschiffbau gesehen – er stellte vielmehr die Ausnutzung vorhandener Kapazitäten und Räumlichkeiten dar. Die Yacht *Katalina* (Bau-Nr. 224) erwies sich als ein »Traumschiff« von 58,1 m Länge und 10,8 m Breite, sie konnte in einer vorhandenen großen Halle gebaut werden. In diesem Bereich wollte HDW-Hamburg auch weiterhin tätig bleiben, wurde vor der Presse erklärt, man betrachte den Bau derartiger Spezialschiffe als eine echte Diversifikation auf einem Sektor mit höchsten schiffbaulichen Anforderungen. Bei den Offshore-Komponenten, einem Bereich, in dem HDW-Hamburg tätig sein wollte, stellten sinkende Ölpreise und eine Vielzahl protektionistischer Barrieren seitens ölfördernder Länder Schwierigkeiten dar, die man durch mannigfaltige Kooperationen zu überwinden hoffte.
Daneben hatte sich die Industrietechnik als ein schiffbaufremdes Standbein im letzten Jahr gut entwickelt. Das galt für den Tankbehälterbau für Raffinerien und Landbetriebe wie auch für den Industrie-Service, der gemeinsam von den Bereichen Werft und Maschinenbau wahrgenommen wurde. Hier hatte sich das Unternehmen mit Wartungs-, Reparatur- und Instandsetzungsarbeiten bei Industriebetrieben in Hamburg und im Umland einen guten Namen erworben.
HDW-Hamburg GmbH ging für den Bereich Maschinenbau bei rund 530 Mitarbeitern von etwa 100 Mio. DM Jahresumsatz aus.
Im November 1985 wurde die »HDW-Hamburg GmbH« an die »Blohm + Voss AG« verkauft, die dem Werk ab Anfang 1986 den Namen »Ross Industrie GmbH« gab.
So erfolgte nun mit 20jähriger Verspätung im Hamburger Hafen die Konzentration zweier leistungsfähiger Werft- und Reparaturbetriebe sowie die Stützung des Standbeines Maschinenbau mit einer land- und seebezogenen Produktpalette.

Die Tochter auf dem Lande
Werk Nobiskrug

Werft Nobiskrug, Rendsburg (founded in 1905), an exquisite shipyard at the Kiel Canal, reluctantly had to give up newbuilding construction. In February 1987, HDW took over the majority of shares in order to keep Nobiskrug as a place of high-quality repair at the Kiel Canal.

Man kannte in Kiel die Rendsburger Werft, hatte mehrfach mit ihr zusammengearbeitet und ihr Großaufträge, wenn auch nach HDW-Entwürfen, überlassen, wenn es in Kiel mit den Terminen und den Kapazitäten eng wurde. Ein Fährschiff für die Deutsche Bundesbahn und ein Fährschiff für die Kiel-Oslo-Route der Jahre Line waren z. B. aus diesen Gründen in Rendsburg entstanden, später sollte es im Falle des Forschungsschiffes *Polarstern* zu einer besonderen Form der Kooperation kommen – man mußte in Kiel von dem

Können und der Qualität der Rendsburger Werft überzeugt sein, galt es doch, in einem solchen Falle einem Auftraggeber, der ein HDW-Schiff wollte, zu sagen, daß er in der gleichen Qualität eines aus Rendsburg erhalten würde.

Der Standort der Werft in Rendsburg mutet fast ein wenig paradox an, liegt die Stadt doch ziemlich genau in der Mitte des Landes Schleswig-Holstein, von der Ostsee etwa so weit entfernt wie von der Nordsee (und nur 30 km Luftlinie zwischen Kiel und Rendsburg), der Struktur nach den Bauern mehr zugewandt als den Schiffbauern . . . Allerdings verfügte Rendsburg mit dem einstigen »Eider-Kanal« schon seit langem über eine schiffbare Verbindung zur Ost- wie zur Nordsee. Aber erst der Bau des Nord-Ostsee-Kanals machte die Stadt vor der Jahrhundertwende zu einer »richtigen« Hafenstadt. Woraufhin denn auch im Jahre 1905 die »Werft Nobiskrug van Wienen und Storck« gegründet wurde. Der Name Nobiskrug leitet sich übrigens von einer alten Flurbezeichnung für das Gelände ab, auf dem die Werft angelegt wurde.

Die frühere Werft Nobiskrug in Rendsburg, durch den Nord-Ostsee-Kanal mit HDW Kiel verbunden (1983).
The erstwhile Werft Nobiskrug in Rendsburg, connected with HDW Kiel by the Kiel Canal (1983).

An jener Stelle waren zuvor schon Arbeits- und Baggerfahrzeuge für den Kanalbau repariert worden – man startete also zunächst als Reparaturwerft, ging dann aber bald zum Bau von Leichtern und flachgehenden Seeschiffen über. 1908 gab es immerhin schon 150 Beschäftigte. 1909 wurde aus der bisherigen offenen Handelsgesellschaft die »Werft Nobiskrug GmbH«.

In den wenigen Jahren bis zum Ausbruch des Ersten Weltkrieges entstanden etwa 70 Neubauten. Während des Krieges kamen von der Marine Aufträge zum Bau von Hilfs- und Minensuchschiffen. Und in den schweren Jahren, die auf den verlorenen Krieg folgten, wandte sich die Werft mit Erfolg dem Fischdampferbau zu – 1919/1920 wurden acht solcher Schiffe gebaut. Damals trat der Dieselmotor seinen Siegeszug in der Küstenschiffahrt an. Nobiskrug entwickelte den Typ eines Dreimast-Yachtschoners mit Spiegelheck, der bis zu 300 Tonnen laden konnte und wahlweise mit einem 250- oder 300-PS-Motor geliefert wurde. Um die 110.000 Reichsmark kostete ein derartiges Schiff – das erste, das 1930 in Fahrt kam, war die *Annemarie* für J. Pens in Burg/Dithmarschen. Es erhielt von den deutschen Küstenschiffern den bezeichnenden Spitznamen »Ich verdien«, während die Werftleute es ebenso werbewirksam schlicht als »der Nobiskruger« auf den Markt brachten.

Als der Zweite Weltkrieg ausbrach, hatte die Werft Nobiskrug schon über 500 Neubauten abgeliefert, die Maximalgröße der Schiffe lag bei 3.000 tdw. Recht zahlreich waren Behörden- und Dienstfahrzeuge vertreten, darunter richtungweisende schnelle Zollkreuzer.
1950 kam der erste Nachkriegsneubau der Werft Nobiskrug in Fahrt, das 460 t tragende MS *Waltraud Behrmann*. Es gab eine rasche Steigerung der Neubauleistungen. Zur Ablieferung gelangten ausgesprochen formschöne Frachtschiffe (es gab ja mal eine Zeit, da war die gelungene Formgebung eines Schiffes fast wichtiger als die Frage seiner Wirtschaftlichkeit). Es entstanden technisch bemerkenswerte Neubau-

ten, etwa Arktisfrachter für J. Lauritzen, Kopenhagen, das Schulschiff *Deutschland* für die Bundesmarine, und als der Fährschiffsboom in Nordeuropa einsetzte, da kamen elegante und leistungsfähige Auto- und Passagierfähren von der Werft Nobiskrug. Und einige Fährschiffsbauten des Auslandes lassen ahnen, daß man sich Nobiskrug-Bauten zum Vorbild genommen hatte . . . Der von Nobiskrug frühzeitig erkannte Zwang zur Rationalisierung in Schiffahrt und Schiffbau führte – analog zu dem Typ »Nobiskruger« Anfang der 30er Jahre – in den 60er und 70er Jahren zum Bau eines neuen Standardtyps, der als »der Rendsburger« schnell bekannt wurde. Aber auch ausgesprochene Spezialschiffe erweckten im In- und Ausland Aufsehen – so der Bau von vier eisbrechenden Produktentankern von je 11.000 BRT für finnische (!) Rechnung. Wie auch die von der Werft entwickelten, sich selbst abtauchenden »Condock-Frachter« oder Offshore-Spezialschiffe wie *Seabex One* und *Seaway Condor*. Oder die Tunesien-Fähre *Habib*. Oder der schwedische Asphalttanker *Bituma*. Oder schließlich die Erfolgstypen der letzten Jahre, die 14.500 tdw Containerfrachter, die ab 1983, beginnend mit der *Westermarsch*, in Fahrt kamen.
Oder, oder, oder . . . die Liste ließe sich fortsetzen. Und fand doch kein »glückliches« Ende. Der Markt wurde dünn und dünner, die Lage für eine im Privatbesitz befindliche Werft immer kritischer, denn die Kapitaldecke reichte nicht hinten und vorne. Es gab den Versuch einer »Rendsburger« Lösung, zusammen mit einem ortsansässigen Industrieunternehmen ein tragfähiges Konzept zu entwickeln, aber dann schlug auch dieser Versuch fehl. Daß am 18. 2. 1987 die Howaldtswerke-Deutsche Werft AG 51 % der Werft übernahm, um sie als Reparaturwerft fortzuführen – ganz abgesehen von dem Bemühen, auch andere, schiffbaufremde Fertigungszweige aufzunehmen –, war wohl die glücklichste Lösung. Bei HDW kannte man Nobiskrug, hatte bereits mehrfach kooperiert und weiß einander zu schätzen. Schließlich: Eine Reparaturwerft, auf halbem Weg des Kiel-Kanals gelegen, dürfte unverzichtbar erscheinen.

»Erste Adressen«

In the assemblage of owners all over the world, there are first class enterprises attaching high importance to best quality possible, and knowing exactly how they want their vessels to be built. Many of these first class "addresses" were and still are esteemed customers of HDW.

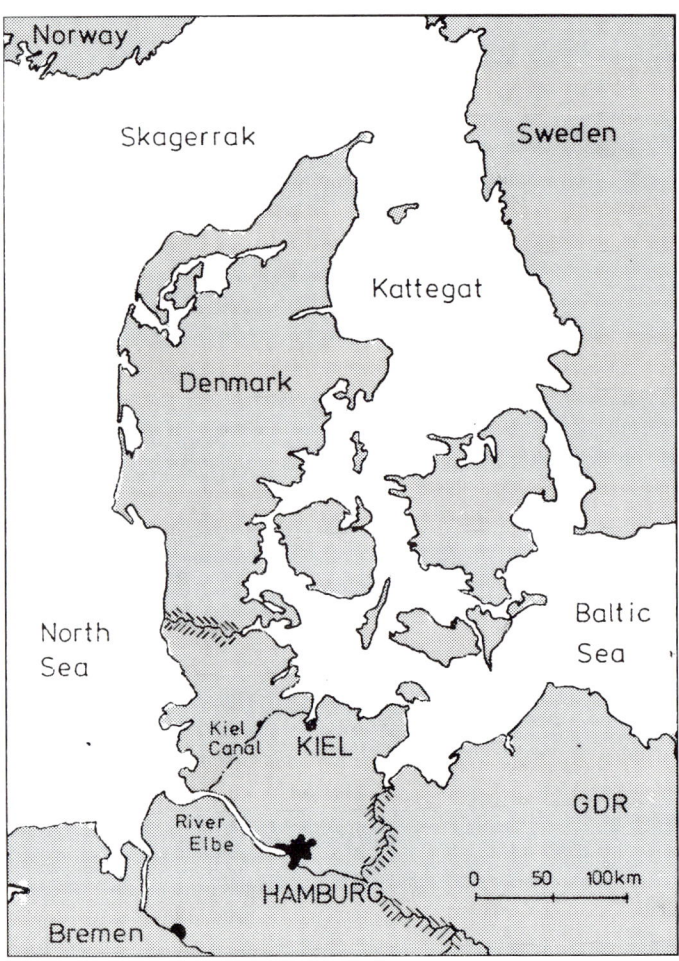

Im Laufe vieler Jahrzehnte haben die Howaldtswerke bzw. die Howaldtswerke-Deutsche Werft AG für die verschiedensten Besteller aus aller Welt gearbeitet. Da gab es Neulinge, die niemand kannte und die vor einer beachtlichen Karriere standen. Und da gab es altrenommierte Reedereien, von denen zum Zeitpunkt der Bestellung von Neubauten niemand ahnte, daß sie in wenigen Jahren liquidiert und vergessen sein würden.

Es war daher ein Kennzeichen von Qualität, daß man vor allen Dingen für Reedereien arbeitete, die auf einer Pressekonferenz einmal als »erste Adressen« bezeichnet wurden. Als ein Journalist fragte, was denn, bitte schön, »erste Adressen« in der Schiffahrt seien, folgte die Erklärung, daß das jene alterfahrenen Schiffahrtsunternehmen seien, die – oft über eigene Inspektionen, wenn nicht sogar Konstruktionsbüros verfügend – aus eigenem Wissen und aus eigener Erfahrung darauf bestanden, wie Schiffe gebaut und ausgerüstet sein sollten. Während andere Reeder sich ganz auf die Aussagen der Werftverkäufer und -konstrukteure verließen. Man hätte dies alles auch sehr viel einfacher formulieren können, denn diese »ersten Adressen« in der Weltschiffahrt besaßen einen Ruf, der weit über den Bekanntheitsgrad in Börsenblättern oder der »Financial Times« hinausging. Ein englischer Missionar, um die sprachliche Ausbildung seiner Schäfchen bemüht, mußte das einmal erfahren, als er, am Ufer des Kongo sitzend, einem Eingeborenen des Landes die englische Sprache beibringen wollte und auf den Himmel zeigend sagte: »That is the sky.« Und der Eingeborene wiederholte kopfnickend »that is the sky«. Und dann wies der Missionar auf einen Baum und sagte: »That is a tree.« So setzten sie das Spiel fort mit den Begriffen Wasser, Laub, Ufer usw. Und dann kam um eine Biegung des Flusses ein Dampfer, und der Missionar sagte, froh ob der Abwechslung: »That ist a steamer.« Der schwarze Sohn des Landes lächelte breit und sagte: »No, Sir, that's the regular Ellerman Liner calling each thursday.« Wie gesagt, das hätte auch genügt, um eine »erste Adresse« zu erläutern. Ellerman Liner waren ein Begriff in der Schiffahrt, auch wenn die Reederei selbst im Zuge der vielfachen Umwandlungen, besonders in Großbritannien, sich heute im Besitz der Cunard Line befindet. Es ist selbstverständlich, daß HDW für die Ellerman Line baute, es scheint fast ebenso selbstverständlich, daß die anspruchsvolle Ellerman Line im Laufe der Jahre manchen Neubau charterte, den HDW für Rechnung anderer Besteller, insbesondere der Hamburger Reederei Christian F. Ahrenkiel, baute. Wenn man wollte, könnte man den »ersten Adressen« noch eine ganze Reihe weiterer britischer Reederei-Namen hinzufügen. Es mag hier genügen, daß sich unter den Containerschiffen, die für Gemeinschaftsreedereien bestellt wurden, u. a. auch solche für die Blue Funnel- oder für die schottische Ben-Line, für die französische Cie. des Messageries Maritimes, für die bundesdeutsche Hapag-Lloyd AG und die Deutschen Afrika-Linien befanden. Die Verbindung »erste Adresse« und HDW ist eine sehr naheliegende.

1838 G⊽H 1888

Zu der am Sonnabend, den 29. d. M.
stattfindenden Feier in Anlaß des

**50jährigen
Bestehens unseres Geschäfts**

beehren wir uns

Herrn _____

hiermit einzuladen.

Kiel, den 24. September 1888.

Gebrüder Howaldt.

U. A. w. g.

Fest-Ordnung.

Nachmittags 1 Uhr:
Versammlung in der Maschinenhalle und Ansprache
an die Leute. — Darauf: Festzug mit Musik durch
Neu-Diedrichsdorf.

Nachmittags 2 Uhr:
Ueberfahrt per Dampfer nach Kiel.

Nachmittags 2½ Uhr:
Festzug mit Musik durch Kiel nach Wriedt's
Etablissement

Nachmittags 4 Uhr:
Gemeinschaftliches Mittagsessen.

Abends 8 Uhr:
Beginn des Balles.

1838 ⊽ 1938

Die Howaldtswerke Aktiengesellschaft

gestattet sich

den Staatsschiffbauern der Deutschen Werke
_K. 1938_

zu der am Sonnabend, dem 1. Oktober 1938, um 12 Uhr in Kiel
stattfindenden **Feier ihres hundertjährigen Bestehens** ergebenst
einzuladen.

Dunkler Anzug.

Um Antwort wird gebeten
bis zum 25. September.

Programm

1. Richard Wagner: Vorspiel zu „Die Meistersinger von Nürnberg"

2. Festrede

3. Ludwig van Beethoven: Andante aus der 1. Symphonie

4. Ansprachen

5. Schlußwort

Im Anschluß an die Feier wird im Speisehaus ein kalter Imbiß gereicht.

Die musikalischen Darbietungen werden ausgeführt vom Städtischen Orchester unter
Leitung des Städtischen Musikdirektors Paul Belker.

---

150 JAHRE
1838 - 1988  HDW

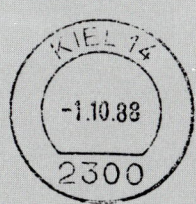
KIEL 14
-1.10.88
2300

DEUTSCHE
BUNDESPOST
080
E 10   8856

Howaldtswerke.

Activa. Bilanz ultimo September 1897.

Vorstand

Pas...

Grundstück-Conto ... 727 254
Zugang 1896/97
Gebäude-Conto ... 919 433
Zugang 1896/97
Maschinen-Conto ... 786 625
Zugang 1896/97
Werfteinrichtungs-Conto ... 38 631
Zugang 1896/97
Werkzeuge-Conto ... 92 987
Zugang 1896/97
Feuerwehr- und Inventar-Conto ... 15 838
Zugang 1896/97
Mobiliar-Conto ... 19 465
Zugang 1896/97
Modelle-Conto ... 60 000
Pferde- und Wagen-Conto ... 2 147
Abgang 1896/97
Fahrzeuge-Conto ... 208 710
Zugang 1896/97
Patente-Conto ... 14 300
Swentine-Dock-Actien ...
Fiumaner Dock-Actien ..
Commandit-Antheil Fiume
Materialien-Conto ...
Fertige und halbfertige Waaren ...
Fertige und halbfertige Waaren, Fiumaner Schiffbau-Gesellschaft.
Effekten-Conto ...
Wechsel-Conto ...
Debitores ...
Cassa-Conto ...

Gesamtleitung und Technik
Klaus Neitzke

Reservefonds-Conto ... 1 019 236
Delcredere-Conto ...
Garantie-Conto ... 1 030 561
Lombard-Conto ...
Accepten-Conto ... 70 189
Creditores ...
Anzahlungs-Conto ... 124 881
Gewinn-Vortrag
Dividende pro 1896/97

Betriebswirtschaft
Finanzen
Personalwirtschaft
Vertrieb Handelsschiffbau
Jochen Rohde

Marineschiffbau
Dirk Rathjens

Debet.

An Geschäfts-Unkosten ...
„ Zinsen ...
„ Abschreibungen:
auf Gebäude-Conto ...
„ Maschinen-Conto ...
„ Werfteinrichtungs-Conto ...
„ Feuerwehr-Inventar-Conto ...
„ Mobiliar-Conto ...
„ Werkzeuge-Conto ...
„ Fahrzeuge Conto ...
„ Patente-Conto ...
„ Reingewinn:
Reservefonds-Conto ...
Delcredere-Conto ...
Garantie-Conto ...
Tantièmen-Conto ...
7 % Dividende auf Mk. 2 500 000 | 175 000 | — | | | 175 000
7 % „ ½ Jahr „ „ 500 000 | 17 500 | — | | | 17 500
Vortrag auf 1897/98 ... | 1 743 | 59 | 347 221 | 61 | 1 743 | 59 | 347 221 | 61
| | 1 336 825 | 61 | 1 336 825 | 61

Direktoren und Prokuristen

Projekt und
Konstruktion
W. Awolin

Einkauf
J. Bockler

Fertigung
W. Lundt

Reparatur
M. Jaworski

Stahlbau –
Industrietechnik
D. Ganschinietz

Controlling und
Betriebswirtschaft
D. Clasen

Personalwesen
K. Gabler

Recht, Patente
Dr. R. Rosencrantz

Neue Geschäfts-
aktivitäten
Dr. Ing. K. Rittmann

Vertrieb
Marineschiffbau
U. Ude

Konstruktion
U-Boote
K. Winkler

Logistik
Marineschiffbau
R. Hirche

Stand: 1. 10. 1988

Zeittafel

1. 10. 1838	Gründung der »**Maschinenbau und Eisengießerei Schweffel & Howaldt**« in Kiel durch Johann Schweffel und August Ferdinand Howaldt.
1865 – 1867	Werftbetrieb von Georg Howaldt in Ellerbek.
1. 10. 1876	Gründung der Firma »**Georg Howaldt, Kieler Schiffswerft**« in Dietrichsdorf.
1. 1. 1880	Änderung des Namens »Maschinenbau und Eisengießerei Schweffel & Howaldt« in »**Gebrüder Howaldt**«.
12. 8. 1884	Errichtung der »Swentine-Dock-Gesellschaft« durch »Gebrüder Howaldt«.
4. 5. 1889	Zusammenschluß der Firmen »Georg Howaldt, Kieler Schiffswerft« und »Gebrüder Howaldt« zur Firma »**Howaldtswerke**«.
1926	Liquidation der »Howaldtswerke« unter dem Namen »**Dietrichsdorfer Werft AG**«.
15. 9. 1926	»Swentine-Dock-Gesellschaft« kauft die »Howaldtswerke«. Fortführung der Werft unter dem Namen »**Howaldtswerke Aktiengesellschaft**«.
1. 1. 1929	Übernahme der »Schiffswerft und Maschinenfabrik (vormals Janssen & Schmilinsky) AG« und deren Namensänderung in »Howaldtswerke AG, Kiel, Abteilung vormals Janssen & Schmilinsky«.
1. 1. 1930	Übernahme der »Deutsche Schiff- und Maschinenbau AG, Werk Hamburger Vulcan« und deren Namensänderung in »Howaldtswerke AG, Kiel, Abteilung vormals Vulcan«.
1931	Stillegung des Werkes Tollerort (früher »Janssen & Schmilinsky«).
1931	Neuer Firmenname »**Howaldtswerke Aktiengesellschaft Kiel und Hamburg**« mit Sitz in Kiel.
1. 4. 1937	Verkauf des Kieler Werkes an »Deutsche Werke Kiel AG«.
1. 4. 1939	Zusammenlegung des Kieler Werkes mit »Kriegsmarinearsenal« zur »**Kriegsmarinewerft Kiel**« und Sitzverlegung nach Hamburg.
1. 7. 1943	Rückkauf des Kieler Werkes. Neuer Firmenname »**Howaldtswerke Aktiengesellschaft Werk Kiel**«.
1. 9. 1952	Gründung der »Kieler Hütte AG«.
29. 1. 1953	Kauf des Kieler Werkes durch »Kieler Hütte AG«. Fusionierung und Namensgebung »**Kieler Howaldtswerke Aktiengesellschaft**«. Umbenennung der Hamburger Firma in »Howaldtswerke Hamburg AG«.
1. 7. 1955	Übernahme der »Deutsche Werke Kiel AG« durch »Kieler Howaldtswerke AG«.
1. 4. 1956	Übernahme der »Stahlbau Kiel GmbH & Co KG« durch »Kieler Howaldtswerke AG«.
21. 12. 1967	Fusion der »Kieler Howaldtswerke AG«, »Howaldtswerke Hamburg AG« und der »Deutsche Werft AG« zu »**Howaldtswerke – Deutsche Werft Aktiengesellschaft Hamburg und Kiel**«.
1973	Stillegung des Werkes Finkenwerder (früher »Deutsche Werft AG«).
1982/83	Stillegung des Werkes Reiherstieg (früher zu »Deutsche Werft AG« gehörend).
1983	Stillegung des Werkes Dietrichsdorf. Am 17. 12. 1984 Verkauf des Geländes an die Stadt Kiel. 1985 Räumung.
1. 10. 1985	Verselbständigung des Werkes Ross (früher »Howaldtswerke Hamburg AG«). Neuer Firmenname »HDW-Hamburg Werft und Maschinenbau GmbH«.
24. 1. 1986	Namensänderung in »**Howaldtswerke – Deutsche Werft Aktiengesellschaft**«.
14. 2. 1986	Verkauf der »HDW-Hamburg Werft und Maschinenbau GmbH« rückwirkend zum 1. 10. 1985 an »Blohm + Voss AG«, Hamburg.
18. 2. 1987	Beteiligung an der neugegründeten »HDW-Nobiskrug GmbH«, Rendsburg, mit 51 % (früher »Werft Nobiskrug GmbH«, Rendsburg).

Chronological History

1. 10. 1838	Founding of **"Maschinenbau und Eisengießerei Schweffel & Howaldt"** by Johann Schweffel and August Ferdinand Howaldt in Kiel.
1865–1867	Shipbuilding yard of Georg Howaldt in Ellerbek.
1. 10. 1876	Founding of the company **"Georg Howaldt, Kieler Schiffswerft"** in Dietrichsdorf.
1. 1. 1880	Change of the name "Maschinenbau und Eisengießerei Schweffel & Howaldt" into **"Gebrüder Howaldt"**.
12. 8. 1884	Establishment of "Swentine-Dock-Gesellschaft" by "Gebrüder Howaldt".
4. 5. 1889	Merger of the companies "Georg Howaldt, Kieler Schiffswerft" and "Gebrüder Howaldt" into the company **"Howaldtswerke"**.
1926	Liquidation of "Howaldtswerke" under the name of **"Dietrichsdorfer Werft AG"**.
15. 9. 1926	"Swentine-Dock-Gesellschaft" purchases "Howaldtswerke". Continuation of the yard under the name of **"Howaldtswerke Aktiengesellschaft"**.
1. 1. 1929	Take-over of "Schiffswerft und Maschinenfabrik (vormals Janssen & Schmilinsky) AG" and change of name into "Howaldtswerke AG, Kiel, Abteilung vormals Janssen & Schmilinsky".
1. 1. 1930	Take-over of "Deutsche Schiff- und Maschinenbau AG, Werk Hamburger Vulcan" and change of name into "Howaldtswerke AG, Kiel, Abteilung vormals Vulcan".
1931	Shut-down of Tollerort works (erstwhile "Janssen & Schmilinsky").
1931	New name of company **"Howaldtswerke Aktiengesellschaft Kiel und Hamburg"** with head-quarters in Kiel.
1. 4. 1937	Sale of Kiel works to "Deutsche Werke Kiel AG".
1. 4. 1939	Merger of Kiel works with "Kriegsmarinearsenal" to establish **"Kriegsmarinewerft Kiel"** and transfer of head-quarters to Hamburg.
1. 7. 1943	Repurchase of the Kiel works. New name of company **"Howaldtswerke Aktiengesellschaft Werk Kiel"**.
1. 9. 1952	Founding of "Kieler Hütte AG".
29. 1. 1953	Purchase of the Kiel works by "Kieler Hütte AG". Merger and naming it **"Kieler Howaldtswerke Aktiengesellschaft"**. Renaming the Hamburg firm in "Howaldtswerke Hamburg AG".
1. 7. 1955	Take-over of "Deutsche Werke Kiel AG" by "Kieler Howaldtswerke AG".
1. 4. 1956	Take-over of "Stahlbau Kiel GmbH & Co KG" by "Kieler Howaldtswerke AG".
21. 12. 1967	Merger of "Kieler Howaldtswerke AG", "Howaldtswerke Hamburg AG" and "Deutsche Werft AG" into **"Howaldtswerke – Deutsche Werft Aktiengesellschaft Hamburg und Kiel"**.
1973	Shut-down of Finkenwerder works (erstwhile "Deutsche Werft AG").
1982/83	Shut-down of Reiherstieg works (erstwhile belonging to "Deutsche Werft AG").
1983	Shut-down of Dietrichsdorf works. Sale of the area to the city of Kiel on 17. 12. 1984. In 1985 clearing of the former HDW possession.
1. 10. 1985	Autonomy of Ross works (erstwhile "Howaldtswerke Hamburg AG"). New company name "HDW-Hamburg Werft und Maschinenbau GmbH".
24. 1. 1986	Change of name into **"Howaldtswerke – Deutsche Werft Aktiengesellschaft"**.
14. 2. 1986	Sale of "HDW-Hamburg Werft und Maschinenbau GmbH", ex post facto from October 1st, 1985, to "Blohm + Voss AG", Hamburg.
18. 2. 1987	51 % participation in the newly founded yard "HDW-Nobiskrug GmbH", Rendsburg (erstwhile "Werft Nobiskrug GmbH", Rendsburg).

Baulisten

Die Baulisten wurden nach Werftunterlagen zusammengestellt

Aufteilung der Baulisten in

Schweffel & Howaldt	**1851–1864**
Howaldtswerke	**1865–1940**
– Janssen & Schmilinsky	**1929**
– Hamburger Vulcan	**1930**
Kriegsmarinewerft	**1941–1944**
Kieler Howaldtswerke	**1948–1972**
– Deutsche Werft	**1968–1970**
– Howaldtswerke Hamburg	**1968**
– Stahlbau	**1960–1986**
Howaldtswerke – Deutsche Werft	**ab 1968**
– Werft Nobiskrug	**1987**

Erläuterungen zu den Angaben in den Baulisten

Bau-Nr.

Buchstaben vor der Bau-Nummer bedeuten:
- A = Schiff ist im Ausland zusammengebaut
- D = Schiff ist in Hamburg gebaut (»Deutsche Werft«)
- E = Schiff ist in Emden gebaut (»Thyssen Nordseewerke«)
- H = Schiff ist in Hamburg gebaut (»Howaldtswerke Hamburg«)
- T = Schiff ist in Hamburg gebaut (»Janssen & Schmilinsky«, Tollerort)

Schiffsname

In Klammern gesetzter Schiffsname weist darauf hin, daß es sich um ein Umbauschiff, einen Schiffsrumpf oder ähnliches handelt.

In Klammern aufgeführte römische Zahlen kennzeichnen Schiffe, die gleiche Namen führen.

Tragfähigkeit (Ausnahmen wie folgt)

P. =	die größte zugelassene Personenzahl	(Passagier- und Fahrgastschiffe)
Kb.=	Korb	(Fischereifahrzeuge)
m^3 =	Fassungsvermögen	(Gas-Tanker, Schuten)
m^2 =	Segelfläche	(Segelyachten)
t =	Hebefähigkeit	(Docks, Krane)
ts =	max. Deplacement	(Kriegsschiffe)
	Überwasser-Verdräng. in m^3	(U-Boote bis 1945)
	Standard-Deplacement in t	(U-Boote nach 1945)

Lpp

Bei Kriegsschiffen wurde CWL angegeben.

Tiefe

Bis etwa 1910 war es üblich, nur die Tiefe des Schiffes anzugeben. (Tiefe setzt sich zusammen aus Seitenhöhe plus Balkenbucht.)

Leistung

R = Seitenrad-Antrieb

* bei Vermessung, Tiefe und Leistung

Wenn innerhalb einer Seite einer Bauliste die Umstellung von BRT in BRZ, Tiefe in Seitenhöhe oder PS in kW erfolgte, wurden die neuen Angaben mit einem * versehen.

»Schweffel & Howaldt«   1851–1864

Bau-Nr.	Schiffsname	Reederei	Heimathafen	Schiffstyp	Tragfähigkeit t = 1.000 kg	Vermessung BRT	Lpp m	Breite m	Tiefe m	Leistung PS	Baujahr
–	Brandtaucher	Wilhelm Bauer	Kiel	Tauchboot			7,9	2,0	3,0	–	1851
–	Kiel	Friedrich Holm	Kiel	Schlepper/Fähre			16,8	3,1	1,6	30	1860
–	Schwentine	Lange, Gebr.	Neumühlen	Schlepper			14,0	3,1	2,1	14	1864

»Howaldtswerke«   1865–1940

Bau-Nr.	Schiffsname	Reederei	Heimathafen	Schiffstyp	Tragfähigkeit t = 1.000 kg	Vermessung BRT	Lpp m	Breite m	Tiefe m	Leistung PS	Baujahr
1	Vorwärts (I)	Chr. Ahrens	Kiel	Frachter/Fahrgast.	61	93	33,5	4,6	3,1	120	1865
2	Apenrade	B. P. Hansen	Apenrade	Frachter/Fahrgast.		48	16,8	3,4	2,1	40	1865
3	Wilhelminenhöhe/Pfeil	H. F. Heuer	Gaarden	Fähre		42	13,7	2,7	1,8	24	1865
4	Lore-Ley	H. F. Heuer	Gaarden	Fähre		42	13,7	2,7	1,8	24	1866
5	Union (I)	B. P. Hansen	Apenrade	Frachter/Fahrgast.		43	22,9	4,0	2,4	80	1867
6	Heinrich Adolph (I)	Friedrich Holm	Kiel	Fahrgastschiff		49	20,4	3,7	2,1	60	1867
7	Möwe (I)	Joh. Schweffel & Sohn	Kiel	Frachter/Fahrgast.		82	27,4	4,3	2,7	80	1867
8	George	Alf. A. Alcobia	Lissabon	Schlepper/Eisbr.	–	34	15,2	4,3	2,5	100	1877
9	Carl (I)	Sartori & Berger	Kiel	Frachter	203	153	29,3	5,8	4,0	120	1877
10	Pietsch	G. Howaldt	Kiel	Leichter	61	33	17,1	4,3	1,8	–	1877
11	Travemünde	Handelskammer	Lübeck	Schlepper/Eisbr.	–	35	15,2	4,3	2,7	100	1877
12	Baltic	D/S Baltic	Kopenhagen	Frachter	234	181	29,3	5,8	4,0	120	1878
13	Bagger VIII	Freie u. Hansest. Hamburg	Hamburg	Bagger	m³/h 80	50	16,3	5,7	2,3	40	1877
14	Pellworm	Pellwormer Dampf. Ges.	Pellworm	Frachter/Fahrgast.	P.	58	25,9	4,3	2,1	R. 100	1877
15	Express	E. Schlüter	Kiel	Fähre		47	20,1	4,3	2,1	60	1877
16	Lübeck	Handelskammer	Lübeck	Schlepper/Eisbr.	–	34	15,2	4,3	2,7	100	1877
17	Fliege (I)	G. Howaldt	Kiel	Barkasse, Schlepp-	–	6	9,1	3,1	0,9	24	1878
18	Undine (I)	Graf von Blome	Salzau	Barkasse, Lust-	–	6	9,1	3,1	0,9	24	1878
19	–	Lange, Gebr.	Neumühlen	Prahm, Mehltransp.-	41	60	16,8	4,3	1,2	–	1878
20	–	Lange, Gebr.	Neumühlen	Prahm, Mehltransp.-	41	60	16,8	4,3	1,2	–	1878
21	Wyck-Föhr	H. Jacobs	Wyk a/Föhr	Passagierschiff	P. 208	74	33,5	4,1	2,1	R. 100	1878
22	Reserve	J. Paap	Hamburg	Schlepper/Eisbr.	–	33	15,2	4,3	2,7	100	1878
23	Verein II	Gesellschaft »Verein«	Heikendorf	Passagierschiff	P.	50	20,1	4,3	2,4	64	1878
24	Henriette Schlüsser	Theod. Burchard	Rostock	Frachter	965	781	57,9	7,9	6,6	350	1879
25	Wilhelm (I)	Sartori & Berger	Kiel	Frachter	234	181	29,3	6,4	4,0	120	1878
26	–	Königl. Regierung	Tönning	Ponton, Anlege-	–	–	12,8	5,3	1,4	–	1878
27	Vorwärts (II)	M. Jebsen	Apenrade	Frachter	965	781	57,9	7,9	6,6	350	1879
28	Antonie	Sartori & Berger	Kiel	Frachter	234	179	29,3	6,4	4,0	120	1879
29	–	Kaiserliche Marine	Kiel	Prahm, Kohlen-	30	30	10,5	3,8	1,8	–	1879
30	–	Kaiserliche Marine	Wilhelmshav.	Prahm, Bagger-		58	18,1	5,6	2,1	–	1879
31	Adele (I)	Sartori & Berger	Kiel	Frachter	254	194	29,3	6,4	4,0	120	1879
32	Auguste	Sartori & Berger	Kiel	Frachter	549	452	49,4	6,8	4,5	250	1880
33	Andreas	E. Schmidt	Kiel	Fähre	P. 112	33	18,3	4,0	1,8	40	1879
34	Hydromotor/Egida	G. Howaldt	Kiel	Versuchsschiff	20	101	33,5	5,2	2,6	150	1880
35	Stormarn	Lange, Gebr.	Neumühlen	Frachter	762	569	53,3	7,6	5,3	300	1880
36	Wagrien	Lange, Gebr.	Neumühlen	Frachter	762	571	53,3	7,6	5,3	300	1880
37	Franz	Sartori & Berger	Kiel	Frachter	1.118	850	62,2	7,9	6,6	350	1881
38	Triumph (I)	M. Jebsen	Apenrade	Frachter	1.118	868	62,2	7,9	6,6	350	1881
39	Diogenes	Henry Lambert	London	Frachter	813	1.071	76,2	10,7	6,3	2.000	1881
40	Socrates	Henry Lambert	London	Frachter	813	1.071	76,2	10,7	6,3	2.000	1881
41	Adele (II)	Sartori & Berger	Kiel	Frachter	254	199	29,3	6,4	4,0	120	1881
42	Helene (I)	Sartori & Berger	Kiel	Frachter	254	198	29,3	6,4	4,0	120	1881
43	August (I)	Sartori & Berger	Kiel	Frachter	549	458	49,4	6,8	4,5	250	1881
44	Stephan (I)	Sartori & Berger	Kiel	Frachter/Passag.	36	167	39,6	5,8	3,0	250	1881
45	Helene (II)	A. C. Hansen	Kiel	Fähre	P.	43	17,1	4,9	2,1	40	1881
46	Kiel (I)	Kieler Bootsführer	Kiel	Schlepper/Fahrgast.	–	42	17,1	4,9	2,1	40	1881
47	Itzehoe	F. Baunach, Hamburg	Kiel	Schlepper/Fahrgast.	–	59	24,5	4,3	2,7	100	1881
48	Nr. 1	F. Baunach, Hamburg	Kiel	Leichter	51	32	17,1	4,3	1,9	–	1881
49	Nr. 2	F. Baunach, Hamburg	Kiel	Leichter	51	32	17,1	4,3	1,9	–	1881
50	Nr. 3	F. Baunach, Hamburg	Kiel	Leichter	51	32	17,1	4,3	1,9	–	1881
51	Holstein (I)	Theodor Wille	Hamburg	Frachter	2.032	1.540	78,6	9,8	8,1	650	1882
52	Alwine	M. Jebsen	Apenrade	Frachter	610	511	49,4	6,8	5,9	250	1881
53	Mars/H II	G. Howaldt	Kiel	Leichter, Material-	51	33	17,1	4,3	1,9	–	1881
54	Angeln	Lange, Gebr.	Neumühlen	Frachter	762	581	53,3	7,6	4,8	300	1881
55	Deutschland (I)	Königl. Preuss. Regier.	Altona	Zollkutter	–	42	21,5	4,6	2,7	120	1881
56	Preussen	Königl. Preuss. Regier.	Altona	Zollkutter	–	42	21,5	4,6	2,7	120	1881
57	WS	Königl. Preuss. Regier.	Altona	Zoll-Wachtschiff	–	67	20,0	5,2		–	1881
58	Hecht	Königl. Preuss. Regier.	Altona	Zollkutter	–	33	20,0	4,2	2,7	80	1881
59	Wels	Königl. Preuss. Regier.	Altona	Zollkutter	–	28	18,0	3,7	2,6	60	1881
60	Otter	Königl. Preuss. Regier.	Altona	Zollkutter	–	21	16,5	3,4	2,4	50	1881
61	Forelle	Königl. Preuss. Regier.	Altona	Zollkutter	–	21	16,5	3,5	2,4	50	1881
62	Lensahn (I)	Erbgroßherz. v. Oldenb.	Brake	Yacht, Dampf-	–	24	16,5	3,5	2,4	50	1881
63	No. 1	Königl. Preuss. Regier.	Altona	Barkasse	–	4	8,0	2,0	1,2	16	1881
64	No. 2	Königl. Preuss. Regier.	Altona	Barkasse	–	4	8,0	2,0	1,2	16	1881
65	No. 3	Königl. Preuss. Regier.	Altona	Barkasse	–	4	8,0	2,0	1,2	16	1881

Bau-Nr.	Schiffsname	Reederei	Heimathafen	Schiffstyp	Tragfähigkeit t = 1.000 kg		Vermessung BRT	Lpp m	Breite m	Tiefe m	Leistung PS		Baujahr
66	Anton	Sartori & Berger	Kiel	Frachter		610	505	49,4	6,8	5,8		250	1882
67	Cosmopolit	R. Wahl, Mannheim	Kiel	Frachter		1.118	865	62,2	7,9	6,6		350	1882
68	Clara (I)	M. Jebsen	Apenrade	Frachter		1.118	866	62,2	7,9	6,6		350	1882
69	Rhein	Hanseatische D.-Ges.	Lübeck	Frachter		1.321	1.025	66,5	8,6	6,9		400	1882
70	Franziska (I)	Sartori & Berger	Kiel	Frachter		1.118	860	62,2	7,9	6,6		350	1882
71	Düsternbrook (I)	Lange, Gebr.	Neumühlen	Frachter		762	581	53,3	7,6	4,8		300	1882
72	Holtenau (I)	Lange, Gebr.	Neumühlen	Frachter		762	578	53,3	7,6	4,8		300	1882
73	Mexico	Lange, Gebr.	Neumühlen	Frachter		1.626	1.324	70,7	9,5	7,3		550	1882
74	Doris	M. Jebsen	Apenrade	Frachter		1.321	1.025	66,5	8,6	6,7		400	1882
75	Königin Luise (I)	Memeler Dampfsch.-AG	Memel	Frachter		1.118	820	66,5	8,6	4,9		350	1882
76	Paul	Sartori & Berger	Kiel	Frachter		914	736	57,0	7,4	6,3		300	1882
77	Pauline	Sartori & Berger	Kiel	Frachter		914	735	57,0	7,4	6,3		300	1883
78	Wilhelm (II)	Sartori & Berger	Kiel	Frachter		254	197	29,3	6,4	4,0		120	1882
79	Anna (I)	A. C. Hansen	Neumühlen	Fähre	P.	137	44	17,7	4,9	2,1		40	1882
80	Wellingdorf (I)	Ferd. Lange	Kiel	Frachter		1.219	1.007	63,7	8,5	6,4		400	1882
81	Littuania	Memeler Dampfsch.-AG	Memel	Frachter		914	791	62,0	7,9	5,9		300	1883
82	Europa (I)	Schroeder & Pape	Lübeck	Frachter		711	655	53,3	7,6	6,1		300	1883
83	Marie (I)	F. Scheel	Ellerbek	Fähre	P.	141	45	19,5	4,3	2,4		65	1882
84	A. C. de Freitas/Etna	A. C. de Freitas & Co.	Hamburg	Frachter		1.321	1.089	66,5	8,6	6,7		400	1883
85	Bornholm	D/S Bornholm	Svancke	Frachter		1.067	856	62,2	7,9	6,7		350	1883
86	Laboe (I)	Lange, Gebr.	Neumühlen	Frachter		914	723	57,0	7,4	6,4		300	1883
87	Olga	A. C. de Freitas & Co.	Hamburg	Frachter			1.114	68,4	10,1	5,6		450	1883
88	Elsa	Ferd. Lange	Kiel	Frachter		894	749	59,8	7,5	6,2		300	1883
89	Velox	H. Sandberg	Flensburg	Frachter		1.219	995	63,7	8,5	6,5		400	1883
90	Brunsbüttel (I)	Brunsbütteler D.-Ges.	Brunsbüttel	Frachter		41	99	30,5	5,6	3,0		180	1883
91	Carl (II)	Sartori & Berger	Kiel	Frachter		254	196	29,3	6,4	4,0		120	1883
92	Gottorp	Capt. Th. Reimer	Schleswig	Frachter		406	334	41,9	7,0	4,0		160	1883
93	Dicky	L. Guhrauer, R. Götte	Hamburg	Frachter		254	226	29,3	6,4	4,9		120	1883
94	Nordsee (I)	Föhrer Dampfsch.-Ges.	Wyk a./Föhr	Passagierschiff	P.		71	29,0	4,0	2,1	R.	150	1883
95	Sylt (I)	Sylter Dampfsch.-Ges.	Keitum	Passagierschiff	P.	218	86	32,6	4,7	2,1	R.	150	1883
96	Rudolph	L. Guhrauer, R. Götte	Hamburg	Frachter		254	225	29,3	6,4	4,9		120	1883
97	Johann	Sartori & Berger	Kiel	Frachter		660	549	49,4	7,2	5,9		250	1883
98	Ferdinand	Sartori & Berger	Kiel	Frachter		660	542	49,4	7,2	5,9		250	1883
99	Independent	R. Wahl, Mannheim	Kiel	Frachter		1.626	1.348	70,7	9,5	7,3		550	1883
100	Emma	Sartori & Berger	Kiel	Frachter		1.118	863	62,0	8,2	6,7		350	1883
101	Pan	D/S Øresund	Kopenhagen	Frachter		1.270	1.024	63,7	8,7	6,5		400	1883
102	Jacoff Prosoroff	Emil Neumann	Lübeck	Frachter		1.118	925	66,5	8,7	5,7		350	1883
103	Elve	P. A. van Es & Co.	Rotterdam	Frachter		559	409	48,8	7,3	4,3		250	1883
104	Frida (I)	A. C. Hansen	Wellingdorf	Fähre	P.	180	64	20,7	4,9	2,4		65	1883
105	Union (II)	H. Sandberg	Flensburg	Frachter		406	340	41,9	7,0	4,4		160	1883
106	Fides	J. L. Lassen	Flensburg	Frachter		406	341	41,9	7,0	4,4		160	1883
107	Nan Thin	Kaiserl. Chines. Regier.	–	Kreuzer	ts	2.200	1.260	84,4	11,6	7,1		2.400	1884
108	Nan Shui	Kaiserl. Chines. Regier.	–	Kreuzer	ts	2.200	1.254	84,4	11,6	7,1		2.400	1884
109	Henrik Wergeland	Flekkefjord D/S	Flekkefjord	Frachter/Passag.		406	489	45,5	7,4	6,3		260	1883
110	Avance (I)	H. Sandberg	Flensburg	Frachter		406	344	41,9	7,0	4,0		160	1884
111	Rønne	D/S Rønne	Rønne	Frachter		406	326	41,9	7,0	4,0		160	1884
112	Martha	Stettiner Lloyd	Stettin	Frachter/Passag.		2.540	2.130	86,9	11,0	8,6		1.000	1884
113	Vorwärts (III)	Sylter Dampfsch.-Ges.	Munkmarsch	Frachter/Fahrgast.		5	33	19,4	4,3	1,7		30	1884
114	–	G. Howaldt	Kiel	Torpedoboot-Vers.			66	33,8	4,0	1,8		700	1884
115	Staerkodder	Jansen & Co.	Kopenhagen	Schlepper/Eisbr.		10	44	18,9	5,2	2,7		160	1884
116	Dock I	Swentine-Dock-Gesell.	Dietrichsdorf	Dock	t	1.750	2.600	61,0	16,8	7,5		–	1884
117	Commerzienrath Fowler	Memeler Dampfsch.-AG	Memel	Frachter		1.219	881	65,9	8,6	5,3		360	1884
118	Agersøsund	D/S Skjelskør og Omen	Skjelskør	Frachter, Vieh-		81	102	30,9	5,6	4,2		160	1884
119	Kiel (II)	Kieler Dampfer-Comp.	Kiel	Frachter		1.422	1.104	66,1	9,2	6,8		400	1885
120	Arnold	Rud. Chr. Gribel	Stettin	Frachter		1.422	1.196	67,5	9,5	7,4		400	1884
121	Telegraph	E. Schlüter	Kiel	Fähre	P.	169	49	20,1	4,3	2,2		65	1885
122	Niclot	G. Ahlert, Schwerin	Wismar	Fahrgastschiff	P.	325	50	22,9	4,3	1,9		65	1885
123	Stadt Stralsund	W. Lüdke & Co.	Stettin	Frachter		210	172	33,5	6,1	3,4		120	1885
124	–	Kaiserliche Marine	Kiel	Leichter, Kohlen-		102	90	30,5	7,2	1,9		–	1885
125	Carl Maria von Weber	C. F. Janus, Eutin	Neumühlen	Fahrgastschiff	P.	194	37	17,4	3,9	1,8		35	1885
126	Cranz	Memel-Cranzer D.-Ges.	Memel	Passagierschiff	P.	337	142	43,9	4,7	2,4	R.	250	1885
127	–	Freie u. Hansest. Hamburg	Hamburg	Schute, Klapp-	m³	60	57	25,1	5,4	2,0		–	1885
128	–	Freie u. Hansest. Hamburg	Hamburg	Schute, Klapp-	m³	60	57	25,1	5,4	2,0		–	1885
129	–	Freie u. Hansest. Hamburg	Hamburg	Schute, Klapp-	m³	60	57	25,1	5,4	2,0		–	1885
130	–	Freie u. Hansest. Hamburg	Hamburg	Schute, Klapp-	m³	60	57	25,1	5,4	2,0		–	1885
131	–	Freie u. Hansest. Hamburg	Hamburg	Schute, Klapp-	m³	60	57	25,1	5,4	2,0		–	1885
132	–	Freie u. Hansest. Hamburg	Hamburg	Schute, Klapp-	m³	60	57	25,1	5,4	2,0		–	1885
133	–	Freie u. Hansest. Hamburg	Hamburg	Schute, Klapp-	m³	60	57	25,1	5,4	2,0		–	1885
134	–	Freie u. Hansest. Hamburg	Hamburg	Schute, Klapp-	m³	60	57	25,1	5,4	2,0		–	1885
135	–	Freie u. Hansest. Hamburg	Hamburg	Schute, Klapp-	m³	60	57	25,1	5,4	2,0		–	1885
136	–	Freie u. Hansest. Hamburg	Hamburg	Schute, Klapp-	m³	60	57	25,1	5,4	2,0		–	1885
137	–	Freie u. Hansest. Hamburg	Hamburg	Schute, Klapp-	m³	60	57	25,1	5,4	2,0		–	1885
138	–	Freie u. Hansest. Hamburg	Hamburg	Schute, Klapp-	m³	60	57	25,1	5,4	2,0		–	1885
139	–	Freie u. Hansest. Hamburg	Hamburg	Schute, Klapp-	m³	60	57	25,1	5,4	2,0		–	1885
140	–	Freie u. Hansest. Hamburg	Hamburg	Schute, Klapp-	m³	60	57	25,1	5,4	2,0		–	1885
141	Nordfriesland	Wyker Dampfsch.-Rhed.	Wyk a./Föhr	Passagierschiff	P.	145	54	22,6	4,3	1,8		60	1885
142	Westerland	Sylter Dampfsch.-Ges.	Munkmarsch	Passagierschiff	P.	223	83	32,0	4,7	2,2	R.	150	1885

au-Nr.	Schiffsname	Reederei	Heimathafen	Schiffstyp	Tragfähigkeit t = 1.000 kg	Vermessung BRT	Lpp m	Breite m	Tiefe m	Leistung PS	Baujahr
143	Hedwig (I)	C. Sodemann	Barth	Frachter (Segel.)	386	333	38,7	8,5	4,0	–	1885
144	Maas	P. A. van Es & Co.	Rotterdam	Frachter	660	482	53,0	7,5	4,6	300	1886
145	Thea	H. Diederichsen	Kiel	Frachter	447	361	41,9	7,0	4,0	160	1888
146	–	Kaiserliche Marine	Kiel	Prahm, Kohlen-	203	119	27,0	5,5	2,6	–	1886
147	Quieto	Soc. di Nav. a Vapore Istria	Triest	Passagierschiff	71	172	40,5	5,8	3,4	350	1886
148	Risano	Soc. di Nav. a Vapore Istria	Triest	Passagierschiff	71	172	40,5	5,8	3,4	350	1887
149	Stephan (II)	Wyker Dampfsch.-Rhed.	Wyk a./Föhr	Passagierschiff	P.	49	22,1	4,6	2,0	90	1886
150	–	Kaiserliche Marine	Kiel	Prahm, Asche-	–	58	18,1	5,6	2,1	–	1886
151	–	Kaiserliche Marine	Kiel	Prahm, Kohlen-	76	42	15,0	4,2	2,4	–	1886
152	–	Kaiserliche Marine	Kiel	Prahm, Kohlen-	81	42	15,0	4,2	2,4	–	1886
153	Dahlström	Neue Dampfer-Comp.	Kiel	Schlepper/Fahrgast.	P. 260	69	23,8	6,1	2,7	120	1887
154	Bismarck	Neue Dampfer-Comp.	Kiel	Schlepper/Fahrgast.	P. 259	75	23,8	6,1	2,7	120	1887
155	Möwe (II)	Neue Dampfer-Comp.	Kiel	Fähre	P. 114	26	13,7	4,9	1,9	40	1887
156	Schwalbe	Neue Dampfer-Comp.	Kiel	Fähre	P. 114	26	13,7	4,9	1,9	40	1887
157	Libelle	Neue Dampfer-Comp.	Kiel	Fähre	P. 114	26	13,7	4,9	1,9	40	1887
158	Tide	Unterweser-Correction	Bremen	Bereisungsdampfer	–	71	25,9	4,6	2,6	100	1887
159	Alfred (I)	Stantien & Becker	Königsberg	Schlepper	–	32	16,3	4,4	2,3		1887
160	–	Kaiserliche Marine	Kiel	Prahm	–	51	24,1	6,1	2,7	–	1887
161	H 2	G. Howaldt	Kiel	Prahm	–	3	8,5	2,1	1,1	–	1887
162	–	Kaiserliche Marine	Kiel	Prahm, Proviant-	112	58	18,2	4,5	2,6	–	1887
163	–	Kaiserliche Marine	Kiel	Prahm, Proviant-	112	58	18,2	4,6	2,6	–	1887
164	Kiel (III)	Kaiserl. Kanal-Commis.	Kiel	Barkasse, Bereis.-	–	8	11,5	2,7	1,2	22	1887
165	Greif (I)	Philipp Holzmann & Co.	Frankfurt	Barkasse, Bereis.-	–	11	11,5	2,7	1,2	22	1890
166	Hermann (I)	F. Scheel	Ellerbek	Schlepper/Fahrgast.	P. 146	52	20,7	4,9	2,6	120	1888
167	Alsen (I)	Lange, Gebr.	Kiel	Frachter	1.077	742	59,1	9,1	5,2	400	1888
168	Fehmarn (I)	Lange, Gebr.	Kiel	Frachter	1.077	740	59,1	9,1	5,2	400	1888
169	Boetticher	Neue Dampfer-Comp.	Kiel	Fahrgastschiff	P. 182	55	20,7	5,2	2,3	80	1888
170	Maybach	Neue Dampfer-Comp.	Kiel	Fahrgastschiff	P. 184	55	20,7	5,2	2,3	80	1888
171	Sylt (II)	Lange, Gebr.	Kiel	Frachter	1.077	743	59,1	9,1	5,2	400	1888
172	Föhr	Lange, Gebr.	Kiel	Frachter	1.077	744	59,1	9,1	5,2	400	1888
173	?	H. Buthmann	Bangkok	Schlepper	–		33,5	4,8	2,1	R. 60	1888
174	–	Kaiserliche Marine	Kiel	Ponton, Anlege-	–	–	40,0	5,0	1,8	–	1888
175	–	Kaiserliche Marine	Kiel	Ponton, Anlege-	–	–	40,0	5,0	1,8	–	1888
176	–	Kaiserliche Marine	Kiel	Ponton, Anlege-	–	–	40,0	5,0	1,8	–	1888
177	–	Kaiserliche Marine	Kiel	Ponton, Anlege-	–	–	40,0	5,0	1,8	–	1888
178	–	Kaiserliche Marine	Kiel	Ponton, Anlege-	–	–	40,0	5,0	1,8	–	1888
179	–	Kaiserliche Marine	Kiel	Ponton, Anlege-	–	–	40,0	5,0	1,8	–	1888
180	–	Kaiserliche Marine	Kiel	Ponton, Anlege-	–	–	40,0	5,0	1,8	–	1888
181	–	Kaiserliche Marine	Kiel	Ponton, Anlege-	–	–	40,0	5,0	1,8	–	1888
182	–	Kaiserliche Marine	Kiel	Ponton, Anlege-	–	–	40,0	5,0	1,8	–	1888
183	Marstrand	D/S Marstrand	Kopenhagen	Frachter	371	309	42,7	6,9	4,1	350	1888
184	–	Kaiserliche Marine	Kiel	Prahm, Proviant-	112	58	18,2	4,6	2,6	–	1888
185	Fiume	M. Šverljuga & Co	Fiume	Frachter/Passag.	406	367	47,4	7,2	4,0	400	1888
186	Adolfo (I)	Nic. Mihanovich	Buenos Aires	Schlepper	–	9	18,2	2,8	1,4	20	1888
187	Sumatra	Norddeutscher Lloyd	Bremen	Frachter/Passag.	559	584	52,0	8,5	4,1	350	1888
188	Mimi	H. Diederichsen	Kiel	Frachter	1.270	886	61,7	9,1	5,1	400	1889
189	Siegfried	Baudeputation	Bremen	Schlepper/Eisbr.	–	127	26,0	6,4	3,3	280	1888
190	Hinrich	Sartori & Berger	Kiel	Frachter	1.280	927	62,7	9,3	5,4	450	1889
191	Alice (I)	D. Torm	Kopenhagen	Frachter	1.168	989	60,4	8,9	6,5	350	1889
192	Moltke	Memeler Dampfsch.-AG	Memel	Frachter	1.219	946	62,6	9,3	5,0	360	1889
193	Michael Jebsen (I)	M. Jebsen	Apenrade	Frachter	1.270	995	62,5	9,1	6,3	450	1889
194	Rudolf	Rud. Chr. Gribel	Stettin	Frachter	305	286	40,3	6,9	3,2	160	1889
195	Sperber	Philipp Holzmann & Co.	Kiel	Schlepper	–	28	14,9	4,8	2,2	65	1889
196	Falke	Philipp Holzmann & Co.	Kiel	Schlepper	–	29	14,9	4,8	2,2	65	1889
197	Geier	Philipp Holzmann & Co.	Kiel	Schlepper	–	29	14,9	4,8	2,2	65	1889
198	Habicht	Philipp Holzmann & Co.	Kiel	Schlepper	–	29	14,9	4,8	2,2	65	1889
199	Gaviota	Franzesco Francioni	Buenos Aires	Schlepper/Fahrgast.	–	127	30,0	5,6	3,4	260	1889
200	Holstein (II)	Tönninger Dampfsch.-Ges.	Tönning	Frachter, Vieh-	1.651	1.377	73,2	10,8	7,0	900	1889
201	Siegmund	Dampfsch. Rhed. v. 1889	Hamburg	Frachter	1.168	989	60,4	8,9	6,5	350	1889
202	Bahia Blanca	Franzesco Francioni	Buenos Aires	Schlepper	–	104	26,0	5,2	3,5	160	1889
203	Golondrina	Franzesco Francioni	Buenos Aires	Schlepper	–	104	26,0	5,2	3,5	160	1889
204	Sieglinde	Dampfsch. Rhed. v. 1889	Hamburg	Frachter	1.168	997	60,4	8,9	6,5	350	1890
205	Portugal	Oldenb.-Portug. D.-R.	Oldenburg	Frachter	1.168	1.022	60,4	8,9	6,5	350	1890
206	Hans (I)	Sartori & Berger	Kiel	Frachter	1.346	1.027	62,5	9,3	6,4	450	1890
207	Theodor	Rud. Chr. Gribel	Stettin	Frachter	1.290	939	62,5	9,3	5,0	400	1890
208	Martin	G. Bernitt	Hamburg	Schlepper/Eisbr.	–	22	14,3	3,7	2,1	65	1890
209	Fliege (II)	Howaldtswerke	Kiel	Schlepper/Eisbr.	–	30	15,5	3,7	2,1	65	1890
210	Vila	Serafino Topic & Co.	Triest	Frachter/Passag.	396	382	47,2	7,0	4,0	420	1890
211	Holstein (III)	Rendsburger Dampfsch.-G.	Rendsburg	Fähre	P. 191	53	19,0	5,2	2,4	65	1890
212	Georg (I)	A. C. Hansen	Wellingdorf	Fähre	P. 185	62	19,0	5,2	2,4	65	1890
213	Helene (III)	Zerssen & Co.	Tönning	Frachter	935	708	54,6	8,5	4,7	350	1890
214	Marie (II)	H. Diederichsen	Kiel	Frachter	1.280	882	61,7	9,1	5,0	400	1890
215	Lensahn (II)	Erbgroßherz. v. Oldenb.	Oldenburg	Yacht, Dampf-	–	99	27,5	4,6	3,1	200	1890
216	Gossler	Neue Dampfer-Comp.	Kiel	Fahrgastschiff	P. 207	65	21,7	5,7	2,3	80	1890
217	Steinmann	Neue Dampfer-Comp.	Kiel	Fahrgastschiff	P. 207	65	21,7	5,7	2,3	80	1890
218	Setubal	Oldenb.-Portug. D.-R.	Oldenburg	Frachter	1.199	1.020	60,4	8,9	6,4	400	1890
219	Senior	H. Diederichsen	Kiel	Frachter	1.193	994	60,4	8,9	6,3	400	1890

Bau-Nr.	Schiffsname	Reederei	Heimathafen	Schiffstyp	Tragfähigkeit t = 1.000 kg	Vermessung BRT	Lpp m	Breite m	Tiefe m	Leistung PS	Baujahr
220	I° de Mayo	Franzesco Fancioni	Buenos Aires	Frachter/Passag.	801	905	61,0	9,1	7,0	700	1893
221	Bertha	Zerssen & Co.	Tönning	Frachter	938	710	54,5	9,0	5,0	360	1890
222	Adler (I)	Philipp Holzmann & Co.	Kiel	Schlepper	–	28	14,9	4,8	2,2	65	1890
223	Bussard	Philipp Holzmann & Co.	Kiel	Schlepper	–	28	14,9	4,8	2,2	65	1890
224	Eisvogel	Philipp Holzmann & Co.	Kiel	Schlepper	–	28	14,9	4,8	2,2	65	1890
225	–	Torpedodepot	Friedrichsort	Prahm	30	40	12,0	4,0	1,8	–	1890
226	–	Kaiserliche Werft	Kiel	Prahm, Kohlen-	203	60	27,1	5,5	2,7	–	1890
227	Nauta	D/S Nauta/D. Torm	Kopenhagen	Frachter	514	371	41,9	7,0	4,4	160	1891
228	Adolfo (II)	Förster, Cordes & Soenderup	Buenos Aires	Schlepper	–	11	12,0	2,8	1,4	22	1891
229	Porto	Oldenb.-Portug. D.-R.	Oldenburg	Frachter	1.067	756	53,4	7,9	8,3	400	1891
230	A. F. Cosulich	Callisto Cosulich	Triest	Frachter	2.300	1.823	76,2	10,7	6,0	950	1891
231	Hansa	Hugo Brehmer, Leipzig	Kiel	Yacht, Lust-	–	50	22,9	3,7	2,4	70	1891
232	Knjaz Gagarin	Cie. de Nav. Mer Noire	Odessa	Frachter/Passag.	775	873	60,0	9,0	7,0	700	1891
233	Valdivia	Ascosiac. de Armadores	Valdivia	Frachter/Passag.	680	801	64,0	9,1	4,4	725	1891
234	Gruz	Howaldtswerke	Kiel	Frachter	528	417	45,7	7,4	4,2	160	1892
235	Hermia	D. Torm	Kopenhagen	Frachter	1.307	1.060	64,3	8,9	6,4	400	1892
236	Uhu	Philipp Holzmann & Co.	Kiel	Schlepper	–	28	14,9	4,8	2,2	65	1891
237	Weih	Philipp Holzmann & Co.	Kiel	Schlepper	–	28	14,9	4,8	2,2	65	1891
238	Bessarabez	Cie. de Nav. Mer Noir	Odessa	Schlepper	102	315	50,0	7,0	3,0	R. 600	1891
239	Kiel (IV)	Kieler Dampfer-Comp.	Kiel	Frachter	1.499	1.127	64,0	9,8	6,4	600	1891
240	Hungaria	Ungaro-Croato S. A.	Fiume	Passagierschiff	240	559	54,9	7,6	4,5	700	1891
241	Croatia	Ungaro-Croato S. A.	Fiume	Frachter/Passag.	381	555	51,2	7,6	4,0	700	1891
242	–	Kaiserliche Werft	Wilhelmshav.	Prahm, Kohlen-	102	60	23,0	5,8	2,2	–	1891
243	Hector	H. Diederichsen	Kiel	Prahm, Kohlen-	102	54	16,0	4,8	2,6	–	1891
244	Andromache	H. Diederichsen	Kiel	Prahm, Kohlen-	102	54	16,0	4,8	2,6	–	1891
245	Hermann (II)	H. Diederichsen	Kiel	Frachter	1.063		64,3	8,9	6,4	400	1892
246	Loyal	R. Wahl	Köln a. Rhein	Frachter	2.377	1.584	73,2	11,0	7,2	700	1892
247	H 3	Howaldtswerke	Kiel	Prahm, Kohlen-	102	40	16,0	4,8	2,5	–	1892
248	–	Kaiserliche Werft	Kiel	Prahm, Torpedo-	–		20,0	4,5	2,5	–	1892
249	–	Kaiserliche Werft	Kiel	Prahm, Torpedo-	–		20,0	4,5	2,5	–	1892
250	Mercur	J. Segebarth	Prerow	Frachter (Segel.)	467	348	38,1	8,2	4,3	–	1892
251	–	Torpedodepot	Friedrichsort	Schlepper, Torpedo-	–	8	16,5	2,8	1,5	100	1892
252	Nordsee (II)	Sylter Dampfsch.-Ges.	Keitum	Passagierschiff	P. 347	129	36,6	5,0	2,2	R. 120	1892
253	Jacob Diederichsen	M. Jebsen	Apenrade	Frachter	1.270	988	62,5	9,1	6,3	450	1892
254	Krabbe	v. Kintzel & Lauser	Kiel	Schlepper	–	25	14,9	4,8	2,2	65	1892
255	Greif (II)	v. Kintzel & Lauser	Kiel	Schlepper	–	25	14,9	4,8	2,2	65	1892
256	–	v. Kintzel & Lauser	Kiel	Schute, Bagger-	m³ 122		25,4	5,6	2,3	–	1892
257	–	v. Kintzel & Lauser	Kiel	Schute, Bagger-	m³ 122		25,4	5,6	2,3	–	1892
258	–	v. Kintzel & Lauser	Kiel	Schute, Bagger-	m³ 122		25,4	5,6	2,3	–	1892
259	–	v. Kintzel & Lauser	Kiel	Schute, Bagger-	m³ 122		25,4	5,6	2,3	–	1892
260	–	v. Kintzel & Lauser	Kiel	Schute, Bagger-	m³ 122		25,4	5,6	2,3	–	1892
261	–	v. Kintzel & Lauser	Kiel	Schute, Bagger-	m³ 122		25,4	5,6	2,3	–	1892
262	Dock II	Swentine-Dock-Gesell.	Dietrichsdorf	Dock	t 1.200	–	40,0	16,8	7,5	–	1892
263	Uniao dos Estados	Brasilianische Regierung	Rio Grande d. S.	Schute, Bagger-	m³ 156	171	36,0	8,4	2,6	–	1892
264	Barra do Rio Grande	Brasilianische Regierung	Rio Grande d. S.	Schute, Bagger-	m³ 156	171	36,0	8,4	2,6	–	1892
265	Greif (II)	v. Kintzel & Lauser	Kiel	Barkasse, Bereis.-	–	11	11,5	2,6	1,2	22	1892
266	Prinz Waldemar	Sartori & Berger	Kiel	Passagierschiff	P.	685	62,0	8,5	4,0	1.200	1893
267	Bagger N° IV	Kaiserliche Werft	Wilhelmshav.	Bagger, Saug-	m³/h 260	446	45,0	9,0	3,8	280	1893
268	Amstel	P. A. van Es & Co.	Rotterdam	Frachter	650	590	53,0	7,6	4,5	300	1893
269	Stefanie	Ungaro-Croato S. A.	Fiume	Passagierschiff	P.	101	29,0	5,8	2,3	180	1893
270	Lussin	S. Topic & Co.	Lissa	Frachter/Passag.	203	253	39,0	6,1	3,3	260	1893
271	Dock I	Fiumer Dockunternehm.	Fiume	Dock	t 2.000	–	59,8	22,0	9,5	–	1893
271	Dock II	Fiumer Dockunternehm.	Fiume	Dock	t 1.350	–	40,3	22,0	9,5	–	1893
272	Legalidade	Brasilianische Regierung	Rio Grande d. S.	Schute, Bagger-	m³ 156	179	36,0	7,5	2,6	120	1893
273	Farrapo	Brasilianische Regierung	Rio Grande d. S.	Schlepper	137	207	42,0	7,0	3,3	300	1893
274	–	Brasilianische Regierung	Rio Grande d. S.	Schute, Klapp-	m³ 60	110	18,1	5,6	2,1	–	1893
275	–	Brasilianische Regierung	Rio Grande d. S.	Schute, Klapp-	m³ 60	110	18,1	5,6	2,1	–	1893
276	Stuttgart	Kaiserl. Kanal-Commis.	Kiel	Schlepper	–	97	27,0	5,5	3,1	250	1893
277	Dresden (I)	Kaiserl. Kanal-Commis.	Kiel	Schlepper	–	97	27,0	5,5	3,1	250	1893
278	Colonia	Rhein- u. Seeschif.-Ges.	Köln a. Rhein	Frachter	1.148	714	61,0	9,7	4,4	450	1893
279	Fliege (III)	Howaldtswerke	Kiel	Barkasse	–	11	12,0	2,8	1,5	22	1893
280	–	Kaiserl. Kanal-Commis.	Kiel	Ponton, Verschluß-	–	540	29,7	8,0	14,0	200	1894
281	–	Kaiserl. Kanal-Commis.	Kiel	Ponton, Verschluß-	–	375	27,6	7,5	10,8	200	1894
282	A 5	A. C. Hansen	Wellingdorf	Prahm	–	47	20,0	6,0	1,7	–	1894
283	Forsteck	H. Diederichsen	Kiel	Frachter	528	412	45,7	7,4	4,2	300	1894
284	Seestern	Kaiserl. Torpedowerkst.	Friedrichsort	Betriebsdampfer	–	50	19,5	4,8	2,8	100	1894
285	Agnete	D. Torm	Kopenhagen	Frachter		1.149	65,2	9,4	6,6	530	1894
286	Kentauros	I. Theophilatos & Sohn	Braila	Schlepper	61	118	29,1	6,1	2,8	360	1894
287	Thérèse	Wender & Krimont	Braila	Schlepper	61	118	29,1	6,1	2,8	360	1894
288	Joseph	M. Roth & Jos. Löbel	Braila	Schlepper	–	60	21,5	4,9	2,6	200	1894
289	Marie Jebsen	M. Jebsen, Apenrade	Hamburg	Frachter	3.678	2.265	86,6	12,2	7,5	1.000	1894
290	Fratelli B. Mendl	Fratelli B. Mendl	Braila	Schlepper, Donau-	102	281	42,0	7,0	3,3	R. 500	1894
291	Obotrit	G. Ahlert	Schwerin	Fahrgastschiff	P. 300	50	22,9	4,3	1,9	65	1894
292	Helene (IV)	A. C. Hansen	Wellingdorf	Fahrgastschiff	P. 181	63	19,0	5,3	2,5	65	1894
293	Escaut	A. Deppe	Antwerpen	Frachter	1.646	1.143	65,2	9,4	6,6	550	1895
294	Germania (I)	M. Jebsen, Apenrade	Hamburg	Frachter	3.637	2.253	86,6	12,2	7,5	1.000	1895
295	Rupanco	Prochelle & Co.	Valdivia	Frachter/Passag.	894	872	55,5	9,8	5,8	550	1895

Bau-Nr.	Schiffsname	Reederei	Heimathafen	Schiffstyp	Tragfähigkeit t = 1.000 kg	Vermessung BRT	Lpp m	Breite m	Tiefe m	Leistung PS	Baujahr
296	Petka	Nav. à Vapore Ragusea	Ragusa	Frachter/Passag.	406	501	53,1	7,8	3,9	600	1896
297	Prinz Adalbert (I)	Sartori & Berger	Kiel	Passagierschiff	102	702	62,6	8,7	4,1	1.300	1895
298	Vorwärts (IV)	M. Jebsen	Apenrade	Frachter	1.392	1.027	70,0	10,1	4,8	600	1895
299	Else	M. Jebsen	Apenrade	Frachter	2.007	1.419	70,0	10,1	6,9	600	1895
300	Hsi Ping	Kaiping Eng. & Mining	Tientsin	Frachter	2.235	1.979	80,8	12,8	7,0	1.100	1897
301	–	Torpedodepot	Friedrichsort	Schlepper, Torpedo-	–	8	16,2	2,8	1,5	100	1896
302	Präsident Koch	Neue Dampfer-Comp.	Kiel	Fahrgastschiff	P. 285	116	28,8	6,5	3,1	205	1896
303	Kronprinz Friedrich Wilhelm	H. Diederichsen	Kiel	Fahrgastschiff	P. 200	38	20,0	4,0	1,6	60	1896
304	Prinz Eitel Friedrich	H. Diederichsen	Kiel	Fahrgastschiff	P. 200	38	20,0	4,0	1,6	60	1896
305	Prinz Adalbert (II)	H. Diederichsen	Kiel	Fahrgastschiff	P. 200	38	20,0	4,0	1,6	60	1896
306	Prinz August	H. Diederichsen	Kiel	Fahrgastschiff	P. 200	38	20,0	4,0	1,6	60	1896
307	Prinz Oskar	H. Diederichsen	Kiel	Fahrgastschiff	P. 200	38	20,0	4,0	1,6	60	1896
308	Prinz Joachim	H. Diederichsen	Kiel	Fahrgastschiff	P. 200	38	20,0	4,0	1,6	60	1896
309	Helene (V)	D. Torm	Kopenhagen	Frachter	2.357	1.584	73,2	11,0	7,2	700	1896
310	Brunsbüttel II	Brunsbütteler D.-Ges.	Brunsbüttel	Frachter/Fahrgast.	P. 365	135	33,5	6,0	3,1	300	1896
311	Johann Schweffel	Neue Dampfer-Comp.	Kiel	Fahrgastschiff	P. 184	83	25,7	5,8	2,4	180	1896
312	Floriano Peixoto	Götz & Görne	Hamburg	Schlepper	–	8	12,0	3,0	1,3	20	1896
313	Agda	Horsens D/S	Horsens	Frachter/Fahrgast.	P.	54	21,3	5,0	2,3	70	1896
314	S. H.	Service Hydraulique	Constanza	Barkasse, Bereis.-	–	11	12,4	2,9	1,5	20	1896
315	Stettin	Kanalamt	Kiel	Schlepper	–	37	17,0	4,5	2,4	100	1896
316	Rostock (I)	Kanalamt	Kiel	Schlepper	–	37	17,0	4,5	2,4	100	1896
317	Königsberg	Kanalamt	Kiel	Schlepper	–	43	17,5	5,0	2,5	100	1896
318	Normania	D/S Kjøbenhavn	Kopenhagen	Frachter	4.437	2.671	94,9	13,5	7,3	1.200	1897
319	Dock I	Rumän. Staatsbahnen	Galatz	Dock	t 1.200	–	40,3	21,8	8,9	–	1897
320	Dock II	Rumän. Staatsbahnen	Galatz	Dock	t 1.200	–	40,3	21,8	8,9	–	1897
321	Silvana	Nordsee-Linie	Hamburg	Passagierschiff	P. 850	804	62,6	9,0	6,3	1.400	1897
322	Karin	Öberg & Horndahl	Helsingborg	Frachter	1.676	1.132	65,2	9,4	6,6	550	1897
323	Turnu Severin	Rumän. Staatsbahnen	Braila	Frachter	3.607	2.215	86,6	12,2	7,5	1.200	1897
324	Constanta	Rumän. Staatsbahnen	Braila	Frachter	3.607	2.213	86,6	12,2	7,5	1.200	1897
325	Knivsberg	M. Jebsen	Apenrade	Frachter/Passag.	1.392	1.033	70,0	10,1	4,8	650	1897
326	Oscar Fredrik	Axel Johnson & Co	Stockholm	Frachter	6.908	4.499	119,0	15,9	7,9	1.750	1899
327	22 de Febrero	Regierung v. Honduras	Puerto Cortez	Barkasse	10	14	12,2	3,0	1,7	25	1897
328	Ingeborg (I)	G. Howaldt/Howaldtswerke	Kiel	Yacht, Segel-	m² 245	25	13,0	5,2	2,0	–	1897
329	Ledokl Donskich Girl	Girla Comité	Rostow/Don	Eisbrecher	–	260	36,6	8,4	3,0	500	1897
330	August (II)	A. C. Hansen	Wellingdorf	Fahrgastschiff	P.	73	20,7	5,3	2,5	90	1897
331	Dock I	Börsen-Comité	Riga	Dock	t 1.410	–	48,0	22,0	9,2	–	1897
332	Dock II	Börsen-Comité	Riga	Dock	t 940	–	32,0	22,0	9,2	–	1897
333	–	Howaldtswerke (Leps)	Kiel	U-Boot, Versuchs.-	ts 40		12,8	2,4	2,4	120	1897
334	Imperator Nicolai II	Rigaer Dampfsch.-Ges.	Riga	Frachter/Passag.	528	923	67,1	9,8	4,9	750	1898
335	Hermann (III)	F. Scheel	Ellerbek	Fahrgastschiff	P.	58	20,1	5,0	2,5	60	1898
336	Tranekjaer	Sydfyenske D/S	Rudkjøbing	Passagierschiff	20	178	34,5	6,1	3,4	350	1898
337	Lühe	Hamburg-Amerika Linie	Hamburg	Prahm	232	191	32,6	6,1	3,2	–	1898
338	Lisa	Öberg & Horndahl	Helsingborg	Frachter	2.406	1.597	73,2	11,0	7,2	700	1898
339	Nordstjernan	Axel Johnson & Co.	Stockholm	Frachter	1.894	1.148	71,6	10,7	5,8	550	1898
340	Möwe (III)	Gemeinde Helgoland	Helgoland	Schlepper	–	11	12,0	2,8	1,5	25	1898
341	Elborus	Russian Steam Navig.	Odessa	Frachter	1.186	926	67,1	10,7	4,7	700	1898
342	Aju-Dag	Russian Steam Navig.	Odessa	Frachter	1.178	929	67,1	10,7	4,7	700	1898
343	Bagger XI	Freie u. Hansest. Hamburg	Hamburg	Bagger	m³/h 200	226	39,3	7,6	2,9	–	1898
344	Haidamack	Nicolajewer Lotsenges.	Nicolajew	Eisbrecher	122	724	49,7	12,8	5,8	1.800	1898
345	Tatumbla	Regierung v. Honduras	Puerto Cortez	Zollkreuzer	50	108	26,5	5,4	3,3	180	1898
346	Ilsenstein	D. G. Triton A. G.	Bremen	Frachter	2.184	1.508	74,4	10,7	5,6	550	1898
347	Regenstein	D. G. Triton A. G.	Bremen	Frachter	2.184	1.507	74,4	10,7	5,6	550	1898
348	Rabenstein	D. G. Triton A. G.	Bremen	Frachter	2.184	1.506	74,4	10,7	5,6	550	1898
349	–	Russ. Marine Minister.	Vladivostok	Kran, Schwimm-	t 100	750	51,8	18,3	3,1	–	1898
350	Prinz Sigismund	Sartori & Berger	Kiel	Passagierschiff	203	697	62,6	8,7	4,1	1.400	1898
351	Avance (II)	Isbrytare Bolaget Abo	Abo	Eisbrecher	–	552	42,0	10,8	5,7	1.500	1899
352	Admiral v. Knorr	Neue Dampfer-Comp.	Kiel	Fahrgastschiff	P. 250	93	25,7	5,8	2,6	165	1899
353	Admiral Koester	Neue Dampfer-Comp.	Kiel	Fahrgastschiff	P. 250	93	25,7	5,8	2,6	165	1899
354	Hertha (I)	A. C. Hansen	Wellingdorf	Fahrgastschiff	24	73	21,2	5,5	2,5	90	1899
355	N° I	Russ. Marine Minister.	Port Arthur	Bagger, Saug-	m³ 300	438	45,0	9,0	3,9	300	1899
356	N° II	Russ. Marine Minister.	Port Arthur	Bagger, Saug-	m³ 300	438	45,0	9,0	3,9	300	1899
357	N° III	Russ. Marine Minister.	Port Arthur	Bagger, Saug-	m³ 300	437	45,0	9,0	3,9	300	1899
358	Vera	Angfartygs A/B »Karin«	Helsingborg	Frachter	3.607	2.153	86,6	12,2	7,5	900	1899
359	Diana	Russian Steam Navig.	Odessa	Frachter	5.324	3.325	105,2	14,0	8,5	1.800	1899
360	Pallada	Russian Steam Navig.	Odessa	Frachter	5.324	3.425	105,2	14,0	8,5	1.800	1900
361	Heinrich	A. C. Hansen	Wellingdorf	Fahrgastschiff	P.	107	23,8	6,7	3,2	120	1899
362	Podbielski	Neue Dampfer-Comp.	Kiel	Fahrgastschiff	P. 328	127	29,8	6,4	3,0	200	1899
363	Frida (II)	Sartori & Berger	Kiel	Frachter	234	184	31,4	6,4	3,6	90	1902
364	Jupiter (I)	Russian Steam Navig.	Odessa	Frachter	5.283	3.901	106,7	14,3	9,0	2.300	1900
365	Mercurii	Russian Steam Navig.	Odessa	Frachter	5.283	3.906	106,7	14,3	9,0	2.300	1900
366	Dock	Auswärtiges Amt	Dar-es-Salam	Dock	t 1.800	–	64,8	22,0	10,3	–	1902
367	Svea	Nya Rederi A/B »Svea«	Stockholm	Frachter	970	738	53,7	9,1	5,2	425	1900
368	Wolga'scher 35	Russ. Wegebau-Minister.	St. Petersburg	Bagger, Saug-	m³ 300	178	40,0	6,8	2,2	–	1900
369	Wolga'scher 36	Russ. Wegebau-Minister.	St. Petersburg	Bagger, Saug-	m³ 300	178	40,0	6,8	2,2	–	1900
370	Thielen	Neue Dampfer-Comp.	Kiel	Fahrgastschiff	P. 319	127	29,8	6,4	3,0	200	1900
371	Gauss	Deutsche Südpolar-Exp.	Kiel	Forschungsschiff	753	650	46,0	10,7	6,6	270	1901
372	Okean	Russ. Marine Minister.	St. Petersburg	Schul-/Transportschiff	6.096	6.911	143,3	17,4	11,1	12.000	1902

Bau-Nr.	Schiffsname	Reederei	Heimathafen	Schiffstyp	Tragfähigkeit t = 1.000 kg	Vermessung BRT	Lpp m	Breite m	Tiefe m	Leistung PS	Baujahr
373	Gouverneur Jaeschke	M. Jebsen	Apenrade	Frachter/Passag.	1.802	1.738	73,2	11,0	9,2	1.200	1900
374	Dock III	Swentine-Dock-Gesell.	Dietrichsdorf	Dock	t 4.570	–	68,9	29,0	14,6	–	1902
375	Bull	Stockh. Skepsstufveri	Stockholm	Fahrgastschiff	P.	67	21,0	5,1	3,2	120	1900
376	Maria Luisa	Comp. Cubana de Vapores	Havanna	Frachter/Passag.		874	1.090	65,6	10,4	6,2	900
377	Drottning Sophia	Axel Johnson & Co.	Stockholm	Frachter	7.689	5.162	123,4	15,9	8,6	1.950	1901
378	Generalmajor Klokatschoff	Kertsch-Jenikal. Lotsenges.	Kertsch	Lotsenboot	40	189	35,4	7,3	3,3	550	1900
379	Flott	Kaiserl. Torpedowerkst.	Friedrichsort	Schlepper, Torpedo-	–	8	16,2	2,8	1,5	120	1901
380	–	Kaiserl. Torpedoinspekt.	Kiel	Barkasse	2	13	10,7	3,4	1,3	25	1900
381	Brefeld	Neue Dampfer-Comp.	Kiel	Fahrgastschiff	P. 228	93	25,7	5,8	2,7	200	1901
382	Lensahn (III)	Großherzog v. Oldenb.	Oldenburg	Yacht, Dampf-	–	420	43,5	7,9	4,3	1.000	1901
383	Kronprins Gustaf	Axel Johnson & Co.	Stockholm	Frachter	7.661	5.403	123,4	15,9	8,6	1.950	1901
384	Bülk	Neue Dampfer-Comp.	Kiel	Schlepper, See-	–	167	30,5	6,4	4,2	350	1901
385	Carl Diederichsen	M. Jebsen	Apenrade	Frachter	1.741	1.243	66,4	10,1	6,7	650	1901
386	Greif (IV)	Kgl. Polizei-Direktion	Kiel	Polizeiboot	–	32	20,0	3,4	2,0	250	1902
387	Prinsesse Marie	Det Østasiatiske Komp.	Kopenhagen	Frachter	7.193	5.416	121,6	15,0	11,0	2.200	1902
388	Triumph (II)	M. Jebsen	Apenrade	Frachter	1.741	1.242	66,4	10,1	6,7	650	1902
389	Helene (VI)	M. Jebsen	Apenrade	Frachter	1.741	1.237	66,4	10,1	6,7	650	1902
390	Undine (II)	Kaiserliche Marine	Wilhelmshav.	Kleiner Kreuzer	ts 3.112	2.152	104,4	12,3	7,7	8.000	1904
391	Minister Möller	Neue Dampfer-Comp.	Kiel	Fahrgastschiff	P. 286	112	27,0	6,3	2,7	200	1903
392	392/Adler (II)	Howaldtswerke	Kiel	Fahrgastschiff	P. 332	594	59,9	7,6	3,9	1.000	1903
393	Velikii Knjaz Aleksandr	Russian Steam Navig.	Odessa	Frachter/Passag.	1.178	1.796	81,1	11,0	7,9	1.500	1903
394	Princessa Eugenia Oldenburskaia	Russian Steam Navig.	Odessa	Frachter/Passag.	1.178	1.798	81,1	11,0	7,9	1.500	1903
395	Budde	Neue Dampfer-Comp.	Kiel	Fahrgastschiff	P. 196	61	21,7	5,7	2,3	80	1903
396	Kraetke	Neue Dampfer-Comp.	Kiel	Fahrgastschiff	P. 196	61	21,7	5,7	2,3	80	1903
397	Mântuirea	Birou de Avarie	Braila	Eisbrecher/Bergung.	–	266	36,6	8,4	3,0	600	1903
398	Hedwig (II)	Wender & Co.	Braila	Schlepper	–	114	29,1	6,1	2,8	300	1903
399	Brazil	Com. d. Obras da Barra	Rio Grande d. S.	Leichter	m³ 1.160	687	53,0	12,5	4,0	–	1903
400	Austria	Adriatische Hafenbau-U.	Triest	Bagger, Eimer-	m³/h 150		45,0	10,0	3,7	650	1903
401	Östergötland	A/B Östergötland	Norrköping	Frachter	1.809	1.097	68,6	10,5	5,7	650	1904
402	Villa de Sóller	La Maritima Sollerense	Sóller	Frachter/Passag.	440	443	49,1	7,2	4,0	400	1903
403	Signal	M. Jebsen	Apenrade	Frachter	2.206	1.449	76,2	11,0	6,4	800	1903
404	Sara	D. Torm	Kopenhagen	Frachter	2.388	1.573	73,2	11,0	7,2	750	1904
405	Axel	Holm & Wonsild	Kopenhagen	Frachter	1.566	950	64,3	10,4	5,1	550	1904
406	Turliani	N. Armarache	Tulcea	Schlepper	–	72	22,4	5,5	2,6	230	1904
407	Dampfboot III	1. Torpedoboot-Abteil.	Kiel	Barkasse			15,0	4,1	1,7	50	1904
408	Dock	C. Axelsens Jernstøber.	Svendborg	Dock	t 400	–	39,0	16,4	6,9	–	1904
409	Dock	Kaiserlicher Werft	Kiel	2 Docks	t je 400	–	70,1	14,4	7,5	–	1904
410	Bagdad	Anatolische Eisenbahn	Konstantinopel	Passagierschiff	P. 600	434	57,6	7,3	3,2	R. 950	1904
411	Haleb	Anatolische Eisenbahn	Konstantinopel	Passagierschiff	P. 600	434	57,6	7,3	3,2	R. 950	1904
412	Basra	Anatolische Eisenbahn	Konstantinopel	Passagierschiff	P. 600	430	57,6	7,3	3,2	R. 950	1904
413	Livonia	D/S Kjøbenhavn	Kopenhagen	Frachter	3.184	1.879	86,6	12,8	6,5	950	1904
414	Stein (I)	Neue Dampfer-Comp.	Kiel	Schlepper, See-	115	256	34,0	7,9	4,4	650	1904
415	Oscar	Alex. Oetling & Co.	Hamburg	Schlepper	–	27	15,3	3,7	1,7	70	1904
416	Presidente Quintana	Hamb.-Südamerik. D.-G.	Buenos Aires	Frachter/Passag.	2.261	1.731	73,2	11,0	7,2	750	1905
417	Saturno	C. Nav. »Cruzeiro de Sul«	Santos	Frachter/Passag.	1.387	1.811	82,0	11,5	6,9	1.500	1905
418	Michael Jebsen (II)	M. Jebsen	Apenrade	Frachter/Passag.	2.489	1.521	76,2	11,0	6,7	800	1905
419	H IV	Howaldtswerke	Kiel	Prahm, Material-	–	114	24,1	7,0	2,6	–	1905
420	Herma	Sartori & Berger	Kiel	Frachter	729	519	50,3	8,2	4,3	350	1905
421	Alexandra	Sartori & Berger	Kiel	Frachter	1.192	720	59,1	9,2	5,1	450	1905
422	Helvetia	R. Moor & Co.	Rostow/Don	Frachter	654	485	57,3	9,1	3,1	350	1905
423	Fionia	Peter L. Fisker D/S »Dan«	Kopenhagen	Frachter	1.552	957	68,6	10,6	4,8	650	1905
424	Jørgen Jensen	D/S »Progress«	Kopenhagen	Frachter	1.219	768	59,4	9,8	4,8	650	1905
425	Staatssekretär Kraetke	Hamburg-Amerika Linie	Hamburg	Frachter/Passag.	1.424	2.009	79,3	12,2	7,0	1.100	1905
426	Elpidifor	E. T. Paramonoff	Rostow/Don	Frachter/Kornbarge	839	671	64,0	10,1	3,6	600	1905
427	Giuseppe P.	E. M. Friedeberg	Rostow/Don	Frachter	635	486	57,3	9,1	3,1	350	1905
428	Gibraltar	Oldenb.-Portug. D.-R.	Oldenburg	Frachter	3.401	1.546	79,3	11,7	8,4	900	1905
429	Sirio	C. Nav. »Cruzeiro do Sul«	Santos	Frachter/Passag.	1.485	1.858	82,0	11,5	6,9	1.500	1905
430	Ingeborg (II)	Howaldtswerke	Kiel	Yacht, Segel-	m²	30	15,4	4,3	4,4	–	1905
431	Marie (III)	M. Jebsen	Apenrade	Frachter/Passag.	3.085	1.866	82,3	11,9	9,4	950	1905
432	Schnellboot IV	Kaiserl. Torpedowerkst.	Friedrichsort	Schlepper, Torpedo-	–		17,8	3,3	1,2	160	1905
433	Venus	C. Nav. »Cruzeiro do Sul«	Santos	Frachter/Passag.	P. 140	916	61,0	9,1	3,8	700	1905
434	Alice (II)	Neue Dampfer-Comp.	Kiel	Barkasse	P. 34	13	13,0	3,1	1,6	30	1905
435	Prinz Heinrich	Neue Dampfer-Comp.	Kiel	Fahrgastschiff	P. 383	128	27,4	6,4	2,9	200	1906
436	Pinzessin Irene	Neue Dampfer-Comp.	Kiel	Fahrgastschiff	P. 383	128	27,4	6,4	2,9	200	1906
437	Delphin	Kaiserliche Marine	Kiel	Tender	ts 509		38,1	8,3	4,3	450	1906
438	Dock	Königl. Hafenbau-Insp.	Pillau	Dock	t 900	–	54,9	18,6	8,0	–	1906
439	Mathilde	M. Jebsen	Apenrade	Frachter/Passag.	1.866	1.372	70,1	10,4	6,7	650	1906
440	Angantyr	D/S »Gefion«	Kopenhagen	Frachter	2.322	1.359	70,1	11,0	6,0	650	1906
441	Bogatyr	D/S »Gefion«	Kopenhagen	Frachter	2.346	1.359	70,1	11,0	6,0	650	1906
442	Farmatyr	D/S »Gefion«	Kopenhagen	Frachter	2.475	1.426	73,2	11,0	6,0	650	1906
443	Veratyr	D/S »Gefion«	Kopenhagen	Frachter	2.495	1.427	73,2	11,0	6,0	650	1906
444	Secalia	Peter L. Fisker, D/S »Dan«	Kopenhagen	Frachter	4.312	2.639	86,6	12,8	8,8	950	1906
445	Frumentia	Peter L. Fisker, D/S »Dan«	Kopenhagen	Frachter	4.292	2.639	86,6	12,8	8,8	950	1906
446	Käthe (I)	H. N. Blunck, Neumünst.	Kiel	Yacht, Segel-	m²	30	19,4	4,4	2,5	–	1906
447	Möve	Kgl. Hauptzollamt	Kiel	Barkasse, Zoll-	–	11	12,0	2,8	1,5	22	1906
448	Anna (II)	A. C. Hansen	Wellingdorf	Fahrgastschiff	P. 127	40	17,0	4,7	2,3	60	1906
449	Lauting	Reichs-Marine-Amt	Kiautschou	Schlepper	ts 582	395	41,0	9,0	4,4	450	1906

Bau-Nr.	Schiffsname	Reederei	Heimathafen	Schiffstyp	Tragfähigkeit t = 1.000 kg	Vermessung BRT	Lpp m	Breite m	Tiefe m	Leistung PS	Baujahr
450	Europa	D/S »Europa«	Kopenhagen	Frachter	2.591	1.666	73,2	11,0	6,0	650	1906
451	Tyskland	D/S »Europa«	Kopenhagen	Frachter	2.591	1.665	73,2	11,0	6,0	650	1906
452	A	G. Luther A. G., Braunschw.	–	Ponton, Schwimm-	–	–	30,0	10,0	3,5	–	1906
453	B	G. Luther A. G., Braunschw.	–	Ponton, Schwimm-	–	–	30,0	10,0	3,5	–	1906
454	C	G. Luther A. G., Braunschw.	–	Ponton, Schwimm-	–	–	30,0	10,0	3,5	–	1906
455	D	G. Luther A. G., Braunschw.	–	Ponton, Schwimm-	–	–	30,0	10,0	3,5	–	1906
456	E	G. Luther A. G., Braunschw.	–	Ponton, Schwimm-	–	–	30,0	10,0	3,5	–	1906
457	Frankrig	D/S »Europa«	Kopenhagen	Frachter	2.597	1.431	73,2	11,0	6,0	650	1906
458	Belgien	D/S »Europa«	Kopenhagen	Frachter	2.597	1.432	73,2	11,0	6,0	650	1906
459	Jeanette	Sifneo Frères	Taganrog	Frachter/Kornbarge	650	520	57,3	9,1	3,1	375	1909
460	Josey	D/S »Myren«	Kopenhagen	Frachter	4.409	2.625	86,6	12,8	8,8	950	1907
461	Hugo	D/S »Myren«	Kopenhagen	Frachter	2.485		73,2	11,0	6,0	650	1907
462	Laboe (II)	Neue Dampfer-Comp.	Kiel	Schlepper, See-	–	257	34,0	7,9	4,4	650	1907
463	Primus	Stadt Kiel	Kiel	Fähre	P. 626	297	24,1	10,5	4,6	350	1907
464	Secundus	Stadt Kiel	Kiel	Fähre	P. 626	298	24,1	10,5	4,6	350	1907
465	Tertius	Stadt Kiel	Kiel	Fähre	P. 626	297	24,1	10,5	4,6	350	1907
466	Schleswig (I)	Neue Dampfer-Comp.	Kiel	Fahrgastschiff	P. 472	139	28,4	6,5	3,1	200	1907
467	Holstein (IV)	Neue Dampfer-Comp.	Kiel	Fahrgastschiff	P. 472	139	28,4	6,5	3,1	200	1907
468	Otto Rud	Dansk D/S	Kopenhagen	Frachter	2.495	1.412	73,2	11,0	6,0	650	1907
469	Henrik Bjelke	Dansk D/S	Kopenhagen	Frachter	2.492	1.427	73,2	11,0	6,0	650	1907
470	Ove Gjedde	Dansk D/S	Kopenhagen	Frachter	2.475	1.426	73,2	11,0	6,0	650	1907
471	Kong Georg	Alfred Christensen	Kopenhagen	Frachter	2.475	1.412	73,2	11,0	6,0	650	1907
472	Dronning Olga	Alfred Christensen	Kopenhagen	Frachter	4.216	2.518	86,6	13,1	8,5	950	1908
473	Vulkan	Insp. d. Torpedowesens	Kiel	U-Boot-Dockschiff	233	1.648	85,3	17,1	4,5	1.400	1908
474	Strande (I)	Kaiserl. Torpedowerkst.	Friedrichsort	Dienstboot	20		24,8	5,4	3,0	150	1907
475	Schnellboot V	Kaiserl. Torpedowerkst.	Friedrichsort	Schlepper, Torpedo-	–		17,8	3,3	1,3	150	1907
476	Hafvet	Rederi A/S »Hafvet«	Stockholm	Frachter	2.540	1.650	73,2	11,0	6,0	650	1908
477	–	Stadt Kiel	Kiel	5 Pontons, Brücken-	–	–	18,3	7,0	2,0	–	1907
478	Carahue	Enrique Valck y Cia	Carahue (Chile)	Frachter/Passag.	864	827	55,5	9,8	5,8	600	1908
479	J	G. Luther A. G., Braunschw.	–	Ponton, Schwimm-	–	–	17,1	7,5	2,7	–	1908
480	F	G. Luther A. G., Braunschw.	–	Ponton, Schwimm-	–	–	30,0	10,0	3,5	–	1908
481	G	G. Luther A. G., Braunschw.	–	Ponton, Schwimm-	–	–	30,0	10,0	3,5	–	1908
482	H	G. Luther A. G., Braunschw.	–	Ponton, Schwimm-	–	–	30,0	10,0	3,5	–	1908
483	Dock	Kaiserliche Werft	Wilhelmshav.	Dock	t 1.400	–	82,3	23,5	9,4	–	1908
484	Dock	Kaiserliche Werft	Wilhelmshav.	Dock	t 1.400	–	82,3	23,5	9,4	–	1908
485	Löwe	Steffen Sohst	Kiel-Gaarden	Bagger, Eimer-	m³/h 400		46,0	8,5	3,2	220	1908
486	Johanne	J. Lauritzen	Esbjerg	Frachter	1.264	921	64,0	9,3	4,9	400	1908
487	Hildegard (I)	Kaiserl. Kanal-Amt	Kiel	Schlepper	–		14,0	3,4	1,7	50	1908
488	Georg (II)	Kaiserl. Kanal-Amt	Kiel	Schlepper	–		14,0	3,4	1,7	60	1908
489	Günther	Kaiserl. Kanal-Amt	Kiel	Schlepper	–		14,0	3,4	1,7	60	1908
490	Föhr-Amrum	Wyker Dampfsch. Rhed.	Wyk a./Föhr	Passagierschiff	P. 465	220	36,6	7,3	2,7	240	1908
491	K	G. Luther A. G., Braunschw.	–	Ponton, Schwimm-	–	–	30,0	10,0	3,5	–	1908
492	L	G. Luther A. G., Braunschw.	–	Ponton, Schwimm-	–	–	30,0	10,0	3,5	–	1908
493	Pozsony	Ungaro-Croato S. A.	Fiume	Frachter/Passag.	415	410	49,1	7,3	4,2	420	1908
494	Ernsti	Wender & Co.	Braila	Schlepper	36	116	29,1	6,1	2,8	300	1908
495	Normann	Habermann & Guckes	Kiel	Bagger, Eimer-	m³/h 400		45,8	8,5	3,2	240	1908
496	Aegir	Kaiserl. Kanal-Amt	Kiel	Dienstboot	–		28,5	5,3	2,7	200	1908
497	Vila Velebita	Kgl. Nautische Schule	Buccari	Schulschiff		264	35,1	7,8	4,1	300	1908
498	–	Kaiserliche Werft	Kiel	Ponton für Kran	t 150		39,9	24,4	4,0	300	1908
499	Brasso	Ungaro-Croato S. A.	Fiume	Frachter/Passag.	427	410	49,1	7,3	4,2	450	1908
500	Helgoland	Kaiserliche Marine	–	Linienschiff	ts 24.700	12.915	166,5	28,5		28.000	1911
501	–	Garnisonsbauamt	Kiel	3 Pontons, Anlege-	–	–	31,9	6,9	1,6	–	1908
502	G. G. 92	Gebr. Goedhart AG	Düsseldorf	Schute, Klapp-	m³ 250		41,5	6,3	3,3	–	1908
503	G. G. 93	Gebr. Goedhart AG	Düsseldorf	Schute, Klapp-	m³ 250		41,5	6,3	3,3	–	1908
504	G. G. 94	Gebr. Goedhart AG	Düsseldorf	Schute, Klapp-	m³ 250		41,5	6,3	3,3	–	1908
505	G. G. 95	Gebr. Goedhart AG	Düsseldorf	Schute, Klapp-	m³ 250		41,5	6,3	3,3	–	1908
506	G. G. 96	Gebr. Goedhart AG	Düsseldorf	Schute, Klapp-	m³ 250		41,5	6,3	3,3	–	1908
507	G. G. 97	Gebr. Goedhart AG	Düsseldorf	Schute, Klapp-	m³ 250		41,5	6,3	3,3	–	1908
508	G. G. 98	Gebr. Goedhart AG	Düsseldorf	Schute, Klapp-	m³ 250		41,5	6,3	3,3	–	1908
509	Dock	Kaiserl. Kanal-Amt	Kiel	Dock	t 800	–	40,0	22,6	8,1	40	1909
510	Iskra	L. Zieleniewski A. G.	Krakau	Dienstboot	–		15,0	2,4	1,2	30	1909
511	–	Kaiserliche Werft	Wilhelmshav.	Ponton für Kran	t 25		22,0	15,0	3,1	100	1909
512	Bolinder VIII	Bolinders Maschinenb.	Kiel	Yacht, Motor-		34	22,0	3,4	2,1	80	1909
513	–	Howaldtswerke	Kiel	Ponton für Kran	t 40		22,0	10,5	2,6	15	1909
514	Schleswig (II)	A. Borczinski	Kiel	Bagger, Eimer-	m³/h 550	311	46,0	8,7	3,2	350	1909
515	St. S. 33	Steffen Sohst	Kiel-Gaarden	Schute, Klapp-	m³ 200		34,0	6,6	3,1	–	1909
516	St. S. 34	Steffen Sohst	Kiel-Gaarden	Schute, Klapp-	m³ 200		34,0	6,6	3,1	–	1909
517	Société	Soc. d. Commerce	Rostow/Don	Frachter	624	520	57,3	9,1	3,1	375	1909
518	–	Kaiserl. Kanal-Amt	Kiel	Ponton, Hebe-	600		33,6	6,4	6,1	–	1909
519	–	Kaiserl. Kanal-Amt	Kiel	Ponton, Hebe-	600		33,6	6,4	6,1	–	1909
520	Dock	Kaiserliche Werft	Kiel	Dock	t 40.000	–	200,0	55,8	19,0	–	1909
521	Dock	Kaiserliche Werft	Danzig	Dock für U-Boote	t 1.400	–	75,0	23,7	10,4	–	1910
522	Alsen (II)	Kaiserliche Werft	Kiel	Tanker, Heizöl-	1.660	1.198	70,9	10,5	5,5	800	1914
523	Fehmarn (II)	Kaiserliche Werft	Kiel	Tanker, Heizöl-	1.660	1.199	70,9	10,5	5,5	800	1915
524	Hans (II)	A. Borczinski	Kiel	Schlepper		58	20,0	5,3	2,9	180	1910
525	?	Stucken & Co.	Rostow/Don	Schlepper/Fahrgast	P. 20		9,0	2,0	2,9	180	1910
526	–	Kaiserl. Torpedowerkst.	Friedrichsort	Schlepper, Torpedo-	–		19,8	2,7	1,6	400	1910

Bau-Nr.	Schiffsname	Reederei	Heimathafen	Schiffstyp	Tragfähigkeit t = 1.000 kg		Vermessung BRT	Lpp m	Breite m	Tiefe/ * Höhe	Leistung PS	Baujahr
527	H. G. 47	Habermann & Guckes	Kiel	Schute, Elevator-	m³	250		38,5	7,0	2,6	–	1910
528	H. G. 48	Habermann & Guckes	Kiel	Schute, Elevator-	m³	250		38,5	7,0	2,6	–	1910
529	H. G. 49	Habermann & Guckes	Kiel	Schute, Elevator-	m³	250		38,5	7,0	2,6	–	1910
530	Kaiserin	Kaiserliche Marine	–	Linienschiff	ts	27.000	13.629	171,8	29,0		28.000	1913
531	H. G. 32	Habermann & Guckes	Kiel	Schute, Elevator-	m³	250		38,5	7,0	2,6	–	1910
532	H. G. 33	Habermann & Guckes	Kiel	Schute, Elevator-	m³	250		38,5	7,0	2,6	–	1910
533	Steinbeis	Aug. Bolten	Hamburg	Frachter		2.426	1.439	73,2	11,0	6,0	720	1910
534	–	Kaiserl. Werft Wilhelmshav.	Helgoland	6 Pontons, Anlege-		–	–	25,3	3,5	1,9	–	1910
535	–	Kaiserl. Werft Wilhelmshav.	Helgoland	2 Pontons, Anlege-		–	–	25,3	6,5	1,9	–	1910
536	Lauenburg	Neue Dampfer-Comp.	Kiel	Fahrgastschiff	P.	350	108	25,9	6,4	2,9	200	1910
537	–	Kaiserliche Werft	Kiel	Ponton, Arbeits-		–	–	55,8	15,0	2,6	–	1910
538	–	Kaiserliche Werft	Kiel	Brücke zum Dock		–	–	67,0	9,3	3,8	–	1910
539	St. S. 35	Steffen Sohst	Kiel-Gaarden	Schute, Klapp-	m³	250		37,0	6,9	3,1	–	1910
540	St. S. 36	Steffen Sohst	Kiel-Gaarden	Schute, Klapp-	m³	250		37,0	6,9	3,1	–	1910
541	Maria	Steffen Sohst	Kiel-Gaarden	Schute, Klapp-	m³	250	213	39,5	6,9	3,1	80	1911
542	Albert Ballin	Wyker Dampfsch.-Rhed.	Wyk a./Föhr	Fahrgastschiff		15	77	23,3	5,0	1,7	72	1911
543	Virgilia	A. Kirsten	Hamburg	Frachter		1.853	1.079	68,9	10,5	5,6	800	1911
544	N	G. Luther A. G., Braunschw.	–	Ponton, Schwimm-		–	–	30,0	10,0	3,5	–	1911
545	O	G. Luther A. G., Braunschw.	–	Ponton, Schwimm-		–	–	30,0	10,0	3,5	–	1911
546	Monte Penedo	Hamb.-Südamerik. D.-G.	Hamburg	Frachter		6.451	3.693	106,7	15,2	8,2	1.600	1911
547	–	Kaiserl. Werft Wilhelmshav.	Helgoland	Ponton, Schwimm-		–	–	24,0	8,0	4,5	–	1911
548	–	Kaiserl. Werft Wilhelmshav.	Helgoland	Ponton, Schwimm-		–	–	24,0	8,0	4,5	–	1911
549	–	Rudolf Ihms	Kiel	Schute, Klapp-	m³	250		37,0	6,9	3,5	–	1911
550	–	Rudolf Ihms	Kiel	Schute, Klapp-	m³	250		37,0	6,9	3,5	–	1911
551	–	Rudolf Ihms	Kiel	Schute, Klapp-	m³	250		37,0	6,9	3,5	–	1911
552	–	Rudolf Ihms	Kiel	Schute, Klapp-	m³	250		37,0	6,9	3,5	–	1911
553	–	Kaiserl. Werft Wilhelmshav.	Helgoland	Ponton, Schwimm-		–	–	24,0	8,0	5,3	–	1911
554	–	Kaiserl. Werft Wilhelmshav.	Helgoland	Ponton, Schwimm-		–	–	24,0	8,0	5,3	–	1911
555	–	Kaiserl. Werft Wilhelmshav.	Helgoland	Ponton, Schwimm-		–	–	24,0	8,0	5,3	–	1911
556	–	Kaiserl. Werft Wilhelmshav.	Helgoland	Ponton, Schwimm-		–	–	24,0	8,0	5,3	–	1911
557	–	G. Luther A. G., Braunschw.	–	Ponton, Schwimm-		–	–	30,0	10,0	3,5	–	1911
558	Käthe (II)	M. Jebsen	Apenrade	Frachter		2.795	1.962	82,3	11,9	7,3	900	1911
559	Düsternbrook (II)	Neue Dampfer-Comp.	Kiel	Fahrgastschiff	P.	578	166	32,0	6,9	3,2	275	1911
560	Rostock (II)	Kaiserliche Marine	–	Kreuzer	ts	6.191	3.874	139,0	13,7		26.000	1914
561	Sioux	Deutsch-Amer. Petr.-G.	Hamburg	Tanker		7.581	5.081	117,4	16,0	9,0	1.500	1912
562	Mohawk	Deutsch-Amer. Petr.-G.	Hamburg	Tanker		7.581	5.084	117,4	16,0	9,0	1.500	1912
563	Tecumseh	Deutsch-Amer. Petr.-G.	Hamburg	Tanker		7.581	5.080	117,4	16,0	9,0	1.500	1912
564	Kiowa	Deutsch-Amer. Petr.-G.	Hamburg	Tanker		7.581	5.076	117,4	16,0	9,0	1.500	1912
565	–	Kaiserliche Marine	Helgoland	Ponton, Schwimm-		–	–	24,0	8,0	5,3	–	1912
566	–	Kaiserliche Marine	Helgoland	Ponton, Schwimm-		–	–	24,0	8,0	4,8	–	1912
567	–	Kaiserliche Marine	Helgoland	Ponton, Schwimm-		–	–	24,0	8,0	4,8	–	1912
568	–	Kaiserliche Marine	Helgoland	Ponton, Schwimm-		–	–	24,0	8,0	6,5	–	1912
569	–	Kaiserliche Marine	Helgoland	Ponton, Schwimm-		–	–	24,0	8,0	6,5	–	1912
570	–	Kaiserliche Marine	Helgoland	Ponton, Schwimm-		–	–	24,0	8,0	6,5	–	1912
571	–	Kaiserliche Marine	Helgoland	Ponton, Schwimm-		–	–	24,0	8,0	6,5	–	1912
572	–	Kaiserliche Marine	Helgoland	Ponton, Schwimm-		–	–	24,0	8,0	6,5	–	1912
573	–	Kaiserliche Marine	Helgoland	Ponton, Schwimm-		–	–	24,0	8,0	6,5	–	1912
574	Nord	Kaiserl. Kanal-Amt	Rendsburg	Schute, Klapp-	m³	400		50,5	8,2	* 3,4	190	1912
575	Ost	Kaiserl. Kanal-Amt	Rendsburg	Schute, Klapp-	m³	400		50,5	8,2	* 3,4	190	1912
576	Süd	Kaiserl. Kanal-Amt	Rendsburg	Schute, Klapp-	m³	400		50,5	8,2	* 3,4	190	1912
577	West	Kaiserl. Kanal-Amt	Rendsburg	Schute, Klapp-	m³	400		50,5	8,2	* 3,4	190	1912
578	–	Kaiserl. Kanal-Amt	Rendsburg	Senkkasten, Rund-		–	–	13,5	–	* 6,1	–	1912
579	–	Kaiserl. Kanal-Amt	Rendsburg	Senkkasten, Rund-		–	–	13,5	–	* 6,1	–	1912
580	Mohican	Deutsch-Amer. Petr.-G.	Hamburg	Tanker		7.581	5.073	117,4	16,0	* 8,7	1.500	1912
581	Leda (I)	Deutsch-Amer. Petr.-G.	Hamburg	Tanker		11.389	6.766	140,2	18,3	* 11,0	2.700	1912
582	Jupiter (II)	Deutsch-Amer. Petr.-G.	Hamburg	Tanker		17.610	10.073	160,0	20,9	* 12,7	3.400	1913
583	Trostburg	Deutsche D.-G. »Hansa«	Bremen	Frachter		10.662	6.342	143,3	18,9	* 11,6	3.500	1914
584	Pechelbronn	Deutsche Erdöl A. G.	Hamburg	Tanker		7.602	4.901	117,4	16,0	* 8,7	1.850	1914
585	Remscheid	Norddeutscher Lloyd	Bremen	Frachter		12.325	8.039	144,1	18,4	* 10,8	4.500	1914
586	Heilbronn	Norddeutscher Lloyd	Bremen	Frachter		12.319	8.037	144,1	18,4	* 12,0	4.500	1914
587	Gedania	Balt.-Am. Petr.-Imp.-Ges.	Danzig	Tanker		14.164	8.966	151,8	19,5	* 12,3	3.000	1920
588	Vistula	Balt.-Am. Petr.-Imp.-Ges.	Danzig	Tanker		14.110	8.953	151,8	19,5	* 12,3	3.000	1921
589	Possehl	Lüb. Kohlengroßhandl.	Lübeck	Frachter		3.744	2.369	93,0	12,9	* 6,8	1.100	1921
590	Bayern (I)	Kaiserliche Marine	–	Linienschiff	ts	32.200	15.929	179,4	30,0		35.000	1916
591	K. W. B. 1	Kanal Wasser-Bauamt	Husum	Schute, Bagger-	m³	250		39,0	7,4	* 2,5	–	1915
592	K. W. B. 2	Kanal Wasser-Bauamt	Husum	Schute, Bagger-	m³	250		39,0	7,4	* 2,5	–	1915
593	K. W. B. 3	Kanal Wasser-Bauamt	Husum	Schute, Bagger-	m³	250		39,0	7,4	* 2,5	–	1915
594	Drachenfels	Deutsche D.-G. »Hansa«	Bremen	Frachter		9.520	6.342	131,1	17,1	* 10,3	3.300	1921
595	Nürnberg	Kaiserliche Marine	–	Kleiner Kreuzer	ts	7.125	4.557	145,8	14,2		31.000	1917
596	Norderney »W 84«	Kaiserliche Werft	Wilhelmshav.	Tanker, Heizöl-		1.735	1.487	70,9	10,5	* 5,4	800	1915
597	Baltrum »W 86«	Kaiserliche Werft	Wilhelmshav.	Tanker, Heizöl-		1.735		70,9	10,5	* 5,4	800	1915
598	Westerplatte	Kaiserliche Werft	Danzig	Tanker, Heizöl-		1.734	1.357	70,9	10,5	* 5,4	800	1915
599	Broesen	Kaiserliche Werft	Danzig	Tanker, Heizöl-		1.734	1.267	70,9	10,5	* 5,4	800	1915
600	Dock	Kaiserliche Werft	Kiel	Dock	t	40.000	–	220,0	55,0	* 19,3	–	1916
601	Dresden (II)	Kaiserliche Marine	–	Kleiner Kreuzer	ts	7.486		149,8	14,2	* 8,8	31.000	1918
602	Magdeburg	Kaiserliche Marine	–	Kleiner Kreuzer	ts	7.486		149,8	14,2	* 8,8	31.000	1918
603	Usedom	Kaiserliche Werft	Kiel	Tanker, Heizöl-		2.278	1.781	77,6	11,7	* 6,0	1.000	1916

Bau-Nr.	Schiffsname	Reederei	Heimathafen	Schiffstyp	Tragfähigkeit t = 1.000 kg	Vermessung BRT	Lpp m	Breite m	Höhe m	Leistung PS	Baujahr
604	Amrum	Kaiserliche Werft	Wilhelmshav.	Tanker, Heizöl-	2.278	1.781	77,6	11,7	6,0	1.000	1916
605	España	Hamb.-Südamerik. D.-G.	Hamburg	Frachter/Passag.	8.450	7.316	125,6	16,8	11,8	2.600	1922
606	Vigo	Hamb.-Südamerik. D.-G.	Hamburg	Frachter/Passag.	8.450	7.313	125,6	16,8	11,8	2.600	1922
607	H 145	Kaiserliche Marine	–	Torpedoboot, Groß-	ts 1.147	–	83,5	8,2	4,9	24.500	1918
608	H 146	Kaiserliche Marine	–	Torpedoboot, Groß-	ts 1.147	–	83,5	8,4	4,9	24.500	1918
609	H 147	Kaiserliche Marine	–	Torpedoboot, Groß-	ts 1.147	–	83,5	8,4	4,9	24.500	1920
610	Thuringia	Hamburg-Amerika Linie	Hamburg	Frachter/Passag.	9.958	11.343	144,1	18,4	11,3	4.800	1922
611	Westphalia	Hamburg-Amerika Linie	Hamburg	Frachter/Passag.	9.302	11.343	144,1	18,4	11,3	4.800	1923
612	–	Jugoslawische Regier.	–	Ponton für Kran	t 40	–	32,0	14,0	2,7	120	1923
613	–	Jugoslawische Regier.	–	Ponton für Kran	t 15	–	30,0	12,0	2,5	80	1923
614	A 83	Kaiserliche Marine	–	Torpedoboot	ts 381	–	60,2	6,4	3,4	5.700	–
615	A 84	Kaiserliche Marine	–	Torpedoboot	ts 381	–	60,2	6,4	3,4	5.700	–
616	A 85	Kaiserliche Marine	–	Torpedoboot	ts 381	–	60,2	6,4	3,4	5.700	–
617	Lotte	A. Fahrenheim	Hamburg	Frachter	960	593	53,7	8,9	4,3	450	1920
617a	Margot	A. Fahrenheim	Hamburg	Frachter	960	632	53,7	8,9	4,3	450	1920
618	H 166	Kaiserliche Marine	–	Torpedoboot, Groß-	ts 1.291	–	83,4	8,4	5,2	26.000	–
619	H 167	Kaiserliche Marine	–	Torpedoboot, Groß-	ts 1.291	–	83,4	8,4	5,2	26.000	–
620	H 168	Kaiserliche Marine	–	Torpedoboot, Groß-	ts 1.291	–	83,4	8,4	5,2	26.000	–
621	H 169	Kaiserliche Marine	–	Torpedoboot, Groß-	ts 1.291	–	83,4	6,4	5,2	26.000	–
622	–	–	–	–	–	–	–	–	–	–	–
623	Grønland	Det Dansk-Fransk D/S	Kopenhagen	Frachter	1.970	1.498	72,2	11,3	4,9	650	1923
624	Kjøbenhavn	Det Dansk-Fransk D/S	Kopenhagen	Frachter	1.970	1.498	72,2	11,3	4,9	650	1923
625	Phoebus	Deutsch-Amer. Petr.-Ges.	Hamburg	Tanker	13.587	9.226	151,8	19,5	12,0	3.200	1923
626	Clara Jebsen	China-Rhederei A. G.	Hamburg	Frachter/Passag.	3.138	1.974	82,3	11,9	7,1	900	1922
627	Fortuna (I)	China-Rhederei A. G.	Hamburg	Frachter/Passag.	272	545	45,7	8,4	4,5	340	1923
628	Hafnia	Det Forenede Kulimport	Kopenhagen	Frachter	3.136	2.031	80,4	12,5	6,0	1.100	1924
629	Victoria (I)	Det Forenede Kulimport	Kopenhagen	Frachter	3.136	2.030	80,0	12,5	6,0	1.100	1924
630	Halland	Det Dansk-Fransk D/S	Kopenhagen	Frachter	1.975	1.496	72,2	11,3	4,9	650	1924
631	London	A/S »Pacific«	Kopenhagen	Frachter	1.920	1.260	72,2	11,3	4,9	650	1924
632	Hoisdorf (ex »H 186«)	Baltische Reederei	Hamburg	Frachter	1.350	978	71,5	9,1	5,4	400	1921
633	Hansdorf (ex »H 187«)	Baltische Reederei	Hamburg	Frachter	1.350	978	71,5	9,1	5,4	400	1921
634	Marathon	Hamburg-Amerika Linie	Hamburg	Frachter	906	640	53,7	8,9	4,3	450	1921
635	Prometheus	Deutsch-Amer. Petr.-Ges.	Hamburg	Tanker	13.507	9.262	151,8	19,5	12,0	3.100	1923
636	Dock	Howaldtswerke	Kiel	Dock-Verlängerung	t 5.600	–	80,0	29,0	14,5	–	1924
637	Sprott	Howaldtswerke	Kiel	Schlepper	10	48	18,0	5,1	2,8	225	1923
638	Knut	D/S »Progress«	Kopenhagen	Frachter	1.958	1.274	72,2	11,3	4,9	650	1924
639	Robert	D/S »Progress«	Kopenhagen	Frachter	1.958	1.272	72,2	11,3	4,9	650	1924
640	Oscar Gorthon	Red. A/B »Gefion«	Helsingborg	Frachter	1.941	1.322	72,2	11,3	4,9	650	1924
641	Anna	A. Th. Jonasson Rhed.	Raa	Frachter	2.030	1.590	72,2	11,3	4,9	650	1924
642	Vendia	Det Forenede Kulimport	Kopenhagen	Frachter	1.469	1.150	68,6	11,0	4,1	620	1924
643	Troja	Deutsche Levante-Linie	Hamburg	Frachter	4.332	2.359	94,0	13,4	9,2	1.400	1922
644	Kreta	Bremer D.-L. »Atlas«	Bremen	Frachter	4.332	2.359	94,0	13,4	9,2	1.400	1923
645	Syra	Deutsche Levante-Linie	Hamburg	Frachter	4.332	2.359	94,0	13,4	9,2	1.400	1923
646	Eva	China-Rhederei A.G.	Hamburg	Frachter	2.500	1.504	76,2	11,7	5,5	850	1924
647	Ivan Gorthon	Red. A/B »Gefion«	Helsingborg	Frachter	2.912	1.578	79,3	12,3	5,8	940	1924
648	Gudrun	D/S Torm	Kopenhagen	Frachter	2.410	1.498	75,6	11,6	5,3	800	1924
649	Bryssel	A/S D/S »Patria«	Kopenhagen	Frachter	2.003	1.507	72,2	11,3	4,9	450	1924
650	Hamlet	Det Dansk-Norsk D/S	Kopenhagen	Frachter	2.184	1.377	74,7	11,3	5,1	650	1924
651	H. Paul Disch Nº IV	H. Paul Disch	Duisburg	Schlepper, Rhein-	55	113	29,0	6,3	2,5	400	1925
652	Werra	A. Kirsten	Hamburg	Frachter	973	663	53,7	8,9	4,3	450	1920
653	Hurtig	Howaldtswerke	Kiel	Barkasse	–		11,6	2,2	1,1	35	1920
653a	Rio	Howaldtswerke	Kiel	Barkasse	–		11,6	2,2	1,1	35	1922
653b	Dux	Howaldtswerke	Kiel	Barkasse	–		11,6	2,2	1,1	35	1922
654	Selma	Carl Wohlenberg	Hamburg	Frachter	3.100	1.746	79,3	12,4	6,1	900	1921
655	Hertha (II)	Carl Wohlenberg	Hamburg	Frachter	3.085		79,3	12,4	6,1	900	1921
656	Franziska (II)	Carl Wohlenberg	Hamburg	Frachter	3.105	1.746	79,3	12,4	6,1	900	1921
657	Stella-Wega	Stella A. G. Rhederei	Hamburg	Frachter	1.366	865	59,1	10,0	4,9	550	1922
658	Prima	Flensb. D.-G. von 1869	Flensburg	Frachter	1.354	865	59,1	10,0	4,9	550	1922
659	Leona	Fuhrm., Nissle u. Günther	Stettin	Frachter	1.350	865	59,1	10,0	4,9	550	1922
660	Erna	H. A. Petersen	Flensburg	Frachter	1.355	865	59,1	10,0	4,9	550	1922
661	Fuhrmann	Fuhrm., Nissle u. Günther	Hamburg	Frachter	1.353	865	59,1	10,0	4,9	550	1922
662	Sonnenfelde	Fuhrm., Nissle u. Günther	Hamburg	Frachter	1.352	865	59,1	10,0	4,9	865	1922
663	Penelope	Balt.-Am. Petr.-Imp.-Ges.	Danzig	Tanker	12.236	8.939	143,1	19,2	10,8	2.700	1925
664	Leda (II)	Balt.-Am. Petr.-Imp.-Ges.	Danzig	Tanker	12.286	8.932	143,1	19,2	10,8	2.700	1925
665	H. Paul Disch Nr. 26	H. Paul Disch	Duisburg	Schleppkahn	1.341		78,0	9,4	2,5	–	1925
666	H. Paul Disch Nr. 31	H. Paul Disch	Duisburg	Schleppkahn	1.341		78,0	9,4	2,5	–	1925
667	No. 32	Grün & Bilfinger	Mannheim	Schute, Klapp-	m³ 250	231	42,7	7,5	2,5	–	1925
668	No. 33	Grün & Bilfinger	Mannheim	Schute, Klapp-	m³ 250	231	42,7	7,5	2,5	–	1925
669	Clara	D/S »Myren«	Kopenhagen	Frachter	2.235	1.398	74,7	11,5	5,1	650	1925
670	Orion	Flensb. Schiffsp. Verein.	Flensburg	Frachter	2.235	1.445	74,7	11,5	5,1	650	1925
671	H. Paul Disch Nr. 32	H. Paul Disch	Duisburg	Schleppkahn	1.341		78,0	9,4	2,5	–	1925
672	Vossbrook	Neue Dampfer-Comp.	Kiel	Fahrgastschiff	P. 650	167	32,0	7,5	3,1	300	1925
673	Thalia	Balt.-Am. Petr.-Imp.-Ges.	Danzig	Tanker	12.345	8.745	143,1	19,2	10,8	2.700	1926
674	Urania	Balt.-Am. Petr.-Imp.-Ges.	Danzig	Tanker	12.345	8.744	143,1	19,2	10,8	2.700	1926
675	Calliope	Balt.-Am. Petr.-Imp.-Ges.	Danzig	Tanker	12.345	8.744	143,1	19,2	10,8	2.700	1926
676	Gelderland 13	M. Stinnes	Hamburg	Schleppkahn	1.250		78,0	9,4	2,5	–	1925
677	Michael Jebsen (III)	Rhederi M. Jebsen A/S	Apenrade	Frachter/Passag.	3.582	2.318	85,3	12,7	7,5	1.200	1927

Bau-Nr.	Schiffsname	Reederei	Heimathafen	Schiffstyp	Tragfähigkeit t = 1.000 kg	Vermessung BRT	Lpp m	Breite m	Höhe m	Leistung PS	Baujahr
678	Schilksee	Neue Dampfer-Comp.	Kiel	Fahrgastschiff	P. 507	117	28,0	7,2	3,0	560	1927
679	Kapitän Ruge	Delphin Rhederei GmbH	Hamburg	Frachter	1.104	758	55,0	9,8	4,4	500	1927
680	Hohenstein	Transatlantische Reed.	Hamburg	Frachter	7.091	4.576	106,0	15,3	9,6	1.900	1927
681	Coloso	Hamb.-Südamerik. D.-G.	Buenos Aires	Schlepper	–	247	30,0	8,3	4,5	800	1927
682	Gigante	Hamb.-Südamerik. D.-G.	Buenos Aires	Schlepper	–	247	30,0	8,3	4,5	800	1927
683	Borgstedt	Audorfer Land u. Ind. G.	Rendsburg	Schute, Fracht-	120	73	23,6	5,9	1,6	50	1927
684	Rade	Audorfer Land u. Ind. G.	Rendsburg	Schute, Fracht-	120	73	23,6	5,9	1,6	50	1927
685	Dock	Howaldtswerke AG.	Kiel	Dock-Verlängerung	t 1.500	–	26,0	29,0	14,0	–	1927
686	Anne	D/S Torm	Kopenhagen	Frachter	2.556	1.598	76,8	11,7	5,4	900	1927
687	Phoenicia	Hamburg-Amerika Linie	Hamburg	Frachter	6.290	4.124	114,0	16,3	10,2	3.500	1928
688	Phrygia	Hamburg-Amerika Linie	Hamburg	Frachter	6.257	4.137	114,0	16,3	10,2	3.500	1928
689	Strande (II)	Neue Dampfer-Comp.	Kiel	Fahrgastschiff	P. 507		28,0	7,2	3,0	280	1928
690	Elena	Curacaosche Sch. My.	Willemstad	Tanker	3.114	2.609	93,0	15,3	4,6	1.250	1928
691	Monique Schiaffino	Ch. Schiaffino & Co.	Algier	Frachter	5.280	3.236	99,0	14,6	8,0	1.800	1929
692	Ange Schiaffino	Ch. Schiaffino & Co.	Algier	Frachter	5.280	3.236	99,0	14,6	8,0	1.800	1929
693	Dock C	Howaldtswerke AG.	Kiel	Dock-Umbau	t 3.500	–	120,0	22,2	10,2		1929
694	Gorch Fock	Hafen Dampfsch.-A. G.	Hamburg	Fahrgastschiff	P. 700	286	30,0	8,0	3,5	400	1929
695	Neumark	Hamburg-Amerika Linie	Hamburg	Frachter	11.127	7.851	145,1	19,2	12,2	6.200	1929
696	Marcel Schiaffino	Ch. Schiaffino & Co.	Algier	Frachter	5.590	3.842	102,7	14,6	8,1	1.800	1929
697	Gustav Diederichsen	Rhederi M. Jebsen A/S	Apenrade	Frachter/Passag.	3.436	2.332	85,3	12,7	7,5	1.550	1930
T 698	Cathérine Schiaffino	Ch. Schiaffino & Co.	Algier	Frachter	2.356	1.591	72,2	11,7	6,4	1.100	1930
699	Exportles I	U.d.S.S.R.	Leningrad	Schlepper, Hafen-	15	51	19,5	4,9	2,4	120	1930
700	Exportles II	U.d.S.S.R.	Leningrad	Schlepper, Hafen-	15	51	19,5	4,9	2,4	120	1930
701	Exportles III	U.d.S.S.R.	Leningrad	Schlepper, Hafen-	15	51	19,5	4,9	2,4	120	1930
702	Exportles IV	U.d.S.S.R.	Leningrad	Schlepper, Hafen-	15	51	19,5	4,9	2,4	120	1930
703	Exportles IX	U.d.S.S.R.	Archangelsk	Schlepper, Hafen-	15	51	19,5	4,9	2,4	120	1930
H 704	Circe Shell	Anglo-Saxon Petr. Co.	London	Tanker	11.876	8.207	137,2	18,8	10,4	4.000	1931
705	Dock D	Howaldtswerke AG.	Kiel	Dock-Umbau	t 4.000	–	116,0	24,8	11,2		1930
706	Dock	Deschimag, Frerichswerft	Einswarden	Dock-Umbau	t 1.300	–	69,8	18,5	10,2		1931
H 707	–	Howaldtswerke AG.	Hamburg	Ponton		–		–		–	1930
H 708	–	Howaldtswerke AG.	Hamburg	Ponton		–		–		–	1930
H 709	–	Howaldtswerke AG.	Hamburg	Ponton		–		–		–	1930
H 710	Dock V	Howaldtswerke AG.	Hamburg	Dock-Umbau	t 6.500	–	140,0	28,0	12,6		1930
711	Stein (II)	Neue Dampfer-Comp.	Kiel	Schlepper	75	160	29,0	6,9	3,8	530	1930
712		Deutsch-Amer. Petr.-Ges.	Stettin	Hafenanl. Feuerschte		–				–	1930
713	–	Howaldtswerke AG.	Kiel	Schute	325		38,5	5,0	2,5	–	1931
714	Sojusryba »RT-47«	U.d.S.S.R.	Murmansk	Fischdampfer	243	418	43,5	7,9	4,3	560	1931
715	Sewgosrybtrest	U.d.S.S.R.	Murmansk	Fischdampfer	243	417	43,5	7,9	4,3	560	1931
716	Skumbriya	U.d.S.S.R.	Murmansk	Fischdampfer	243	417	43,5	7,9	4,3	560	1931
717	Mojwa	U.d.S.S.R.	Murmansk	Fischdampfer	243	417	43,5	7,9	4,3	560	1931
718	Lesch	U.d.S.S.R.	Murmansk	Fischdampfer	243	417	43,5	7,9	4,3	560	1931
719	Som	U.d.S.S.R.	Murmansk	Fischdampfer	243	417	43,5	7,9	4,3	560	1931
720	Osetr	U.d.S.S.R.	Murmansk	Fischdampfer	243	417	43,5	7,9	4,3	560	1931
721	Sudak	U.d.S.S.R.	Murmansk	Fischdampfer	243	417	43,5	7,9	4,3	560	1931
722	Keta	U.d.S.S.R.	Murmansk	Fischdampfer	243	417	43,5	7,9	4,3	560	1931
723	Beluga	U.d.S.S.R.	Murmansk	Fischdampfer	243	417	43,5	7,9	4,3	560	1931
H 724	–	Freie u. Hansestadt Hamburg	Hamburg	Schute, Bagger-	m³ 180		36,0	6,5	2,5	–	1931
725	–	Torpedo-Versuchsanst.	Eckernförde	Ponton, Scheiben-	–		50,0	3,0	1,2	–	1931
726	–	Torpedo-Versuchsanst.	Eckernförde	Ponton, Scheiben-	–		30,0	1,8		–	1931
H 727	Schleswig (III)	N. Ebeling	Bremerhaven	Fischdampfer	Kb.	433	47,0	8,3	4,7	750	1931
728	Kanal	Wasserstr. Masch.-Amt	Rendsburg	Lotsenboot	20	79	23,3	5,8	2,9	300	1933
729	Claus Ebeling	N. Ebeling	Bremerhaven	Fischdampfer	351	428	47,0	8,3	4,7	750	1933
730	Hagen	Maschinenbauamt	Stettin	Schlepper	5		22,0	5,4	2,4	150	1933
H 731	Königin Luise (II)	Hamburg-Amerika Linie	Hamburg	Bäderschiff	P. 2.000	2.400	86,0	12,8	7,2	3.600	1934
732	Gadila	La Corona NV Petr. My	Den Haag	Tanker	12.236	7.999	140,2	18,0	10,4	3.500	1935
733	Germania (II)	N. Ebeling	Bremerhaven	Fischdampfer	315	428	47,0	8,3	4,7	750	1934
734	Ludwig	A. C. Hansen	Kiel	Fahrgastschiff	P. 214	88	22,5	6,2	3,0	200	1935
735	Anna (III)	A. C. Hansen	Kiel	Fahrgastschiff	P. 214	88	22,5	6,2	3,0	200	1935
736	Tankfahrt II	Breyer & Co.	Hamburg	Tanker	303	233	35,0	7,0	2,7	200	1935
737	H 135	Schleppamt Hannover	Hannover	Schlepper	–		20,0	5,0	2,0	250	1935
H 738	Guinean	United Africa Co. Ltd.	Liverpool	Frachter/Passag.	8.346	5.204	121,9	17,5	7,8	1.640	1935
H 739	Liberian	United Africa Co. Ltd.	Liverpool	Frachter/Passag.	8.346	5.204	121,9	17,5	7,8	1.640	1935
740	Congonian	United Africa Co. Ltd.	Liverpool	Tanker	7.392	4.929	120,4	16,8	8,2	2.300	1936
H 741	Eketian	United Africa Co. Ltd.	London	Frachter	1.135	1.005	60,0	10,5	4,1	500	1935
742	Monica	Breyer & Co.	Hamburg	Frachter	447	312	39,0	7,3	3,3	240	1936
743	Andino	Lago Shipping Co. Ltd.	London	Tanker	6.217	4.569	109,7	19,5	5,5	3.700	1935
H 744	Neuss	Ernst Russ	Hamburg	Frachter	1.402	1.243	73,5	10,8	4,7	900	1936
745	Fasan	Argo Reederei	Bremen	Frachter/Passag.	1.608	1.275	74,5	11,7	7,0	1.100	1936
746	Tricula	Anglo-Saxon Petr. Co.	London	Tanker	9.056	6.221	129,5	16,5	9,5	2.700	1936
747	Ostmark	Deutsche Lufthansa	Bremen	Flugsicherungsch.	466	1.280	74,0	11,3	5,4	1.800	1936
748	Passat	Marinewerft Wilhelmsh.	Kiel	Schlepper	94	276	35,0	8,0	4,4	650	1936
749	Jasmund	Marinewerft Wilhelmsh.	Swinemünde	Schlepper	94	276	35,0	8,0	4,4	650	1936
750	Altmark	Kriegsmarine	Hamburg	Tanker (Troßschiff)	15.000	10.698	174,7	22,1		12.000	1938
H 751	Belgrano (I)	Hamb.-Südamerik. D.-G.	Hamburg	Frachter	9.407	6.132	134,5	18,6	11,3	3.350	1936
H 752	Montevideo	Hamb.-Südamerik. D.-G.	Hamburg	Frachter	9.407	6.132	134,5	18,6	11,3	3.350	1936
753	Frisia »BX 251«	N. Ebeling	Bremerhaven	Fischdampfer	356	429	47,0	8,3	4,7	650	1936
H 754	Robert Ley	Deutsche Arbeitsfront	Hamburg	Passagierschiff	P. 1.500	27.288	190,0	24,0	17,7	8.000	1936

au-Nr.	Schiffsname	Reederei	Heimathafen	Schiffstyp	Tragfähigkeit t = 1.000 kg	Vermessung BRT	Lpp m	Breite m	Höhe m	Leistung PS	Baujahr
755	Friesenland	Deutsche Lufthansa	Bremen	Flugsicherungssch.	3.328	5.434	129,0	16,5	9,0	5.800	1937
756	Coimbra	Socony-Vacuum Oil Co.	London	Tanker	10.283	6.768	128,0	18,3	10,1	2.840	1937
757	Alemania	N. Ebeling	Bremerhaven	Fischdampfer	400	487	49,9	8,3	4,7	850	1937
758	Good Gulf	Belgian Gulf Oil Co.	Antwerpen	Tanker	11.367	7.874	144,8	18,0	10,1	3.000	1938
759	Wilhelm Bauer	Kriegsmarine	–	U-Bootbegleitschiff			125,0	16,0		12.400	1937
760	Waldemar Kophamel	Kriegsmarine	–	U-Bootbegleitschiff			125,0	16,0		12.400	1937
761	–	Polizeipräsident	Kiel	Bootshaus	–	–				–	1936
762	Ernst Flohr	»Nordsee« D. Hochseef.	Cuxhaven	Fischdampfer	400	476	49,9	8,3	4,7	850	1937
763	Teutonia	N. Ebeling	Bremerhaven	Fischdampfer	400	487	49,9	8,3	4,7	850	1937
764	Danzig	»Nordsee« D. Hochseef.	Cuxhaven	Fischdampfer	400	476	49,9	8,3	4,7	850	1937
765	Elsa Essberger (I)	John T. Essberger	Hamburg	Frachter	9.425	6.102	134,5	18,6	8,3	3.350	1937
766	N. Ebeling	N. Ebeling	Bremerhaven	Fischdampfer	419	487	49,9	8,3	4,7	850	1937
767	–	Hamb.-Südamerik. D.-G.	–	Frachter	–	–	–	–	–	–	–
768	–	Anschütz & Co.	Kiel	Bootshaus	–	–	–	–	–	–	1937
769	Dr. Eichelbaum	Hinrich Fock, Altona	Hamburg	Fischdampfer	419	476	49,9	8,3	4,7	850	1937
770	(Franken, geplant)	Kriegsmarine	–	Tanker (Troßschiff)	–	–	–	–	–	–	–
771	Antarktis	Erste D. Walfang-Ges.	Hamburg	Tanker	15.000	10.771	147,8	21,4	11,3	3.600	1939
772	Schwan	Argo Reederei	Bremen	Frachter/Passag.	1.530	1.312	74,3	11,7	7,0	1.100	1938
773	Reiher	Argo Reederei	Bremen	Frachter/Passag.	1.530	1.304	74,3	11,7	7,0	1.100	1938
774	Vacport	Socony-Vacuum Oil Co.	London	Tanker	10.268	6.774	128,0	18,3	10,1	2.840	1937
775	Johs. Klatte	N. Ebeling	Bremerhaven	Fischdampfer		509	50,6	8,3	4,7	800	1938
776	Holstein (V)	N. Ebeling	Bremerhaven	Fischdampfer		509	50,6	8,3	4,7	800	1938
777	Rio Grande	Hamb.-Südamerik. D.-G.	Hamburg	Frachter	8.670	6.062	134,5	18,6	11,3	3.350	1939
778	Paranagua	Hamb.-Südamerik. D.-G.	Hamburg	Frachter	8.670	6.062	134,5	18,6	11,3	3.350	1939
779	(Chipka)	Bulgarische Staatsreed.	–	Rumpf f. Neptunw.	–	–	91,5	13,3	8,3	–	1938
780	Thor (I)	Marinearsenal	Kiel	Schlepper			50,0	9,5		1.600	1938
781	–	Marinearsenal	Kiel	Kran, Schwimm-	t 260						1938
782	Jeverland	Kriegsmarine	–	Tanker	2.310		90,1	13,8	7,0	3.500	(1942)
783	Katharina	A. C. Hansen	Kiel	Fahrgastschiff	P. 314	125	24,0	6,2	3,0	240	1939
784	–	Kriegsmarine	–	U-Bootbegleitschiff	–	–	–	–	–	–	–
785	–	Kriegsmarine	–	U-Bootbegleitschiff	–	–	–	–	–	–	–
786	Hengst	Marinewerft Wilhelmsh.	Helgoland	Schlepper	–	146	24,6	7,1	3,6	450	1939
787	Aade	Marinewerft Wilhelmsh.	Helgoland	Schlepper	–	146	24,6	7,1	3,6	450	1939
788	Sellebrunn	Marinewerft Wilhelmsh.	Helgoland	Schlepper	–	146	24,6	7,1	3,6	450	1939
789	Condor	Deutsche Werke	Kiel	Schlepper	–	146	24,6	7,1	3,6	450	1939
790	–	Kriegsmarine	–	U-Bootbegleitschiff	–	–	–	–	–	–	–
791	Otto Wünsche	Kriegsmarine	–	U-Bootbegleitschiff			132,0	16,0		12.400	(1943)
792	(Havelland, geplant)	Kriegsmarine	–	Tanker (Troßschiff)	–	–	–	–	–	–	–
793	Florianopolis	Hamb.-Südamerik. D.-G.	Hamburg	Frachter	8.670	6.062	134,5	18,6	11,3	3.350	(1943)
794	Victoria (II)	Hamb.-Südamerik. D.-G.	Hamburg	Frachter	8.670	6.062	134,5	18,6	11,3	3.350	(1943)
795	B	Kriegsmarine	–	Schulschiff	–	–	–	–	–	–	–
796	D	Kriegsmarine	–	Schulschiff	–	–	–	–	–	–	–
797	–	Marinearsenal	Kiel	Ponton für Kran	t 100	–	50,0	22,5	4,3	1.350	1940
798	E	Kriegsmarine	–	Minenschiff	–	–	145,0	16,2	–	40.000	–
799	F	Kriegsmarine	–	Minenschiff	–	–	145,0	16,2	–	40.000	–

Fortsetzung der Baunummern bei Howaldtswerke Hamburg (Bau-Nr. 800–1002)
Die Howaldtswerke in Kiel begannen 1948 mit der Bau-Nr. 901

»Janssen & Schmilinsky« (Ablieferungen nach Übernahme durch Howaldtswerke AG 1929)

au-Nr.	Schiffsname	Reederei	Heimathafen	Schiffstyp	Tragfähigkeit t = 1.000 kg	Vermessung BRT	Lpp m	Breite m	Höhe m	Leistung PS	Baujahr
670	Lisboa	Portugies. Regierung	Lissabon	Lotsendampfer		485	45,4	8,9	4,8	1.200	1929
671	Otto Krawehl 6	J. Schürmann		Schute, Bagger-		28				–	1929
672	Hannover 125	Schleppamt Hannover	Hannover	Schlepper		42					1929
673	Hannover 126	Schleppamt Hannover	Hannover	Schlepper		42					1929
674	Hannover 127	Schleppamt Hannover	Hannover	Schlepper		42					1929
675	Hannover 128	Schleppamt Hannover	Hannover	Schlepper		42					1929
676	Hannover 129	Schleppamt Hannover	Hannover	Schlepper		42					1929
677	Elbe (I)	Reichskanalamt Kiel	Brunsbüttelkoog	Lotsendampfer		77	23,8	6,0	3,4	330	1929
678	–			Ponton für Kran						–	1929
679	Montan 24	Klöckner		Schlepper							1929
680	Montan 25	Klöckner		Schlepper							1929
681	Spasilac	Jugoslaw. Verkehrsmin.	Cattaro	Bergungsschiff		552	53,7	8,9	4,9	1.800	1929
682	–	Portugies. Regierung		Schute, Kasten-						–	1929
683	Hannover 130	Schleppamt Hannover	Hannover	Schlepper		42					1929
684	–	Freie u. Hansest. Hamburg	–	Ponton	–	–				–	1929
685	–	Freie u. Hansest. Hamburg	–	Ponton	–	–				–	1929
686	–	Freie u. Hansest. Hamburg	–	Ponton	–	–				–	1929
687	–	Freie u. Hansest. Hamburg	–	Ponton	–	–				–	1929
688	–	Freie u. Hansest. Hamburg	–	Ponton	–	–				–	1929
689	–	Freie u. Hansest. Hamburg	–	Ponton	–	–				–	1929
690	–	Freie u. Hansest. Hamburg	–	Ponton	–	–				–	1929

»Hamburger Vulcan« (Ablieferungen nach Übernahme durch Howaldtswerke AG 1930)

Bau-Nr.	Schiffsname	Reederei	Heimathafen	Schiffstyp	Tragfähigkeit t = 1.000 kg	Vermessung BRT	Lpp m	Breite m	Höhe m	Leistung PS	Baujahr
H 227	*Dock*	Hafenamt	Rouen	Dock	t 4.200		110,0	24,7		–	1930
H 230		Hafenamt	Rouen	Schute, Bagger-	m³ 382		50,0	8,6		–	1930
H 231		Hafenamt	Rouen	Schute, Bagger-	m³ 382		50,0	8,6		–	1930

»Kriegsmarinewerft« 1941–1944

Bau-Nr.	Schiffsname	Reederei	Heimathafen	Schiffstyp	Tragfähigkeit t = 1.000 kg	Vermessung BRT	Lpp m	Breite m	Höhe m	Leistung PS	Baujahr
1	(O, geplant)	Kriegsmarine	–	Schwerer Kreuzer	ts 10.000	–	183,0	17,0		116.500	–
2	*U 371*	Kriegsmarine	–	U-Boot VII C	ts 761	–	67,1	6,2	–	2.800	1941
3	*U 372*	Kriegsmarine	–	U-Boot VII C	ts 761	–	67,1	6,2	–	2.800	1941
4	*U 373*	Kriegsmarine	–	U-Boot VII C	ts 761	–	67,1	6,2	–	2.800	1941
5	*U 374*	Kriegsmarine	–	U-Boot VII C	ts 761	–	67,1	6,2	–	2.800	1941
6	*U 375*	Kriegsmarine	–	U-Boot VII C	ts 761	–	67,1	6,2	–	2.800	1941
7	*U 376*	Kriegsmarine	–	U-Boot VII C	ts 761	–	67,1	6,2	–	2.800	1941
8	*U 377*	Kriegsmarine	–	U-Boot VII C	ts 761	–	67,1	6,2	–	2.800	1941
9	*U 378*	Kriegsmarine	–	U-Boot VII C	ts 761	–		6,2	–	2.800	1941
10	*U 379*	Kriegsmarine	–	U-Boot VII C	ts 761	–	67,1	6,2	–	2.800	1941
11	*U 380*	Kriegsmarine	–	U-Boot VII C	ts 761	–	67,1	6,2	–	2.800	1941
12	*U 381*	Kriegsmarine	–	U-Boot VII C	ts 761	–	67,1	6,2	–	2.800	1942
13	*U 382*	Kriegsmarine	–	U-Boot VII C	ts 761	–	67,1	6,2	–	2.800	1942
14	*U 383*	Kriegsmarine	–	U-Boot VII C	ts 761	–	67,1	6,2	–	2.800	1942
15	*U 384*	Kriegsmarine	–	U-Boot VII C	ts 761	–	67,1	6,2	–	2.800	1942
16	*U 385*	Kriegsmarine	–	U-Boot VII C	ts 761	–	67,1	6,2	–	2.800	1942
17	*U 386*	Kriegsmarine	–	U-Boot VII C	ts 761	–	67,1	6,2	–	2.800	1942
18	*U 387*	Kriegsmarine	–	U-Boot VII C	ts 761	–	67,1	6,2	–	2.800	1942
19	*U 388*	Kriegsmarine	–	U-Boot VII C	ts 761	–	67,1	6,2	–	2.800	1942
20	*U 389*	Kriegsmarine	–	U-Boot VII C	ts 761	–	67,1	6,2	–	2.800	1943
21	*U 390*	Kriegsmarine	–	U-Boot VII C	ts 761	–	67,1	6,2	–	2.800	1943
22	–	Kriegsmarine	–	Transportschiff	–	–	–	–	–	–	–
23	*U 391*	Kriegsmarine	–	U-Boot VII C	ts 761	–	67,1	6,2	–	2.800	1943
24	*U 392*	Kriegsmarine	–	U-Boot VII C	ts 761	–	67,1	6,2	–	2.800	1943
25	*U 393*	Kriegsmarine	–	U-Boot VII C	ts 761	–	67,1	6,2	–	2.800	1943
26	*U 394*	Kriegsmarine	–	U-Boot VII C	ts 761	–	67,1	6,2	–	2.800	1943
27	*U 395*	Kriegsmarine	–	U-Boot VII C	ts 761	–	67,1	6,2	–	2.800	1943
28	*U 396*	Kriegsmarine	–	U-Boot VII C	ts 761	–	67,1	6,2	–	2.800	1943
29	*U 397*	Kriegsmarine	–	U-Boot VII C	ts 761	–	67,1	6,2	–	2.800	1943
30	*U 398*	Kriegsmarine	–	U-Boot VII C	ts 761	–	67,1	6,2	–	2.800	1943
31	*U 399*	Kriegsmarine	–	U-Boot VII C	ts 761	–	67,1	6,2	–	2.800	1944
32	*U 400*	Kriegsmarine	–	U-Boot VII C	ts 761	–	67,1	6,2	–	2.800	1944
33	*U 1131*	Kriegsmarine	–	U-Boot VII C	ts 761	–	67,1	6,2	–	2.800	1944
34	*U 1132*	Kriegsmarine	–	U-Boot VII C	ts 761	–	67,1	6,2	–	2.800	1944
35	*U 1133*	Kriegsmarine	–	U-Boot VII C/41	ts 759	–	67,2	6,2	–	2.800	–
36	*U 1134*	Kriegsmarine	–	U-Boot VII C/41	ts 759	–	67,2	6,2	–	2.800	–
37	*U 1135*	Kriegsmarine	–	U-Boot VII C/41	ts 759	–	67,2	6,2	–	2.800	–
38	*U 1136*	Kriegsmarine	–	U-Boot VII C/41	ts 759	–	67,2	6,2	–	2.800	–
39	*U 1137*	Kriegsmarine	–	U-Boot VII C/41	ts 759	–	67,2	6,2	–	2.800	–
40	*U 1138*	Kriegsmarine	–	U-Boot VII C/41	ts 759	–	67,2	6,2	–	2.800	–
41	*U 1139*	Kriegsmarine	–	U-Boot VII C/41	ts 759	–	67,2	6,2	–	2.800	–
42	*U 1140*	Kriegsmarine	–	U-Boot VII C/41	ts 759	–	67,2	6,2	–	2.800	–
43	*U 1141*	Kriegsmarine	–	U-Boot VII C/41	ts 759	–	67,2	6,2	–	2.800	–
44	*U 1142*	Kriegsmarine	–	U-Boot VII C/41	ts 759	–	67,2	6,2	–	2.800	–
45	*U 1143*	Kriegsmarine	–	U-Boot VII C/41	ts 759	–	67,2	6,2	–	2.800	–
46	*U 1144*	Kriegsmarine	–	U-Boot VII C/41	ts 759	–	67,2	6,2	–	2.800	–
47	*U 1145*	Kriegsmarine	–	U-Boot VII C/41	ts 759	–	67,2	6,2	–	2.800	–
48	*U 1146*	Kriegsmarine	–	U-Boot VII C/41	ts 759	–	67,2	6,2	–	2.800	–
49	*U 1147*	Kriegsmarine	–	U-Boot VII C/42 St	ts 999	–	68,7	6,9	–	4.400	–
50	*U 1148*	Kriegsmarine	–	U-Boot VII C/42 St	ts 999	–	68,7	6,9	–	4.400	–
51	*U 1149*	Kriegsmarine	–	U-Boot VII C/42 St	ts 999	–	68,7	6,9	–	4.400	–
52	*U 1150*	Kriegsmarine	–	U-Boot VII C/42 St	ts 999	–	68,7	6,9	–	4.400	–
53	*U 1151*	Kriegsmarine	–	U-Boot VII C/42 St	ts 999	–	68,7	6,9	–	4.400	–
54	*U 1152*	Kriegsmarine	–	U-Boot VII C/42 St	ts 999	–	68,7	6,9	–	4.400	–
55	*U 1153*	Kriegsmarine	–	U-Boot XXII	ts 155	–	27,1	3,0	–	1.850	–
56	*U 1154*	Kriegsmarine	–	U-Boot XXII	ts 155	–	27,1	3,0	–	1.850	–
	U 5001–U 5003	Kriegsmarine	–	U-Boot XXVII B	ts 15	–	11,9	1,7		60	1944

»Kieler Howaldtswerke« 1948–1972

Bau-Nr.	Schiffsname	Reederei	Heimathafen	Schiffstyp	Tragfähigkeit t = 1.000 kg	Vermessung BRT	Lpp m	Breite m	Höhe m	Leistung PS	Baujahr
901	(Empire Glencoe)	Lenaghan & Son	London	Frachter		4.637	123,0	17,2	10,3	4.000	1948
902	(Skaugum) (I)	I. M. Skaugen	Oslo	Auswandererschiff	P. 2.254	11.626	157,0	20,2	13,0	14.400	1949
903	(Nienstedten) »HH 261«	Andersen & Co.	Hamburg	Fischdampfer	Kb. 2.750	336	43,0	7,4	4,2	600	1948
904	(Gisela) »HH 269«	Andersen & Co.	Hamburg	Fischdampfer	Kb. 2.750	337	43,0	7,4	4,2	600	1948
905	(Ringfjell)	Olsen & Ugelstad	Oslo	Öltanker	14.400	9.640	144,8	19,7	10,7	4.700	1949

au-Nr.	Schiffsname	Reederei	Heimathafen	Schiffstyp	Tragfähigkeit t = 1.000 kg	Vermessung BRT	Lpp m	Breite m	Höhe m	Leistung PS	Baujahr
906	(Sirefjell) (I)	Olsen & Ugelstad	Oslo	Öltanker	12.600	8.477	140,8	18,5	10,7	4.200	1949
907	(Skaugum) (II)	I. M. Skaugen	Oslo	Auswandererschiff	P. 2.254	11.626	157,0	20,2	13,0	14.400	1949
908	(Krass)	A. von der Lippe	Tönsberg	Walfänger	–	380	46,3	8,0	4,6	1.600	1949
909	(Haukefjell) (I)	Olsen & Ugelstad	Oslo	Öltanker	–	9.813	147,6	20,8	11,1	5.300	1949
910	Karl Grammerstorf	Karl Grammerstorf	Kiel	Frachter	4.575	2.352	95,0	14,3	9,0	1.900	1951
911	Elisabeth Bornhofen	Robert Bornhofen	Hamburg	Frachter	4.575	2.350	95,0	14,3	9,0	1.900	1951
912	(Tai Ping Yang)	Wilh. Wilhelmsen	Tönsberg	Frachter	12.400	7.025	140,7	18,5	9,6	6.700	1952
913	(Tai Yang)	Wilh. Wilhelmsen	Tönsberg	Frachter	12.400	7.084	140,7	18,5	9,6	6.700	1952
914	Hildegard (II)	Franz L. Nimtz	Hamburg	Frachter	5.829	3.664	95,5	14,3	9,0	2.300	1951
915	Schleswig (IV) »SO105«	Hochseefischerei Kiel	Kiel	Fischdampfer	Kb.	568	52,0	8,6	5,0	850	1950
916	Flensburg »SO106«	Hochseefischerei Kiel	Kiel	Fischdampfer	Kb.	568	52,0	8,6	5,0	850	1950
917	Marianne	Franz L. Nimtz	Hamburg	Frachter	4.317	2.790	91,9	13,2	7,9	1.200	1950
918	Blidum	Nordfriesische Reederei	Rendsburg	Frachter	3.403	1.689	91,9	13,2	7,9	1.200	1950
919	Glücksburg (I)	H. Schuldt	Hamburg	Frachter	3.403	1.705	91,9	13,2	7,9	1.200	1950
920	Duburg	H. Schuldt	Hamburg	Frachter	3.447	1.705	91,9	13,2	7,9	1.200	1950
921	Elfriede	Nordische Reederei	Kiel	Frachter	1.650	954	70,0	11,0	6,5	800	1950
922	Annemarie	Nordische Reederei	Kiel	Frachter	1.650	955	70,0	11,0	6,5	800	1950
923	Konsul Sartori	Sartori & Berger	Kiel	Frachter	1.655	955	74,5	11,4	6,6	1.000	1951
924	Geheimrat Sartori	Sartori & Berger	Kiel	Frachter	1.655	955	74,5	11,4	6,6	1.000	1951
925	Arktis »HH300«	Erste D. Walfang-Ges.	Hamburg	Trawler, Motor-	Kb. 3.565	319	38,5	7,9	4,0	600	1950
926	(Gripsholm)	Svenska Amerika Linien	Göteborg	Passagierschiff	P. 971	19.105	174,3	22,7	11,5	13.500	1950
927	(Cläre Grammerstorf)	Karl Grammerstorf	Kiel	Frachter	5.875	3.677	107,0	14,6	8,1	1.800	1950
928	(Clara Blumenfeld)	Bd. Blumenfeld	Hamburg	Frachter	3.750	2.669	97,5	12,9	6,4	1.250	1950
929	(Olympic Victor) »10«	Olympic Whaling Comp.	Puerto Cortez	Walfänger	–	699	57,3	10,1	5,3	2.500	1950
930	(Olympic Challenger) (I)	Olympic Whaling Comp.	Panama	Walfang-Mutterschiff	18.250	13.019	165,8	20,8	17,2	6.000	1950
931	Møretral 1 »M·175·K«	A. L. Møretral	Kristiansund	Trawler, Motor-	365	595	52,0	8,6	5,0	1.000	1951
932	Møretral 2 »M·176·K«	A. L. Møretral	Kristiansund	Trawler, Motor-	365	595	52,0	8,6	5,0	1.000	1951
933	Jalanta	Anders Jahre	Sandefjord	Öltanker	18.730	11.972	162,0	21,8	12,0	7.200	1952
934	Ellerbek »SO 107«	Hochseefischerei Kiel	Kiel	Fischdampfer	Kb. 5.550	568	52,0	8,6	5,0	850	1950
935	Wellingdorf (II) SO 108	Hochseefischerei Kiel	Kiel	Fischdampfer	Kb. 5.550	568	52,0	8,6	5,0	850	1950
936	(Jotunfjell)	Olsen & Ugelstad	Oslo	Öltanker		8.264	142,1	18,6	10,4	3.500	1950
937	(Sirefjell) (II)	Olsen & Ugelstad	Oslo	Öltanker		8.477	143,4	18,6	10,4	4.200	1950
938	(Kollgrim)	Odd Bergs Tankrederi	Oslo	Öltanker	12.700	9.816	143,4	18,6	10,4	5.300	1950
939	(Kosmos IV)	Anders Jahre	Sandefjord	Walfang-Mutterschiff		14.716	177,1	22,7	15,9	7.600	1950
940	Gretchen Müller	Otto A. Müller	Hamburg	Frachter	1.478	997	64,9	10,5	5,2	1.100	1951
941	Else Müller	Otto A. Müller	Hamburg	Frachter	1.478	996	64,9	10,5	5,2	1.100	1952
942	North Prince	Comp. Petr. Armadora	Monrovia	Öltanker	18.745	12.030	162,0	21,8	12,0	7.200	1952
943	Jarmina	Anders Jahre	Sandefjord	Öltanker	21.837	13.996	168,3	22,5	12,5	8.400	1953
944	(Olympic Promoter)	Olympic Whaling Comp.	Panama	Walfänger	–	699	59,3	10,1	5,3	2.500	1950
945	(Olympic Cruiser) »2«	Olympic Whaling Comp.	Panama	Walfänger	–	699	59,3	10,1	5,3	2.500	1950
946	(Olympic Explorer) »3«	Olympic Whaling Comp.	Panama	Walfänger	–	699	59,3	10,1	5,3	2.500	1950
947	(Olympic Leader) »1«	Olympic Whaling Comp.	Panama	Walfänger	–	717	59,3	10,1	5,3	2.500	1950
948	(Olympic Fighter)	Olympic Whaling Comp.	Puerto Cortez	Walfänger	–	712	59,3	10,1	5,3	2.500	1950
949	(Olympic Chaser) »6«	Olympic Whaling Comp.	Panama	Walfänger	–	708	59,3	10,1	5,3	2.500	1950
950	Angelburg (I)	H. Schuldt	Hamburg	Kühlschiff	3.699	2.902	110,0	15,6	8,8	4.800	1951
951	Pegasus	F. Laeisz	Hamburg	Kühlschiff	3.699	2.905	110,0	15,6	8,8	4.800	1951
952	Atlantik	Globus-Reederei GmbH	Hamburg	Frachter	6.600	3.938	112,0	16,5	10,4	3.000	1952
953	Pazifik	Globus-Reederei GmbH	Hamburg	Frachter	6.600	3.946	112,0	16,5	10,4	3.000	1952
954	(Tai Yin)	Wilh. Wilhelmsen	Tönsberg	Frachter	12.400	7.077	140,7	18,5	9,6	3.300	1952
955	Jacob Jebsen	Rhederi M. Jebsen A/S	Apenrade	Frachter	5.405	3.673	95,4	14,3	8,7	2.300	1952
956	Silver Gate	Red. A/B Nordstjernan	Stockholm	Frachter	9.097	6.952	141,7	19,5	12,1	14.200	1951
957	Portland	Red. A/B Nordstjernan	Stockholm	Frachter	9.097	6.946	141,7	19,5	12,1	14.200	1952
958	Schauenburg	H. Schuldt	Hamburg	Frachter	6.817	4.069	116,5	17,2	10,7	5.400	1953
959	(Skaubryn)	I. M. Skaugen	Oslo	Auswandererschiff	P. 1.231	9.786	130,6	17,4	11,6	6.500	1951
960	Höegh Clipper	Leif Höegh & Co.	Oslo	Frachter	10.825	9.477	140,2	19,2	13,1	9.100	1953
961	Lotte Skou	Ove Skou	Kopenhagen	Frachter	6.716	4.031	116,5	17,2	10,7	5.400	1952
962	(Jalna)	Anders Jahre	Sandefjord	Öltanker		6.099	133,0	16,5	9,6	3.000	1953
963	Bow Brasil	Oivind Lorentzen	Oslo	Frachter	9.160	6.623	125,5	17,7	11,0	7.200	1953
964	Bow Canada	Oivind Lorentzen	Oslo	Frachter	9.147	6.613	125,5	17,7	11,0	7.200	1953
965	Maren Maersk	A. P. Möller	Kopenhagen	Frachter	9.561	6.429	135,6	19,1	12,6	11.500	1953
966	Johannes Maersk	A. P. Möller	Kopenhagen	Frachter	9.554	6.428	135,6	19,1	12,6	11.500	1953
967	Fagerfjell	Olsen & Ugelstad	Oslo	Öltanker	18.770	12.284	162,0	21,8	12,0	7.200	1953
968	Mette Skou	Ove Skou	Kopenhagen	Frachter	6.618	4.237	116,5	17,2	10,7	6.200	1954
969	Astrid Bakke	Knut Knutsen	Haugesund	Frachter	10.394	9.703	140,2	19,2	13,1	9.100	1954
970	Hohenfels	Deutsche D.-G. »Hansa«	Bremen	Frachter	9.135	6.704	125,5	17,7	11,0	7.200	1954
971	(Ultragaz Sao Paulo)	Oivind Lorentzen	Monrovia	LPG-Tanker	6.570	7.241	126,8	17,4	11,2		1955
972	Ternefjell	Olsen & Ugelstad	Oslo	Frachter	2.883	2.102	76,2	13,0	8,0	1.900	1955
973	Ravnefjell	Olsen & Ugelstad	Oslo	Frachter	2.883	2.097	76,2	13,0	8,0	1.900	1955
974	Olympic Valley	Olympic Maritime SA.	Panama	Öltanker	21.621	13.653	168,3	22,5	12,5	10.000	1954
975	Olympic Hill	Olympic Maritime SA.	Panama	Öltanker	21.655	13.580	168,3	22,5	12,5	10.000	1954
976	Olympic Snow	Olympic Maritime SA.	Panama	Öltanker	21.680	13.666	168,3	22,5	12,5	10.000	1954
977	Adriana	A. H. Schwedersky	Kiel	Frachter	2.185	1.599	71,3	11,2	6,6	1.000	1953
978	Luciana	A. H. Schwedersky	Kiel	Frachter	2.185	1.599	71,3	11,2	6,6	1.000	1953
979	–	Leif Höegh & Co.		Öltanker	22.000		168,3	22,5	12,5	10.000	–
980	Deutschland (II)	Deutsche Bundesbahn	Großenbrode Kai	Eisenbahn-Fährschiff	P. 1.200	3.863	108,6	17,2	7,1	5.500	1953
981	African Queen	African Enterprise Co.	Monrovia	Öltanker	22.205	13.759	168,3	22,5	12,5	10.000	1955
982	Olympic Light	Olympic Maritime SA.	Panama	Öltanker	21.786	13.923	168,3	22,5	12,5	10.000	1953

191

Bau-Nr.	Schiffsname	Reederei	Heimathafen	Schiffstyp	Tragfähigkeit t = 1.000 kg	Vermessung BRT	Lpp m	Breite m	Höhe m	Leistung PS	Baujahr
983	Olympic Mountain	Olympic Maritime SA.	Panama	Öltanker	21.779	13.660	168,3	22,5	12,5	10.000	1953
984	World Gratitude	St. S. Niarchos	Monrovia	Öltanker	32.928	20.035	192,0	26,4	14,0	16.500	1954
985	World Grace	St. S. Niarchos	Monrovia	Öltanker	33.093	20.431	192,0	26,4	14,0	16.500	1954
986	World Guardian	St. S. Niarchos	Monrovia	Öltanker	33.093	20.443	192,0	26,4	14,0	16.500	1955
987	World Guidance	St. S. Niarchos	Monrovia	Öltanker	33.093	20.443	192,0	26,4	14,0	16.500	1955
988	Bertha Entz	Thomas Entz Tanker G.	Rendsburg	Erz-Öler	21.954	15.910	173,5	22,5	13,7	8.000	1955
989	Olympic Rock	Olympic Maritime SA.	Panama	Öltanker	21.609	13.666	168,3	22,5	12,5	10.000	1954
990	Olympic Ice	Olympic Maritime SA.	Panama	Öltanker	21.678	13.666	168,3	22,5	12,5	10.000	1954
991	Olympic Lake	Olympic Maritime SA.	Panama	Öltanker	21.726	13.678	168,3	22,5	12,5	10.000	1954
992	Olympic Dale	Olympic Maritime SA.	Panama	Öltanker	21.640	13.713	168,3	22,5	12,5	10.000	1954
993	Olympic Brook	Olympic Maritime SA.	Panama	Öltanker	21.640	13.713	168,3	22,5	12,5	10.000	1955
994	(Gasbras Norte)	Oivind Lorentzen	Oslo	Gastanker	5.567	7.476	118,9	18,3	11,4	4.150	1953
995	Björnö	Rederi A/B Rex	Stockholm	Erz-Öler	5.537	4.473	106,2	15,9	8,5	2.725	1955
996	Holtenau (II) »SO 119«	Hochseefischerei Kiel	Kiel	Trawler, Motor-	Kb. 5.940	632	55,5	9,2	5,0	1.530	1954
997	Laboe (III) »SO 120«	Hochseefischerei Kiel	Kiel	Trawler, Motor-	Kb. 5.940	635	55,5	9,2	5,0	1.530	1954
998	Rigoletto	Wallenius-Rederierna	Stockholm	Frachter	2.823	1.899	76,3	13,0	9,8	2.000	1955
999	Traviata	Wallenius-Rederierna	Stockholm	Frachter	2.823	1.899	76,3	13,0	9,8	2.000	1955
1000	Höegh Grace	Leif Höegh & Co	Oslo	Öltanker	33.379	20.848	192,0	26,4	14,0	12.500	1955
1001	Puschkin »RT-250«	Sudoimport, Moskau	Murmansk	Fischfabrikschiff	1.650	2.556	75,0	13,4	9,9	1.900	1955
1002	Gogol »RT-251«	Sudoimport, Moskau	Murmansk	Fischfabrikschiff	1.650	2.557	75,0	13,4	9,9	1.900	1955
1003	Nekrasov »RT-252«	Sudoimport, Moskau	Murmansk	Fischfabrikschiff	1.650	2.549	75,0	13,4	9,9	1.900	1955
1004	Dobrolubov »RT-253«	Sudoimport, Moskau	Murmansk	Fischfabrikschiff	1.650	2.546	75,0	13,4	9,9	1.900	1955
1005	N. Ostrovsky »RT-254«	Sudoimport, Moskau	Murmansk	Fischfabrikschiff	1.650	2.547	75,0	13,4	9,9	1.900	1955
1006	Dostoevsky »RT-255«	Sudoimport, Moskau	Murmansk	Fischfabrikschiff	1.650	2.548	75,0	13,4	9,9	1.900	1955
1007	Serafimovich »RT-256«	Sudoimport, Moskau	Murmansk	Fischfabrikschiff	1.650	2.471	75,0	13,4	9,9	1.900	1955
1008	Saltykov-Schedrin »257«	Sudoimport, Moskau	Murmansk	Fischfabrikschiff	1.650	2.471	75,0	13,4	9,9	1.900	1955
1009	Chehov »RT-258«	Sudoimport, Moskau	Murmansk	Fischfabrikschiff	1.630	2.470	75,0	13,4	9,9	1.900	1956
1010	Novikov-Priboy »259«	Sudoimport, Moskau	Murmansk	Fischfabrikschiff	1.630	2.470	75,0	13,4	9,9	1.900	1956
1011	Süderholm	»Weichsel« D.S.A.G.	Kiel	Frachter	3.895	2.279	75,0	13,0	8,2	2.450	1955
1012	Norderholm	»Weichsel« D.S.A.G.	Kiel	Frachter	3.895	2.279	75,0	13,0	8,2	2.450	1955
1013	Portunus	F. Laeisz	Hamburg	Kühlschiff	3.280	3.057	115,0	15,6	8,8	5.140	1955
1014	Brunshausen (I)	Willy Bruns & Co.	Hamburg	Kühlschiff	3.445	3.129	118,0	15,8	8,6	5.140	1955
1015	Shomron	ZIM Israel Navig. Co.	Haifa	Frachter	6.848	5.430	117,0	16,5	9,5	5.340	1955
1016	Stubbenhuk (I)	H. M. Gehrckens	Hamburg	Kühlschiff	4.527	2.667	100,0	14,8	9,1	2.850	1955
1017	Brunsbüttel (III)	Willy Bruns & Co.	Hamburg	Kühlschiff	3.445	3.129	118,0	15,8	8,6	5.140	1955
1018	Heikendorf »SO 121«	Hochseef. Kiel GmbH	Kiel	Trawler, Motor-	Kb. 5.940	630	55,5	9,2	5,0	1.560	1955
1019	Glücksburg (II) SO 122	Hochseef. Kiel GmbH	Kiel	Trawler, Motor-	Kb. 5.940	651	55,5	9,2	5,0	1.560	1955
1020	Falkenstein »SO 123«	Atlantische Hochseef.	Kiel	Trawler, Motor-	Kb. 5.940	651	55,5	9,2	5,0	1.560	1955
1021	Ijevsk »RT-236«	Sudoimport, Moskau	Murmansk	Fischfabrikschiff	1.630	2.472	75,0	13,4	9,9	1.900	1956
1022	Jaroslavl »RT-237«	Sudoimport, Moskau	Murmansk	Fischfabrikschiff	1.630	2.472	75,0	13,4	9,9	1.900	1956
1023	Zlatoust »RT-238«	Sudoimport, Moskau	Murmansk	Fischfabrikschiff	1.630	2.473	75,0	13,4	9,9	1.900	1956
1024	Zavoljsk »RT-239«	Sudoimport, Moskau	Murmansk	Fischfabrikschiff	1.630	2.473	75,0	13,4	9,9	1.900	1956
1025	Chabarovsk »RT-240«	Sudoimport, Moskau	Murmansk	Fischfabrikschiff	1.630	2.449	75,0	13,4	9,9	1.900	1956
1026	Stalinabad »RT-241«	Sudoimport, Moskau	Murmansk	Fischfabrikschiff	1.630	2.449	75,0	13,4	9,9	1.900	1956
1027	Sverdlovsk »RT-242«	Sudoimport, Moskau	Murmansk	Fischfabrikschiff	1.630	2.450	75,0	13,4	9,9	1.900	1956
1028	Ashhabad »RT-243«	Sudoimport, Moskau	Murmansk	Fischfabrikschiff	1.630	2.450	75,0	13,4	9,9	1.900	1956
1029	Voroshilovgrad »244«	Sudoimport, Moskau	Murmansk	Fischfabrikschiff	1.630	2.450	75,0	13,4	9,9	1.900	1956
1030	Jigulevsk »RT-245«	Sudoimport, Moskau	Murmansk	Fischfabrikschiff	1.630	2.450	75,0	13,4	9,9	1.900	1956
1031	Severnoe Sijanie »246«	Sudoimport, Moskau	Murmansk	Fischfabrikschiff	1.630	2.452	75,0	13,4	9,9	1.900	1956
1032	Vitebsk »RT-247«	Sudoimport, Moskau	Murmansk	Fischfabrikschiff	1.630	2.452	75,0	13,4	9,9	1.900	1956
1033	Ulianovsk »RT-248«	Sudoimport, Moskau	Murmansk	Fischfabrikschiff	1.630	2.452	75,0	13,4	9,9	1.900	1957
1034	Kazan »RT-249«	Sudoimport, Moskau	Murmansk	Fischfabrikschiff	1.630	2.452	75,0	13,4	9,9	1.900	1957
1035	Ahrensburg (I)	H. Schuldt	Hamburg	Kühlschiff	3.330	3.062	115,0	15,6	8,8	5.140	1956
1036	Jarama	Anders Jahre	Sandefjord	Frachter	13.305	9.054	140,7	18,9	12,0	6.300	1956
1037	Jarosa	Anders Jahre	Sandefjord	Frachter	13.305	9.054	140,7	18,9	12,0	6.300	1956
1038	Brönnöy	Borgestad A/S	Porsgrunn	Frachter	13.335	9.173	140,7	18,9	12,0	5.400	1956
1039	Ragna Ringdal	Olav Ringdal	Oslo	Frachter	13.330	9.159	140,7	18,9	12,0	5.400	1956
1040	Lancelot	Melsom & Melsom	Larvik	Frachter	13.320	9.198	140,7	18,9	12,0	5.400	1956
1041	Polarvind	Melsom & Melsom	Larvik	Frachter	13.422	9.122	140,7	18,9	12,0	5.400	1957
1042	Orpheus	Lyras Brothers Ltd.	Piräus	Frachter	13.289	9.942	144,4	19,5	12,1	6.300	1956
1043	World Gallantry	St. S. Niarchos	Monrovia	Öltanker	21.926	13.750	168,3	22,5	12,5	9.000	1957
1044	World Greeting	St. S. Niarchos	Monrovia	Öltanker	21.824	13.750	168,3	22,5	12,5	9.000	1957
1045	Nopal Progress	Oivind Lorentzen	Oslo	Frachter	9.540	7.105	126,3	18,0	10,9	6.300	1956
1046	Nopal Trader	Oivind Lorentzen	Oslo	Frachter	9.540	7.103	126,3	18,0	10,9	6.300	1956
1047	Lindö	Rederi A/B Rex	Stockholm	Erz-Öler	5.627	4.471	106,2	15,9	8,5	2.725	1957
1048	Selma Nimtz	Franz L. Nimtz	Hamburg	Frachter	4.650	2.551	100,0	14,8	9,1	2.850	1956
1049	Bertioga	Rudolf A. Oetker	Hamburg	Frachter	13.210	8.897	140,7	18,9	12,0	6.300	1957
1050	Kalliopi Pateras	Diamantis Pateras	Monrovia	Frachter	10.055	9.092	140,6	18,9	12,0	5.400	1957
1051	Pacificator	Diamantis Pateras	Monrovia	Öltanker	19.700	12.630	163,0	21,9	12,1	8.100	1957
1052	Phoevos	Lyras Brothers Ltd.	Piräus	Frachter	13.280	9.949	144,4	19,5	12,1	7.000	1957
1053	Höegh Fair	Leif Höegh & Co.	Oslo	Öltanker	33.091	20.888	192,0	26,4	14,0	12.300	1957
1054	Silken	Lundgren & Börjesson	Helsingborg	Frachter	13.806	9.079	140,6	18,9	12,0	5.400	1957
1055	Höegh Favour	Leif Höegh & Co.	Oslo	Öltanker	32.989	20.888	192,0	26,4	14,0	12.300	1957
1056	Diamantis Pateras	Diamantis Pateras	Piräus	Frachter	13.066	9.087	140,6	18,9	12,0	5.400	1958
1057	Jawesta	Anders Jahre	Sandefjord	Öltanker	33.468	20.894	192,0	26,4	14,0	14.080	1958
1058	Jakinda	Anders Jahre	Sandefjord	Öltanker	40.581	25.271	206,4	27,4	15,0	17.500	1958
1059	Erato	Rederi A/B Jan	Göteborg	Öltanker	26.146	16.327	178,6	22,5	13,8	8.100	1958

Bau-Nr.	Schiffsname	Reederei	Heimathafen	Schiffstyp	Tragfähigkeit t = 1.000 kg	Vermessung BRT	Lpp m	Breite m	Höhe m	Leistung PS	Baujahr
060	Höegh Drake	Leif Höegh & Co.	Oslo	Frachter	13.355	9.915	144,4	19,5	12,1	7.500	1958
061	Kadmos	Lyras Brothers Ltd.	Piräus	Öltanker	22.017	13.430	168,3	22,5	12,5	10.000	1958
062	Ring Chief	Olav Ringdal	Oslo	Öltanker	26.385	16.241	178,6	22,5	13,8	11.200	1958
063	Helma Entz	Thomas Entz Tanker G.	Rendsburg	Öltanker	19.810	12.430	163,0	21,9	12,1	8.360	1958
064	Hyperion	Goulandris	Piräus	Öltanker	40.152	23.678	206,4	27,4	15,0	17.500	1959
065	Alcides	I. M. Skaugen	Oslo	Öltanker	26.580	16.718	178,6	22,5	13,8	10.000	1958
066	Skaukar	I. M. Skaugen	Oslo	Öltanker	26.528	16.721	178,6	22,5	13,8	10.000	1959
067	Theodor Heuss	Deutsche Bundesbahn	Großenbrode Kai	Eisenbahn-Fährschiff	P. 962	5.583	130,0	16,9	12,4	8.240	1957
068	Belinda	Arthur H. Mathiesen	Oslo	Frachter	13.725	9.818	144,4	19,5	12,1	6.300	1958
069	Sonderburg	H. Schuldt	Hamburg	Frachter	8.480	5.998	117,0	17,2	10,7	5.340	1958
070	Hasselburg	H. Schuldt	Hamburg	Frachter	8.560	5.992	117,0	17,2	10,7	5.340	1957
071	Cap Domingo	Hamburg-Südamerik. D.-G.	Hamburg	Kühlschiff	3.220	2.879	115,0	15,6	8,8	6.000	1958
072	Hovdefjell	Olsen & Ugelstad	Oslo	Öltanker	26.550	16.686	178,6	22,5	13,8	10.000	1958
073	Venassa	Shell Tankers Ltd.	London	Öltanker	33.101	21.513	192,0	26,4	14,0	12.500	1959
074	Oliva	Deutsche Shell Tanker-Ges.	Hamburg	Öltanker	51.338	33.086	214,9	31,1	15,9	13.750	1963
075	Brunseck	Willy Bruns & Co.	Hamburg	Kühlschiff	3.380	3.105	121,0	15,8	8,6	6.650	1959
076	Syllum	Nordfriesische Reederei	Rendsburg	Frachter	8.430	6.092	117,0	17,2	10,7	5.340	1959
077	Asprella	Shell Tankers Ltd.	London	Öltanker	18.516	12.321	161,5	21,1	11,9	7.500	1959
078	Aulica	Shell Tankers Ltd.	London	Öltanker	18.547	12.321	161,5	21,1	11,9	7.500	1960
079	Cap Corrientes	Hamburg-Südamerik. D.-G.	Hamburg	Kühlschiff	4.505	4.106	115,4	15,6	8,8	6.000	1958
080	Höegh Trader	Leif Höegh & Co.	Oslo	Bulkcarrier	22.646	15.016	163,0	22,4	14,2	7.500	1959
081	Olympic Challenger (II)	Olympic Maritime SA.	Monrovia	Öltanker	66.188	37.958	243,8	32,9	17,4	24.200	1959
082	Jarita	Anders Jahre	Sandefjord	Frachter	13.277	9.772	140,7	18,9	12,0	6.500	1961
083	Olympic Champion	Olympic Maritime SA.	Monrovia	Öltanker	66.129	37.744	243,8	32,9	17,4	24.200	1960
084	Bianca	Arthur H. Mathiesen	Hamburg	Öltanker	26.121	16.372	178,6	22,5	13,8	11.250	1959
085	Priamos	F. Laeisz	Hamburg	Kühlschiff	3.228	3.027	115,0	15,6	8,8	5.140	1959
086	Varbergshus	Trelleborgs Ångf. A/B	Trelleborg	Öltanker	32.913	21.097	192,0	26,4	14,0	17.500	1959
087	Måkefjell	Olsen & Ugelstad	Oslo	Frachter	9.418	4.905	125,6	18,0	10,9	7.200	1959
088	Haukefjell (II)	Olsen & Ugelstad	Oslo	Frachter	6.545	4.108	98,2	15,6	9,0	4.000	1962
089	Sirefjell (III)	Olsen & Ugelstad	Oslo	Frachter	6.545	4.108	98,2	15,6	9,0	4.000	1962
090	Höegh Galleon	Leif Höegh & Co.	Oslo	Öltanker	49.230	31.308	214,9	31,1	15,2	17.500	1960
091	Höegh Gannet	Leif Höegh & Co.	Oslo	Öltanker	40.495	24.874	206,4	27,4	15,0	17.500	1960
092	Naess Pride	Norcape Shipping Co.	London	Öltanker	66.415	42.146	243,8	32,2	17,4	21.000	1961
093	Jabetta	Anders Jahre	Sandefjord	Öltanker	40.647	25.300	206,4	27,4	15,0	17.500	1959
094	Jarilla	Anders Jahre	Sandefjord	Bulkcarrier	22.829	15.012	163,0	22,4	14,2	6.300	1959
095	Jagona	Anders Jahre	Sandefjord	Bulkcarrier	15.830	10.648	143,3	20,0	12,5	6.300	1960
096	Kronprins Harald (I)	Jahre Line	Sandefjord	Passag./Autofähre	P. 577	7.019	122,7	18,0	11,2	9.540	1961
097	Fresenburg	H. Schuldt	Hamburg	Frachter	5.667	3.982	100,0	14,8	9,1	3.400	1960
098	Alkman	Lyras Brothers Ltd.	Piräus	Frachter	13.462	9.959	144,4	19,5	12,0	7.800	1960
099	Holtefjell	Olsen & Ugelstad	Oslo	Bulkcarrier	36.500	23.859	192,0	28,5	15,4	12.600	1965
100	Benedicte	Arthur H. Mathiesen	Oslo	Bulkcarrier	25.004	16.765	170,0	23,0	14,6	7.200	1962
101	Esso Köln	Esso Tankschiff Reed.	Hamburg	Öltanker	48.995	31.654	214,9	31,1	15,2	19.000	1961
102	–	J. Ludwig Mowinckel	–	Methan-Tanker	16.000	–	206,5	27,4	15,0	16.500	–
103	Otto Hahn	Ges. f. Kernenergieverw.	Hamburg	Bulkcarrier/Kernenerg.	14.040	16.871	157,0	23,4	14,5	11.000	1968
104	H. L. Lorentzen	Oivind Lorentzen	Oslo	Bulkcarrier	22.565	14.644	163,0	22,4	14,2	7.200	1960
105	Ringulv	Olav Ringdal	Oslo	Bulkcarrier	15.596	10.666	143,3	20,0	12,5	6.300	1961
106	Beatrice	Arthur H. Mathiesen	Oslo	Bulkcarrier	22.499	14.985	163,0	22,4	14,2	7.200	1961
107	Filefjell (I)	Olsen & Ugelstad	Oslo	Erzfrachter	27.036	17.621	176,4	24,4	13,2	6.100	1961
108	Bandak	A/S Borgestad	Porsgrunn	Bulkcarrier	44.257	29.367	207,5	30,0	16,2	12.600	1963
109	Dovrefjell (I)	Olsen & Ugelstad	Oslo	Öltanker	40.804	25.409	206,4	27,4	15,0	17.500	1961
110	Asseburg (I)	H. Schuldt	Hamburg	Kühlschiff	3.290	2.895	115,0	15,6	8,8	6.650	1959
111	Birgitte Skou	Ove Skou Rederi A/S	Kopenhagen	Frachter	9.352	7.178	126,3	18,0	10,9	6.300	1960
112	Cap Valiente	Hamburg-Südamerik. D.-G.	Hamburg	Kühlschiff	4.340	4.113	115,4	15,6	8,8	6.000	1960
113	Falkefjell (I)	Olsen & Ugelstad	Oslo	Öltanker	40.566	25.409	206,4	27,4	15,0	17.500	1961
114	Barbro	Arthur H. Mathiesen	Oslo	Öltanker	83.434	47.544	237,0	37,8	17,9	22.000	1965
115	Jalta	Anders Jahre	Sandefjord	Öltanker	61.070	35.263	225,0	32,3	16,4	16.500	1964
116	Maren Skou	Ove Skou Rederi A/S	Kopenhagen	Frachter	9.227	7.229	126,3	18,0	10,9	7.760	1967
117	Höegh Dyke	Leif Höegh & Co.	Oslo	Frachter	13.213	9.974	144,4	19,5	12,1	9.300	1962
118	Höegh Laurel	Leif Höegh & Co.	Oslo	Öltanker	83.180	47.434	237,0	37,8	17,9	22.000	1965
119	Otto Leonhardt	Leonhardt & Blumberg	Hamburg	Bulkcarrier	40.416	23.414	192,0	28,5	15,4	12.600	1967
120	Brunsholm	Willy Bruns & Co.	Hamburg	Kühlschiff	3.355	3.138	121,0	15,8	8,6	6.650	1960
121	Brunsdeich	Willy Bruns & Co.	Hamburg	Kühlschiff	3.320	3.227	121,0	15,8	8,6	6.650	1961
122	Höegh Gandria (I)	Leif Höegh & Co.	Oslo	Öltanker	52.016	32.598	215,0	31,1	15,9	19.000	1962
123	Kollskegg	Odd Berg	Oslo	Öltanker	52.880	32.958	215,0	31,1	15,9	16.500	1963
124	–	St. S. Niarchos	–	Yacht, Motor-	2.800	–	100,0	13,2	5,7	8.500	–
125	Jagarda	Anders Jahre	Sandefjord	Öltanker	52.440	32.455	215,0	31,1	15,9	17.700	1962
126	Lancing	Melsom & Melsom	Oslo	Bulkcarrier	25.309	16.810	170,0	23,0	14,6	7.550	1963
127	Svanefjell	Olsen & Ugelstad	Hamburg	Frachter	5.645	4.108	98,2	15,6	9,0	4.000	1962
128	Ratzeburg	H. Schuldt	Hamburg	Frachter	4.317	2.640	100,0	14,8	9,1	3.400	1961
129	Rindö	Rederi AB Rex.	Stockholm	Erz-Öler	6.500	4.759	106,4	15,9	9,4	3.300	1960
130	Höegh Helm	Leif Höegh & Co.	Oslo	Erz-Öler	56.943	35.719	222,8	32,2	16,4	17.600	1964
131	Jalinga	Anders Jahre	Sandefjord	Öltanker	61.030	35.263	225,0	32,3	16,8	16.500	1964
132	Naess Scotsman	Anglo-Norness Shipping	London	Öltanker	48.025	30.112	207,5	30,0	15,8	16.800	1963
133	Murex	Shell Tankers (UK)	London	Öltanker	212.131	104.772	310,5	47,2	24,5	28.000	1968
134	Stadt Wolfsburg	Schulte & Bruns	Emden	Bulkcarrier + (Pkw)	24.715	15.434	175,4	22,7	14,2	12.250	1967
135	Höegh Dene	Leif Höegh & Co.	Oslo	Frachter	13.093	9.870	144,4	19,5	12,1	9.300	1959
136	Nopal Star	Oivind Lorentzen	Oslo	Frachter	10.080	7.552	131,4	18,4	10,9	7.550	1961

Bau-Nr.	Schiffsname	Reederei	Heimathafen	Schiffstyp	Tragfähigkeit t = 1.000 kg	Vermessung BRT	Lpp m	Breite m	Höhe m	Leistung PS/* kW	Baujah
1137	Atlantic Skou	Ove Skou, Rederi A/S	Kopenhagen	Bulkcarrier	25.720	15.761	175,4	22,7	14,2	12.600	1968
1138	Texaco Venezuela	Texaco Panama Inc.	Panama	Öltanker	62.447	32.758	227,1	32,3	17,1	21.500	1964
1139	Texaco Caribbean	Texaco Panama Inc.	Panama	Produkten-Tanker	20.878	13.604	164,0	23,8	12,5	13.940	1965
1140	Norefjell	Olsen & Ugelstad	Oslo	Bulkcarrier	36.510	23.864	192,0	28,5	15,4	12.600	1966
1141	Sognefjell	Olsen & Ugelstad	Oslo	Bulkcarrier	36.495	23.660	192,0	28,5	15,4	12.600	1967
1142	Naess Spirit	Norcape (Liberia) Inc.	Monrovia	Öltanker	66.405	38.388	243,8	32,9	17,4	19.000	1960
1143	Cap San Marco	Hamburg-Südamerik. D.-G.	Hamburg	Frachter + Kühllad.	10.660	9.828	144,5	21,4	11,6	11.650	1961
1144	Cap San Augustin	Hamburg-Südamerik. D.-G.	Hamburg	Frachter + Kühllad.	10.630	9.833	144,5	21,4	11,6	11.650	1961
1145	Naess Comet	Herness Shipping Co.	Oslo	Bulkcarrier	37.290	23.981	192,0	27,5	16,1	12.000	1963
1146	Transocean N° 1	Transocean Drilling Co.	Bahamas	Bohrinsel	8.500	6.904	68,9	42,7	5,2	–	1965
1147	Skautopp	I. M. Skaugen	Oslo	Öltanker	48.824	31.303	214,9	31,1	15,2	16.000	1960
1148	Singö	Rederi AB Rex	Stockholm	Erz-Öler + (H$_2$SO$_4$)	7.010	4.822	106,4	15,9	9,4	3.300	1962
1149	Nopal Express	Oivind Lorentzen	Oslo	Frachter	10.110	7.525	131,4	18,4	10,9	7.830	1960
1150	U 1 »S 180«	Bundesmarine	–	U-Boot Typ 201/5	ts 420	–	43,9	4,6	–	* 1.100	1962
1151	U 2 »S 181«	Bundesmarine	–	U-Boot Typ 201/5	ts 420	–	43,9	4,6	–	* 1.100	1962
1152	U 3 »S 182«	Bundesmarine	–	U-Boot Typ 201	ts 395	–	43,0	4,6	–	* 1.100	1962
1153	U 4 »S 183«	Bundesmarine	–	U-Boot Typ 205	ts 420	–	43,9	4,6	–	* 1.100	1962
1154	U 5 »S 184«	Bundesmarine	–	U-Boot Typ 205	ts 420	–	43,9	4,6	–	* 1.100	1963
1155	U 6 »S 185«	Bundesmarine	–	U-Boot Typ 205	ts 420	–	43,9	4,6	–	* 1.100	1963
1156	U 7 »S 186«	Bundesmarine	–	U-Boot Typ 205	ts 420	–	43,9	4,6	–	* 1.100	1964
1157	U 8 »S 187«	Bundesmarine	–	U-Boot Typ 205	ts 420	–	43,9	4,6	–	* 1.100	1964
1158	U 9 »S 188«	Bundesmarine	–	U-Boot Typ 205 v	ts 420	–	43,9	4,6	–	* 1.100	1967
1159	U 10 »S 189«	Bundesmarine	–	U-Boot Typ 205 v	ts 420	–	43,9	4,6	–	* 1.100	1967
1160	U 11 »S 190«	Bundesmarine	–	U-Boot Typ 205 v	ts 420	–	43,9	4,6	–	* 1.100	1968
1161	U 12 »S 191«	Bundesmarine	–	U-Boot Typ 205 v	ts 420	–	43,9	4,6	–	* 1.100	1969
1162	Aragwi	Sudoimport, Moskau	Odessa	Kühlschiff	4.500	4.084	109,6	16,4	8,6	7.250	1960
1163	Kura	Sudoimport, Moskau	Odessa	Kühlschiff	4.500	4.084	109,6	16,4	8,6	7.250	1960
1164	Ingur	Sudoimport, Moskau	Odessa	Kühlschiff	4.510	4.083	109,6	16,4	8,6	7.250	1961
1165	Fruen	Olsen Daughters A/S	Oslo	Bulkcarrier	15.759	10.434	143,3	20,0	12,5	6.500	1961
1166	Javara	Anders Jahre	Sandefjord	Bulkcarrier	15.759	10.434	143,3	20,0	12,5	6.500	1962
1167	Jagranda	Anders Jahre	Sandefjord	Öltanker	84.226	50.755	254,8	36,8	18,9	19.000	1963
1168	Vladivostok	Sudoimport, Moskau	Vladivostok	Wal- u. Fisch.-Fabriksch.	10.930	17.149	168,0	23,8	17,0	6.250	1962
1169	Dalnij Vostok	Sudoimport, Moskau	Vladivostok	Wal- u. Fisch.-Fabriksch.	11.462	16.974	168,0	23,8	17,0	6.250	1963
1170	Vardefjell	Olsen & Ugelstad	Oslo	Öltanker	59.964	35.653	225,1	32,3	16,4	19.000	1964
1171	Britta	Arthur H. Mathiesen	Oslo	Bulkcarrier	47.600	29.851	207,5	31,1	16,3	12.600	1967
1172	Jaricha	Anders Jahre	Sandefjord	Öltanker	53.041	32.878	215,0	31,1	15,9	17.500	1962
1173	Jawachta	Anders Jahre	Sandefjord	Öltanker	53.399	32.763	215,0	31,1	15,9	13.000	1963
1174	Telnes	Kristian Jebsens Rederi	Bergen	Öltanker	83.617	47.536	237,0	37,8	17,9	19.000	1966
1175	Naess Meteor	Herness Shipping Co.	Oslo	Bulkcarrier	37.290	23.981	192,0	27,5	16,1	12.000	1963
1176	Olympic Chariot	Olympic Maritime S.A.	Monrovia	Öltanker	54.783	30.327	222,8	32,2	16,0	17.950	1963
1177	Olympic Chivalry	Olympic Maritime S.A.	Monrovia	Öltanker	54.783	30.327	222,8	32,2	16,0	15.500	1964
1178	Rybatskaja Slava	Sudoimport, Moskau	Klaipéda	Fischverarb.-Muttersch.	11.086	16.389	153,5	24,0	14,8	5.640	1965
1179	Trudovaja Slava	Sudoimport, Moskau	Riga	Fischverarb.-Muttersch.	11.086	16.389	153,5	24,0	14,8	5.640	1965
1180	Boevaja Slava	Sudoimport, Moskau	Klaipéda	Fischverarb.-Muttersch.	11.086	16.387	153,5	24,0	14,8	5.640	1965
1181	Vilis Lacis	Sudoimport, Moskau	Riga	Fischverarb.-Muttersch.	11.086	16.532	153,5	24,0	14,8	5.640	1966
1182	Kronstadtskaja Slava	Sudoimport, Moskau	Kaliningrad	Fischverarb.-Muttersch.	11.007	16.532	153,5	24,0	14,8	5.640	1966
1183	Chernomorskaja Slava	Sudoimport, Moskau	Kaliningrad	Fischverarb.-Muttersch.	11.007	16.537	153,5	24,0	14,8	5.640	1966
1184	Baltijskaja Slava	Sudoimport, Moskau	Kaliningrad	Fischverarb.-Muttersch.	11.007	16.537	153,5	24,0	14,8	5.640	1966
1185	Leningradskaja Slava	Sudoimport, Moskau	Kaliningrad	Fischverarb.-Muttersch.	11.007	16.537	153,5	24,0	14,8	5.640	1967
1186	Troma	A/S J. Ludwig Mowinkel	Bergen	Öltanker	83.657	47.527	237,0	37,8	17,9	19.000	1966
1187	Molda	A/S J. Ludwig Mowinkel	Bergen	Öltanker	139.020	75.494	272,0	43,1	22,4	26.400	1966
1188	Liselotte Essberger	John T. Essberger	Hamburg	Öltanker	77.817	44.157	239,0	37,8	17,0	23.000	1966
1189	Helga Essberger	John T. Essberger	Hamburg	Öltanker	82.010	44.681	239,0	37,8	17,0	23.000	1967
1190	Prinsesse Ragnhild (I)	Jahre Line	Sandefjord	Passag./Autofähre	P. 595	7.715	124,9	20,0	7,5	13.500	1966
1191	Roland (I)	Angfartygs A/B Tirfing	Göteborg	LPG-Tanker	m³18.282	14.182	152,3	20,6	14,0	9.700	1968
1192	Bettina	Arthur H. Mathiesen	Oslo	Bulkcarrier	52.578	30.006	207,5	31,1	16,3	12.600	1967
1193	Angelburg (II)	H. Schuldt	Hamburg	Kühlschiff	7.500	5.532	135,0	19,2	9,4	14.000	1966
1194	Ahrensburg (II)	H. Schuldt	Hamburg	Kühlschiff	7.490	5.531	135,0	19,2	9,4	14.000	1967
1195	Nordstern	C. Mackprang jr.	Hamburg	Bulkcarrier + (Pkw)	24.670	15.694	175,4	22,7	14,2	12.250	1967
1196	Belgrano (II)	Rudolf A. Oetker	Hamburg	Bulkcarrier + (Pkw)	23.715	15.119	175,3	22,7	14,2	12.250	1968
1197	Esso Malaysia	Esso Transport Corp.	Panama	Öltanker	193.683	77.845	304,9	47,2	23,7	30.000	1968
1198	Esso Bernicia	Esso Petroleum Comp.	London	Öltanker	193.650	96.903	304,9	47,2	23,7	30.000	1968
1199	Asseburg (II)	H. Schuldt	Hamburg	Kühlschiff	7.496	5.531	135,0	19,2	9,4	14.000	1967
1200	Mactra	Shell Tankers (U. K.)	London	Öltanker	211.890	104.723	310,5	47,2	24,5	28.000	1968
1201	Dovrefjell (II)	Olsen & Ugelstad	Oslo	Bulkcarrier	42.286	26.644	192,0	29,3	16,5	12.600	1968
1202	Filefjell (II)	Olsen & Ugelstad	Oslo	Bulkcarrier	44.237	26.645	192,0	29,3	16,5	12.600	1968
1203	–	Olsen & Ugelstad	–	Bulkcarrier	44.200	–	192,0	29,3	16,5	12.600	–
1204	Esso Norway	Esso Transport Comp.	Panama	Öltanker	193.040	84.996	304,9	47,2	23,7	30.000	1969
1205	Elsa Essberger (II)	John T. Essberger	Hamburg	Öltanker	101.600	53.160	258,2	39,0	18,3	23.000	1968
1206	Pacific Skou	Ove Skou Rederi A/S	Kopenhagen	Bulkcarrier	25.750	15.761	175,4	22,7	14,2	12.600	1968
1207	Texaco Hamburg	Texaco Overs. Tanksh.	London	Öltanker	209.400	104.615	310,5	47,2	24,5	28.000	1969
1208	Texaco Frankfurt	Texaco Overs. Tanksh.	London	Öltanker	209.078	104.615	310,5	47,2	24,5	28.000	1969
1209	Texaco North America	Texaco Overs. Tanksh.	London	Öltanker	209.078	104.615	310,5	47,2	24,5	28.000	1969
1210	Texaco Europe	Texaco Overs. Tanksh.	London	Öltanker	209.078	104.616	310,5	47,2	24,5	28.000	1970
1211	Artlenburg	H. Schuldt	Hamburg	Kühlschiff	7.570	5.754	135,0	19,2	9,4	14.000	1969
1212	Aldenburg	H. Schuldt	Hamburg	Kühlschiff	7.570	5.753	135,0	19,2	9,4	14.000	1969
1213	–										

Bau-Nr.	Schiffsname		Reederei	Heimathafen	Schiffstyp	Tragfähigkeit t = 1.000 kg		Vermessung BRT	Lpp m	Breite m	Höhe m	Leistung PS	Baujahr
1214	–		–	–	–		–	–	–	–	–	–	–
1215	–		–	–	–		–	–	–	–	–	–	–
1216	–		–	–	–		–	–	–	–	–	–	–
1217	–		–	–	–		–	–	–	–	–	–	–
1218	–		–	–	–		–	–	–	–	–	–	–
1219	–		–	–	–		–	–	–	–	–	–	–
1220	–		–	–	–		–	–	–	–	–	–	–
1221	Glaukos	»S 110«	Griechische Marine	–	U-Boot Typ 209	ts	970	–	53,0	6,3	–	5.000	1971
1222	Nireus	»S 111«	Griechische Marine	–	U-Boot Typ 209	ts	970	–	53,0	6,3	–	5.000	1972
1223	Triton	»S 112«	Griechische Marine	–	U-Boot Typ 209	ts	970	–	53,0	6,3	–	5.000	1972
1224	Proteus	»S 113«	Griechische Marine	–	U-Boot Typ 209	ts	970	–	53,0	6,3	–	5.000	1972

»Deutsche Werft« (Ablieferungen nach der HDW-Fusion 1967)

Bau-Nr.	Schiffsname	Reederei	Heimathafen	Schiffstyp	Tragfähigkeit t = 1.000 kg	Vermessung BRT	Lpp m	Breite m	Höhe m	Leistung PS	Baujahr
0 825	Hamburg	Deutsche Atlantik Linie	Hamburg	Passagierschiff	5.870	25.022	170,0	26,6	18,9	23.000	1969
0 826	Flinders Bay	Overseas Container Ltd.	London	Containerschiff	29.570	26.756	213,4	30,5	16,5	32.000	1969
0 827	Discovery Bay	Overseas Container Ltd.	London	Containerschiff	29.570	26.756	213,4	30,5	16,5	32.000	1969
0 828	Sloman Alstertor	Rob. M. Sloman jr.	Hamburg	Kühlschiff	6.560	4.915	128,0	18,0	9,2	12.600	1968
0 829	Sloman Alsterpark	Rob. M. Sloman jr.	Hamburg	Kühlschiff	6.560	4.915	128,0	18,0	9,2	12.600	1968
0 830	Hornmeer	Horn-Linie	Hamburg	Frachter	7.500	4.522	122,0	19,8	11,1	7.200	1969
0 831	Hornwind	Horn-Linie	Hamburg	Frachter	7.500	4.522	122,0	19,8	11,1	7.200	1969
0 832	David P. Reynolds	Caribbean Steamsh. C.	Monrovia	Bauxitcarrier	53.290	28.565	213,4	31,1	17,5	18.000	1970

»Howaldtswerke Hamburg« (Ablieferungen nach der HDW-Fusion 1967)

Bau-Nr.	Schiffsname	Reederei	Heimathafen	Schiffstyp	Tragfähigkeit t = 1.000 kg	Vermessung BRT	Lpp m	Breite m	Höhe m	Leistung PS	Baujahr
999	Brunshausen (II)	Willy Bruns	Hamburg	Kühlschiff	5.354	4.623	124,3	17,3	11,4	10.600	1968
1000	Encounter Bay	Overseas Container Ltd.	London	Containerschiff	29.570	27.000	213,4	30,5	16,5	32.000	1968
1001	Botany Bay	Overseas Container Ltd.	London	Containerschiff	29.570	27.000	213,4	30,5	16,5	32.000	1968
1002	Brunsbüttel (IV)	Willy Bruns	Hamburg	Kühlschiff	5.354	4.623	124,3	17,3	11,4	10.600	1968

»Stahlbau«　　1960–1986

Bau-Nr.	Schiffsname	Reederei	Heimathafen	Schiffstyp	Tragfähigkeit t = 1.000 kg		Vermessung BRT	Lpp m	Breite m	Höhe m	Leistung PS	Baujahr
00600	Hubinsel 3	Hubinsel GmbH, Köln		Arbeitshubinsel	t	4.000	1.572	48,8	30,5	4,3	–	1960
00623	Hubinsel 4	Hubinsel GmbH, Köln		Arbeitshubinsel		–	616	30,5	21,4	2,9	–	1960
00758	Hubinsel 5	Hubinsel GmbH, Köln		Arbeitshubinsel		–	616	30,5	21,4	2,9	–	1961
01000	Magnus I	U. Harms GmbH	Hamburg	Schwimmkran			1.061	45,0	20,0	3,6	–	1963
30000	Barbara	Bundesmarine	–	Erprobungs-Hubinsel			–	49,5	24,0	7,2	–	1964
01013	Wc 201	Philipp Holzmann AG	Hamburg	Spülschute			463	54,3	8,8	3,2	–	1964
01013	Wc 202	Philipp Holzmann AG	Hamburg	Spülschute			463	54,3	8,8	3,2	–	1964
01013	Wc 203	Philipp Holzmann AG	Hamburg	Spülschute			463	54,3	8,8	3,2	–	1964
01013	Wc 204	Philipp Holzmann AG	Hamburg	Spülschute			463	54,3	8,8	3,2	–	1964
01120	Magnus II	U. Harms GmbH	Hamburg	Schwimmkran			993	45,0	20,0	3,6	–	1965
01150	Magnus III	U. Harms GmbH	Hamburg	Schwimmkran	t	800	1.747	54,0	24,0	4,2	1.000	1966
01254	Magnus IV	U. Harms GmbH	Hamburg	Schwimmkran	t	400	984	45,0	20,0	3,6	500	1967
01255	Magnus V	U. Harms GmbH	Hamburg	Schwimmkran	t	400	984	45,0	20,0	3,6	500	1967
01326	Mulus I (I)	U. Harms GmbH	Hamburg	Bergungsponton		6.000	2.667	76,0	24,0	4,8	–	1967
01327	Mulus II	U. Harms GmbH	Hamburg	Bergungsponton		6.000	2.667	76,0	24,0	4,8	–	1967
01293	(Janus)	U. Harms GmbH	–	Rumpf (Schlepper)		–	137	24,0	8,5	4,3	–	1967
30006	Magnus VI	U. Harms GmbH	Hamburg	Schwimmkran	t	400	912	45,0	20,0	3,6	500	1968
30007	Magnus VII	U. Harms GmbH	Hamburg	Schwimmkran	t	400	912	45,0	20,0	3,6	500	1968
30017	Hein	Beckedorf KG	Hamburg	Schwimmkran	t	170	645	37,0	16,5	3,5	500	1968
30051	Magnus IX	U. Harms GmbH	Hamburg	Schwimmkran	t	1.000	2.667	76,0	24,0	4,8	–	1968
30032	Friedrich	Friedrich Holst	Hamburg	Rammponton		200	250	22,6	15,0	2,5	–	1968
30090	Mulus II (II)	U. Harms GmbH	Hamburg	Bergungsponton		6.000	2.667	76,0	24,0	4,8	–	1968
30052	Magnus X	U. Harms GmbH	Hamburg	Berg.leichter m. Hebegesch.	t	1.000	2.667	76,0	24,0	4,8	–	1969
30119	Magnus XI	U. Harms GmbH	Hamburg	Berg.leichter m. Hebegesch.	t	1.000	2.667	76,0	24,0	4,8	–	1969
32008	Hera	Bergenings & Dykeri AB Neptun	Stockholm	Transportponton		9.000	5.171	107,7	24,0	7,0	–	1969
30058	Mulus III	U. Harms GmbH	Hamburg	Bergungsponton		6.000	2.667	76,0	24,0	4,7	–	1969
30120	Magnus XII	U. Harms GmbH	Hamburg	Berg.leichter m. Hebegesch.	t	1.000	2.667	76,0	24,0	4,8	–	1969
32009	Juno	Bergenings & Dykeri AB Neptun	Stockholm	Transportponton		9.000	5.171	107,7	24,0	7,0	–	1969
30224	PN 401	A. Ritscher	Hamburg	Arbeitsponton		450	160	24,0	9,8	2,4	–	1970
30224	PN 402	A. Ritscher	Hamburg	Arbeitsponton		450	160	24,0	9,8	2,4	–	1970
30243	Mulus II (III)	U. Harms GmbH	Hamburg	Bergungsponton		6.000	2.667	76,0	24,0	4,8	–	1970
32015	Goliat 1	Bergenings & Dykeri AB Neptun	Stockholm	Transportponton		5.180	2.672	76,0	24,0	4,8	–	1970
30317	PN 403	A. Ritscher	Hamburg	Arbeitsponton		450	160	24,0	9,8	2,4	–	1970
32016	J.A.E. 201	J. A. Eriksson & Son	Göteborg	Transportponton		1.465	689	47,0	15,0	3,3	–	1971
30274	Seeleichter 1	R. Harmstorf	Hamburg	Transportponton		5.000	2.667	76,0	24,0	4,7	–	1971

Bau-Nr.	Schiffsname	Reederei	Heimathafen	Schiffstyp	Tragfähigkeit t = 1.000 kg	Vermessung BRT	Lpp m	Breite m	Höhe m	Leistung PS	Baujahr
532017	Goliat 2	Bergenings & Dykeri AB Neptun	Stockholm	Transportponton	t 3.300	1.523	60,0	19,0	4,3	–	1971
530289	Thor (II)	Bugsier-, Reed. u. Bergungs AG	Hamburg	Seeleichter/Hebeschiff	t 1.000	2.667	76,0	24,0	4,7	–	1971
530290	Roland (II)	Bugsier-, Reed. u. Bergungs AG	Hamburg	Seeleichter/Hebeschiff	t 1.000	2.667	76,0	24,0	4,7	–	1971
532026	Mulus IV	Risdon Beazley	Southampton	Transportponton	5.180	2.667	76,0	24,0	4,7	–	1972
532034	Goliat 3	Bergenings & Dykeri AB Neptun	Stockholm	Transportponton	8.000	3.902	90,0	24,0	6,2	–	1973
530655	Ursula	Züblin AG	Hamburg	Arbeitshubinsel	t 1.000	595	30,0	16,0	3,3	–	1974
532041	Goliat 4	Bergenings & Dykeri AG Neptun	Stockholm	Transportponton	15.000	7.446	110,0	30,0	7,6	–	1974
532046	Kuphar	J. P. Knight	Rochester	Transportponton	8.600	4.658	91,4	27,4	6,1	–	1974
532047	Goliat 5	Bergenings & Dykeri AB Neptun	Stockholm	Transportponton	8.000	3.945	90,0	24,0	6,2	–	1974
530765	P 4	Lütgens & Reimers	Hamburg	Transportponton	4.650	2.553	76,0	24,0	4,7	–	1974
530766	P 5	Lütgens & Reimers	Hamburg	Transportponton	4.650	2.553	76,0	24,0	4,7	–	1974
532049	Goliat 6	Bergenings & Dykeri AB Neptun	Stockholm	Transportponton	11.360	5.610	100,0	27,0	7,0	–	1975
532053	Alfred (II)	Malmö Bogser AB	Malmö	Transportponton	3.100	1.462	60,0	19,0	4,3	–	1975
532050	Goliat 7	Bergenings & Dykeri AB Neptun	Stockholm	Transportponton	11.360	5.610	100,0	27,0	7,0	–	1975
532056	Titan 8	Union Remorq. Sauvetage SA	Antwerpen	Transportponton	9.400	4.638	90,0	27,0	6,0	–	1975
532057	Grieg Barge Nº 1	Grieg Barges & Co.	Bergen	Transportponton	9.400	4.668	91,0	27,0	6,1	–	1975
530870	Hebe 2	Neptun Bergungsges. mbH	Hamburg	Hebeschiff	t 1.600	3.557	72,0	30,0	5,5	1.300	1975
532058	Grieg Barge Nº 2	Grieg Barges & Co.	Bergen	Transportponton	9.400	4.668	91,0	27,0	6,1	–	1976
532051	Goliat 8	Bergenings & Dykeri AB Neptun	Stockholm	Transportponton	9.500	4.734	90,0	27,0	6,5	–	1976
532059	Grieg Barge Nº 3	Grieg Barges & Co.	Bergen	Transportponton	9.400	4.668	91,0	27,0	6,1	–	1976
532061	Algot	Malmö Bogser AB	Malmö	Transportponton	3.300	1.462	60,0	19,0	4,3	–	1976
532063	Goliat 9	Bergenings & Dykeri AB Neptun	Stockholm	Transportponton	9.500	4.734	90,0	27,0	6,5	–	1976
532060	Grieg Barge Nº 4	Grieg Barges & Co.	Bergen	Transportponton	9.400	4.668	91,0	27,0	6,1	–	1976
532067	Vikbarge	Vikbarges & Co.	Haugesund	Transportponton	9.400	4.688	91,4	27,4	6,1	–	1976
532083	EL-ZPGDY-3	Zarzad Portu	Gdynia	Ponton f. Getreideheber	1.800	900	28,0	19,0	5,0	–	1977
532085	EL-ZPGDY-4	Zarzad Portu	Gdynia	Ponton f. Getreideheber	1.800	900	28,0	19,0	5,0	–	1977
531046	Hochtief 305	Hochtief AG, Essen	Hamburg	Transportponton	350	510	38,0	9,0	3,0	–	1977
531028	Hochtief 701	Hochtief AG, Essem	Duisburg	Schwimmkran	t 140	562	38,0	16,0	3,0	–	1977
530902	Hebelift 3	Neptun Bergungsges. mbH	London	Hebeschiff	t 1.600	3.528	72,0	30,0	5,5	1.500	1977
532082	Goliat 10	Bergenings & Dykeri AB Neptun	Stockholm	Transportponton	20.000	10.108	122,0	31,0	9,1	–	1977
531072	(Helene Husmann)	Kremer Werft, Glückstadt	–	Rumpf (Deckcarrier)	–	999	90,2	18,0	5,0	–	1978
531073	(Sigrid Wehr)	Kremer Werft, Glückstadt	–	Rumpf (Deckcarrier)	–	999	90,2	18,0	5,0	–	1978
531075	Hubinsel 6	Hubinsel GmbH	Hamburg	Arbeitshubinsel	–	1.410	38,0	32,0	4,3	–	1978
532107	Gardium	Dosbouw	Rotterdam	Mattenrollponton	13.000	7.500	82,0	50,0	5,8	–	1981
7000	Schwedeneck-See	Texaco/Wintershall	–	Plattform A, Förder-	–	–	38,0	38,0	20,1	–	1983
7000	Schwedeneck-See	Texaco/Wintershall	–	Plattform B, Förder-	–	–	38,0	38,0	13,9	–	1983
531684	Hörn 15	Kieler Verkehrs-AG	Kiel	Ponton	1.500	–	43,0	17,5	3,2	–	1986

»Howaldtswerke – Deutsche Werft« (nach der Fusion 1967)

Bau-Nr.	Schiffsname		Reederei	Heimathafen	Schiffstyp	Tragfähigkeit t = 1.000 kg	Vermessung BRT	Lpp m	Breite m	Höhe m	Leistung PS/*kW	Baujahr
D 1	Rubystone		Rubystone Ship. Corp.	Monrovia	Frachter	14.190	11.495	155,0	23,6	13,6	20.000	1970
D 2	Lodestone		Lodestone Ship. Corp.	Monrovia	Frachter	14.190	11.495	155,0	23,6	13,6	20.000	1970
D 3	Coralstone		Coralstone Ship. Corp.	Monrovia	Frachter	14.190	11.495	155,0	23,6	13,6	20.000	1970
D 4	Pearlstone		Pearlstone Ship. Corp.	Monrovia	Frachter	14.190	11.495	155,0	23,6	13,6	20.000	1971
5	Polarbris		Melsom & Melsom	Larvik	OBO-Carrier	141.320	73.526	266,5	43,4	22,6	24.000	1970
6	Clavigo		Gelsenberg AG, Essen	Hamburg	Öltanker	142.910	72.949	272,0	41,0	22,5	24.000	1970
7	Horngolf		Horn-Linie	Hamburg	Frachter	7.620	4.537	122,0	19,8	11,0	7.200	1970
D 8	Ludwigshafen		Hamburg-Amerika Linie	Hamburg	Frachter	16.525	13.073	155,0	24,5	14,5	22.500	1970
D 9	Erlangen		Hamburg-Amerika Linie	Hamburg	Frachter	16.525	13.073	155,0	24,5	14,5	22.500	1970
D 10	Leverkusen		Hapag-Lloyd AG	Hamburg	Frachter	16.525	13.073	155,0	24,5	14,5	22.500	1970
11	Irfon		P & O Steam Navig. Co.	London	OBO-Carrier	152.000	85.032	275,0	43,4	23,7	24.000	1971
12	John Augustus Essberger		John T. Essberger	Hamburg	OBO-Carrier	151.850	80.812	275,0	43,4	23,7	24.000	1971
13	Libra		Illy Tankers Corporation	Monrovia	Öltanker	239.400	109.650	310,1	49,0	26,9	30.000	1971
D 14	Hoechst		Hapag-Lloyd AG	Hamburg	Frachter	16.525	13.073	155,0	24,5	14,5	22.500	1971
D 15	Columbus New Zealand		Rudolf A. Oetker KG	Hamburg	Containerschiff	22.000	19.146	178,0	29,3	16,4	25.000	1971
D 16	Columbus Australia		Rudolf A. Oetker KG	Hamburg	Containerschiff	22.000	19.146	178,0	29,3	16,4	25.000	1971
D 17	Columbus America		Rudolf A. Oetker KG	Hamburg	Containerschiff	22.000	19.146	178,0	29,3	16,4	25.000	1971
18	Dalia		Cement Freighters S. A.	Panama	Zement-Frachter	5.300	3.317	100,0	15,5	8,4	4.000	1970
19	St. Katharinen		Rudolf A. Oetker KG.	Hamburg	Produkten-Tanker	29.640	17.782	160,2	25,8	14,6	12.250	1970
20	Sagitta		Shai Tankers Corp.	Monrovia	Öltanker	239.400	109.650	310,1	49,0	26,9	30.000	1971
21	St. Jacobi		Rudolf A. Oetker KG	Hamburg	Produkten-Tanker	29.640	17.782	160,2	25,8	14,6	12.250	1971
22	Eberhart Essberger		John T. Essberger	Hamburg	Produkten-Tanker	29.680	17.805	160,2	25,8	14,6	12.250	1971
23	Roland Essberger		John T. Essberger	Hamburg	Produkten-Tanker	29.680	17.805	160,2	25,8	14,6	12.250	1971
D 24	Tokyo Bay		Overseas Container Ltd.	Southampton	Containerschiff	48.542	58.889	274,3	32,2	24,6	81.120	1972
25	Liverpool Bay		Overseas Container Ltd.	Southampton	Containerschiff	48.542	58.889	274,3	32,2	24,6	81.120	1972
26	Kowloon Bay		Overseas Container Ltd.	Southampton	Containerschiff	48.542	58.889	274,3	32,2	24,6	81.120	1972
D 27	Cardigan Bay		Overseas Container Ltd.	Southampton	Containerschiff	48.542	58.889	274,3	32,2	24,6	81.120	1972
D 28	Osaka Bay		Overseas Container Ltd.	Southampton	Containerschiff	48.542	58.889	274,3	32,2	24,6	81.120	1973
A 29	Salta	»S 31«	Argentinische Marine	–	U-Boot Typ 209	ts 1.000	–	54,7	6,3	–	5.000	1974
A 30	San Luis	»S 32«	Argentinische Marine	–	U-Boot Typ 209	ts 1.000	–	54,7	6,3	–	5.000	1974
31	U 13	»S 192«	Bundesmarine	–	U-Boot Typ 206	ts 450	–	46,0	4,6	–	* 1.100	1973
E 32	U 14	»S 193«	Bundesmarine	–	U-Boot Typ 206	ts 450	–	46,0	4,6	–	* 1.100	1973
33	U 15	»S 194«	Bundesmarine	–	U-Boot Typ 206	ts 450	–	46,0	4,6	–	* 1.100	1974

au-Nr.	Schiffsname		Reederei	Heimathafen	Schiffstyp	Tragfähigkeit t = 1.000 kg	Vermessung BRT	Lpp m	Breite m	Höhe m	Leistung PS/* kW	Baujahr
34	U 16	»S 195«	Bundesmarine	–	U-Boot Typ 206	ts 450	–	46,0	4,6	–	* 1.100	1973
35	U 17	»S 196«	Bundesmarine	–	U-Boot Typ 206	ts 450	–	46,0	4,6	–	* 1.100	1973
36	U 18	»S 197«	Bundesmarine	–	U-Boot Typ 206	ts 450	–	46,0	4,6	–	* 1.100	1973
37	U 19	»S 198«	Bundesmarine	–	U-Boot Typ 206	ts 450	–	46,0	4,6	–	* 1.100	1973
38	U 20	»S 199«	Bundesmarine	–	U-Boot Typ 206	ts 450	–	46,0	4,6	–	* 1.100	1974
39	U 21	»S 170«	Bundesmarine	–	U-Boot Typ 206	ts 450	–	46,0	4,6	–	* 1.100	1974
40	U 22	»S 171«	Bundesmarine	–	U-Boot Typ 206	ts 450	–	46,0	4,6	–	* 1.100	1974
41	U 25	»S 174«	Bundesmarine	–	U-Boot Typ 206	ts 450	–	46,0	4,6	–	* 1.100	1974
42	U 24	»S 173«	Bundesmarine	–	U-Boot Typ 206	ts 450	–	46,0	4,6	–	* 1.100	1974
43	Benalder		Ben Line Container Ltd.	Leith	Containerschiff	49.590	57.887	274,3	32,2	24,6	88.000	1972
44	Benavon		Ben Line Container Ltd.	Leith	Containerschiff	49.590	57.887	274,3	32,2	24,6	88.000	1973
45	Korrigan		Comp. d. Mess. Maritim.	Dunkerque	Containerschiff	49.687	57.249	274,3	32,2	24,6	88.000	1973
46	Havkong		P. Meyer	Oslo	Erz-Öler	234.740	125.973	310,0	49,0	27,5	30.000	1973
47	U 27	»S 176«	Bundesmarine	–	U-Boot Typ 206	ts 450	–	46,0	4,6	–	* 1.100	1974
48	U 26	»S 175«	Bundesmarine	–	U-Boot Typ 206	ts 450	–	46,0	4,6	–	* 1.100	1975
49	U 29	»S 178«	Bundesmarine	–	U-Boot Typ 206	ts 450	–	46,0	4,6	–	* 1.100	1974
50	U 28	»S 177«	Bundesmarine	–	U-Boot Typ 206	ts 450	–	46,0	4,6	–	* 1.100	1974
51	U 23	»S 172«	Bundesmarine	–	U-Boot Typ 206	ts 450	–	46,0	4,6	–	* 1.100	1975
52	U 30	»S 179«	Bundesmarine	–	U-Boot Typ 206	ts 450	–	46,0	4,6	–	* 1.100	1975
53	Islay	»S 45«	Peruanische Marine	–	U-Boot Typ 209	ts 1.000	–	54,7	6,3	–	5.000	1974
54	Arica	»S 46«	Peruanische Marine	–	U-Boot Typ 209	ts 1.000	–	54,7	6,3	–	5.000	1975
55	Faust		Gelsenberg AG, Essen	Hamburg	Öltanker	240.260	120.745	310,0	49,0	26,9	32.000	1973
56	Falkefjell (II)		Olsen & Ugelstad	Oslo	Erz-Öler	234.740	125.977	310,0	49,0	27,5	30.000	1973
57	City of Edinburgh		Ben Line Container Ltd.	Leith	Containerschiff	49.590	58.440	274,3	32,2	24,6	88.000	1973
58	Egmond		Gelsenberg-Scheepv. Mt.	Monrovia	Öltanker	240.260	109.693	310,0	49,0	26,9	32.000	1974
59	Minerva		U. K. Tankschiff-Reed.	Hamburg	Öltanker	240.600	120.777	310,0	49,0	26,9	32.000	1974
60	Victoria (III)		U. K. Tankschiff-Reed.	Hamburg	Öltanker	240.600	120.777	310,0	49,0	26,9	32.000	1974
61	Pijao	»S 28«	Kolumbianische Marine	–	U-Boot Typ 209	ts 1.000	–	54,7	6,3	–	5.000	1975
62	Tayrona	»S 29«	Kolumbianische Marine	–	U-Boot Typ 209	ts 1.000	–	54,7	6,3	–	5.000	1975
63	Westfalen		VEBA-Chemie AG	Hamburg	Öltanker	240.600	120.741	310,0	49,0	26,9	32.000	1974
64	Baden		VEBA-Chemie AG	Hamburg	Öltanker	143.950	73.926	272,0	41,0	22,5	24.000	1974
65	Atilay	»S 347«	Türkische Marine	–	U-Boot Typ 209	ts 1.000	–	54,7	6,3	–	5.000	1975
66	Saldiray	»S 348«	Türkische Marine	–	U-Boot Typ 209	ts 1.000	–	54,7	6,3	–	5.000	1976
67	Sabalo	»S 21«	Venezolanische Marine	–	U-Boot Typ 209	ts 1.150	–	58,2	6,3	–	5.000	1976
68	Caribe	»S 22«	Venezolanische Marine	–	U-Boot Typ 209	ts 1.150	–	58,2	6,3	–	5.000	1977
69	Transocean N° 3		Transocean Drilling Co.	–	Halbtaucher	–	11.818	120,2	17,7	4,6	–	1973
70	Sudopodjom – 1		Sudoimport, Moskau	Petropovlovsk	Schwimmkran	t 800	1.631	54,0	24,0	4,2	1.000	1975
71	Sudopodjom – 2		Sudoimport, Moskau	Vladivostok	Schwimmkran	t 800	1.631	54,0	24,0	4,2	1.000	1975
72	Sanko Crest		Crest Maritime Corp.	Monrovia	Öltanker	241.250	111.171	310,0	49,0	26,9	32.000	1975
73	Sanko Stresa		Stresa Shipping Corp.	Monrovia	Öltanker	241.250	111.171	310,0	49,0	26,9	32.000	1975
74	Blumenthal		Union-Partenreederei	Bremen	Kühlschiff	12.100	8.729	136,0	21,5	12,7	23.400	1974
75	Wilhelmine Essberger		John T. Essberger	Hamburg	Öltanker	240.830	121.554	310,0	49,0	26,9	32.000	1975
76	Heinrich Essberger		John T. Essberger	Hamburg	Öltanker	144.150	73.918	272,0	41,0	22,5	24.000	1975
77	Schleswig-Holstein		Trave Schiffahrts-Ges.	Lübeck	Öltanker	240.830	121.542	310,0	49,0	26,9	32.000	1976
78	Niedersachsen		Trave Schiffahrts-Ges.	Lübeck	Öltanker	240.830	121.542	310,0	49,0	26,9	32.000	1976
79	Kasprowy Wierch		Polska Zegluga Morska	Szczecin	Öltanker	137.160	70.671	272,0	43,4	20,6	24.000	1974
80	Giewont II		Polska Zegluga Morska	Szczecin	Öltanker	137.160	70.668	272,0	43,4	20,6	24.000	1975
81	Rysy II		Polska Zegluga Morska	Szczecin	Öltanker	137.160	70.667	272,0	43,4	20,6	24.000	1975
82	–		Cosima Reederei & Co.	–	Öltanker	137.160	–	272,0	43,4	20,6	24.000	–
83	Golar Freeze		Golar Gas Operation	Monrovia	LNG/LPG-Tanker	m³127.179	85.159	274,0	43,4	25,0	40.000	1977
84	Höegh Gandria (II)		Leif Höegh & Co.	Oslo	LNG/LPG-Tanker	m³127.105	95.683	274,0	43,4	25,0	40.000	1977
85	Havdrott		P. Meyer	Oslo	Öltanker	240.250	121.098	310,0	49,0	26,9	32.000	1976
86	–		P. Meyer, Oslo	–	Öltanker	480.000	–	390,0	71,0	29,0	50.000	–
87	–		Peder Smedvig, Stavanger	–	Öltanker	480.000	–	390,0	71,0	29,0	50.000	–
88	–		Hagb. Waage, Oslo	–	Öltanker	480.000	–	390,0	71,0	29,0	50.000	–
89	–		Hagb. Waage, Oslo	–	Öltanker	480.000	–	390,0	71,0	29,0	50.000	–
90	–		VEBA-Chemie AG	–	Öltanker	140.000	–	272,0	43,4	20,6	24.000	–
91	Shyri	»S 11«	Ecuadorianische Marine	–	U-Boot Typ 209	ts 1.150	–	58,2	6,3	–	5.000	1977
92	Huancavilca	»S 12«	Ecuadorianische Marine	–	U-Boot Typ 209	ts 1.150	–	58,2	6,3	–	5.000	1978
93	Bayern (II)		VEBA-Chemie Poseidon	Hamburg	Produkten-Tanker	136.960	70.688	272,0	43,4	20,6	24.000	1977
94	Transocean N° 4		Transocean Drilling Co.	–	Bohrinsel	–	5.183	68,8	42,6	5,4	–	1976
95	Batiray	»S 349«	Türkische Marine	–	U-Boot Typ 209	ts 1.000	–	54,7	6,3	–	5.000	1978
96	Yildiray	»S 350«	Türkische Marine	–	U-Boot Typ 209	ts 1.000	–	54,7	6,3	–	5.000	1981
97	Brabant/Gulf Ranger		Cosima Reederei KG	Hamburg	Containerschiff	13.880	10.991	135,0	22,0	13,8	12.660	1977
98	Eschenbach/Gulf Lancer		Cosima Reederei KG	Hamburg	Containerschiff	13.880	10.991	135,0	22,0	13,8	12.660	1977
99	Dock 11		HDW	Hamburg	Dock-Verlängerung	t 53.000	–	287,0	44,2		–	1974
100	Transvaal		Deutsche West-Afrika-Linie	Kiel	Containerschiff	49.740	52.811	247,0	32,2	24,2	53.280	1978
101	Ulanga/Gulf Clipper		Nord-West Contain.-Linien	Hamburg	Containerschiff	13.880	10.991	135,0	22,0	13,8	12.660	1977
102	P 8		Bornhofen Schiff.-Kontor	Hamburg	Seeleichter	4.890	2.553	76,0	24,0	4,7	–	1976
103	P 9		Bornhofen Schiff.-Kontor	Hamburg	Seeleichter	4.890	2.553	76,0	24,0	4,7	–	1977
104	Fairalp 2		Fairplay Schleppd.-Reederei	Hamburg	Seeleichter	10.220	4.893	91,4	27,4	6,5	–	1976
105	Fairalp 3		Petersen & Alpers	Hamburg	Seeleichter	10.220	4.893	91,4	27,4	6,5	–	1976
106	Poseidon	»S 116«	Griechische Marine	–	U-Boot Typ 209	ts 1.000	–	54,7	6,3	–	5.000	1979
107	Amfitriti	»S 117«	Griechische Marine	–	U-Boot Typ 209	ts 1.000	–	54,7	6,3	–	5.000	1979
108	Okeanos	»S 118«	Griechische Marine	–	U-Boot Typ 209	ts 1.000	–	54,7	6,3	–	5.000	1979
109	Havørn		P. Meyer	Oslo	Bulkcarrier	40.300	23.463	175,0	29,0	16,3	13.330	1977
110	Havfalk		P. Meyer	Oslo	Bulkcarrier	40.300	23.489	175,0	29,0	16,3	13.330	1977

Bau-Nr.	Schiffsname	Reederei	Heimathafen	Schiffstyp	Tragfähigkeit t = 1.000 kg	Vermessung BRT/* BRZ	Lpp m	Breite m	Höhe m	Leistung PS/* kW	Baujahr
111	Havjo	P. Meyer	Oslo	Bulkcarrier	40.300	23.489	175,0	29,0	16,3	13.330	1978
112	Reichenfels	Deutsche D.-G. »Hansa«	Bremen	Ro-Ro Schiff	15.075	14.190	178,0	27,0	17,6	18.990	1977
113	Rheinfels	Deutsche D.-G. »Hansa«	Bremen	Ro-Ro Schiff	15.075	14.190	178,0	27,0	17,6	18.990	1977
114	Steinhöft/Gongola Hope	H. M. Gehrckens	Hamburg	Mehrzw.-Frachter	10.420	7.426	122,0	21,0	10,5	8.000	1978
115	Stubbenhuk (II)	H. M. Gehrckens	Hamburg	Mehrzw.-Frachter	10.420	7.426	122,0	21,0	10,5	8.000	1978
H 116	Carolina	Peter Döhle Schiff.-KG	Hamburg	Mehrzw.-Frachter	12.710	9.311	142,5	21,2	10,8	10.000	1978
H 117	Charlotta	Peter Döhle Schiff.-KG	Hamburg	Mehrzw.-Frachter	12.710	9.314	142,5	21,2	10,8	10.000	1978
118	Pontos	Griechische Marine	–	U-Boot Typ 209	ts 1.000	–	54,7	6,3	–	5.000	1980
119	Columbia/Arabian Strength	Christian F. Ahrenkiel	Hamburg	Bulk-Containersch.	25.550	18.572	160,0	25,4	15,5	11.700	1978
120	California/Arabian Endeavour	Christian F. Ahrenkiel	Hamburg	Bulk-Containersch.	25.550	18.571	160,0	25,4	15,5	11.700	1978
H 121	Ambe »LST 1312«	Nigerianische Marine	–	Landungsschiff	ts 1.860		74,5	14,0	4,2	6.700	1979
H 122	Ofiom »LST 1313«	Nigerianische Marine	–	Landungsschiff	ts 1.860		74,5	14,0	4,2	6.700	1979
H 123	Sloman Nereus	Sloman Neptun Sch.-AG	Bremen	Mehrzw.-Frachter	10.480	7.426	122,0	21,0	10,5	8.000	1977
H 124	Sloman Najade	Sloman Neptun Sch.-AG	Bremen	Mehrzw.-Frachter	10.480	7.426	122,0	21,0	10,5	8.000	1978
125	Caledonia	Christian F. Ahrenkiel	Hamburg	Bulk-Containersch.	25.550	18.588	160,0	25,4	15,5	11.700	1979
H 126	Max Brauer	HADAG Seetouristik	Hamburg	Fahrgastschiff	P. 550	543	50,0	9,5	2,5	1.260	1980
127	Sloman Mercur	Sloman Neptun Sch.-AG	Bremen	Mehrzw.-Frachter	13.130	9.550	146,1	21,2	10,8	10.000	1979
128	Sloman Mira	Sloman Neptun Sch.-AG	Bremen	Mehrzw.-Frachter	13.130	9.550	146,1	21,2	10,8	10.000	1980
129	Mosel	Friedrich A. Detjen	Hamburg	Mehrzw.-Frachter	18.002	13.107	153,5	22,9	12,8	9.993	1978
130	Elbe (II)	Friedrich A. Detjen	Hamburg	Mehrzw.-Frachter	18.002	13.106	153,5	22,9	12,8	9.993	1979
131	Casma »32«	Peruanische Marine	–	U-Boot Typ 209	ts 1.000	–	54,7	6,3	–	5.000	1980
132	Antofagasta »33«	Peruanische Marine	–	U-Boot Typ 209	ts 1.000	–	54,7	6,3	–	5.000	1981
133	Chipana »35«	Peruanische Marine	–	U-Boot Typ 209	ts 1.000	–	54,7	6,3	–	5.000	1982
134	Pisagua »34«	Peruanische Marine	–	U-Boot Typ 209	ts 1.000	–	54,7	6,3	–	5.000	1983
135	Cakra »401«	Indonesische Marine	–	U-Boot Typ 209	ts 1.150	–	58,2	6,3	–	5.000	1981
136	Nanggala »402«	Indonesische Marine	–	U-Boot Typ 209	ts 1.150	–	58,2	6,3	–	5.000	1981
137	Ostfriesland	Bugs.-, Reed. u. Bergungs AG	Hamburg	Mehrzw.-Frachter	17.760	12.758	150,5	22,9	12,8	11.400	1978
138	Elbeland	Bugs.-, Reed. u. Bergungs AG	Hamburg	Mehrzw.-Frachter	17.760	12.755	150,5	22,9	12,8	11.400	1979
H 139	Adolph Schönfelder	HADAG Seetouristik	Hamburg	Fahrgastschiff	P. 550	543	50,0	9,5	2,5	1.260	1981
140	–	Iranische Marine	–	U-Boot Typ 209	ts 1.250	–	–	–	–	–	–
141	–	Iranische Marine	–	U-Boot Typ 209	ts 1.250	–	–	–	–	–	–
142	–	Iranische Marine	–	U-Boot Typ 209	ts 1.250	–	–	–	–	–	–
143	–	Iranische Marine	–	U-Boot Typ 209	ts 1.250	–	–	–	–	–	–
144	–	Iranische Marine	–	U-Boot Typ 209	ts 1.250	–	–	–	–	–	–
145	–	Iranische Marine	–	U-Boot Typ 209	ts 1.250	–	–	–	–	–	–
146	Sloman Ranger	Sloman Neptun Sch.-AG	Bremen	Deckcarrier	2.570	999	79,2	18,0	7,9	2.880	1979
H 147	Sloman Record	Sloman Neptun Sch.-AG	Bremen	Deckcarrier	2.570	999	79,2	18,0	7,9	2.880	1979
148	Sloman Rider	Rob. M. Sloman & Co.	Hamburg	Deckcarrier	2.570	999	79,2	18,0	7,9	2.880	1979
H 149	Sloman Rover	Sloman Neptun Sch.-AG	Bremen	Deckcarrier	2.560	999	79,2	18,0	7,9	2.880	1979
H 150	Sloman Runner	Sloman Neptun Sch.-AG	Bremen	Deckcarrier	2.560	999	79,2	18,0	7,9	2.880	1979
151	Jonny Wesch	Reed. Jonny Wesch KG	Hamburg	Mehrzw.-Frachter	10.800	8.171	133,0	21,2	10,5	5.990	1980
152	Sandra Wesch	Reed. Jonny Wesch KG	Hamburg	Mehrzw.-Frachter	10.800	8.193	133,0	21,2	10,5	5.990	1979
153	Christian Wesch	Reed. Jonny Wesch KG	Hamburg	Mehrzw.-Frachter	10.800	8.192	133,0	21,2	10,5	5.990	1980
154	Magdalena Wesch	Reed. Jonny Wesch KG	Hamburg	Mehrzw.-Frachter	10.800	8.187	133,0	21,2	10,5	5.990	1980
155	Heinrich Husmann	Husmann Bereeder.-Ges.	Haren/Ems	Deckcarrier	2.540	999	79,2	18,0	7,9	1.994	1979
156	Adele J.	Jüngerhans Bereeder. Ges.	Haren/Ems	Deckcarrier	2.540	999	79,2	18,0	7,9	1.994	1979
157	Petra Scheu	Scheu Bereeder.-Ges.	Rendsburg	Deckcarrier	2.540	999	79,2	18,0	7,9	1.994	1979
158	Carmen	Conti-Seetransport GmbH	Hamburg	Bulk-Containersch.	25.160	18.576	160,0	25,4	15,5	11.100	1981
159	Bangui	Bobangui Marine Comp.	Limassol	Deckcarrier	3.545	1.593	80,0	18,0	8,6	2.880	1979
160	Heinrich S.	Schepers & Co.	Elsfleth	Deckcarrier	3.530	1.580	80,0	18,0	8,6	2.980	1979
161	Karlsruhe »F 212«	Bundesmarine		Fregatte	ts 3.600		130,0	14,5		51.600	1984
H 162	Tilia/Sloman Royal	Heino Winter KG, Jork	Hamburg	Deckcarrier	3.580	999	80,0	18,0	8,6	1.880	1979
163	Berlin	Peter Deilmann	Neustadt	Kreuzfahrtschiff	P. 330	7.813	105,9	17,5	11,6	9.600	1980
164	Prinsesse Ragnhild (II)	Jahre-Line	Sandefjord	Passag./Autofähre	P. 896	16.332	148,0	24,0	16,6	24.000	1981
H 165	Astor (I)	HADAG Cruise Line	Hamburg	Kreuzfahrtschiff	P. 638	18.835	140,0	22,6	16,1	17.950	1981
H 166	Obotrita	Gebr. Eckert KG	Hamburg	Deckcarrier	3.560	999	80,0	18,0	8,6	2.980	1980
H 167	Rebecca Wesch	Reed. Jonny Wesch KG	Hamburg	Bulk-Containersch.	25.085	18.535	160,0	25,4	15,5	5.985	1982
168	Frankfurt Express	Hapag- Lloyd AG	Hamburg	Containerschiff	51.540	58.385	271,0	32,2	24,0	*40.000	1981
169	Höegh Falcon	Leif Höegh & Co.	Oslo	OBO-Carrier	82.460	45.760	240,0	32,2	20,5	*11.300	1981
170	Höegh Favour (II)	Leif Höegh & Co.	Oslo	OBO-Carrier	82.460	45.760	240,0	32,2	20,5	*11.300	1981
(707)	(Polarstern)	BM für Forschung u. Technol.	Bremerhaven	Polar-Forschungssch.	4.395	10.970	102,2	25,0	13,6	*14.680	1982
A 171	Doganay »S 351«	Türkische Marine	–	U-Boot Typ 209	ts 1.000	–	54,7	6,3	–	5.000	1984
172	Campania/City of Liverpool	Christian F. Ahrenkiel	Hamburg	Bulk-Containersch.	25.160	18.575	160,0	25,4	15,5	* 8.160	1982
173						–	–	–	–	–	–
H 174	(Statfjord C.)	Mobil Exploration Inc.	–	Plattform f. Bohrinsel	–	–	120,0	20,0	15,0	–	1981
175	Almirante Padilla »51«	Kolumbianische Marine	–	Korvette	ts 1.800	–	90,0	11,3	6,4	*17.000	1983
176	Caldas »52«	Kolumbianische Marine	–	Korvette	ts 1.800	–	90,0	11,3	6,4	*17.000	1984
177	Antioquia »53«	Kolumbianische Marine	–	Korvette	ts 1.800	–	90,0	11,3	6,4	*17.000	1984
178	Independiente »54«	Kolumbianische Marine	–	Korvette	ts 1.800	–	90,0	11,3	6,4	*17.000	1984
179	Bussewitz	VEB Deutfracht/Seereed.	Rostock	Flüssiggas-Tanker	m³ 17.610	* 14.377	146,1	22,7	15,0	* 4.840	1983
180	Gabriele Wesch	Reed. Jonny Wesch KG	Hamburg	Bulk-Containersch.	25.085	18.540	160,0	25,4	15,5	* 4.400	1983
181	Thomson »S 20«	Chilenische Marine	–	U-Boot Typ 209	ts 1.400	–	59,9	6,3	–	5.000	1984
182	Simpson »S 21«	Chilenische Marine	–	U-Boot Typ 209	ts 1.400	–	59,9	6,3	–	5.000	1984
183	Kasturi »F 25«	Malaysische Marine	–	Korvette	ts 1.960		91,8	11,3	6,4	*17.000	1984
184	Lekir »F 26«	Malaysische Marine	–	Korvette	ts 1.960	6,4	91,8	11,3	6,4	*17.000	1984
H 185	(Gorm Fields E)	Dansk Boreselskab	–	Offshore-Modul	–	–				–	1983
186	Shishumar »S 44«	Indische Marine	–	U-Boot Typ 1500	ts 1.450	–	63,1	6,6	–	* 4.500	1986

Bau-Nr.	Schiffsname		Reederei	Heimathafen	Schiffstyp	Tragfähigkeit t = 1.000 kg	Vermessung BRT/* BRZ	Lpp m	Breite m	Tiefe m	Leistung PS/* kW	Baujahr
187	Shankush	»S 45«	Indische Marine	–	U-Boot Typ 1500	ts 1.450	–	63,1	6,6	–	* 4.500	1986
188			Indische Marine	–	U-Boot Typ 1500	ts 1.450	–	63,1	6,6	–	* 4.500	
189			Indische Marine	–	U-Boot Typ 1500	ts 1.450	–	63,1	6,6	–	* 4.500	
190	Karsten Wesch		Reed. Jonny Wesch KG	Hamburg	Bulk-Containersch.	25.855	18.554	160,0	25,4	15,5	* 4.400	1983
191	Castor		Conti-Cont. Schiff. KG	Hamburg	Bulk-Containersch.	25.150	18.573	160,0	25,4	15,5	* 8.160	1982
192	–		–	–	–	–	–	–	–	–	–	–
193	–		–	–	–	–	–	–	–	–	–	–
194	Cranach		Christian F. Ahrenkiel	Hamburg	Bulk-Containersch.	26.000	* 18.800	160,0	25,4	15,5	* 8.160	1983
195	Conscience		Christian F. Ahrenkiel	Hamburg	Bulk-Containersch.	25.950	* 19.005	160,0	25,4	15,5	* 8.160	1983
196	Carthago/Norasia Carthago		Conti-Cont. Schiff. KG	Hamburg	Bulk-Containersch.	26.140	* 18.756	160,0	25,4	15,5	* 8.160	1984
197	Tupi	»S 30«	Brasilianische Marine	–	U-Boot Typ 209	ts 1.250	–	59,9	6,3	–	5.000	1988
198	Tamoio	»S 31«	Brasilianische Marine	–	U-Boot Typ 209	ts 1.250	–	59,9	6,3	–	5.000	1988
199	–		–	–	–	–	–	–	–	–	–	–
200	Candia		Christian F. Ahrenkiel	Hamburg	Bulk-Containersch.	26.140	* 18.723	160,0	25,4	15,5	* 8.160	1984
201	Caria/Norasia Caria		Christian F. Ahrenkiel	Hamburg	Bulk-Containersch.	26.140	* 18.723	160,0	25,4	15,5	* 8.160	1985
202	Turgut	»F 241«	Türkische Marine	–	Fregatte	ts 2.780		102,2	13,3		*29.600	1988
203	Yildirim	»F 243«	Türkische Marine	–	Fregatte	ts 2.780		102,2	13,3		*29.600	1988
204	Yinhe		China Ocean Ship. Co.	Shanghai	Containerschiff	25.925	* 19.237	160,0	28,4	15,5	*10.800	1984
205	Xinghe		China Ocean Ship. Co.	Shanghai	Containerschiff	25.925	* 19.237	160,0	28,4	15,5	*10.800	1985
206	Binghe		China Ocean Ship. Co.	Shanghai	Containerschiff	33.370	* 23.442	189,2	28,4	15,5	*10.800	1985
207	Norasia Samantha		Norasia Schiffahrtsges.	Kiel	Containerschiff	27.830	* 19.527	161,5	28,4	15,5	*10.400	1985
208	Norasia Susan		Norasia Schiffahrtsges.	Kiel	Containerschiff	27.830	* 19.527	161,5	28,4	15,5	*10.800	1985
209	Norasia Princess		Conti-Norasia Sch. GmbH	Hamburg	Containerschiff	31.205	* 21.648	175,9	28,4	15,5	*10.980	1986
210	Norasia Al-Mansoorah		Arabian Maritime Line	Sharjah	Containerschiff	31.205	* 21.633	175,9	28,4	15,5	*10.980	1987
211	Karl Carstens		Deutsche Bundesbahn	Puttgarden	Eisenbahn-Fährschiff	P. 1.500	* 12.829	154,8	17,4	8,2	* 9.000	1986
212	–		–	–	–	–	–	–	–	–	–	–
213	–		–	–	–	–	–	–	–	–	–	–
214	–		–	–	–	–	–	–	–	–	–	–
215	Dolunay	»S 352«	Türkische Marine	–	U-Boot Typ 209	ts 1.000	–	54,3	6,3	–	5.000	
216	Norasia Pearl		Conti-Norasia Sch. GmbH	Hamburg	Containerschiff	31.205	* 21.648	175,9	28,4	15,5	*10.980	1986
217	Norasia Sharjah		Arabian Maritime Line	Sharjah	Containerschiff	31.205	* 21.633	175,9	28,4	15,5	*10.980	1986
218	Astor (II)		Marlan Corporat. Ltd.	Port Louis	Kreuzfahrtschiff	P. 656	* 20.606	151,9	22,6	8,1	*15.400	1987
219	Timbira	»S 32«	Brasilianische Marine	–	U-Boot Typ 209	ts 1.250	–	59,9	6,3	–	5.000	
220	Tabajos	»S 33«	Brasilianische Marine	–	U-Boot Typ 209	ts 1.250	–	59,9	6,3	–	5.000	
221	–		–	–	–	–	–	–	–	–	–	–
222	–		–	–	–	–	–	–	–	–	–	–
223	–		–	–	–	–	–	–	–	–	–	–
224	Katalina		Starship 60 Ltd., Guernsey	St. Johns	Yacht, Motor-	P. 40	1.279	55,7	10,8	6,8	* 4.400	1987
225			–	–	–	–	–	–	–	–	–	–
226	Norasia Al-Muntazah		Arabian Maritime Line	Sharjah	Containerschiff	34.380	* 23.761	190,0	28,4	15,5	*10.360	1987
227			Portugiesische Marine	–	Fregatte	ts 2.900		102,2	13,3		*39.420	
228			Portugiesische Marine	–	Fregatte	ts 2.900		102,2	13,3		*39.420	
229	Norasia Mubarak		Arabian Maritime Line	Sharjah	Containerschiff	34.380	*23.761	190,0	28,4	15,5	*10.360	1987
230	President Truman		American President Line	Oakland Ca.	Conbulkschiff	54.665	*61.926	260,8	39,4	23,6	*41.900	1988
231	President Kennedy		American President Line	Oakland Ca.	Conbulkschiff	54.665	*61.926	260,8	39,4	23,6	*41.900	1988
232	President Jackson		American President Line	Oakland Ca.	Conbulkschiff	54.665	*61.926	260,8	39,4	23,6	*41.900	1988
233	Norasia Singa		HSH-Norasia (S) Pte.	Singapore	Containerschiff	34.100	*23.750	190,0	28,4	15,5	*12.400	1989
234	Norasia Sun		HSH-Norasia (S) Pte.	Singapore	Containerschiff	34.100	*23.750	190,0	28,4	15,5	*12.400	1989
235	Bonn Express		Hapag-Lloyd AG	Hamburg	Containerschiff	34.800	*29.000	192,5	32,2	18,8	*21.700	1989
236	Heidelberg Express		Hapag-Lloyd AG	Bremen	Containerschiff	34.800	*29.000	192,5	32,2	18,8	*21.700	1989
237	–			–	–	–	–	–	–	–	–	–
238			China Ocean Ship. Co.		Containerschiff	47.100	*37.000	224,5	32,2	18,8	*16.100	1989
239			China Ocean Ship. Co.		Containerschiff	47.100	*37.000	224,5	32,2	18,8	*16.100	1989
240	–		–	–	–	–	–	–	–	–	–	–
241	–		–	–	–	–	–	–	–	–	–	–
242			Ausland		U-Boot Typ 209	ts 1.170	–	55,1	6,3	–		
243			Ausland		U-Boot Typ 209	ts 1.170	–	55,1	6,3	–		
244			Ausland		U-Boot Typ 209	ts 1.170	–	55,1	6,3	–		
245			Türkische Marine		U-Boot Typ 209	ts 1.250	–	60,7	6,3	–		
246			Türkische Marine		U-Boot Typ 209	ts 1.250	–	60,7	6,3	–		
247			ZIM Israel Navig. Co.		Containerschiff	46.700	*37.700	224,5	32,2	18,6	*21.700	1990
248			ZIM Israel Navig. Co.		Containerschiff	46.700	*37.700	224,5	32,2	18,6	*21.700	1990
249					U-Boot		–		–			
250					U-Boot		–		–			
251					U-Boot		–		–			
252					U-Boot		–		–			
253					U-Boot		–		–			
254					U-Boot		–		–			
255					Fregatte							
256			ZIM Israel Navig. Co.		Containerschiff	46.700	*37.700	224,5	32,2	18,6	*21.700	1990
257			ZIM Israel Navig. Co.		Containerschiff	46.700	*37.700	224,5	32,2	18,6	*21.700	1990
–	–		–	–	–	–	–	–	–	–	–	–
–	–		–	–	–	–	–	–	–	–	–	–
301	(U 29)	»S 178«	Bundesmarine		U-Boot-Umrüstung	ts 450	–	46,0	4,6	–	* 1.100	
302	(U 23)	»S 172«	Bundesmarine		U-Boot-Umrüstung	ts 450	–	46,0	4,6	–	* 1.100	
303	(U 16)	»S 195«	Bundesmarine		U-Boot-Umrüstung	ts 450	–	46,0	4,6	–	* 1.100	

Bau-Nr.	Schiffsname		Reederei	Heimathafen	Schiffstyp	Tragfähigkeit t = 1.000 kg		Vermessung BRZ	Lpp m	Breite m	Höhe m	Leistung kW	Baujahr
E 304	(U 30)	»S 179«	Bundesmarine	–	U-Boot-Umrüstung	ts	450	–	46,0	4,6	–	1.100	
305	(U 25)	»S 174«	Bundesmarine	–	U-Boot-Umrüstung	ts	450	–	46,0	4,6	–	1.100	
E 306	(U 22)	»S 171«	Bundesmarine	–	U-Boot-Umrüstung	ts	450	–	46,0	4,6	–	1.100	
307	(U 28)	»S 177«	Bundesmarine	–	U-Boot-Umrüstung	ts	450	–	46,0	4,6	–	1.100	
E 308	(U 24)	»S 173«	Bundesmarine	–	U-Boot-Umrüstung	ts	450	–	46,0	4,6	–	1.100	
309	(U 17)	»S 196«	Bundesmarine	–	U-Boot-Umrüstung	ts	450	–	46,0	4,6	–	1.100	
E 310	(U 15)	»S 194«	Bundesmarine	–	U-Boot-Umrüstung	ts	450	–	46,0	4,6	–	1.100	
311	(U 18)	»S 197«	Bundesmarine	–	U-Boot-Umrüstung	ts	450	–	46,0	4,6	–	1.100	
E 312	(U 26)	»S 195«	Bundesmarine	–	U-Boot-Umrüstung	ts	450	–	46,0	4,6	–	1.100	

»Werft Nobiskrug« (Ablieferung nach Anschluß an HDW 1987)

Bau-Nr.	Schiffsname	Reederei	Heimathafen	Schiffstyp	Tragfähigkeit t = 1.000 kg	Vermessung BRT	Lpp m	Breite m	Höhe m	Leistung kW	Baujahr
N 730	Martin/Tequila Sunrise	Heino Winter, York	Hamburg	Mehrzw.-Frachter	4.254	1.599	86,5	15,5	7,9	1.760	1987

2.100 TEU Containerschiffe Bonn Express und Heidelberg Express, eine Weiterentwicklung des »SdZ«-Typs, werden 1989 an Hapag-Lloyd AG abgeliefert.

2.100 TEU container vessels Bonn Express and Heidelberg Express, a progressed »SdZ« type will be delivered to owner Hapag-Lloyd AG in 1989.

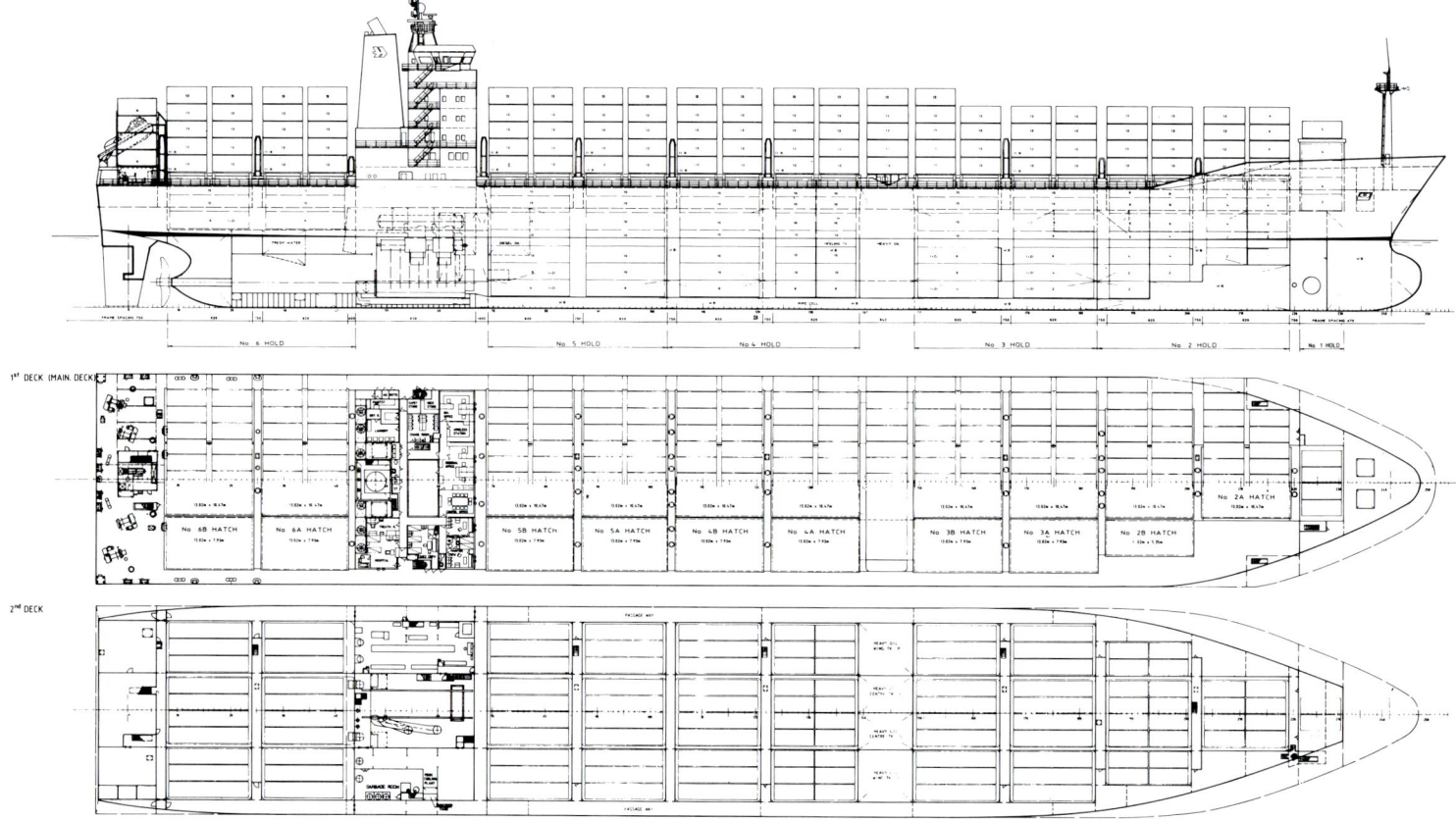

Dank des Verfassers

Der Verfasser dankt folgenden Unternehmen, Institutionen und Persönlichkeiten für Beratung und vielfältige Unterstützung, aber auch für wertvolle Anregungen, für die Hilfe bei der Auswertung von Quellen und für die Überlassung von Fotos und Unterlagen:

Harald Fock, Damp 2000,
Howaldtswerke-Deutsche Werft AG, Kiel,
»Kieler Nachrichten«, Kiel,
Kieler Schiffahrtsmuseum, Kiel,

Kieler Stadtarchiv, Kiel,
Eva-Maria Scharping, Kiel,
und seiner Frau Gertrud, die – wohldosiert – mal zum Schreiben und mal zum Ausruhen mahnte
sowie jenen vielen ungenannten und selbst ihm oft unbekannt gebliebenen Helfern, die mit Aufzeichnungen aus den früheren Jahren dazu beitrugen, 150 Jahre Unternehmensgeschichte der Schiffswerft Georg Howaldt, der Kieler Howaldtswerke bzw. der Howaldtswerke-Deutsche Werft AG darzustellen.

Quellen- und Literaturverzeichnis

Bock, B.: Grüne, Blaue, Schwarze, Weisse Dampfer – Die Geschichte der Kieler Fördeschiffahrt, Herford 1978
Brennecke, J.: »Tanker«, Herford 1980
Claviez, W.: 50 Jahre Deutsche Werft 1918–1968
Gerdau, K.: CAP SAN DIEGO – Vom Schnellfrachter zum Museumsschiff, Herford 1987
Gröner, E.: Die deutschen Kriegsschiffe 1815–1945, Bände 1, 2 und 4, München 1982–1986
Hader, A.; Meier, G.: Eisenbahnfähren der Welt – Vom Trajekt zur Dreideckfähre, Herford 1986
»Hansa«, Hamburg, diverse Ausgaben
Hildebrand, H. H.; Röhr, A.; Steinmetz, H.-O.: Die deutschen Kriegsschiffe – Biographien – ein Spiegel der Marinegeschichte von 1815 bis zur Gegenwart, Bände 1 bis 7, Herford 1979–1988
100 Jahre Howaldt, 1938
125 Jahre Kieler Howaldtswerke, 1963

50 Jahre Werksgeschichte, 1962, Howaldtswerke Hamburg AG
Kludas, A.: Die grossen Passagierschiffe der Welt, Herford 1987
Meier, G.: Die Vogelfluglinie und ihre Schiffe, Herford 1988
Reinke-Kunze, Chr.: Den Meeren auf der Spur – Geschichte und Aufgaben der deutschen Forschungsschiffe, Herford 1986
Rössler, E.: Die deutschen U-Boote und ihre Werften, Bände 1 und 2, München 1979 und 1980
100 Jahre Sartori & Berger, Reederei und Schiffsmaklerei, Kiel 1958
»Seekiste«, Kiel und Herford, 1950–1960
»Schiffahrt international«, Herford und Kiel, 1960–1988
Schiffsliste, Hamburg, verschiedene Jahrgänge
Schiffsregister des Germanischen Lloyds, verschiedene Jahrgänge
Schmelzkopf, R.: Die deutsche Handelsschiffahrt 1919–1939, Band II, Oldenburg 1975
Schmidt, I.: »Maritime Oldtimer«, Leipzig 1986

Howaldtswerke-Deutsche Werft AG

Postfach 14 63 09 – D-2300 Kiel 14
Telefon (04 31) 700-0
Drahtwort: howaldtdeutsch

P.O. Box 14 63 09 – D-2300 Kiel 14
Telephone No.: (04 31) 700-0
Cables: howaldtdeutsch

Hauptverwaltung:	Telefax 04 31/7 00-23 12	Telex: 299 883 hdwk d
Schiffsreparatur:	Telefax 04 31/7 00-36 71	TTX: 431 572 HDWR
Marinetechnik:	Telefax 04 31/7 00-43 99	Telex: 292 428 hdwk d
Stahlbau-Industrietechnik:	Telefax 04 31/7 00-34 99	TTX: 431 561 HDWS

Headquarters:	Telefax 04 31/7 00-23 12	Telex: 299 883 hdwk d
Ship repair:	Telefax 04 31/7 00-36 71	TTX: 431 572 HDWR
Naval engineering:	Telefax 04 31/7 00-43 99	Telex: 292 428 hdwk d
Industrial engineering:	Telefax 04 31/7 00-34 99	TTX: 431 561 HDWS

Schiffsnamenregister

Die im Text erwähnten Schiffe der Howaldtswerke-Deutsche Werft AG
und der Unternehmen, die in HDW aufgegangen sind

Bedeutung der Buchstaben vor einer Baunummer:

D = Deutsche Werft, Hamburg; H = Howaldtswerke Hamburg; K = Kriegsmarinewerft, Kiel;
N = Werft Nobiskrug, Rendsburg; S = Stahlbau, Kiel; SH = Schweffel & Howaldt, Kiel

Schiff	Bau-Nr.	Foto Seite	Text Seite
Adolph Schönfelder	139		133
Adriana	977		71
Ahrensburg	1035	67	
Albert Ballin	542	128	131
Aldenburg	1212	66	
Alesia	D 3		161
Almirante Padilla	175		101
Alsen	522		107
Altanin	D 766		162
Altmark	750	109	82, 107–109
Ambe	121		99
Amerikaland	D 50		161
Amrum	604	107	107
Andreas	33		129
Angelburg	950		65, 66
Anneliese Essberger	(604)		107
Annemarie	922		71
Annemarie	N 393		171
Antarktis	771	109	81, 108
Antioquia	177		101
Apenrade	2		127, 133
Aragwi	1162		66
Argentinian Reefer	(705)		105
Arkona	(165)		31
Arklis	925	76	75
Ascanio Coelho	(546)		111
Astor (I)	165	24	22, 25, 31
Astor (II)	218	22	22–25
Baltijskaja Slava	1184		88
Baltrum	591		107
Barbara	S –	136	137
Basra	412	131	
Bayern	93	59	
Bayern	590		93, 94, 96
Berlin	163	29, 140	28, 167
Bertha Entz	988	53	52–57
Bituma	N 708		171
Björnö	995		56
Blumenthal	74	67	
Boevaja Slava	1180		88
Bonn Express	235	200	
Brandtaucher	SH –	143	95, 146, 147
Brösen	599		107
Brunsbüttel	1017		66
Brunsdeich	1121		66
Brunshausen	1014		66
Brunsholm	1120	64	66
Bussewitz	179	50	50, 51
Caldas	176		101
Caledonia	125	19	
Cap Corrientes	1079		66
Cap Domingo	1071		66
Cap San Antonio	H 957		63
Cap San Augustin	1144		63
Cap San Diego	D 785		63, 64, 65
Cap San Lorenzo	D 784		63
Cap San Marco	1143	62	63, 64
Cap San Nicolas	H 956		63
Cap Trafalgar	H 5		158
Cap Valiente	1112		66
Carmen	158	19	
Carolina	116	19	
Castel Nevoso	(755)		105
Castor	(291)	132	
Chernomorskaja Slava	1183		88
Chirripo	(750)		108
Christina	–	124	124, 125
Circe Shell	704		159
Claus Ebeling	729		75
Cranz	126	129	
Dalnij Vostok	1169		86, 87
Delphin	437	97	
Deutschland (I)	980	32	33
Deutschland (II)	N 673		33, 34
Deutschland	N 618		171
Diogenes	39	92	92
Dresden	601		94
Elbeland	138	19	
Elfriede	921		71
Ellerbek	934		75
Emma	100	147	147, 148, 152
Fairsky	(755)		105
Fehmarn	523		107
Flensburg	916		75
Föhr-Amrum	490		131
Franken	770		108
Frankfurt Express	168	20	
Friedrich der Große	H 1		158
Friesenland	755	103, 104	105
Frisia	753		75
Gauß	371	118	117, 118, 119
Gedania	587	55	54
Geheimrat Sartori	924		68, 71
Germania	733		75
Golar Freeze	83	47	46, 48
Goliat 7, 9, 10, 17	S –		135
Goliat 8	S –	134	135
Gripsholm	926	28	28
Großer Kurfürst	H 4		158
H 145–147	607		94
H 166–169	618		94
H 186–202	632		94
Habib	N 690		171
Hamburg	D 825	29	25, 46, 162
Hansa	231		123
Hansdorf	633		94
Hanseatic	H –	30	28
Harald Ivers	N –		122

Schiff	Bau-Nr.	Foto Seite	Text Seite
Haugesund	(750)		108
Haukefjell	1088		72
Havelland	792		108
Havkong	46	53	
Hebe 2	S–	49	135
Hebelift 3	S–		135
Hedwig	143	116	117
Heidelberg Express	236	200	
Heinrich Adolph	6		128
Heinrich Essberger	76	59	
Helgoland	500	95	93
Helgoland	H 943	31	
Hera	S–	138	
Herman F. Whiton	930		80, 82
Hertha	354	127	
Höegh Falcon	169	54	
Höegh Gandria	84		46, 48
Höegh Grace	1000		58
Hoisdorf	632		94
Holtenau	996		75
Hydromotor (Versuchss.)	34	146	151
Imperator	H 3	25	25, 158
Independiente	178		101
Ingeborg (I)	328	2	123, 124
Ingeborg (II)	430		124
Ingur	1164	65	66
Jaspis	–	89	89
Jupiter	582		52, 53, 54
Kaiserin	530	94	93
Karl Carstens	211	34	33, 34
Karlsruhe	161		99
Karsten Wesch	190	19	
Kasturi	183		101
Katalina	224		169
Katharina	783		133
Kiel	SH–		128
Kiel	119	149	152
Kiowa	564		52
Komsomolets	(372)		75, 112
Königin Luise	731		158
Konsul Sartori	923	68	68, 71
Kosmos IV	939	85	86
Kowloon Bay	26	18	
Kronprins Harald (I)	1096	35	36
Kronprins Harald (II)	N 685		37
Kronstadtskaja Slava	1182		88
Kura	1163		66
Kyokuyo Maru No. 2	(930)		84
Laboe	462		129, 132
Laboe	997	78	75
Lekir	184	100	101
Leningradskaja Slava	1185		88
Lensahn (I)	62		123
Lensahn (II)	215	123	123
Lensahn (III)	382	124	124
Lima	(40)		92
Lindö	1047		56
Linienschiff »T«	590		96
Lore-Ley	4	126	128
Luciana	978	69	71
Magdeburg	602		94
Måkefjell	1087		72
Maksim Gorkiy	D (825)		25
Marcel Delage	(609)		94
Martha	112		152
Max Brauer	126	133	133
Mercur	250	117	117
Michael Jebsen	677	154	156
Mohawk	562		52
Mohican	580		52
Monte Penedo	546	110	111
Møretral 1	931	77	
Morskaja Slava	1181		88
Mosel	129	19	
Nan Shui	108	93	92
Nan Thin	107		92
Neumühlen	(2)		127, 133
Norasia Samantha	207	11	12
Norasia Susan	(1103)		45
Norderholm	1012	70	71
Norderney	596		107
Nordsee	94		131
Nordsee	252	128	131
Novikov-Priboy	1010	74	
Nürnberg	595		94
Obotrit	291	132	
Ofiom	122	101	99
Okean	372	113	75, 112
Oliva	1074	58	
Olympic Challenger	930	81	82, 84, 86
Olympic Champion	1083	58	59
Olympic Leader	947	83	84
Olympic Light	982		55
Ostmark	747	102	104, 105
Ostmark	902		90
Otto Hahn	1103	44	44, 45, 46
Patria	D 174	26	25, 26, 161
Pechelbronn	584	56	
Pegasus	951	63	65, 66
Pellworm	14		131
Phoenix World City	–	167	167
Polarstern	N 707	39	38–42, 117, 170
Portland	957	63	65
Portunus	1013		66
President Jackson	232		15
President Kennedy	231	15, 17	15
President Truman	230	15, 17	15
Priamos	1085		66
Primus	463		127
Prinsesse Ragnhild (I)	1190	36	37
Prinsesse Ragnhild (II)	164	35	37, 167
Prinz Adalbert	297	121	121
Prinz Sigismund	350		121
Prinz Waldemar	266		121
Puschkin	1001	73	73, 75–78
Rageot de la Touche	(608)		94
Ravnefjell	973		72
Reiher	773		156
Rigoletto	998		72
Rindö	1129		57
Robert Ley	754	27	26–28, 158
Rostock	560		94
Rybatskaja Slava	1178	88	88
Sabara	(546)		111
Schilksee	678		156
Schleswig	466	204	
Schleswig	915	75	75, 76
Schleswig-Holstein	77	60	
Schwan	772		156
Schwedeneck-See A+B	S–		137
Seabex One	N 705		171
Seaway Condor	N 710		171
Secundus	464	127	
Shankush	187	99	
Sieglinde	204	150	
Silvana	321	114, 115	114, 115
Silver Gate	956		65
Singö	1148	54	57
Sioux	561		52
Sirefjell	1089		72
Skaubryn	959	91	91
Skaugum	902	90	90, 91
Skautopp	1147		60
Sloman Ranger	146	19	

Schiff	Bau-Nr.	Foto Seite	Text Seite
Socrates	40	92	92
Sogne	(750)	109	108
Stefanie	269	130	
Stein	414	129	
Stephan	44	120	
Stephan	149		131
Stormond	–		125
Strande	689		156
Stubbenhuk	115	19	
Süderholm	1011		71
Svanefjell	1127		27
Svealand	D 49		161
Sylt	95		131
Tecumseh	563		52
Ternefjell	972	71	72
Tertius	465		127
Texaco Europe	1210	60	
Theodor Heuss	1067	33	33
Tina Onassis	H 885	57	57, 61, 158, 162
Topeca	(39)		92
Traviata	999	72	72
Trudovaja Slava	1179		88
Turgut	202	100	101
U 1–12	1150		96
U 13–30	31	98	96
U-Boot (Versuchsboot)	333	97	95
U-Boot Klasse 205	1153		96, 99
U-Boot Klasse 206	31		96, 99
U-Boot Klasse 209	1221	98	97, 98
U-Boot Klasse 212	–		99
U-Boot VII C	K 2		96
U-Boot VII C/42	K 49		96
U-Boot XXVII B5	K –		96
Undine	18		123
Undine	390	95	93
Usedom	603		107
Vilis Lacis	1181		88
Vistula	588	55	54
Vladivostok	1168	87	86, 87
Von der Tann	–	142	146
Vorwärts	1	144	127, 150
Vorwärts	113		131
Vulkan	473		94
Walter Rau	(939), D 197		86, 161
Waltraud Behrmann	N 536		171
Wellingdorf	935		75
Westerland	142		131
Westerplatte	598		187
Westphalia	611	26	
Wilhelminenhöhe	3		128
World Gratitude	984	57	
Württemberg	H 19		159
Wyck-Föhr	21		131
Yildirim	203		101
Yinhe	204	21	

Der Friedrichsorter Leuchtturm mit dem NDC-Fördedampfer *Schleswig* (Bau-Nr. 466, Baujahr 1907). Im Hintergrund das Ehrenmal von Laboe. Die Aufnahme entstand um 1930.

The Friedrichsort lighthouse with the NDC firth steamer *Schleswig*. In the background the Laboe memorial. The photo was taken at about 1930.

1. Haupteingang
2. Hauptverwaltung und Konstruktion
3. Betriebsdirektion, Kantine
4. Arbeitsvorbereitung
5. Personalverwaltung, Stahlbau, Werksarzt
6. Feinblechnerei
7. Rohrschlosserei
8. Werkstattgebäude, Feuerwehr
9. Schiffbauhalle
10. Brennerhalle
11. Schweißhallen
12. Lagerhallen

13. Sektionsbauhalle 8
14. Sektionsbauhalle 7
15. Beschichtungshallen
16. Molengebäude
17. Lehrwerkstatt
18. U-Boot-Montagehalle
19. Zentralschlosserei
20. Zentrallager
21. Reparatur-Verwaltung
22. Reparatur-Basis-Werkstätten
23. Marine-Unterkunftsgebäude
24. Tischlerei
25. Maschinenbauhalle

1. Main gate
2. Main administration and design offices
3. Works management, cantine
4. Planning
5. Personnel administration,
   Stahlbau, medical doctor
6. Sheet rolling mill
7. Pipe shop
8. Workshop building, yard fire station
9. Shipbuilding hangar
10. Flame cutting shed
11. Welding sheds
12. Material store hangars

13. Sectional assembly hangar 8
14. Sectional assembly hangar 7
15. Coating plants
16. Quay building
17. Apprentice shop
18. Submarine assembly hangar
19. Central fitters's shop
20. Central store
21. Repair administration
22. Repair base-workshops
23. Navy accommodation
24. Joinery
25. Machine shop

N

Baltic Sea
Ostsee

Dock 2

Dock 20
Dock 1
Dock 4

22

23

21

Dock 6
Dock 5

19

20

CENTRUM

25

24

HDW
Werk Gaarden